考研辅导丛书

电磁场与电磁波

（第4版）

教学指导书

杨显清　王　园　赵家升

高等教育出版社·北京

内容提要

《电磁场与电磁波》(第3版)自1999年出版以来,受到读者的欢迎,师生普遍认为这是一本非常适合教学的教材。随着电子通信技术的发展,电磁场与电磁波的教学需求随之产生变化,与此相应,编者在编写《电磁场与电磁波》(第4版)时,在教学内容和体系结构上做了较大调整,主要体现在:(1) 以三大实验定律和两个基本假说为基础,归纳总结出麦克斯韦方程,然后讨论静态场、时变场以及电磁波的传播与辐射特性。既能与物理电磁学有机衔接,又避免简单重复。(2) 减少静态场部分内容,加强电磁波内容,以满足电子信息类专业的需要。(3) 精选例题和习题,类型多样化。

为便于师生使用第4版教材,编者编写了这本配套教学指导书,该书被列入高等教育百门精品课程教材建设计划。

与主教材一致,本书共分8章,具体内容为:矢量分析、电磁场的基本规律、静态电磁场及其边值问题的解、时变电磁场、均匀平面波在无界空间中的传播、均匀平面波的反射与透射、导行电磁波、电磁辐射。每章均由三部分组成:基本内容概述,教学基本要求及重点、难点讨论,习题解答。

本书可供普通高等学校电子信息、通信工程、信息工程等专业作为"电磁场与电磁波"课程的教学指导书使用,也可作为硕士研究生入学考试的参考书。

图书在版编目(CIP)数据

电磁场与电磁波(第4版)教学指导书/杨显清,王园,赵家升. —北京:高等教育出版社,2006.5(2024.11重印)
ISBN 978-7-04-018469-3

Ⅰ.电… Ⅱ.①杨…②王…③赵… Ⅲ.①电磁场-高等学校-教学参考资料 ②电磁波-高等学校-教学参考资料 Ⅳ.O441.4

中国版本图书馆 CIP 数据核字(2006)第 025768 号

| 策划编辑 | 刘激扬 | 责任编辑 | 李葛平 | 封面设计 | 李卫青 | 责任绘图 | 朱 静 |
| 版式设计 | 胡志萍 | 责任校对 | 朱惠芳 | 责任印制 | 耿 轩 | | |

出版发行	高等教育出版社	咨询电话	400-810-0598
社 址	北京市西城区德外大街4号	网 址	http://www.hep.edu.cn
邮政编码	100120		http://www.hep.com.cn
印 刷	河北信瑞彩印刷有限公司	网上订购	http://www.landraco.com
开 本	787×960 1/16		http://www.landraco.com.cn
印 张	16.5	版 次	2006年5月第1版
字 数	300 000	印 次	2024年11月第17次印刷
购书热线	010-58581118	定 价	25.80元

本书如有缺页、倒页、脱页等质量问题,请到所购图书销售部门联系调换
版权所有 侵权必究
物料号 18469-00

前　言

本书是与“全国高等教育百门精品课程教材建设计划”的精品项目《电磁场与电磁波》(第4版)(谢处方教授和饶克谨教授编著,杨显清、王园、赵家升修订,高等教育出版社2006年1月出版)配套的教学指导书,希望能帮助使用该教材的教师理解和掌握各章的教学基本要求,处理好教学中的重点与难点。也希望能帮助学生正确理解和掌握“电磁场与电磁波”的基本概念、规律和方法,提高分析问题和解决问题的能力。

全书共分8章:矢量分析、电磁场的基本规律、静态电磁场及其边值问题的解、时变电磁场、均匀平面波在无界空间中的传播、均匀平面波的反射与透射、导行电磁波、电磁辐射。每章均由以下三部分组成:

一、基本内容概述

对每章的内容做简要归纳,给出重要的公式和结论。

二、教学基本要求及重点、难点讨论

根据课程教学大纲要求,提出每章应该理解和掌握的内容以及一般理解的内容,并对一些重点、难点进行分析讨论。

三、习题解答

“电磁场与电磁波”课程的特点是:物理概念抽象、数学推导繁复,历来被认为是一门教师难教、学生难学的课程。在学习过程中,解题是重要的环节之一,也是学习该课程的难点。通过解题,能巩固和加深对基本概念与基本规律的理解,掌握分析和计算方法,培养应用基本理论解决实际问题的能力。希望读者首先进行认真的分析思考,独立自主地解题,然后再参阅习题解答,以期获得应有的收效。

本书第1、4、5、6章由杨显清执笔,第2、3章由赵家升执笔,第7、8章由王园执笔。全书由杨显清审核并统稿。

本教学指导书总结了编者多年来从事“电磁场与电磁波”课程教学的体会,也吸取了电子科技大学“电磁场与波”课程组同仁的经验,还参阅了近年来国内外的相关教材和参考书,受到了不少启发。对为本书的编写和出版给予了支持和帮助的人士,编者在此一并致以衷心谢意。

本书中存在的错误和不足之处,敬请读者不吝指正。

编　者

2005年10月

于电子科技大学

目　录

第1章

矢量分析

1.1 基本内容概述

矢量分析是研究电磁场在空间分布和变化规律的基本数学工具之一。本章着重讨论标量场的梯度、矢量场的散度和旋度的概念及其运算规律。

1.1.1 矢量代数

两个矢量 $\boldsymbol{A}$ 与 $\boldsymbol{B}$ 的点积 $\boldsymbol{A}\cdot\boldsymbol{B}$ 是一个标量,定义为

$$\boldsymbol{A}\cdot\boldsymbol{B}=AB\cos\theta \tag{1.1}$$

两个矢量 $\boldsymbol{A}$ 与 $\boldsymbol{B}$ 的叉积 $\boldsymbol{A}\times\boldsymbol{B}$ 是一个矢量,定义为

$$\boldsymbol{A}\times\boldsymbol{B}=\boldsymbol{e}_{\mathrm{n}}AB\sin\theta \tag{1.2}$$

矢量 $\boldsymbol{A}$ 与矢量 $\boldsymbol{B}\times\boldsymbol{C}$ 的点积 $\boldsymbol{A}\cdot(\boldsymbol{B}\times\boldsymbol{C})$ 称为标量三重积,它具有如下运算性质

$$\boldsymbol{A}\cdot(\boldsymbol{B}\times\boldsymbol{C})=\boldsymbol{B}\cdot(\boldsymbol{C}\times\boldsymbol{A})=\boldsymbol{C}\cdot(\boldsymbol{A}\times\boldsymbol{B}) \tag{1.3}$$

矢量 $\boldsymbol{A}$ 与矢量 $\boldsymbol{B}\times\boldsymbol{C}$ 的叉积 $\boldsymbol{A}\times(\boldsymbol{B}\times\boldsymbol{C})$ 称为矢量三重积,它具有如下运算性质:

$$\boldsymbol{A}\times(\boldsymbol{B}\times\boldsymbol{C})=\boldsymbol{B}(\boldsymbol{A}\cdot\boldsymbol{C})-\boldsymbol{C}(\boldsymbol{A}\cdot\boldsymbol{B}) \tag{1.4}$$

1.1.2 三种常用的正交坐标系

1. 直角坐标系(x,y,z)

直角坐标系中的三个相互正交的坐标单位矢量为 $\boldsymbol{e}_x$、$\boldsymbol{e}_y$ 和 $\boldsymbol{e}_z$,遵循右手螺旋法则:

$$\boldsymbol{e}_x\times\boldsymbol{e}_y=\boldsymbol{e}_z,\ \boldsymbol{e}_y\times\boldsymbol{e}_z=\boldsymbol{e}_x,\ \boldsymbol{e}_z\times\boldsymbol{e}_x=\boldsymbol{e}_y \tag{1.5}$$

长度元

$$\mathrm{d}l_x=\mathrm{d}x,\ \mathrm{d}l_y=\mathrm{d}y,\ \mathrm{d}l_z=\mathrm{d}z \tag{1.6}$$

面积元

$$dS_x = dydz,\ dS_y = dxdz,\ dS_z = dxdy \tag{1.7}$$

体积元

$$dV = dxdydz \tag{1.8}$$

2. 圆柱坐标系($\boldsymbol{\rho},\boldsymbol{\phi},z$)

圆柱坐标系中的三个相互正交的坐标单位矢量为 $\boldsymbol{e}_\rho$、$\boldsymbol{e}_\phi$ 和 $\boldsymbol{e}_z$，遵循右手螺旋法则：

$$\boldsymbol{e}_\rho \times \boldsymbol{e}_\phi = \boldsymbol{e}_z,\ \boldsymbol{e}_\phi \times \boldsymbol{e}_z = \boldsymbol{e}_\rho,\ \boldsymbol{e}_z \times \boldsymbol{e}_\rho = \boldsymbol{e}_\phi \tag{1.9}$$

长度元

$$dl_\rho = d\rho,\ dl_\phi = \rho d\phi,\ dl_z = dz \tag{1.10}$$

面积元

$$dS_\rho = \rho d\phi dz,\ dS_\phi = d\rho dz,\ dS_z = \rho d\rho d\phi \tag{1.11}$$

体积元

$$dV = \rho d\rho d\phi dz \tag{1.12}$$

3. 球坐标系($\boldsymbol{r},\boldsymbol{\theta},\boldsymbol{\phi}$)

球坐标系中的三个相互正交的坐标单位矢量为 $\boldsymbol{e}_r$、$\boldsymbol{e}_\theta$ 和 $\boldsymbol{e}_\phi$，遵循右手螺旋法则：

$$\boldsymbol{e}_r \times \boldsymbol{e}_\theta = \boldsymbol{e}_\phi,\ \boldsymbol{e}_\theta \times \boldsymbol{e}_\phi = \boldsymbol{e}_r,\ \boldsymbol{e}_\phi \times \boldsymbol{e}_r = \boldsymbol{e}_\theta \tag{1.13}$$

长度元

$$dl_r = dr,\ dl_\theta = rd\theta,\ dl_\phi = r\sin\theta d\phi \tag{1.14}$$

面积元

$$dS_r = r^2\sin\theta d\theta d\phi,\ dS_\theta = r\sin\theta dr d\phi,\ dS_\phi = rdrd\theta \tag{1.15}$$

体积元

$$dV = r^2\sin\theta dr d\theta d\phi \tag{1.16}$$

4. 坐标单位矢量之间的变换

$\boldsymbol{e}_\rho$、$\boldsymbol{e}_\phi$、$\boldsymbol{e}_z$ 与 $\boldsymbol{e}_x$、$\boldsymbol{e}_y$、$\boldsymbol{e}_z$ 之间的变换关系见表 1.1。

表 1.1

	$\boldsymbol{e}_x$	$\boldsymbol{e}_y$	$\boldsymbol{e}_z$
$\boldsymbol{e}_\rho$	$\cos\phi$	$\sin\phi$	0
$\boldsymbol{e}_\phi$	$-\sin\phi$	$\cos\phi$	0
$\boldsymbol{e}_z$	0	0	1

$\boldsymbol{e}_r$、$\boldsymbol{e}_\theta$、$\boldsymbol{e}_\phi$ 与 $\boldsymbol{e}_\rho$、$\boldsymbol{e}_\phi$、$\boldsymbol{e}_z$ 之间的变换关系见表 1.2。

表 1.2

	$\boldsymbol{e}_\rho$	$\boldsymbol{e}_\phi$	$\boldsymbol{e}_z$
$\boldsymbol{e}_r$	$\sin\theta$	0	$\cos\theta$
$\boldsymbol{e}_\theta$	$\cos\theta$	0	$-\sin\theta$
$\boldsymbol{e}_\phi$	0	1	0

$\boldsymbol{e}_r$、$\boldsymbol{e}_\theta$、$\boldsymbol{e}_\phi$ 与 $\boldsymbol{e}_x$、$\boldsymbol{e}_y$、$\boldsymbol{e}_z$ 之间的变换关系见表 1.3。

表 1.3

	$\boldsymbol{e}_x$	$\boldsymbol{e}_y$	$\boldsymbol{e}_z$
$\boldsymbol{e}_r$	$\sin\theta\cos\phi$	$\sin\theta\sin\phi$	$\cos\theta$
$\boldsymbol{e}_\theta$	$\cos\theta\cos\phi$	$\cos\theta\sin\phi$	$-\sin\theta$
$\boldsymbol{e}_\phi$	$-\sin\phi$	$\cos\phi$	0

1.1.3 标量场的梯度

1. 标量场的等值面

标量场可用一个标量函数来描述

$$u = u(\boldsymbol{r}) \tag{1.17}$$

标量场的等值面方程为

$$u(\boldsymbol{r}) = C \quad (C\text{ 为常数}) \tag{1.18}$$

2. 标量场的方向导数

在直角坐标系中方向导数的计算公式为

$$\frac{\partial u}{\partial l} = \frac{\partial u}{\partial x}\cos\alpha + \frac{\partial u}{\partial y}\cos\beta + \frac{\partial u}{\partial z}\cos\gamma \tag{1.19}$$

式中，$\cos\alpha$、$\cos\beta$、$\cos\gamma$ 是方向 $\boldsymbol{l}$ 的方向余弦。

3. 标量场的梯度

标量场的梯度 ∇u 是一个矢量，在直角坐标系、圆柱坐标系和球坐标系中的表达式分别为

$$\nabla u = \boldsymbol{e}_x\frac{\partial u}{\partial x} + \boldsymbol{e}_y\frac{\partial u}{\partial y} + \boldsymbol{e}_z\frac{\partial u}{\partial z} \tag{1.20}$$

$$\nabla u = \boldsymbol{e}_\rho\frac{\partial u}{\partial \rho} + \boldsymbol{e}_\phi\frac{\partial u}{\rho\partial \phi} + \boldsymbol{e}_z\frac{\partial u}{\partial z} \tag{1.21}$$

$$\nabla u = \boldsymbol{e}_r \frac{\partial u}{\partial r} + \boldsymbol{e}_\theta \frac{\partial u}{r\partial\theta} + \boldsymbol{e}_\phi \frac{\partial u}{r\sin\theta\partial\phi} \tag{1.22}$$

1.1.4 矢量场的散度

1. 矢量场的矢量线

矢量场可用一个矢量函数来描述

$$\boldsymbol{F} = \boldsymbol{F}(\boldsymbol{r}) = \boldsymbol{e}_x F_x(\boldsymbol{r}) + \boldsymbol{e}_y F_y(\boldsymbol{r}) + \boldsymbol{e}_z F_z(\boldsymbol{r}) \tag{1.23}$$

矢量场的矢量线微分方程为

$$\frac{\mathrm{d}x}{F_x(\boldsymbol{r})} = \frac{\mathrm{d}y}{F_y(\boldsymbol{r})} = \frac{\mathrm{d}z}{F_z(\boldsymbol{r})} \tag{1.24}$$

2. 矢量场的通量

矢量场$\boldsymbol{F}(\boldsymbol{r})$穿出闭合面$S$的通量为

$$\Psi = \oint_S \boldsymbol{F}(\boldsymbol{r}) \cdot \mathrm{d}\boldsymbol{S} = \oint_S \boldsymbol{F}(\boldsymbol{r}) \cdot \boldsymbol{e}_\mathrm{n} \mathrm{d}S \tag{1.25}$$

3. 矢量场的散度

矢量场的散度$\nabla \cdot \boldsymbol{F}$是一个标量,在直角坐标系、圆柱坐标系和球坐标系中的表达式分别为

$$\nabla \cdot \boldsymbol{F} = \frac{\partial A_x}{\partial x} + \frac{\partial A_y}{\partial y} + \frac{\partial A_z}{\partial z} \tag{1.26}$$

$$\nabla \cdot \boldsymbol{F} = \frac{1}{\rho}\frac{\partial}{\partial\rho}(\rho F_\rho) + \frac{1}{\rho}\frac{\partial F_\phi}{\partial\phi} + \frac{\partial F_z}{\partial z} \tag{1.27}$$

$$\nabla \cdot \boldsymbol{F} = \frac{1}{r^2}\frac{\partial}{\partial r}(r^2 F_r) + \frac{1}{r\sin\theta}\frac{\partial}{\partial\theta}(\sin\theta F_\theta) + \frac{1}{r\sin\theta}\frac{\partial F_\phi}{\partial\phi} \tag{1.28}$$

4. 散度定理

矢量场的散度在体积V上的体积分等于矢量场在限定该体积的闭合曲面S上的面积分,即

$$\int_V \nabla \cdot \boldsymbol{F} \mathrm{d}V = \oint_S \boldsymbol{F} \cdot \mathrm{d}\boldsymbol{S} \tag{1.29}$$

散度定理是矢量场中的体积分与闭合曲面积分之间的一个变换关系,在电磁理论中非常有用。

1.1.5 矢量场的旋度

1. 矢量场的环流

矢量场$\boldsymbol{F}(\boldsymbol{r})$沿闭合路径$C$的环流为

$$\Gamma = \oint_C \boldsymbol{F} \cdot \mathrm{d}\boldsymbol{l} \tag{1.30}$$

2. 矢量场的旋度

矢量场的旋度$\nabla \times \boldsymbol{F}$是一个矢量，在直角坐标系、圆柱坐标系和球坐标系中的表达式分别为

$$\nabla \times \boldsymbol{F} = \begin{vmatrix} \boldsymbol{e}_x & \boldsymbol{e}_y & \boldsymbol{e}_z \\ \dfrac{\partial}{\partial x} & \dfrac{\partial}{\partial y} & \dfrac{\partial}{\partial z} \\ F_x & F_y & F_z \end{vmatrix} \tag{1.31}$$

$$\nabla \times \boldsymbol{F} = \frac{1}{\rho} \begin{vmatrix} \boldsymbol{e}_\rho & \rho \boldsymbol{e}_\phi & \boldsymbol{e}_z \\ \dfrac{\partial}{\partial \rho} & \dfrac{\partial}{\partial \phi} & \dfrac{\partial}{\partial z} \\ F_\rho & \rho F_\phi & F_z \end{vmatrix} \tag{1.32}$$

$$\nabla \times \boldsymbol{F} = \frac{1}{r^2 \sin\theta} \begin{vmatrix} \boldsymbol{e}_r & r\boldsymbol{e}_\theta & r\sin\theta \boldsymbol{e}_\phi \\ \dfrac{\partial}{\partial r} & \dfrac{\partial}{\partial \theta} & \dfrac{\partial}{\partial \phi} \\ F_r & rF_\theta & r\sin\theta F_\phi \end{vmatrix} \tag{1.33}$$

3. 斯托克斯定理

矢量场的旋度在曲面 S 上的面积分等于矢量场沿限定该曲面的闭合路径 C 的线积分，即

$$\int_S \nabla \times \boldsymbol{F} \cdot \mathrm{d}\boldsymbol{S} = \oint_C \boldsymbol{F} \cdot \mathrm{d}\boldsymbol{l} \tag{1.34}$$

斯托克斯定理是矢量场中的面积分与围线积分之间的一个变换关系，在电磁理论中也很有用。

1.1.6 无旋场与无散场

1. 无旋场

标量场的梯度有一个重要性质，就是它的旋度恒等于0，即

$$\nabla \times (\nabla u) \equiv 0 \tag{1.35}$$

一个旋度处处为0的矢量场 $\boldsymbol{F}$ 称为无旋场，可以把它表示为一个标量场的梯度，即如果$\nabla \times \boldsymbol{F} \equiv 0$，则存在标量函数 u，使得

$$\boldsymbol{F} = -\nabla u \tag{1.36}$$

2. 无散场

矢量场的旋度有一个重要性质,就是旋度的散度恒等于0,即

$$\nabla\cdot(\nabla\times\boldsymbol{A})=0 \tag{1.37}$$

一个散度处处为0的矢量场$\boldsymbol{F}$称为无散场,可以把它表示为另一矢量场的旋度,即如果$\nabla\cdot\boldsymbol{F}\equiv 0$,则存在矢量函数$\boldsymbol{A}$,使得

$$\boldsymbol{F}=\nabla\times\boldsymbol{A} \tag{1.38}$$

1.1.7 拉普拉斯运算与格林定理

1. 拉普拉斯运算$\nabla^2 u$

在直角坐标系、圆柱坐标系和球坐标系中,$\nabla^2 u$的表达式分别为

$$\nabla^2 u=\frac{\partial^2 u}{\partial x^2}+\frac{\partial^2 u}{\partial y^2}+\frac{\partial^2 u}{\partial z^2} \tag{1.39}$$

$$\nabla^2 u=\frac{1}{\rho}\frac{\partial}{\partial\rho}\left(\rho\frac{\partial u}{\partial\rho}\right)+\frac{1}{\rho^2}\frac{\partial^2 u}{\partial\phi^2}+\frac{\partial^2 u}{\partial z^2} \tag{1.40}$$

$$\nabla^2 u=\frac{1}{r^2}\frac{\partial}{\partial r}\left(r^2\frac{\partial u}{\partial r}\right)+\frac{1}{r^2\sin\theta}\frac{\partial}{\partial\theta}\left(\sin\theta\frac{\partial u}{\partial\theta}\right)+\frac{1}{r^2\sin^2\theta}\frac{\partial^2 u}{\partial\phi^2} \tag{1.41}$$

2. 格林定理

格林第一定理(格林第一恒等式)

$$\int_V(\varphi\nabla^2\psi+\nabla\varphi\cdot\nabla\psi)\mathrm{d}V=\oint_S\varphi\frac{\partial\psi}{\partial n}\mathrm{d}S \tag{1.42}$$

格林第二定理(格林第二恒等式)

$$\int_V(\varphi\nabla^2\psi-\psi\nabla^2\varphi)\mathrm{d}V=\oint_S\left(\varphi\frac{\partial\psi}{\partial n}-\psi\frac{\partial\varphi}{\partial n}\right)\mathrm{d}S \tag{1.43}$$

1.1.8 亥姆霍兹定理

矢量场的散度和旋度都是表示矢量场的性质的量度,一个矢量场所具有的性质可由它的散度和旋度来说明。可以证明:在有限的区域V内,任一矢量场由它的散度、旋度和边界条件(即限定区域V的闭合面S上的矢量场的分布)惟一地确定,且可表示为

$$\boldsymbol{F}(\boldsymbol{r})=-\nabla u(\boldsymbol{r})+\nabla\times\boldsymbol{A}(\boldsymbol{r}) \tag{1.44}$$

1.2 教学基本要求及重点、难点讨论

1.2.1 教学基本要求

理解标量场与矢量场的概念,了解标量场的等值面和矢量场的矢量线的

概念。

直角坐标系、圆柱坐标系和球坐标系是三种常用的坐标系,应熟练掌握。

矢量场的散度和旋度、标量场的梯度是矢量分析中最基本的概念,应深刻理解,掌握散度、旋度和梯度的计算公式和方法。

散度定理和斯托克斯定理是矢量分析中的两个重要定理,应熟练掌握和应用。

理解亥姆霍兹定理的重要意义。

1.2.2 重点、难点讨论

(1) 矢量场的散度和旋度用于描述矢量场的不同性质,它们的主要区别在于:

① 一个矢量场的旋度是一个矢量函数,而一个矢量场的散度是一个标量函数;

② 旋度描述的是矢量场中各点的场量与涡旋源的关系,而散度描述的是矢量场中各点的场量与通量源的关系;

③ 如果矢量场所在的空间中 $\nabla \times \boldsymbol{F} \equiv 0$,则这种场中不可能存在旋涡源,因而称之为无旋场(或保守场);如果矢量场所在的空间中 $\nabla \cdot \boldsymbol{F} \equiv 0$,则这种场中不可能存在通量源,因而称之为无源场(或管形场);

④ 在旋度公式(1.31)中,矢量场 $\boldsymbol{F}$ 的场分量 F_x、F_y、F_z 分别只对与其垂直方向的坐标变量求偏导数,所以矢量场的旋度描述的是场分量在与其垂直的方向上的变化规律;而在散度公式(1.26)中,矢量场 $\boldsymbol{F}$ 的场分量 F_x、F_y、F_z 分别只对 x、y、z 求偏导数,所以矢量场的散度描述的是场分量沿着各自方向上的变化规律。

(2) 亥姆霍兹定理总结了矢量场的基本性质,矢量场由它的散度和旋度惟一地确定,矢量的散度和矢量的旋度各对应矢量场的一种源。所以,分析矢量场总是从研究它的散度和旋度着手,散度方程和旋度方程组成了矢量场的基本方程(微分形式)。也可以从矢量场沿闭合面的通量和沿闭合路径的环流着手,得到基本方程的积分形式。

(3) 一个标量场的性质可由它的梯度来描述,即 $u(\boldsymbol{r}) = \int \nabla u \cdot \mathrm{d}\boldsymbol{l} + C$。标量场的梯度具有如下性质:

① 标量场 $u(\boldsymbol{r})$ 的梯度是一个矢量场,并且 $\nabla \times \nabla u \equiv 0$;

② 标量场 $u(\boldsymbol{r})$ 中,在给定点沿任意方向 $\boldsymbol{e}_l$ 的方向导数等于梯度在该方向上的投影,即

$$\frac{\partial u}{\partial l} = \boldsymbol{e}_l \cdot \nabla u$$

③ 标量场 $u(\boldsymbol{r})$ 中每一点的梯度垂直于过该点的等值面，且指向 $u(\boldsymbol{r})$ 增加的方向。

1.3 习题解答

1.1 给定三个矢量 $\boldsymbol{A}$、$\boldsymbol{B}$ 和 $\boldsymbol{C}$ 如下：

$$\boldsymbol{A} = \boldsymbol{e}_x + \boldsymbol{e}_y 2 - \boldsymbol{e}_z 3$$

$$\boldsymbol{B} = -\boldsymbol{e}_y 4 + \boldsymbol{e}_z$$

$$\boldsymbol{C} = \boldsymbol{e}_x 5 - \boldsymbol{e}_z 2$$

求：(1) $\boldsymbol{e}_A$；(2) $|\boldsymbol{A}-\boldsymbol{B}|$；(3) $\boldsymbol{A}\cdot\boldsymbol{B}$；(4) θ_{AB}；(5) $\boldsymbol{A}$ 在 $\boldsymbol{B}$ 上的分量；(6) $\boldsymbol{A}\times\boldsymbol{C}$；(7) $\boldsymbol{A}\cdot(\boldsymbol{B}\times\boldsymbol{C})$ 和 $(\boldsymbol{A}\times\boldsymbol{B})\cdot\boldsymbol{C}$；(8) $(\boldsymbol{A}\times\boldsymbol{B})\times\boldsymbol{C}$ 和 $\boldsymbol{A}\times(\boldsymbol{B}\times\boldsymbol{C})$。

解 (1) $\boldsymbol{e}_A = \dfrac{\boldsymbol{A}}{|\boldsymbol{A}|} = \dfrac{\boldsymbol{e}_x + \boldsymbol{e}_y 2 - \boldsymbol{e}_z 3}{\sqrt{1^2+2^2+(-3)^2}} = \boldsymbol{e}_x \dfrac{1}{\sqrt{14}} + \boldsymbol{e}_y \dfrac{2}{\sqrt{14}} - \boldsymbol{e}_z \dfrac{3}{\sqrt{14}}$

(2) $|\boldsymbol{A}-\boldsymbol{B}| = |(\boldsymbol{e}_x + \boldsymbol{e}_y 2 - \boldsymbol{e}_z 3) - (-\boldsymbol{e}_y 4 + \boldsymbol{e}_z)|$

$= |\boldsymbol{e}_x + \boldsymbol{e}_y 6 - \boldsymbol{e}_z 4| = \sqrt{53}$

(3) $\boldsymbol{A}\cdot\boldsymbol{B} = (\boldsymbol{e}_x + \boldsymbol{e}_y 2 - \boldsymbol{e}_z 3)\cdot(-\boldsymbol{e}_y 4 + \boldsymbol{e}_z) = -11$

(4) 由 $\cos\theta_{AB} = \dfrac{\boldsymbol{A}\cdot\boldsymbol{B}}{|\boldsymbol{A}|\,|\boldsymbol{B}|} = \dfrac{-11}{\sqrt{14}\times\sqrt{17}} = -\dfrac{11}{\sqrt{238}}$，得

$$\theta_{AB} = \arccos\left(-\frac{11}{\sqrt{238}}\right) = 135.5°$$

(5) $\boldsymbol{A}$ 在 $\boldsymbol{B}$ 上的分量

$$A_B = |\boldsymbol{A}|\cos\theta_{AB} = \frac{\boldsymbol{A}\cdot\boldsymbol{B}}{|\boldsymbol{B}|} = -\frac{11}{\sqrt{17}}$$

(6) $\boldsymbol{A}\times\boldsymbol{C} = \begin{vmatrix} \boldsymbol{e}_x & \boldsymbol{e}_y & \boldsymbol{e}_z \\ 1 & 2 & -3 \\ 5 & 0 & -2 \end{vmatrix} = -\boldsymbol{e}_x 4 - \boldsymbol{e}_y 13 - \boldsymbol{e}_z 10$

(7) 由于 $\boldsymbol{B}\times\boldsymbol{C} = \begin{vmatrix} \boldsymbol{e}_x & \boldsymbol{e}_y & \boldsymbol{e}_z \\ 0 & -4 & 1 \\ 5 & 0 & -2 \end{vmatrix} = \boldsymbol{e}_x 8 + \boldsymbol{e}_y 5 + \boldsymbol{e}_z 20$

$$\boldsymbol{A}\times\boldsymbol{B} = \begin{vmatrix} \boldsymbol{e}_x & \boldsymbol{e}_y & \boldsymbol{e}_z \\ 1 & 2 & -3 \\ 0 & -4 & 1 \end{vmatrix} = -\boldsymbol{e}_x 10 - \boldsymbol{e}_y - \boldsymbol{e}_z 4$$

所以 $\boldsymbol{A}\cdot(\boldsymbol{B}\times\boldsymbol{C}) = (\boldsymbol{e}_x + \boldsymbol{e}_y 2 - \boldsymbol{e}_z 3)\cdot(\boldsymbol{e}_x 8 + \boldsymbol{e}_y 5 + \boldsymbol{e}_z 20) = -42$

$$(\boldsymbol{A}\times\boldsymbol{B})\cdot\boldsymbol{C} = (-\boldsymbol{e}_x 10 - \boldsymbol{e}_y 1 - \boldsymbol{e}_z 4)\cdot(\boldsymbol{e}_x 5 - \boldsymbol{e}_z 2) = -42$$

(8) $(\boldsymbol{A}\times\boldsymbol{B})\times\boldsymbol{C} = \begin{vmatrix} \boldsymbol{e}_x & \boldsymbol{e}_y & \boldsymbol{e}_z \\ -10 & -1 & -4 \\ 5 & 0 & -2 \end{vmatrix} = \boldsymbol{e}_x 2 - \boldsymbol{e}_y 40 + \boldsymbol{e}_z 5$

$$\boldsymbol{A}\times(\boldsymbol{B}\times\boldsymbol{C}) = \begin{vmatrix} \boldsymbol{e}_x & \boldsymbol{e}_y & \boldsymbol{e}_z \\ 1 & 2 & -3 \\ 8 & 5 & 20 \end{vmatrix} = \boldsymbol{e}_x 55 - \boldsymbol{e}_y 44 - \boldsymbol{e}_z 11$$

1.2 三角形的三个顶点为 $P_1(0,1,-2)$、$P_2(4,1,-3)$ 和 $P_3(6,2,5)$。

(1) 判断 $\triangle P_1P_2P_3$ 是否为一直角三角形；

(2) 求三角形的面积。

解 (1) 三个顶点 $P_1(0,1,-2)$、$P_2(4,1,-3)$ 和 $P_3(6,2,5)$ 的位置矢量分别为

$$\boldsymbol{r}_1 = \boldsymbol{e}_y - \boldsymbol{e}_z 2,\ \boldsymbol{r}_2 = \boldsymbol{e}_x 4 + \boldsymbol{e}_y - \boldsymbol{e}_z 3,\ \boldsymbol{r}_3 = \boldsymbol{e}_x 6 + \boldsymbol{e}_y 2 + \boldsymbol{e}_z 5$$

则 $\boldsymbol{R}_{12} = \boldsymbol{r}_2 - \boldsymbol{r}_1 = \boldsymbol{e}_x 4 - \boldsymbol{e}_z,\quad \boldsymbol{R}_{23} = \boldsymbol{r}_3 - \boldsymbol{r}_2 = \boldsymbol{e}_x 2 + \boldsymbol{e}_y + \boldsymbol{e}_z 8,$

$$\boldsymbol{R}_{31} = \boldsymbol{r}_1 - \boldsymbol{r}_3 = -\boldsymbol{e}_x 6 - \boldsymbol{e}_y - \boldsymbol{e}_z 7$$

由此可见

$$\boldsymbol{R}_{12}\cdot\boldsymbol{R}_{23} = (\boldsymbol{e}_x 4 - \boldsymbol{e}_z)\cdot(\boldsymbol{e}_x 2 + \boldsymbol{e}_y + \boldsymbol{e}_z 8) = 0$$

故 $\triangle P_1P_2P_3$ 为一直角三角形。

(2) 三角形的面积

$$S = \frac{1}{2}|\boldsymbol{R}_{12}\times\boldsymbol{R}_{23}| = \frac{1}{2}|\boldsymbol{R}_{12}|\times|\boldsymbol{R}_{23}| = \frac{1}{2}\sqrt{17}\times\sqrt{69} = 17.13$$

1.3 求 $P'(-3,1,4)$ 点到 $P(2,-2,3)$ 点的距离矢量 $\boldsymbol{R}$ 及 $\boldsymbol{R}$ 的方向。

解 $\boldsymbol{r}_{P'} = -\boldsymbol{e}_x 3 + \boldsymbol{e}_y + \boldsymbol{e}_z 4,\quad \boldsymbol{r}_P = \boldsymbol{e}_x 2 - \boldsymbol{e}_y 2 + \boldsymbol{e}_z 3$

则 $\boldsymbol{R} = \boldsymbol{R}_{P'P} = \boldsymbol{r}_P - \boldsymbol{r}_{P'} = \boldsymbol{e}_x 5 - \boldsymbol{e}_y 3 - \boldsymbol{e}_z$

且 $\boldsymbol{R}_{P'P}$ 与 x、y、z 轴的夹角分别为

$$\phi_x = \arccos\left(\frac{\boldsymbol{e}_x\cdot\boldsymbol{R}_{P'P}}{|\boldsymbol{R}_{P'P}|}\right) = \arccos\left(\frac{5}{\sqrt{35}}\right) = 32.31^\circ$$

$$\phi_y = \arccos\left(\frac{\boldsymbol{e}_y\cdot\boldsymbol{R}_{P'P}}{|\boldsymbol{R}_{P'P}|}\right) = \arccos\left(\frac{3}{\sqrt{35}}\right) = 120.47^\circ$$

$$\phi_z = \arccos\left(\frac{\boldsymbol{e}_z\cdot\boldsymbol{R}_{P'P}}{|\boldsymbol{R}_{P'P}|}\right) = \arccos\left(-\frac{1}{\sqrt{35}}\right) = 99.73^\circ$$

1.4 给定两矢量 $\boldsymbol{A}=\boldsymbol{e}_x2+\boldsymbol{e}_y3-\boldsymbol{e}_z4$ 和 $\boldsymbol{B}=\boldsymbol{e}_x4-\boldsymbol{e}_y5+\boldsymbol{e}_z6$，求它们之间的夹角和 $\boldsymbol{A}$ 在 $\boldsymbol{B}$ 上的分量。

解
$$|\boldsymbol{A}|=\sqrt{2^2+3^2+(-4)^2}=\sqrt{29}$$
$$|\boldsymbol{B}|=\sqrt{4^2+5^2+6^2}=\sqrt{77}$$
$$\boldsymbol{A}\cdot\boldsymbol{B}=(\boldsymbol{e}_x2+\boldsymbol{e}_y3-\boldsymbol{e}_z4)\cdot(\boldsymbol{e}_x4-\boldsymbol{e}_y5+\boldsymbol{e}_z6)=-31$$

故 $\boldsymbol{A}$ 与 $\boldsymbol{B}$ 之间的夹角为
$$\theta_{AB}=\arccos\left(\frac{\boldsymbol{A}\cdot\boldsymbol{B}}{|\boldsymbol{A}|\,|\boldsymbol{B}|}\right)=\arccos\left(\frac{-31}{\sqrt{29}\times\sqrt{77}}\right)=131^\circ$$

$\boldsymbol{A}$ 在 $\boldsymbol{B}$ 上的分量为
$$A_B=\boldsymbol{A}\cdot\frac{\boldsymbol{B}}{|\boldsymbol{B}|}=\frac{-31}{\sqrt{77}}=-3.532$$

1.5 给定两矢量 $\boldsymbol{A}=\boldsymbol{e}_x2+\boldsymbol{e}_y3-\boldsymbol{e}_z4$ 和 $\boldsymbol{B}=-\boldsymbol{e}_x6-\boldsymbol{e}_y4+\boldsymbol{e}_z$，求 $\boldsymbol{A}\times\boldsymbol{B}$ 在 $\boldsymbol{C}=\boldsymbol{e}_x-\boldsymbol{e}_y+\boldsymbol{e}_z$ 上的分量。

解
$$\boldsymbol{A}\times\boldsymbol{B}=\begin{vmatrix}\boldsymbol{e}_x & \boldsymbol{e}_y & \boldsymbol{e}_z\\ 2 & 3 & -4\\ -6 & -4 & 1\end{vmatrix}=-\boldsymbol{e}_x13+\boldsymbol{e}_y22+\boldsymbol{e}_z10$$
$$(\boldsymbol{A}\times\boldsymbol{B})\cdot\boldsymbol{C}=(-\boldsymbol{e}_x13+\boldsymbol{e}_y22+\boldsymbol{e}_z10)\cdot(\boldsymbol{e}_x-\boldsymbol{e}_y+\boldsymbol{e}_z)=-25$$
$$|\boldsymbol{C}|=\sqrt{1^2+(-1)^2+1^2}=\sqrt{3}$$

所以 $\boldsymbol{A}\times\boldsymbol{B}$ 在 $\boldsymbol{C}$ 上的分量为
$$(\boldsymbol{A}\times\boldsymbol{B})_C=\frac{(\boldsymbol{A}\times\boldsymbol{B})\cdot\boldsymbol{C}}{|\boldsymbol{C}|}=-\frac{25}{\sqrt{3}}=-14.43$$

1.6 证明：如果 $\boldsymbol{A}\cdot\boldsymbol{B}=\boldsymbol{A}\cdot\boldsymbol{C}$ 和 $\boldsymbol{A}\times\boldsymbol{B}=\boldsymbol{A}\times\boldsymbol{C}$，则 $\boldsymbol{B}=\boldsymbol{C}$。

证 由 $\boldsymbol{A}\times\boldsymbol{B}=\boldsymbol{A}\times\boldsymbol{C}$，则有 $\boldsymbol{A}\times(\boldsymbol{A}\times\boldsymbol{B})=\boldsymbol{A}\times(\boldsymbol{A}\times\boldsymbol{C})$，即
$$(\boldsymbol{A}\cdot\boldsymbol{B})\boldsymbol{A}-(\boldsymbol{A}\cdot\boldsymbol{A})\boldsymbol{B}=(\boldsymbol{A}\cdot\boldsymbol{C})\boldsymbol{A}-(\boldsymbol{A}\cdot\boldsymbol{A})\boldsymbol{C}$$

由于 $\boldsymbol{A}\cdot\boldsymbol{B}=\boldsymbol{A}\cdot\boldsymbol{C}$，于是得到
$$(\boldsymbol{A}\cdot\boldsymbol{A})\boldsymbol{B}=(\boldsymbol{A}\cdot\boldsymbol{A})\boldsymbol{C}$$

故
$$\boldsymbol{B}=\boldsymbol{C}$$

1.7 如果给定一个未知矢量与一个已知矢量的标量积和矢量积，那么便可以确定该未知矢量。设 $\boldsymbol{A}$ 为一已知矢量，$p=\boldsymbol{A}\cdot\boldsymbol{X}$ 而 $\boldsymbol{P}=\boldsymbol{A}\times\boldsymbol{X}$，$p$ 和 $\boldsymbol{P}$ 已知，试求 $\boldsymbol{X}$。

解 由 $\boldsymbol{P}=\boldsymbol{A}\times\boldsymbol{X}$，有

$$A \times P = A \times (A \times X) = (A \cdot X)A - (A \cdot A)X = pA - (A \cdot A)X$$

故得
$$X = \frac{pA - A \times P}{A \cdot A}$$

1.8 在圆柱坐标系中,一点的位置由$\left(4, \frac{2\pi}{3}, 3\right)$定出,求该点在:(1) 直角坐标系中的坐标;(2) 球坐标系中的坐标。

解 (1) 在直角坐标系中

$$x = 4\cos(2\pi/3) = -2,\ y = 4\sin(2\pi/3) = 2\sqrt{3},\ z = 3$$

故该点的直角坐标为$(-2, 2\sqrt{3}, 3)$。

(2) 在球坐标系中

$$r = \sqrt{4^2 + 3^2} = 5,\ \theta = \arctan(4/3) = 53.1°,\ \phi = 2\pi/3\ \text{rad} = 120°$$

故该点的球坐标为$(5, 53.1°, 120°)$。

1.9 用球坐标表示的场$\boldsymbol{E} = \boldsymbol{e}_r \frac{25}{r^2}$。

(1) 求在直角坐标系中$(-3, 4, -5)$点处的$|\boldsymbol{E}|$和E_x;

(2) 求在直角坐标系中$(-3, 4, -5)$点处$\boldsymbol{E}$与矢量$\boldsymbol{B} = \boldsymbol{e}_x 2 - \boldsymbol{e}_y 2 + \boldsymbol{e}_z$构成的夹角。

解 (1) 在直角坐标系中$(-3, 4, -5)$点处,$r = \sqrt{(-3)^2 + 4^2 + (-5)^2} = 5\sqrt{2}$,故

$$|\boldsymbol{E}| = \left|\boldsymbol{e}_r \frac{25}{r^2}\right| = \frac{1}{2}$$

又在直角坐标系中$(-3, 4, -5)$点处,$\boldsymbol{r} = -\boldsymbol{e}_x 3 + \boldsymbol{e}_y 4 - \boldsymbol{e}_z 5$,所以

$$\boldsymbol{E} = \boldsymbol{e}_r \frac{25}{r^2} = \frac{25}{r^3}\boldsymbol{r} = \frac{-\boldsymbol{e}_x 3 + \boldsymbol{e}_y 4 - \boldsymbol{e}_z 5}{10\sqrt{2}}$$

故

$$E_x = \boldsymbol{e}_x \cdot \boldsymbol{E} = \frac{-3}{10\sqrt{2}} = -\frac{3\sqrt{2}}{20}$$

(2)
$$|\boldsymbol{B}| = \sqrt{2^2 + (-2)^2 + 1^2} = 3$$

在直角坐标系中$(-3, 4, -5)$点处

$$\boldsymbol{E} \cdot \boldsymbol{B} = \frac{-\boldsymbol{e}_x 3 + \boldsymbol{e}_y 4 - \boldsymbol{e}_z 5}{10\sqrt{2}} \cdot (\boldsymbol{e}_x 2 - \boldsymbol{e}_y 2 + \boldsymbol{e}_z) = -\frac{19}{10\sqrt{2}}$$

故$\boldsymbol{E}$与$\boldsymbol{B}$构成的夹角为

$$\theta_{EB}=\arccos\left(\frac{\boldsymbol{E}\cdot\boldsymbol{B}}{|\boldsymbol{E}|\,|\boldsymbol{B}|}\right)=\arccos\left(-\frac{19/(10\sqrt{2})}{3/2}\right)=153.6°$$

1.10 球坐标系中的两个点(r_1,θ_1,ϕ_1)和(r_2,θ_2,ϕ_2)定出两个位置矢量$\boldsymbol{R}_1$和$\boldsymbol{R}_2$。证明$\boldsymbol{R}_1$和$\boldsymbol{R}_2$间夹角的余弦为

$$\cos\gamma=\cos\theta_1\cos\theta_2+\sin\theta_1\sin\theta_2\cos(\phi_1-\phi_2)$$

证 由 $\boldsymbol{R}_1=\boldsymbol{e}_x r_1\sin\theta_1\cos\phi_1+\boldsymbol{e}_y r_1\sin\theta_1\sin\phi_1+\boldsymbol{e}_z r_1\cos\theta_1$

$\boldsymbol{R}_2=\boldsymbol{e}_x r_2\sin\theta_2\cos\phi_2+\boldsymbol{e}_y r_2\sin\theta_2\sin\phi_2+\boldsymbol{e}_z r_2\cos\theta_2$

得到 $\cos\gamma=\dfrac{\boldsymbol{R}_1\cdot\boldsymbol{R}_2}{|\boldsymbol{R}_1|\,|\boldsymbol{R}_z|}$

$$=\sin\theta_1\cos\phi_1\sin\theta_2\cos\phi_2+\sin\theta_1\sin\phi_1\sin\theta_2\sin\phi_2+\cos\theta_1\cos\theta_2$$
$$=\sin\theta_1\sin\theta_2(\cos\phi_1\cos\phi_2+\sin\phi_1\sin\phi_2)+\cos\theta_1\cos\theta_2$$
$$=\sin\theta_1\sin\theta_2\cos(\phi_1-\phi_2)+\cos\theta_1\cos\theta_2$$

1.11 求标量函数$\Psi=x^2yz$的梯度及Ψ在一个指定方向的方向导数，此方向由单位矢量$\boldsymbol{e}_l=\boldsymbol{e}_x\dfrac{3}{\sqrt{50}}+\boldsymbol{e}_y\dfrac{4}{\sqrt{50}}+\boldsymbol{e}_z\dfrac{5}{\sqrt{50}}$定出；求(2,3,1)点的方向导数值。

解
$$\nabla\Psi=\boldsymbol{e}_x\frac{\partial}{\partial x}(x^2yz)+\boldsymbol{e}_y\frac{\partial}{\partial y}(x^2yz)+\boldsymbol{e}_z\frac{\partial}{\partial z}(x^2yz)$$
$$=\boldsymbol{e}_x 2xyz+\boldsymbol{e}_y x^2z+\boldsymbol{e}_z x^2y$$

故沿方向$\boldsymbol{e}_l=\boldsymbol{e}_x\dfrac{3}{\sqrt{50}}+\boldsymbol{e}_y\dfrac{4}{\sqrt{50}}+\boldsymbol{e}_z\dfrac{5}{\sqrt{50}}$的方向导数为

$$\frac{\partial\Psi}{\partial l}=\nabla\Psi\cdot\boldsymbol{e}_l=\frac{6xyz}{\sqrt{50}}+\frac{4x^2z}{\sqrt{50}}+\frac{5x^2y}{\sqrt{50}}$$

点(2,3,1)处沿$\boldsymbol{e}_l$的方向导数值为

$$\frac{\partial\Psi}{\partial l}=\frac{36}{\sqrt{50}}+\frac{16}{\sqrt{50}}+\frac{60}{\sqrt{50}}=\frac{112}{\sqrt{50}}$$

1.12 已知标量函数$u=x^2+2y^2+3z^2+3x-2y-6z$。(1) 求∇u；(2) 在哪些点上∇u等于0？

解 (1) $\nabla u=\boldsymbol{e}_x\dfrac{\partial u}{\partial x}+\boldsymbol{e}_y\dfrac{\partial u}{\partial y}+\boldsymbol{e}_z\dfrac{\partial u}{\partial z}=\boldsymbol{e}_x(2x+3)+\boldsymbol{e}_y(4y-2)+\boldsymbol{e}_z(6z-6)$

(2) 由$\nabla u=\boldsymbol{e}_x(2x+3)+\boldsymbol{e}_y(4y-2)+\boldsymbol{e}_z(6z-6)=0$，得

$$x=-3/2,\ y=1/2,\ z=1$$

1.13 方程$u=\dfrac{x^2}{a^2}+\dfrac{y^2}{b^2}+\dfrac{z^2}{c^2}$给出一椭球族。求椭球表面上任意点的单位法

向矢量。

解 由于

$$\nabla u=\boldsymbol{e}_x\frac{2x}{a^2}+\boldsymbol{e}_y\frac{2y}{b^2}+\boldsymbol{e}_z\frac{2z}{c^2}$$

$$|\nabla u| = 2\sqrt{\left(\frac{x}{a^2}\right)^2+\left(\frac{y}{b^2}\right)^2+\left(\frac{z}{c^2}\right)^2}$$

故椭球表面上任意点的单位法向矢量为

$$\boldsymbol{e}_{\mathrm{n}} = \frac{\nabla u}{|\nabla u|} = \left(\boldsymbol{e}_x\frac{x}{a^2}+\boldsymbol{e}_y\frac{y}{b^2}+\boldsymbol{e}_z\frac{z}{c^2}\right)\Big/\sqrt{\left(\frac{x}{a^2}\right)^2+\left(\frac{y}{b^2}\right)^2+\left(\frac{z}{c^2}\right)^2}$$

1.14 利用直角坐标系，证明

$$\nabla(uv) = u\nabla v+v\nabla u$$

证 在直角坐标系中

$$\begin{aligned}u\nabla v+v\nabla u &= u\left(\boldsymbol{e}_x\frac{\partial v}{\partial x}+\boldsymbol{e}_y\frac{\partial v}{\partial y}+\boldsymbol{e}_z\frac{\partial v}{\partial z}\right)+v\left(\boldsymbol{e}_x\frac{\partial u}{\partial x}+\boldsymbol{e}_y\frac{\partial u}{\partial y}+\boldsymbol{e}_z\frac{\partial u}{\partial z}\right)\\ &=\boldsymbol{e}_x\left(u\frac{\partial v}{\partial x}+v\frac{\partial u}{\partial x}\right)+\boldsymbol{e}_y\left(u\frac{\partial v}{\partial y}+v\frac{\partial u}{\partial y}\right)+\boldsymbol{e}_z\left(u\frac{\partial v}{\partial z}+v\frac{\partial u}{\partial z}\right)\\ &=\boldsymbol{e}_x\frac{\partial(uv)}{\partial x}+\boldsymbol{e}_y\frac{\partial(uv)}{\partial y}+\boldsymbol{e}_z\frac{\partial(uv)}{\partial z}\\ &=\nabla(uv)\end{aligned}$$

1.15 一个球面 S 的半径为 5，球心在原点上，计算：$\oint_S(\boldsymbol{e}_r 3\sin\theta)\cdot \mathrm{d}\boldsymbol{S}$ 的值。

解

$$\begin{aligned}\oint_S(\boldsymbol{e}_r 3\sin\theta)\cdot\mathrm{d}\boldsymbol{S} &= \oint_S(\boldsymbol{e}_r 3\sin\theta)\cdot\boldsymbol{e}_r\mathrm{d}S\\ &=\int_0^{2\pi}\int_0^{\pi}3\sin\theta\times 5^2\sin\theta\mathrm{d}\theta\mathrm{d}\phi = 75\pi^2\end{aligned}$$

1.16 已知矢量 $\boldsymbol{E}=\boldsymbol{e}_x(x^2+axz)+\boldsymbol{e}_y(xy^2+by)+\boldsymbol{e}_z(z-z^2+czx-2xyz)$，试确定常数 a、b、c，使 $\boldsymbol{E}$ 为无源场。

解 由 $\nabla\cdot\boldsymbol{E}=(2x+az)+(2xy+b)+(1-2z+cx-2xy)=0$，得

$$a=2,\ b=-1,\ c=-2$$

1.17 在由 $\rho=5$、$z=0$ 和 $z=4$ 围成的圆柱形区域，对矢量 $\boldsymbol{A}=\boldsymbol{e}_\rho\rho^2+\boldsymbol{e}_z 2z$ 验证散度定理。

证 在圆柱坐标系中

$$\nabla\cdot\boldsymbol{A} = \frac{1}{\rho}\frac{\partial}{\partial\rho}(\rho\rho^2)+\frac{\partial}{\partial z}(2z) = 3\rho+2$$

所以 $$\int_V \nabla \cdot \boldsymbol{A} \mathrm{d}V = \int_0^4 \mathrm{d}z \int_0^{2\pi} \mathrm{d}\phi \int_0^5 (3\rho + 2)\rho \mathrm{d}\rho = 1\,200\,\pi$$

又 $$\oint_S \boldsymbol{A} \cdot \mathrm{d}\boldsymbol{S} = \int_{S_上} \boldsymbol{A} \cdot \mathrm{d}\boldsymbol{S} + \int_{S_下} \boldsymbol{A} \cdot \mathrm{d}\boldsymbol{S} + \int_{S_{柱面}} \boldsymbol{A} \cdot \mathrm{d}\boldsymbol{S}$$

$$= \int_0^{2\pi} \int_0^5 \boldsymbol{A}\Big|_{z=4} \cdot \boldsymbol{e}_z \rho \mathrm{d}\rho \mathrm{d}\phi + \int_0^{2\pi} \int_0^5 \boldsymbol{A}\Big|_{z=0} \cdot (-\boldsymbol{e}_z) \rho \mathrm{d}\rho \mathrm{d}\phi +$$

$$\int_0^{2\pi} \int_0^4 \boldsymbol{A}\Big|_{\rho=5} \cdot \boldsymbol{e}_\rho 5 \mathrm{d}z \mathrm{d}\phi$$

$$= \int_0^{2\pi} \int_0^5 2 \times 4\rho \mathrm{d}\rho \mathrm{d}\phi + \int_0^{2\pi} \int_0^4 5^2 \times 5 \mathrm{d}z \mathrm{d}\phi = 1\,200\,\pi$$

故有

$$\int_V \nabla \cdot \boldsymbol{A} \mathrm{d}V = 1\,200\,\pi = \oint_S \boldsymbol{A} \cdot \mathrm{d}\boldsymbol{S}$$

1.18 （1）求矢量 $\boldsymbol{A} = \boldsymbol{e}_x x^2 + \boldsymbol{e}_y x^2 y^2 + \boldsymbol{e}_z 24x^2 y^2 z^3$ 的散度；（2）求 $\nabla \cdot \boldsymbol{A}$ 对中心在原点的一个单位立方体的积分；（3）求 $\boldsymbol{A}$ 对此立方体表面的积分，验证散度定理。

解 （1）$$\nabla \cdot \boldsymbol{A} = \frac{\partial(x^2)}{\partial x} + \frac{\partial(x^2 y^2)}{\partial y} + \frac{\partial(24x^2 y^2 z^3)}{\partial z} = 2x + 2x^2 y + 72x^2 y^2 z^2$$

（2）$\nabla \cdot \boldsymbol{A}$ 对中心在原点的一个单位立方体的积分为

$$\int_V \nabla \cdot \boldsymbol{A} \mathrm{d}V = \int_{-1/2}^{1/2} \int_{-1/2}^{1/2} \int_{-1/2}^{1/2} (2x + 2x^2 y + 72x^2 y^2 z^2) \mathrm{d}x \mathrm{d}y \mathrm{d}z = \frac{1}{24}$$

（3）$\boldsymbol{A}$ 对此立方体表面的积分

$$\oint_S \boldsymbol{A} \cdot \mathrm{d}\boldsymbol{S} = \int_{-1/2}^{1/2} \int_{-1/2}^{1/2} \left(\frac{1}{2}\right)^2 \mathrm{d}y \mathrm{d}z - \int_{-1/2}^{1/2} \int_{-1/2}^{1/2} \left(-\frac{1}{2}\right)^2 \mathrm{d}y \mathrm{d}z +$$

$$\int_{-1/2}^{1/2} \int_{-1/2}^{1/2} x^2 \left(\frac{1}{2}\right)^2 \mathrm{d}x \mathrm{d}z - \int_{-1/2}^{1/2} \int_{-1/2}^{1/2} x^2 \left(-\frac{1}{2}\right)^2 \mathrm{d}x \mathrm{d}z +$$

$$\int_{-1/2}^{1/2} \int_{-1/2}^{1/2} 24x^2 y^2 \left(\frac{1}{2}\right)^3 \mathrm{d}x \mathrm{d}y - \int_{-1/2}^{1/2} \int_{-1/2}^{1/2} 24x^2 y^2 \left(-\frac{1}{2}\right)^3 \mathrm{d}x \mathrm{d}y$$

$$= \frac{1}{24}$$

故有 $$\int_V \nabla \cdot \boldsymbol{A} \mathrm{d}V = \frac{1}{24} = \oint_S \boldsymbol{A} \cdot \mathrm{d}\boldsymbol{S}$$

1.19 计算矢量 $\boldsymbol{r}$ 对一个球心在原点、半径为 a 的球表面的积分，并求 $\nabla \cdot \boldsymbol{r}$ 对球体积的积分。

解

$$\oint_S \boldsymbol{r}\cdot \mathrm{d}\boldsymbol{S} = \oint_S \boldsymbol{r}\cdot \boldsymbol{e}_r \mathrm{d}S = \int_0^{2\pi}\mathrm{d}\phi\int_0^{\pi} aa^2\sin\theta\mathrm{d}\theta$$

$$=4\pi a^3$$

又在球坐标系中，$\nabla\cdot\boldsymbol{r}=\frac{1}{r^2}\frac{\partial}{\partial r}(r^2 r)=3$，所以

$$\int_V \nabla\cdot\boldsymbol{r}\mathrm{d}V=\int_0^{2\pi}\int_0^{\pi}\int_0^{a}3r^2\sin\theta\mathrm{d}r\mathrm{d}\theta\mathrm{d}\phi$$

$$=4\pi a^3$$

1.20 在球坐标系中，已知矢量 $\boldsymbol{A}=\boldsymbol{e}_r a+\boldsymbol{e}_\theta b+\boldsymbol{e}_\phi c$，其中 a、b 和 c 均为常数。(1) 问矢量 $\boldsymbol{A}$ 是否为常矢量？(2) 求 $\nabla\cdot\boldsymbol{A}$ 和 $\nabla\times\boldsymbol{A}$。

解 (1)

$$A=|\boldsymbol{A}|=\sqrt{\boldsymbol{A}\cdot\boldsymbol{A}}=\sqrt{a^2+b^2+c^2}$$

即矢量 $\boldsymbol{A}=\boldsymbol{e}_r a+\boldsymbol{e}_\theta b+\boldsymbol{e}_\phi c$ 的模为常数。

将矢量 $\boldsymbol{A}=\boldsymbol{e}_r a+\boldsymbol{e}_\theta b+\boldsymbol{e}_\phi c$ 用直角坐标表示，有

$$\begin{aligned}\boldsymbol{A}&=\boldsymbol{e}_r a+\boldsymbol{e}_\theta b+\boldsymbol{e}_\phi c\\&=\boldsymbol{e}_x(a\sin\theta\cos\phi+b\cos\theta\cos\phi-c\sin\phi)+\\&\quad\boldsymbol{e}_y(a\sin\theta\sin\phi+b\cos\theta\sin\phi+c\cos\phi)+\boldsymbol{e}_z(a\cos\theta-b\sin\theta)\end{aligned}$$

由此可见，矢量 $\boldsymbol{A}$ 的方向随 θ 和 ϕ 变化，故矢量 $\boldsymbol{A}$ 不是常矢量。

由上述结果可知，一个常矢量 $\boldsymbol{C}$ 在球坐标系中不能表示为 $\boldsymbol{C}=\boldsymbol{e}_r a+\boldsymbol{e}_\theta b+\boldsymbol{e}_\phi c$。

(2) 在球坐标系中

$$\nabla\cdot\boldsymbol{A}=\frac{1}{r^2}\frac{\partial}{\partial r}(r^2 a)+\frac{1}{r\sin\theta}\frac{\partial}{\partial\theta}(\sin\theta b)+\frac{1}{r\sin\theta}\frac{\partial c}{\partial\phi}=\frac{2a}{r}+\frac{b\cos\theta}{r\sin\theta}$$

$$\nabla\times\boldsymbol{A}=\frac{1}{r^2\sin\theta}\begin{vmatrix}\boldsymbol{e}_r & r\boldsymbol{e}_\theta & r\sin\theta\boldsymbol{e}_\phi\\ \frac{\partial}{\partial r} & \frac{\partial}{\partial\theta} & \frac{\partial}{\partial\phi}\\ A_r & rA_\theta & r\sin\theta A_\phi\end{vmatrix}=\boldsymbol{e}_r\frac{c\cos\theta}{r\sin\theta}-\boldsymbol{e}_\theta\frac{c}{r}+\boldsymbol{e}_\phi\frac{b}{r^2}$$

1.21 求矢量 $\boldsymbol{A}=\boldsymbol{e}_x x+\boldsymbol{e}_y x^2+\boldsymbol{e}_z y^2 z$ 沿 xy 平面上的一个边长为 2 的正方形回路的线积分，此正方形的两边分别与 x 轴和 y 轴相重合。再求 $\nabla\times\boldsymbol{A}$ 对此回路所包围的曲面积分，验证斯托克斯定理。

解 如图题 1.21 所示，可得

$$\oint_C \boldsymbol{A}\cdot\mathrm{d}\boldsymbol{l}=\int_0^2\boldsymbol{A}\big|_{y=0}\cdot\boldsymbol{e}_x\mathrm{d}x+\int_0^2\boldsymbol{A}\big|_{x=2}\cdot\boldsymbol{e}_y\mathrm{d}y+$$

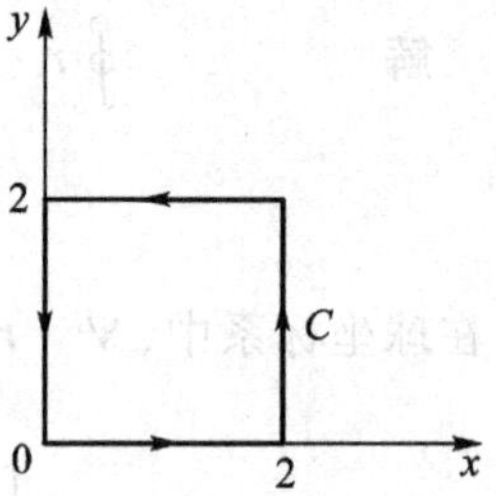

图题 1.21

$$\int_0^2 \boldsymbol{A}\big|_{y=2}\cdot(-\boldsymbol{e}_x)\mathrm{d}x+\int_0^2 \boldsymbol{A}\big|_{x=0}\cdot(-\boldsymbol{e}_y)\mathrm{d}y$$

$$=\int_0^2 x\mathrm{d}x+\int_0^2 2^2\mathrm{d}y-\int_0^2 x\mathrm{d}x-\int_0^2 0\mathrm{d}y$$

$$=8$$

又

$$\nabla\times\boldsymbol{A}=\begin{vmatrix}\boldsymbol{e}_x & \boldsymbol{e}_y & \boldsymbol{e}_z\\ \dfrac{\partial}{\partial x} & \dfrac{\partial}{\partial y} & \dfrac{\partial}{\partial z}\\ x & x^2 & y^2z\end{vmatrix}=\boldsymbol{e}_x2yz+\boldsymbol{e}_z2x$$

所以

$$\int_S \nabla\times\boldsymbol{A}\cdot\mathrm{d}\boldsymbol{S}=\int_0^2\int_0^2(\boldsymbol{e}_x2yz+\boldsymbol{e}_z2x)\cdot\boldsymbol{e}_z\mathrm{d}x\mathrm{d}y=\int_0^2\int_0^2 2x\mathrm{d}x\mathrm{d}y=8$$

故有

$$\oint_C \boldsymbol{A}\cdot\mathrm{d}\boldsymbol{l}=8=\int_S \nabla\times\boldsymbol{A}\cdot\mathrm{d}\boldsymbol{S}$$

1.22 求矢量 $\boldsymbol{A}=\boldsymbol{e}_x x+\boldsymbol{e}_y xy^2$ 沿圆周 $x^2+y^2=a^2$ 的线积分，再计算 $\nabla\times\boldsymbol{A}$ 对此圆面积的积分。

解

$$\oint_C \boldsymbol{A}\cdot\mathrm{d}\boldsymbol{l}=\oint_C x\mathrm{d}x+xy^2\mathrm{d}y$$

$$=\int_0^{2\pi}(-a^2\cos\phi\sin\phi+a^4\cos^2\phi\sin^2\phi)\mathrm{d}\phi$$

$$=\frac{\pi a^4}{4}$$

$$\int_S \nabla\times\boldsymbol{A}\cdot\mathrm{d}\boldsymbol{S}=\int_S \boldsymbol{e}_z\left(\frac{\partial A_y}{\partial x}-\frac{\partial A_x}{\partial y}\right)\cdot\boldsymbol{e}_z\mathrm{d}S$$

$$=\int_S y^2\mathrm{d}S=\int_0^a\int_0^{2\pi}\rho^2\sin^2\phi\rho\mathrm{d}\phi\mathrm{d}\rho$$

$$=\frac{\pi a^4}{4}$$

1.23 证明：(1) $\nabla\cdot\boldsymbol{R}=3$；(2) $\nabla\times\boldsymbol{R}=0$；(3) $\nabla(\boldsymbol{A}\cdot\boldsymbol{R})=\boldsymbol{A}$。其中 $\boldsymbol{R}=\boldsymbol{e}_x x+\boldsymbol{e}_y y+\boldsymbol{e}_z z$，$\boldsymbol{A}$ 为一常矢量。

证 (1)

$$\nabla\cdot\boldsymbol{R}=\frac{\partial x}{\partial x}+\frac{\partial y}{\partial y}+\frac{\partial z}{\partial z}=3$$

(2)
$$\nabla\times\boldsymbol{R}=\begin{vmatrix}\boldsymbol{e}_x & \boldsymbol{e}_y & \boldsymbol{e}_z\\ \dfrac{\partial}{\partial x} & \dfrac{\partial}{\partial y} & \dfrac{\partial}{\partial z}\\ x & y & z\end{vmatrix}=0$$

(3) 设 $\boldsymbol{A}=\boldsymbol{e}_xA_x+\boldsymbol{e}_yA_y+\boldsymbol{e}_zA_z$,则 $\boldsymbol{A}\cdot\boldsymbol{R}=A_xx+A_yy+A_zz$,故

$$\nabla(\boldsymbol{A}\cdot\boldsymbol{R})=\boldsymbol{e}_x\frac{\partial}{\partial x}(A_xx+A_yy+A_zz)+\boldsymbol{e}_y\frac{\partial}{\partial y}(A_xx+A_yy+A_zz)+$$
$$\boldsymbol{e}_z\frac{\partial}{\partial z}(A_xx+A_yy+A_zz)=\boldsymbol{e}_xA_x+\boldsymbol{e}_yA_y+\boldsymbol{e}_zA_z$$
$$=\boldsymbol{A}$$

1.24 一径向矢量场用 $\boldsymbol{F}=\boldsymbol{e}_rf(r)$ 表示,如果 $\nabla\cdot\boldsymbol{F}=0$,那么函数 $f(r)$ 会有什么特点呢?

解 在圆柱坐标系中,由

$$\nabla\cdot\boldsymbol{F}=\frac{1}{\rho}\frac{\mathrm{d}}{\mathrm{d}\rho}[\rho f(\rho)]=0$$

可得到

$$f(\rho)=\frac{C}{\rho}$$

C 为任意常数。

在球坐标系中,由

$$\nabla\cdot\boldsymbol{F}=\frac{1}{r^2}\frac{\mathrm{d}}{\mathrm{d}r}[r^2f(r)]=0$$

可得到

$$f(r)=\frac{C}{r^2}$$

1.25 给定矢量函数 $\boldsymbol{E}=\boldsymbol{e}_xy+\boldsymbol{e}_yx$,试求从点 $P_1(2,1,-1)$ 到点 $P_2(8,2,-1)$ 的线积分 $\int_C\boldsymbol{E}\cdot\mathrm{d}\boldsymbol{l}$:(1) 沿抛物线 $x=2y^2$;(2) 沿连接该两点的直线。这个 $\boldsymbol{E}$ 是保守场吗?

解 (1)
$$\int_C\boldsymbol{E}\cdot\mathrm{d}\boldsymbol{l}=\int_CE_x\mathrm{d}x+E_y\mathrm{d}y=\int_Cy\mathrm{d}x+x\mathrm{d}y$$
$$=\int_1^2y\mathrm{d}(2y^2)+2y^2\mathrm{d}y$$
$$=\int_1^26y^2\mathrm{d}y$$
$$=14$$

(2) 连接点 $P_1(2,1,-1)$ 到点 $P_2(8,2,-1)$ 的直线方程为

$$\frac{x-2}{y-1}=\frac{x-8}{y-2} \quad 即 \quad x=6y-4$$

故

$$\int_C \boldsymbol{E}\cdot \mathrm{d}\boldsymbol{l}=\int_C E_x\mathrm{d}x+E_y\mathrm{d}y=\int_C y\mathrm{d}x+x\mathrm{d}y$$

$$=\int_1^2 y\mathrm{d}(6y-4)+(6y-4)\mathrm{d}y=\int_1^2(12y-4)\mathrm{d}y$$

$$=14$$

由此可见积分与路径无关,故是保守场。

1.26 试采用与推导直角坐标系中 $\nabla\cdot\boldsymbol{A}=\frac{\partial A_x}{\partial x}+\frac{\partial A_y}{\partial y}+\frac{\partial A_z}{\partial z}$ 相似的方法推导圆柱坐标系中的公式 $\nabla\cdot\boldsymbol{A}=\frac{1}{\rho}\frac{\partial}{\partial\rho}(\rho A_\rho)+\frac{\partial A_\phi}{\rho\partial\phi}+\frac{\partial A_z}{\partial z}$。

解 在圆柱坐标系中,取小体积元如图题 1.26 所示。矢量场 $\boldsymbol{A}$ 沿 $\boldsymbol{e}_\rho$ 方向穿出该六面体表面的通量为

$$\Psi_\rho=\int_\phi^{\phi+\Delta\phi}\int_z^{z+\Delta z}A_\rho\big|_{\rho+\Delta\rho}(\rho+\Delta\rho)\mathrm{d}z\mathrm{d}\phi-\int_\phi^{\phi+\Delta\phi}\int_z^{z+\Delta z}A_\rho\big|_\rho\rho\mathrm{d}z\mathrm{d}\phi$$

$$\approx[(\rho+\Delta\rho)A_\rho(\rho+\Delta\rho,\phi,z)-\rho A_\rho(\rho,\phi,z)]\Delta\phi\Delta z$$

$$\approx\frac{\partial(\rho A_\rho)}{\partial\rho}\Delta\rho\Delta\phi\Delta z$$

$$=\frac{1}{\rho}\frac{\partial(\rho A_\rho)}{\partial\rho}\Delta V$$

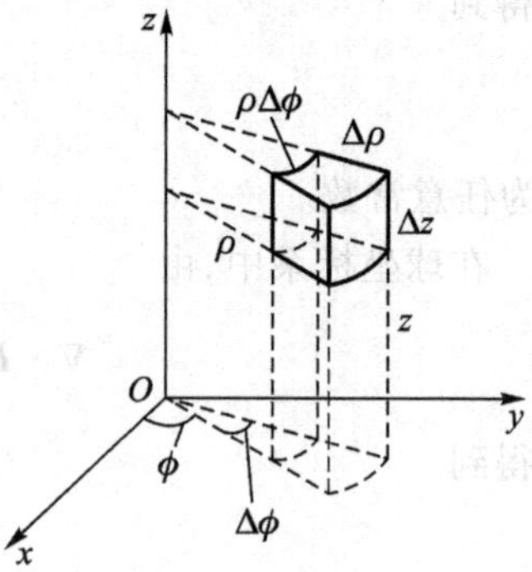

图题 1.26

同理

$$\Psi_\phi=\int_\rho^{\rho+\Delta\rho}\int_z^{z+\Delta z}A_\phi\big|_{\phi+\Delta\phi}\mathrm{d}\rho\mathrm{d}z-\int_\rho^{\rho+\Delta\rho}\int_z^{z+\Delta z}A_\phi\big|_\phi\mathrm{d}\rho\mathrm{d}z$$

$$\approx[A_\phi(\rho,\phi+\Delta\phi,z)-A_\phi(\rho,\phi,z)]\Delta\rho\Delta z$$

$$\approx\frac{\partial A_\phi}{\partial\phi}\Delta\rho\Delta\phi\Delta z$$

$$=\frac{\partial A_\phi}{\rho\partial\phi}\Delta V$$

$$\Psi_z = \int_{\rho}^{\rho+\Delta\rho}\int_{\phi}^{\phi+\Delta\phi} A_z\big|_{z+\Delta z}\rho\mathrm{d}\rho\mathrm{d}\phi - \int_{\rho}^{\rho+\Delta\rho}\int_{\phi}^{\phi+\Delta\phi} A_z\big|_{z}\rho\mathrm{d}\rho\mathrm{d}\phi$$

$$\approx [A_z(\rho,\phi,z+\Delta z) - A_z(\rho,\phi,z)]\rho\Delta\rho\Delta\phi$$

$$\approx \frac{\partial A_z}{\partial z}\rho\Delta\rho\Delta\phi\Delta z$$

$$= \frac{\partial A_z}{\partial z}\Delta V$$

因此,矢量场 $\boldsymbol{A}$ 穿出该六面体表面的通量为

$$\Psi = \Psi_\rho + \Psi_\phi + \Psi_z \approx \left[\frac{1}{\rho}\frac{\partial(\rho A_\rho)}{\partial\rho} + \frac{\partial A_\phi}{\rho\partial\phi} + \frac{\partial A_z}{\partial z}\right]\Delta V$$

故得到圆柱坐标系中的散度表达式

$$\nabla\cdot\boldsymbol{A} = \lim_{\Delta V\to 0}\frac{\Psi}{\Delta V} = \frac{1}{\rho}\frac{\partial(\rho A_\rho)}{\partial\rho} + \frac{\partial A_\phi}{\rho\partial\phi} + \frac{\partial A_z}{\partial z}$$

1.27 现有三个矢量 $\boldsymbol{A}$、$\boldsymbol{B}$、$\boldsymbol{C}$ 分别为

$$\boldsymbol{A} = \boldsymbol{e}_r\sin\theta\cos\phi + \boldsymbol{e}_\theta\cos\theta\cos\phi - \boldsymbol{e}_\phi\sin\phi$$

$$\boldsymbol{B} = \boldsymbol{e}_\rho z^2\sin\phi + \boldsymbol{e}_\phi z^2\cos\phi + \boldsymbol{e}_z 2\rho z\sin\phi$$

$$\boldsymbol{C} = \boldsymbol{e}_x(3y^2 - 2x) + \boldsymbol{e}_y x^2 + \boldsymbol{e}_z 2z$$

(1) 试问哪些矢量可以由一个标量函数的梯度表示?哪些矢量可以由一个矢量函数的旋度表示?

(2) 求出这些矢量的源分布。

解 (1) 在球坐标系中

$$\nabla\cdot\boldsymbol{A} = \frac{1}{r^2}\frac{\partial}{\partial r}(r^2 A_r) + \frac{1}{r\sin\theta}\frac{\partial}{\partial\theta}(\sin\theta A_\theta) + \frac{1}{r\sin\theta}\frac{\partial A_\phi}{\partial\phi}$$

$$= \frac{1}{r^2}\frac{\partial}{\partial r}(r^2\sin\theta\cos\phi) + \frac{1}{r\sin\theta}\frac{\partial}{\partial\theta}(\sin\theta\cos\theta\cos\phi) +$$

$$\frac{1}{r\sin\theta}\frac{\partial}{\partial\phi}(-\sin\phi)$$

$$= \frac{2}{r}\sin\theta\cos\phi + \frac{\cos\phi}{r\sin\theta} - \frac{2\sin\theta\cos\phi}{r} - \frac{\cos\phi}{r\sin\theta}$$

$$= 0$$

$$\nabla\times\boldsymbol{A} = \frac{1}{r^2\sin\theta}\begin{vmatrix} \boldsymbol{e}_r & r\boldsymbol{e}_\theta & r\sin\theta\boldsymbol{e}_\phi \\ \dfrac{\partial}{\partial r} & \dfrac{\partial}{\partial\theta} & \dfrac{\partial}{\partial\phi} \\ A_r & rA_\theta & r\sin\theta A_\phi \end{vmatrix}$$

$$= \frac{1}{r^2 \sin\theta} \begin{vmatrix} \boldsymbol{e}_r & r\boldsymbol{e}_\theta & r\sin\theta \boldsymbol{e}_\phi \\ \frac{\partial}{\partial r} & \frac{\partial}{\partial \theta} & \frac{\partial}{\partial \phi} \\ \sin\theta\cos\phi & r\cos\theta\cos\phi & -r\sin\theta\sin\phi \end{vmatrix}$$

$$=0$$

故矢量 $\boldsymbol{A}$ 既可以由一个标量函数的梯度表示，也可以由一个矢量函数的旋度表示。

在圆柱坐标系中

$$\nabla \cdot \boldsymbol{B} = \frac{1}{\rho}\frac{\partial}{\partial \rho}(\rho B_\rho) + \frac{1}{\rho}\frac{\partial B_\phi}{\partial \phi} + \frac{\partial B_z}{\partial z}$$

$$= \frac{1}{\rho}\frac{\partial}{\partial \rho}(\rho z^2 \sin\phi) + \frac{1}{\rho}\frac{\partial}{\partial \phi}(z^2\cos\phi) + \frac{\partial}{\partial z}(2\rho z\sin\phi)$$

$$= \frac{z^2\sin\phi}{\rho} - \frac{z^2\sin\phi}{\rho} + 2\rho\sin\phi$$

$$= 2\rho\sin\phi$$

$$\nabla \times \boldsymbol{B} = \frac{1}{\rho}\begin{vmatrix} \boldsymbol{e}_\rho & \rho\boldsymbol{e}_\phi & \boldsymbol{e}_z \\ \frac{\partial}{\partial \rho} & \frac{\partial}{\partial \phi} & \frac{\partial}{\partial z} \\ B_\rho & \rho B_\phi & B_z \end{vmatrix} = \frac{1}{\rho}\begin{vmatrix} \boldsymbol{e}_\rho & \rho\boldsymbol{e}_\phi & \boldsymbol{e}_z \\ \frac{\partial}{\partial \rho} & \frac{\partial}{\partial \phi} & \frac{\partial}{\partial z} \\ z^2\sin\phi & \rho z^2\cos\phi & 2\rho z\sin\phi \end{vmatrix} = 0$$

故矢量 $\boldsymbol{B}$ 可以由一个标量函数的梯度表示。

在直角坐标系中

$$\nabla \cdot \boldsymbol{C} = \frac{\partial C_x}{\partial x} + \frac{\partial C_y}{\partial y} + \frac{\partial C_z}{\partial z}$$

$$= \frac{\partial}{\partial x}(3y^2 - 2x) + \frac{\partial}{\partial y}(x^2) + \frac{\partial}{\partial z}(2z)$$

$$=0$$

$$\nabla \times \boldsymbol{C} = \begin{vmatrix} \boldsymbol{e}_x & \boldsymbol{e}_y & \boldsymbol{e}_z \\ \frac{\partial}{\partial x} & \frac{\partial}{\partial y} & \frac{\partial}{\partial z} \\ 3y^2 - 2x & x^2 & 2z \end{vmatrix} = \boldsymbol{e}_z(2x - 6y)$$

故矢量 $\boldsymbol{C}$ 可以由一个矢量函数的旋度表示。

(2) 这些矢量的源分布为

$$\nabla \cdot \boldsymbol{A} = 0, \quad \nabla \times \boldsymbol{A} = 0$$

$$\nabla \cdot \boldsymbol{B} = 2\rho \sin\phi, \quad \nabla \times \boldsymbol{B} = 0$$

$$\nabla \cdot \boldsymbol{C} = 0, \quad \nabla \times \boldsymbol{C} = \boldsymbol{e}_z(2x - 6y)$$

1.28 利用直角坐标系,证明

$$\nabla \cdot (f\boldsymbol{A}) = f\nabla \cdot \boldsymbol{A} + \boldsymbol{A} \cdot \nabla f$$

证 在直角坐标系中

$$f\nabla \cdot \boldsymbol{A} + \boldsymbol{A} \cdot \nabla f = f\left(\frac{\partial A_x}{\partial x} + \frac{\partial A_y}{\partial y} + \frac{\partial A_z}{\partial z}\right) + \left(A_x\frac{\partial f}{\partial x} + A_y\frac{\partial f}{\partial y} + A_z\frac{\partial f}{\partial z}\right)$$

$$= \left(f\frac{\partial A_x}{\partial x} + A_x\frac{\partial f}{\partial x}\right) + \left(f\frac{\partial A_y}{\partial y} + A_y\frac{\partial f}{\partial y}\right) + \left(f\frac{\partial A_z}{\partial z} + A_z\frac{\partial f}{\partial z}\right)$$

$$= \frac{\partial}{\partial x}(fA_x) + \frac{\partial}{\partial y}(fA_y) + \frac{\partial}{\partial z}(fA_z) = \nabla \cdot (f\boldsymbol{A})$$

1.29 证明

$$\nabla \cdot (\boldsymbol{A} \times \boldsymbol{H}) = \boldsymbol{H} \cdot \nabla \times \boldsymbol{A} - \boldsymbol{A} \cdot \nabla \times \boldsymbol{H}$$

证 根据∇算子的微分运算性质,有

$$\nabla \cdot (\boldsymbol{A} \times \boldsymbol{H}) = \nabla_A \cdot (\boldsymbol{A} \times \boldsymbol{H}) + \nabla_H \cdot (\boldsymbol{A} \times \boldsymbol{H})$$

式中,∇_A表示只对矢量$\boldsymbol{A}$做微分运算,∇_H表示只对矢量$\boldsymbol{H}$做微分运算。

由$\boldsymbol{a} \cdot (\boldsymbol{b} \times \boldsymbol{c}) = \boldsymbol{c} \cdot (\boldsymbol{a} \times \boldsymbol{b})$,可得

$$\nabla_A \cdot (\boldsymbol{A} \times \boldsymbol{H}) = \boldsymbol{H} \cdot (\nabla_A \times \boldsymbol{A}) = \boldsymbol{H} \cdot (\nabla \times \boldsymbol{A})$$

同理
$$\nabla_H \cdot (\boldsymbol{A} \times \boldsymbol{H}) = -\boldsymbol{A} \cdot (\nabla_H \times \boldsymbol{H}) = -\boldsymbol{A} \cdot (\nabla \times \boldsymbol{H})$$

故有
$$\nabla \cdot (\boldsymbol{A} \times \boldsymbol{H}) = \boldsymbol{H} \cdot \nabla \times \boldsymbol{A} - \boldsymbol{A} \cdot \nabla \times \boldsymbol{H}$$

1.30 利用直角坐标系,证明

$$\nabla \times (f\boldsymbol{G}) = f\nabla \times \boldsymbol{G} + \nabla f \times \boldsymbol{G}$$

证 在直角坐标系中

$$f\nabla \times \boldsymbol{G} = f\left[\boldsymbol{e}_x\left(\frac{\partial G_z}{\partial y} - \frac{\partial G_y}{\partial z}\right) + \boldsymbol{e}_y\left(\frac{\partial G_x}{\partial z} - \frac{\partial G_z}{\partial x}\right) + \boldsymbol{e}_z\left(\frac{\partial G_y}{\partial x} - \frac{\partial G_x}{\partial y}\right)\right]$$

$$\nabla f \times \boldsymbol{G} = \left[\boldsymbol{e}_x\left(G_z\frac{\partial f}{\partial y} - G_y\frac{\partial f}{\partial z}\right) + \boldsymbol{e}_y\left(G_x\frac{\partial f}{\partial z} - G_z\frac{\partial f}{\partial x}\right) + \boldsymbol{e}_z\left(G_y\frac{\partial f}{\partial x} - G_x\frac{\partial f}{\partial y}\right)\right]$$

所以

$$f\nabla \times \boldsymbol{G} + \nabla f \times \boldsymbol{G} = \boldsymbol{e}_x\left[\left(G_z\frac{\partial f}{\partial y} + f\frac{\partial G_z}{\partial y}\right) - \left(G_y\frac{\partial f}{\partial z} + f\frac{\partial G_y}{\partial z}\right)\right] +$$

$$\boldsymbol{e}_y\left[\left(G_x\frac{\partial f}{\partial z} + f\frac{\partial G_x}{\partial z}\right) - \left(G_z\frac{\partial f}{\partial x} + f\frac{\partial G_z}{\partial x}\right)\right] +$$

$$e_z\left[\left(G_y\frac{\partial f}{\partial x}+f\frac{\partial G_y}{\partial x}\right)-\left(G_x\frac{\partial f}{\partial y}+f\frac{\partial G_x}{\partial y}\right)\right]$$

$$=e_x\left[\frac{\partial(fG_z)}{\partial y}-\frac{\partial(fG_y)}{\partial z}\right]+e_y\left[\frac{\partial(fG_x)}{\partial z}-\frac{\partial(fG_z)}{\partial x}\right]+$$

$$e_z\left[\frac{\partial(fG_y)}{\partial x}-\frac{\partial(fG_x)}{\partial y}\right]$$

$$=\nabla\times(fG)$$

1.31 利用散度定理及斯托克斯定理可以在更普遍的意义下证明 $\nabla\times(\nabla u)=0$ 及 $\nabla\cdot(\nabla\times A)=0$,试证明之。

证 (1) 对于任意闭合曲线 C 为边界的任意曲面 S,由斯托克斯定理,有

$$\int_S(\nabla\times\nabla u)\cdot dS=\oint_C\nabla u\cdot dl=\oint_C\frac{\partial u}{\partial l}dl=\oint_C du=0$$

由于曲面 S 是任意的,故有

$$\nabla\times(\nabla u)=0$$

(2) 对于任意闭合曲面 S 为边界的体积 V,由散度定理,有

$$\int_V\nabla\cdot(\nabla\times A)dV=\oint_S(\nabla\times A)\cdot dS=\int_{S_1}(\nabla\times A)\cdot dS+\int_{S_2}(\nabla\times A)\cdot dS$$

其中 S_1 和 S_2 如图题 1.31 所示。由斯托克斯定理,有

$$\int_{S_1}\nabla\times A\cdot dS=\oint_{C_1}A\cdot dl$$

$$\int_{S_2}\nabla\times A\cdot dS=\oint_{C_2}A\cdot dl$$

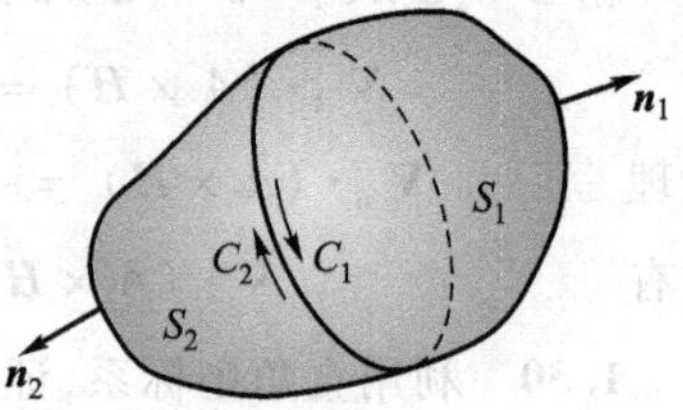

图题 1.31

由图题 1.31 可知 C_1 和 C_2 是方向相反的同一回路,则有

$$\oint_{C_1}A\cdot dl=-\oint_{C_2}A\cdot dl$$

所以得到

$$\int_V\nabla\cdot(\nabla\times A)dV=\oint_{C_1}A\cdot dl+\oint_{C_2}A\cdot dl=0$$

由于体积 V 是任意的,故有

$$\nabla\cdot(\nabla\times A)=0$$

第 2 章

电磁场的基本规律

2.1 基本内容概述

本章以大学物理(电磁学)为基础,介绍电磁场的基本物理量和基本规律,主要内容包括:电荷与电荷分布、电流与电流密度、电荷守恒定律;真空中的静电场方程;真空中的静磁场方程;媒质的极化和磁化;电磁感应定律、位移电流;麦克斯韦方程组、电磁场的边界条件。

2.1.1 电荷守恒定律

1. 电荷与电荷分布

在电磁理论中,根据电荷分布的具体情况,电荷源模型分为体电荷、面电荷、线电荷和点电荷,分别用电荷体密度 ρ、电荷面密度 ρ_S 和电荷线密度 ρ_l 来描述电荷在空间体积、曲面和曲线中的分布。

$$\rho(\boldsymbol{r}) = \lim_{\Delta V \to 0} \frac{\Delta q}{\Delta V} = \frac{\mathrm{d}q}{\mathrm{d}V} \quad \mathrm{C/m^3} \tag{2.1}$$

$$\rho_S(\boldsymbol{r}) = \lim_{\Delta S \to 0} \frac{\Delta q}{\Delta S} = \frac{\mathrm{d}q}{\mathrm{d}S} \quad \mathrm{C/m^2} \tag{2.2}$$

$$\rho_l(\boldsymbol{r}) = \lim_{\Delta l \to 0} \frac{\Delta q}{\Delta l} = \frac{\mathrm{d}q}{\mathrm{d}l} \quad \mathrm{C/m} \tag{2.3}$$

“点电荷”是电荷分布的一种极限情况。当电荷 q 位于坐标原点时,其体密度 $\rho(\boldsymbol{r})$ 应为

$$\rho(\boldsymbol{r}) = \lim_{\Delta V \to 0} \frac{q}{\Delta V} = \begin{cases} 0 & (\boldsymbol{r} \neq 0 \text{ 时}) \\ \infty & (\boldsymbol{r} = 0 \text{ 时}) \end{cases}$$

可用 δ 函数表示为

$$\rho(\boldsymbol{r}) = q\delta(\boldsymbol{r}) \tag{2.4}$$

2. 电流与电流密度

在电磁理论中，电流源模型分为体电流、面电流和线电流，分别用电流密度 $\boldsymbol{J}$ 和面电流密度 $\boldsymbol{J}_S$ 来描述电流在截面上和厚度趋于零的薄层上的分布。

$$|\boldsymbol{J}| = \lim_{\Delta S\to 0}\frac{\Delta i}{\Delta S} = \frac{\mathrm{d}i}{\mathrm{d}S} \qquad \mathrm{A/m^2} \tag{2.5}$$

$$|\boldsymbol{J}_S| = \lim_{\Delta l\to 0}\frac{\Delta i}{\Delta l} = \frac{\mathrm{d}i}{\mathrm{d}l} \qquad \mathrm{A/m} \tag{2.6}$$

3. 电荷守恒定律

积分形式
$$\oint_S \boldsymbol{J}\cdot \mathrm{d}\boldsymbol{S} = -\frac{\mathrm{d}}{\mathrm{d}t}\int_V \rho \mathrm{d}V \tag{2.7}$$

微分形式
$$\nabla\cdot\boldsymbol{J} + \frac{\partial\rho}{\partial t} = 0 \tag{2.8}$$

2.1.2 真空中的静电场方程

1. 库仑定律

真空中，位于 $\boldsymbol{r}_1$ 处的点电荷 q_1 对位于 $\boldsymbol{r}_2$ 处的点电荷 q_2 的作用力为

$$\boldsymbol{F}_{12} = \boldsymbol{e}_R\frac{q_1q_2(\boldsymbol{r}_2-\boldsymbol{r}_1)}{4\pi\varepsilon_0|\boldsymbol{r}_2-\boldsymbol{r}_1|^3} = \frac{q_1q_2}{4\pi\varepsilon_0R^3}\boldsymbol{R} \tag{2.9}$$

2. 电场强度

（1）电场强度的定义

$$\boldsymbol{E}(\boldsymbol{r}) = \lim_{q_0\to 0}\frac{\boldsymbol{F}(\boldsymbol{r})}{q_0} \tag{2.10}$$

（2）已知电荷分布求解电场强度

点电荷
$$\boldsymbol{E}(\boldsymbol{r}) = \frac{q}{4\pi\varepsilon_0}\frac{\boldsymbol{r}-\boldsymbol{r}'}{|\boldsymbol{r}-\boldsymbol{r}'|^3} \tag{2.11}$$

体密度分布电荷
$$\boldsymbol{E}(\boldsymbol{r}) = \frac{1}{4\pi\varepsilon_0}\int_V\frac{\boldsymbol{r}-\boldsymbol{r}'}{|\boldsymbol{r}-\boldsymbol{r}'|^3}\rho(\boldsymbol{r}')\mathrm{d}V' \tag{2.12}$$

面密度分布电荷
$$\boldsymbol{E}(\boldsymbol{r}) = \frac{1}{4\pi\varepsilon_0}\int_S\frac{\boldsymbol{r}-\boldsymbol{r}'}{|\boldsymbol{r}-\boldsymbol{r}'|^3}\rho_S(\boldsymbol{r}')\mathrm{d}S' \tag{2.13}$$

线密度分布电荷
$$\boldsymbol{E}(\boldsymbol{r}) = \frac{1}{4\pi\varepsilon_0}\int_l\frac{\boldsymbol{r}-\boldsymbol{r}'}{|\boldsymbol{r}-\boldsymbol{r}'|^3}\rho_l(\boldsymbol{r}')\mathrm{d}l' \tag{2.14}$$

3. 静电场方程

积分形式
$$\oint_S \boldsymbol{E}(\boldsymbol{r})\cdot\mathrm{d}\boldsymbol{S} = \frac{1}{\varepsilon_0}\sum_{i=1}^{N}q_i \tag{2.15}$$

$$\oint_C \boldsymbol{E}(\boldsymbol{r}) \cdot \mathrm{d}\boldsymbol{l} = 0 \tag{2.16}$$

微分形式

$$\nabla \cdot \boldsymbol{E}(\boldsymbol{r}) = \frac{\rho}{\varepsilon_0} \tag{2.17}$$

$$\nabla \times \boldsymbol{E}(\boldsymbol{r}) = 0 \tag{2.18}$$

2.1.3 真空中的磁场方程

1. 安培力定律

真空中,线电流回路 C_1 对回路 C_2 的磁场力为

$$\boldsymbol{F}_{12} = \frac{\mu_0}{4\pi}\oint_{C_2}\oint_{C_1}\frac{I_2\mathrm{d}\boldsymbol{l}_2 \times [I_1\mathrm{d}\boldsymbol{l}_1 \times (\boldsymbol{r}_2 - \boldsymbol{r}_1)]}{|\boldsymbol{r}_2 - \boldsymbol{r}_1|^3} \tag{2.19}$$

2. 磁感应强度

已知电流分布求解磁感应强度

线电流

$$\boldsymbol{B}(\boldsymbol{r}) = \frac{\mu_0}{4\pi}\oint_C \frac{I\mathrm{d}\boldsymbol{l}' \times (\boldsymbol{r} - \boldsymbol{r}')}{|\boldsymbol{r} - \boldsymbol{r}'|^3} \tag{2.20}$$

面电流

$$\boldsymbol{B}(\boldsymbol{r}) = \frac{\mu_0}{4\pi}\int_S \frac{\boldsymbol{J}_S(\boldsymbol{r}') \times (\boldsymbol{r} - \boldsymbol{r}')}{|\boldsymbol{r} - \boldsymbol{r}'|^3}\mathrm{d}S' \tag{2.21}$$

体电流

$$\boldsymbol{B}(\boldsymbol{r}) = \frac{\mu_0}{4\pi}\int_V \frac{\boldsymbol{J}(\boldsymbol{r}') \times (\boldsymbol{r} - \boldsymbol{r}')}{|\boldsymbol{r} - \boldsymbol{r}'|^3}\mathrm{d}V' \tag{2.22}$$

3. 静磁场方程

积分形式

$$\oint_S \boldsymbol{B}(\boldsymbol{r}) \cdot \mathrm{d}\boldsymbol{S} = 0 \tag{2.23}$$

$$\oint_C \boldsymbol{B}(\boldsymbol{r}) \cdot \mathrm{d}\boldsymbol{l} = \mu_0 I \tag{2.24}$$

微分形式

$$\nabla \cdot \boldsymbol{B}(\boldsymbol{r}) = 0 \tag{2.25}$$

$$\nabla \times \boldsymbol{B}(\boldsymbol{r}) = \mu_0\boldsymbol{J}(\boldsymbol{r}) \tag{2.26}$$

2.1.4 电磁感应定律

积分形式

$$\oint_C \boldsymbol{E} \cdot \mathrm{d}\boldsymbol{l} = -\frac{\mathrm{d}}{\mathrm{d}t}\int_S \boldsymbol{B} \cdot \mathrm{d}\boldsymbol{S} \tag{2.27}$$

微分形式

$$\nabla \times \boldsymbol{E} = -\frac{\partial \boldsymbol{B}}{\partial t} \tag{2.28}$$

2.1.5 位移电流密度

$$\boldsymbol{J}_{\mathrm{d}} = \frac{\partial \boldsymbol{D}}{\partial t} \tag{2.29}$$

引入位移电流的概念后,安培环路定律修正为

$$\oint_C \boldsymbol{H} \cdot \mathrm{d}\boldsymbol{l} = \int_S \left(\boldsymbol{J} + \frac{\partial \boldsymbol{D}}{\partial t} \right) \cdot \mathrm{d}\boldsymbol{S} \tag{2.30}$$

2.1.6 麦克斯韦方程组

1. 积分形式

$$\oint_C \boldsymbol{H} \cdot \mathrm{d}\boldsymbol{l} = \int_S \left(\boldsymbol{J} + \frac{\partial \boldsymbol{D}}{\partial t} \right) \cdot \mathrm{d}\boldsymbol{S} \tag{2.31a}$$

$$\oint_C \boldsymbol{E} \cdot \mathrm{d}\boldsymbol{l} = -\int_S \frac{\partial \boldsymbol{B}}{\partial t} \cdot \mathrm{d}\boldsymbol{S} \tag{2.31b}$$

$$\oint_S \boldsymbol{B} \cdot \mathrm{d}\boldsymbol{S} = 0 \tag{2.31c}$$

$$\oint_S \boldsymbol{D} \cdot \mathrm{d}\boldsymbol{S} = q \tag{2.31d}$$

2. 微分形式

$$\nabla \times \boldsymbol{H} = \boldsymbol{J} + \frac{\partial \boldsymbol{D}}{\partial t} \tag{2.32a}$$

$$\nabla \times \boldsymbol{E} = -\frac{\partial \boldsymbol{B}}{\partial t} \tag{2.32b}$$

$$\nabla \cdot \boldsymbol{B} = 0 \tag{2.32c}$$

$$\nabla \cdot \boldsymbol{D} = \rho \tag{2.32d}$$

3. 媒质的电磁特性方程

对于线性和各向同性媒质,场量之间的关系为

$$\boldsymbol{D} = \varepsilon \boldsymbol{E} \tag{2.33}$$

$$\boldsymbol{B} = \mu \boldsymbol{H} \tag{2.34}$$

$$\boldsymbol{J} = \sigma \boldsymbol{E} \tag{2.35}$$

2.1.7 电磁场的边界条件

1. 边界条件的一般形式

$$\boldsymbol{e}_n \times (\boldsymbol{H}_1 - \boldsymbol{H}_2) = \boldsymbol{J}_S \tag{2.36a}$$

$$\boldsymbol{e}_n \times (\boldsymbol{E}_1 - \boldsymbol{E}_2) = 0 \tag{2.36b}$$

$$\boldsymbol{e}_n \cdot (\boldsymbol{B}_1 - \boldsymbol{B}_2) = 0 \tag{2.36c}$$

$$\boldsymbol{e}_n \cdot (\boldsymbol{D}_1 - \boldsymbol{D}_2) = \rho_S \tag{2.36d}$$

式中，$\boldsymbol{e}_n$ 为媒质分界面法线方向的单位矢量，选定为离开分界面指向媒质 1。

2. 两种理想介质分界面（$\boldsymbol{J}_S = 0, \rho_S = 0$）的边界条件

$$\boldsymbol{e}_n \times (\boldsymbol{H}_1 - \boldsymbol{H}_2) = 0 \tag{2.37a}$$

$$\boldsymbol{e}_n \times (\boldsymbol{E}_1 - \boldsymbol{E}_2) = 0 \tag{2.37b}$$

$$\boldsymbol{e}_n \cdot (\boldsymbol{B}_1 - \boldsymbol{B}_2) = 0 \tag{2.37c}$$

$$\boldsymbol{e}_n \cdot (\boldsymbol{D}_1 - \boldsymbol{D}_2) = 0 \tag{2.37d}$$

3. 理想导体的边界条件（设定媒质 2 为理想导体）

$$\boldsymbol{e}_n \times \boldsymbol{H}_1 = \boldsymbol{J}_S \tag{2.38a}$$

$$\boldsymbol{e}_n \times \boldsymbol{E}_1 = 0 \tag{2.38b}$$

$$\boldsymbol{e}_n \cdot \boldsymbol{B}_1 = 0 \tag{2.38c}$$

$$\boldsymbol{e}_n \cdot \boldsymbol{D}_1 = \rho_S \tag{2.38d}$$

2.2 教学基本要求及重点、难点讨论

2.2.1 教学基本要求

理解电荷及其分布、电流及其分布以及电流连续性方程。理解电场和磁场的概念，掌握电场强度和磁感应强度的积分公式，会计算一些简单源分布（电荷、电流密度）产生的场。

掌握电场基本方程，了解电介质的极化现象及极化电荷分布。掌握静磁场的基本方程，了解磁介质的磁化现象及磁化电流分布。

掌握电磁感应定律及位移电流的概念，牢固掌握麦克斯韦方程组并深刻理解其物理意义，掌握电磁场的边界条件。

2.2.2 重点、难点讨论

1. 场源电荷和电流

(1) 电荷是物质的基本属性之一。迄今为止,人们检测到的最小电荷量是电子的电荷量,其值为

$$e = -1.602\ 177\ 33 \times 10^{-19}\ \text{C}$$

任何带电粒子所带的电荷量则是以单个电子电荷的正或负整数倍的形式存在的。

在微观意义上,电荷是以离散的方式存在(或不存在)于某一点的,但当我们研究大量聚集的电荷的电磁效应,即在建立宏观的电磁理论时,发现采用平滑平均密度函数概念,用电荷密度分布的方式来描述带电体的电荷会收到很好的效果。定义电荷体密度作为一个源量

$$\rho(\boldsymbol{r}) = \lim_{\Delta V \to 0} \frac{\Delta q}{\Delta V} = \frac{\mathrm{d}q}{\mathrm{d}V} \quad \text{C/m}^3$$

式中,Δq 是体积元 ΔV 中的电荷量。ΔV 应小到足以表示 ρ 的精确变化,但又要大到足以包含大量的离散电荷。

在另一些情况下,电荷量 Δq 可能存在于面积元 ΔS 或线元 Δl 上,此时分别定义电荷面密度 ρ_S 和电荷线密度 ρ_l

$$\rho_S(\boldsymbol{r}) = \lim_{\Delta S \to 0} \frac{\Delta q}{\Delta S} = \frac{\mathrm{d}q}{\mathrm{d}S} \quad \text{C/m}^2$$

$$\rho_l(\boldsymbol{r}) = \lim_{\Delta l \to 0} \frac{\Delta q}{\Delta l} = \frac{\mathrm{d}q}{\mathrm{d}l} \quad \text{C/m}$$

一般情况下,电荷密度在各点是不相同的。因此电荷密度 ρ、ρ_S 和 ρ_l 都是空间坐标的点函数。

除此之外,电磁场还有“点电荷”这一种特殊分布。当带电体本身的几何线度比起它到其它带电体的距离小得多时,带电体的形状以及电荷在其中的分布已无关紧要。这样,就可把带电体抽象为一个几何点,称为点电荷 q。利用 δ 函数,可将位于 $\boldsymbol{r}'$ 处的点电荷 q 的体密度 $\rho(\boldsymbol{r})$ 表示为 $\rho(\boldsymbol{r}) = q\delta(\boldsymbol{r}-\boldsymbol{r}')$。

(2) 电流是电荷在电场力作用下定向运动形成的。电流的定义为

$$i = \frac{\mathrm{d}q}{\mathrm{d}t} \quad \text{A}$$

电流 i 是一个积分量。在形状复杂的导体中,不同部位的电流的大小和方向都不一样。为了描述导体内各点电流的差异,引入电流密度矢量 $\boldsymbol{J}$,它表示导体中某点 P 处流过垂直于电流流动方向的单位面积的电流总量,其方向为该点的电流流动方向,表示为

$$\boldsymbol{J} = \boldsymbol{e}_n \lim_{\Delta S \to 0} \frac{\Delta I}{\Delta S} \quad \text{A/m}^2$$

$\boldsymbol{J}$ 是一个矢量点函数。

对于良导体,高频时变电流是局限在导体表面层的,它并不流过整个导体内部。此时就有必要引入面电流密度 $\boldsymbol{J}_S$,它是流过导体表面垂直于电流流动方向的单位宽度的电流,表示为

$$\boldsymbol{J}_S = \boldsymbol{e}_n \lim_{\Delta l \to 0} \frac{\Delta I}{\Delta l} \quad \text{A/m}$$

$\boldsymbol{J}_S$ 是一个矢量点函数。

(3) 电荷守恒定律是物理学的一个基本定律,它表明电荷是守恒的,也就是说电荷既不能被创造,也不能被消灭。电荷可以从一处运动到另一处,在电磁场影响下也可以重新分布。但在一个封闭系统中的正、负电荷的代数和是保持不变的。在任何时刻和任何条件下都必须满足电荷守恒定律,它的数学表示式是电流连续性方程。例如,电路理论中的基尔霍夫电流定律,它表示流出一个节点的电流之和等于所有流入该节点的电流之和,这是电流连续性方程的体现。有关电磁问题的任何公式或解答,若不满足电荷守恒定律,它必定是错误的。

2. 库仑定律

库仑定律是静电场的基本实验定律,它以引入"点电荷"模型为基础,是在无限大的均匀、线性和各向同性电介质中总结出的实验定律。

静止点电荷之间的相互作用力称为静电力。库仑定律表明,两个点电荷之间静电力的大小与两个点电荷的电荷量成正比,与电荷之间距离的平方成反比,方向在两个电荷的连线上。

静电力符合叠加原理。

3. 电场强度

电场强度是表征电场特性的基本场矢量,它是通过实验电荷 q_0 引入电场中某一固定点时受到的电场力 $\boldsymbol{F}$ 来定义的,定义 $\boldsymbol{E} = \dfrac{\boldsymbol{F}}{q_0}$ 为该固定点处的电场强度。这个实验电荷 q_0 的电荷量必须足够小,以至将其引入电场后,在要求的实验精度范围内不会扰动原有的电场;实验电荷 q_0 的几何线度也必须足够小,以至将其置于电场中某一点时,其位置才有确定的意义。根据库仑定律,$\boldsymbol{F}$ 的大小与电荷量 q_0 成正比,因此比值 $\dfrac{\boldsymbol{F}}{q_0}$ 与 q_0 的大小无关;根据静电力的叠加原理,比值 $\dfrac{\boldsymbol{F}}{q_0}$ 只应由产生电场的所有电荷的电荷量大小和空间分布来决定。因此,比值 $\dfrac{\boldsymbol{F}}{q_0}$ 可以用来定量描述电场的性质。

电场强度 $\boldsymbol{E}$ 是一个矢量点函数，在场中不同的点，$\boldsymbol{E}$ 的大小和方向是不同的。

4. 安培力定律

安培力定律是恒定磁场的基本实验定律，也是在无限大的均匀磁介质中总结出的实验定律。

库仑定律表示两个静止点电荷之间的相互作用力，我们也希望能用实验的方法得到两个电流元之间的相互作用力。但是通过恒定电流的导体必须是闭合的，通过实验总结出的安培力定律表示的是两个闭合回路间的相互作用力

$$\boldsymbol{F}_{12} = \frac{\mu_0}{4\pi}\oint_{C_2}\oint_{C_1}\frac{I_2\mathrm{d}\boldsymbol{l}_2 \times (I_1\mathrm{d}\boldsymbol{l}_1 \times \boldsymbol{e}_R)}{R^2}$$

将被积函数

$$\mathrm{d}\boldsymbol{F}_{12} = \frac{\mu_0}{4\pi}\frac{I_2\mathrm{d}\boldsymbol{l}_2 \times (I_1\mathrm{d}\boldsymbol{l}_1 \times \boldsymbol{e}_R)}{R^2}$$

看作是电流元 $I_1\mathrm{d}\boldsymbol{l}_1$ 对电流元 $I_2\mathrm{d}\boldsymbol{l}_2$ 的作用力。但应该注意，这个作用力不满足牛顿第三定律，即 $\mathrm{d}\boldsymbol{F}_{12} \neq \mathrm{d}\boldsymbol{F}_{21}$。这是因为一般 $\mathrm{d}\boldsymbol{F}_{12}$ 不是沿着连接电流元的直线路，而是由 $\boldsymbol{e}_R$ 确定的。然而，两个恒定电流回路间的相互作用力则是满足牛顿第三定律的，即 $\boldsymbol{F}_{12} = \boldsymbol{F}_{21}$。

5. 磁感应强度

磁感应强度是表征磁场特性的基本场矢量，它是通过安培力定律来定义的

$$\boldsymbol{F}_{12} = \oint_{C_2} I_2\mathrm{d}\boldsymbol{l}_2 \times \boldsymbol{B}_{12}$$

式中

$$\boldsymbol{B}_{12} = \frac{\mu_0}{4\pi}\oint_{C_1}\frac{I_1\mathrm{d}\boldsymbol{l}_1 \times \boldsymbol{e}_R}{R^2} = \frac{\mu_0}{4\pi}\oint_{C_1}\frac{I_1\mathrm{d}\boldsymbol{l}_1 \times (\boldsymbol{r}_2 - \boldsymbol{r}_1)}{|\boldsymbol{r}_2 - \boldsymbol{r}_1|^3}$$

就称为电流 I_1 产生的磁感应强度，也称为磁通量密度。

同样

$$\mathrm{d}\boldsymbol{F}_{12} = I_2\mathrm{d}\boldsymbol{l}_2 \times \mathrm{d}\boldsymbol{B}_{12}$$

式中

$$\mathrm{d}\boldsymbol{B}_{12} = \frac{\mu_0}{4\pi}\frac{I_1\mathrm{d}\boldsymbol{l}_1 \times \boldsymbol{e}_R}{R^2} = \frac{\mu_0}{4\pi}\frac{I_1\mathrm{d}\boldsymbol{l}_1 \times (\boldsymbol{r}_2 - \boldsymbol{r}_1)}{|\boldsymbol{r}_2 - \boldsymbol{r}_1|^3}$$

磁感应强度也可以通过运动电荷受到的磁场力来定义。实验表明，电荷 q 以速度 $\boldsymbol{v}$ 在磁场 $\boldsymbol{B}$ 中运动时，它受到的力为

$$\boldsymbol{F} = q\boldsymbol{v} \times \boldsymbol{B}$$

这就是洛仑兹力。此式表明,某点磁感应强度 $\boldsymbol{B}$ 的大小等于单位实验电荷以单位速率在该点运动时受到的最大磁力,即 $|\boldsymbol{B}| = \frac{F_{\max}}{qv}$;某点磁感应强度的方向垂直于正电荷在该点受到的最大磁力 $\boldsymbol{F}_{\max}$ 的方向与电荷运动方向 $\boldsymbol{v}$ 组成的平面,并满足右手螺旋关系,即 $\boldsymbol{F}_{\max} \times \boldsymbol{v}$。

磁感应强度是一个矢量点函数。

6. 电磁感应定律

法拉第电磁感应定律是在特定的导体回路中通过实验总结出来的。实验结果表明,导体回路中的感应电动势与穿过回路的磁通量的变化率成正比。再结合楞次定律,电磁感应定律可叙述为:闭合回路中的感应电动势与穿过回路磁通量的变化率的负值成正比,表示为

$$\varepsilon_{\text{in}} = -\frac{\mathrm{d}\psi}{\mathrm{d}t}$$

这里是假定电动势 ε_{in} 的参考方向与磁通的方向符合右手螺旋关系。因此,当磁通量随时间增加时$\left(\text{即}\frac{\mathrm{d}\psi}{\mathrm{d}t} > 0\right)$,$\varepsilon_{\text{in}} < 0$,表明感应电动势的实际方向与假定的参考方向相反。当磁通量随时间减少时$\left(\text{即}\frac{\mathrm{d}\psi}{\mathrm{d}t} < 0\right)$,$\varepsilon_{\text{in}} > 0$,表明 ε_{in} 的实际方向与参考方向相同。导体回路中的感应电流的方向与感应电动势的方向相同。因此,导体回路中的感应电流产生的磁通总是要阻止原磁通的变化,其实质是电磁感应现象也必须遵从电磁能量守恒定律。

导体回路中产生感应电流意味着导体中存在着推动电荷定向运动的电场,因此电磁感应定律也可表示为

$$\oint_C \boldsymbol{E} \cdot \mathrm{d}\boldsymbol{l} = -\frac{\mathrm{d}}{\mathrm{d}t}\int_S \boldsymbol{B} \cdot \mathrm{d}\boldsymbol{S}$$

事实上,感应电动势的存在与否并不依赖于导体回路。麦克斯韦将法拉第的这一实验结果推广到场域空间任一假想回路,提出感应电场是有旋电场的假说,将它总结归纳为麦克斯韦第二方程,数学表示式为

$$\oint_C \boldsymbol{E} \cdot \mathrm{d}\boldsymbol{l} = -\int_S \frac{\partial \boldsymbol{B}}{\partial t} \cdot \mathrm{d}\boldsymbol{S}$$

电磁感应定律的重要意义在于它揭示了电与磁相互联系的一个重要方面,即变化的磁场要产生电场。

7. 位移电流

位移电流是麦克斯韦提出的另一个基本假设。麦克斯韦认为,恒定磁场中的安培环路定律是不完备的,当将它应用于时变场时就会出现矛盾。

对方程$\nabla\times\boldsymbol{H}=\boldsymbol{J}$两边取散度，即

$$\nabla\cdot(\nabla\times\boldsymbol{H})=\nabla\cdot\boldsymbol{J}$$

根据矢量分析，一个矢量场的旋度再取散度恒等于零，故得$\nabla\cdot\boldsymbol{J}=0$，这个结果对恒定磁场是完全正确的。但在时变条件下，根据电流连续性方程应得$\nabla\cdot\boldsymbol{J}=-\frac{\partial\rho}{\partial t}$，两者之间存在根本的矛盾。

为了解决这个矛盾，麦克斯韦认为在$\nabla\times\boldsymbol{H}=\boldsymbol{J}$中还必须存在另一个“电流密度”，即假设$\nabla\times\boldsymbol{H}$真正必须具有的形式为

$$\nabla\times\boldsymbol{H}=\boldsymbol{J}+\boldsymbol{J}_{\mathrm{d}}$$

式中，$\boldsymbol{J}_{\mathrm{d}}$就是必须存在的另一个“电流密度”。将$\nabla\cdot\boldsymbol{D}=\rho$代入$\nabla\cdot\boldsymbol{J}=-\frac{\partial\rho}{\partial t}$中，得

$$\nabla\cdot\boldsymbol{J}=-\frac{\partial}{\partial t}(\nabla\cdot\boldsymbol{D})=-\nabla\cdot\frac{\partial\boldsymbol{D}}{\partial t}$$

即

$$\nabla\cdot\left(\boldsymbol{J}+\frac{\partial\boldsymbol{D}}{\partial t}\right)=0$$

对$\nabla\times\boldsymbol{H}=\boldsymbol{J}+\boldsymbol{J}_{\mathrm{d}}$两边取散度，即

$$\nabla\cdot(\nabla\times\boldsymbol{H})=\nabla\cdot(\boldsymbol{J}+\boldsymbol{J}_{\mathrm{d}})=0$$

因此，麦克斯韦假设

$$\boldsymbol{J}_{\mathrm{d}}=\frac{\partial\boldsymbol{D}}{\partial t}$$

称为位移电流密度。$\boldsymbol{J}_{\mathrm{d}}$是一个矢量点函数，某点的位移电流密度等于该点的电位移矢量随时间的变化率。

位移电流表明变化的电场也是一种电流，它可以激发磁场。但要注意它和真实电流（传导电流和运流电流）的区别，位移电流不表示电荷的宏观定向运动，它在介质中也会引起热效应，但此热效应不遵从焦耳定律。

在位移电流假设的基础上，把安培环路定律修正为

$$\nabla\times\boldsymbol{H}=\boldsymbol{J}+\boldsymbol{J}_{\mathrm{d}}$$

这就是麦克斯韦第一方程。

位移电流概念的重要意义在于它揭示了电与磁相互联系的另一个重要方面，即变化的电场要产生磁场。

8. 麦克斯韦方程组

麦克斯韦方程组是描述宏观电磁现象的数学表示式，是电磁理论的核心和

求解电磁场问题的基础,因此是课程教学中的重点。

正如前面已提到的,麦克斯韦提出了两个基本假设:一个是有旋电场的假设,从而把法拉第电磁感应定律推广应用到任意假想回路,成为麦克斯韦第二方程,它表征变化磁场要产生电场。另一个是关于位移电流的假设,从而推广了电流概念,修正了安培环路定律,成为麦克斯韦第一方程,它表征变化的电场要产生磁场。

除了这两个基本假设集中体现了麦克斯韦惊人的智慧外,还有另外两个假设:

(1) 麦克斯韦认定高斯定律 $\oint_S \boldsymbol{E}\cdot \mathrm{d}\boldsymbol{S}=\dfrac{\sum q}{\varepsilon_0}$ 在时变情况下也是成立的,成为麦克斯韦第四方程。在一般情况下,电场 $\boldsymbol{E}=\boldsymbol{E}_{库仑}+\boldsymbol{E}_{感应}$。对于库仑场,有 $\oint_S \boldsymbol{E}_{库仑}\cdot \mathrm{d}\boldsymbol{S}=\dfrac{\sum q}{\varepsilon_0}$。可见,这实际上是假设 $\oint_S \boldsymbol{E}_{感应}\cdot \mathrm{d}\boldsymbol{S}=0$。因为感应电场是有旋场,电力线是闭合线,因此假设它对任意闭合面的通量为零是合理的。

(2) 麦克斯韦还认定磁通连续性原理 $\oint_S \boldsymbol{B}\cdot \mathrm{d}\boldsymbol{S}=0$ 在时变情况下也是成立的,成为麦克斯韦第三方程。迄今为止尚未发现"磁荷",就是这一假设正确性的证明。

麦克斯韦对宏观电磁理论的重大贡献就在于正确地提出了一些科学假设,使特定条件下得出的实验定律的推广得以成立。麦克斯韦方程的正确性以为由它所得到的一系列推论与实验结果有很好的一致性而得到证实,尤其是法国物理学家赫兹关于电磁波的发现,充分证实了麦克斯韦电磁理论的正确性。

9. 电磁场的边界条件

在求解电磁场问题中,边界条件起定解的作用。亥姆霍兹定理指出,任一矢量场由它的散度、旋度和边界条件惟一地确定。

边界条件实际上是电磁理论的基本方程在不同媒质分界面上的一种表现形式,它是根据积分形式的电磁场方程导出的。

2.3 习题解答

2.1 已知半径 $r=a$ 的导体球面上分布着面电荷密度为 $\rho_S=\rho_{S0}\cos\theta$ 的电荷,式中的 ρ_{S0} 为常数。试计算球面上的总电荷量。

解 球面上的总电荷量等于面电荷密度沿 $r=a$ 的球面上的积分,即

$$q=\int_S \rho_S \mathrm{d}S=\int_S \rho_{S0}\cos\theta \mathrm{d}S_r=\int_0^{\pi}\rho_{S0}\cos\theta 2\pi a^2\sin\theta \mathrm{d}\theta=0$$

2.2 已知半径为 a、长为 L 的圆柱体内分布着轴对称的电荷，电荷体密度为 $\rho=\rho_0\dfrac{r}{a}$，$0\leqslant r\leqslant a$，式中的 ρ_0 为常数，试求圆柱体内的总电荷量。

解 圆柱体内的总电荷量等于体电荷密度对半径为 a、长度为 L 的圆柱体的体积分，即

$$q=\int_S \rho_S \mathrm{d}V=\int_0^a\int_0^{2\pi}\int_0^L \frac{\rho_0 r}{a} r\mathrm{d}r\mathrm{d}\phi\mathrm{d}z=\frac{2\pi\rho_0 L}{a}\left.\frac{r^3}{3}\right|_0^a=\frac{2\pi\rho_0 La^2}{3}\quad \mathrm{C}$$

2.3 电荷 q 均匀分布在半径为 a 的导体球面上，当导体球以角速度 ω 绕通过球心的 z 轴旋转时，试计算导体球面上的面电流密度。

解 导体球上的面电荷密度为

$$\rho_S=\frac{q}{4\pi a^2}$$

球面上任意一点的位置矢量为 $\boldsymbol{r}=\boldsymbol{e}_r a$，当导体球以角速度 ω 绕通过球心的 z 轴旋转时，该点的线速度为

$$\boldsymbol{v}=\boldsymbol{\omega}\times\boldsymbol{r}=\boldsymbol{e}_z\omega\times\boldsymbol{e}_r a=\boldsymbol{e}_\phi \omega a\sin\theta$$

则得导体球面上的面电流密度为

$$\boldsymbol{J}_S=\rho_S\boldsymbol{v}=\boldsymbol{e}_\phi\frac{q\omega}{4\pi a}\sin\theta$$

2.4 宽度为 5 cm 的无限薄导电平面置于 $z=0$ 的平面内，若有 10 A 电流从原点朝向点 P(2 cm,3 cm,0) 流动，如图题 2.4 所示，试写出面电流密度的表示式。

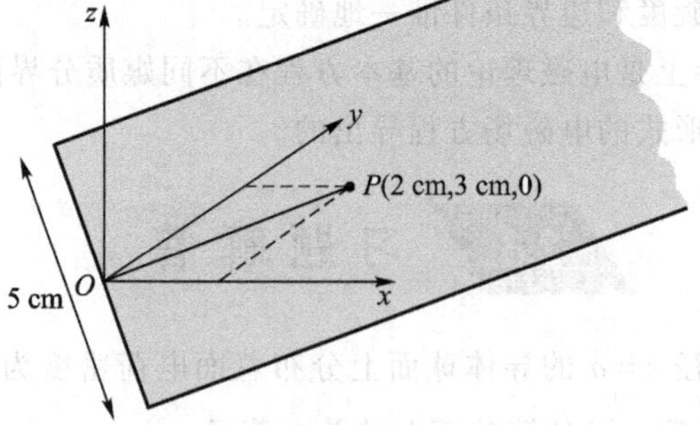

图题 2.4

解 面电流流动方向的单位矢量为

$$\boldsymbol{e}_{\mathrm{n}} = \frac{1}{\sqrt{2^2+3^2}}(\boldsymbol{e}_x 2 + \boldsymbol{e}_y 3) = \frac{1}{\sqrt{13}}(\boldsymbol{e}_x 2 + \boldsymbol{e}_y 3)$$

面电流密度的大小为

$$|\boldsymbol{J}_S| = \frac{10}{5\times 10^{-2}}\ \mathrm{A/m} = 200\ \mathrm{A/m}$$

故得面电流密度矢量表示式为

$$\boldsymbol{J}_S = \frac{200}{\sqrt{13}}(\boldsymbol{e}_x 2 + \boldsymbol{e}_y 3)\quad \mathrm{A/m}$$

2.5 一个半径为 a 的球形体积内均匀分布着总电荷量为 q 的电荷，当球体以均匀角速度 ω 绕一条直径旋转时，试计算球内的电流密度。

解 球体内的电荷体密度为

$$\rho = \frac{q}{4\pi a^3/3}$$

设以球心为坐标原点，旋转轴为 z 轴，则球体内任意一点 P 的位置矢量为 $\boldsymbol{r}=\boldsymbol{e}_r r$，故该点的线速度为

$$\boldsymbol{v} = \boldsymbol{\omega}\times\boldsymbol{r} = \boldsymbol{e}_\phi \omega r\sin\theta$$

因此，所求的电流密度矢量为

$$\boldsymbol{J} = \rho\boldsymbol{v} = \boldsymbol{e}_\phi \frac{q}{4\pi a^3/3}\omega r\sin\theta = \boldsymbol{e}_\phi \frac{3q\omega}{4\pi a^3} r\sin\theta$$

2.6 平行板真空二极管两极板间的电荷体密度为 $\rho = -\frac{4}{9}\varepsilon_0 U_0 d^{-\frac{4}{3}} x^{-\frac{2}{3}}$，阴极板位于 $x=0$ 处，阳极板位于 $x=d$ 处，极间电压为 U_0；如果 $U_0=40$ V，$d=1$ cm，横截面 $S=10\ \mathrm{cm}^2$，试求：(1) $x=0$ 至 $x=d$ 区域内的总电荷量；(2) $x=d/2$ 至 $x=d$ 区域内的总电荷量。

解 (1)

$$q_1 = \int_{V_1}\rho\,\mathrm{d}V = \int_0^d\left(-\frac{4}{9}\varepsilon_0 U_0 d^{-4/3}x^{-2/3}\right)S\mathrm{d}x$$

$$= -\frac{4}{3d}\varepsilon_0 U_0 S$$

$$= -4.72\times 10^{-11}\ \mathrm{C}$$

(2)

$$q_2 = \int_{V_2}\rho\,\mathrm{d}V = \int_{d/2}^d\left(-\frac{4}{9}\varepsilon_0 U_0 d^{-4/3}x^{-2/3}\right)S\mathrm{d}x$$

$$= -\frac{4}{3d}\left(1-\frac{1}{\sqrt[3]{2}}\right)\varepsilon_0 U_0 S$$

$$= -0.97\times 10^{-11}\ \mathrm{C}$$

2.7 在真空中,点电荷 $q_1 = -0.3\ \mu C$ 位于点 $A(25\ cm, -30\ cm, 15\ cm)$;点电荷 $q_2 = 0.5\ \mu C$ 位于点 $B(-10\ cm, 8\ cm, 12\ cm)$。试求:(1) 坐标原点处的电场强度;(2) 点 $P(15\ cm, 20cm, 50\ cm)$处的电场强度。

解 (1) 源点的位置矢量及其大小分别为

$$\boldsymbol{r}'_1 = \boldsymbol{e}_x 25 - \boldsymbol{e}_y 30 + \boldsymbol{e}_z 15\ cm,\ |\boldsymbol{r}'_1| = \sqrt{25^2 + 30^2 + 15^2}\ cm = 41.83\ cm$$

$$\boldsymbol{r}'_2 = -\boldsymbol{e}_x 10 + \boldsymbol{e}_y 8 + \boldsymbol{e}_z 12\ cm,\ |\boldsymbol{r}'_2| = \sqrt{10^2 + 8^2 + 12^2}\ cm = 17.55\ cm$$

而场点 O 的位置矢量 $\boldsymbol{r}_0 = 0$,故坐标原点处的电场强度为

$$\boldsymbol{E}_0 = \frac{1}{4\pi\varepsilon_0}\left[\frac{q_1}{|\boldsymbol{r}_0 - \boldsymbol{r}'_1|^3}(\boldsymbol{r}_0 - \boldsymbol{r}'_1) + \frac{q_2}{|\boldsymbol{r}_0 - \boldsymbol{r}'_2|^3}(\boldsymbol{r}_0 - \boldsymbol{r}'_2)\right]$$

$$= \frac{1}{4\pi\varepsilon_0}\left[\frac{-0.3\times10^{-6}}{(41.83\times10^{-2})^3}(-\boldsymbol{e}_x 25 + \boldsymbol{e}_y 30 - \boldsymbol{e}_z 15)\times10^{-2} + \right.$$

$$\left.\frac{0.5\times10^{-6}}{(17.55\times10^{-2})^3}(\boldsymbol{e}_x 10 - \boldsymbol{e}_y 8 - \boldsymbol{e}_z 12)\times10^{-2}\right]$$

$$= \boldsymbol{e}_x 92.37 - \boldsymbol{e}_y 77.62 - \boldsymbol{e}_z 94.37\quad kV/m$$

(2) 场点 P 的位置矢量为

$$\boldsymbol{r}_P = \boldsymbol{e}_x 15 + \boldsymbol{e}_y 20 + \boldsymbol{e}_z 50\ cm$$

故

$$\boldsymbol{r}_P - \boldsymbol{r}'_1 = -\boldsymbol{e}_x 10 + \boldsymbol{e}_y 50 + \boldsymbol{e}_z 35$$

$$\boldsymbol{r}_P - \boldsymbol{r}'_2 = \boldsymbol{e}_x 25 + \boldsymbol{e}_y 12 + \boldsymbol{e}_z 38$$

则

$$\boldsymbol{E}_P = \frac{1}{4\pi\varepsilon_0}\left[\frac{-0.3\times10^{-6}}{|\boldsymbol{r}_P - \boldsymbol{r}'_1|^3}(-\boldsymbol{e}_x 10 + \boldsymbol{e}_y 50 + \boldsymbol{e}_z 35)\times10^{-2} + \right.$$

$$\left.\frac{0.5\times10^{-6}}{|\boldsymbol{r}_P - \boldsymbol{r}'_2|^3}(\boldsymbol{e}_x 25 + \boldsymbol{e}_y 12 + \boldsymbol{e}_z 38)\times10^{-2}\right]$$

$$= \boldsymbol{e}_x 11.94 - \boldsymbol{e}_y 0.549 + \boldsymbol{e}_z 12.4\ kV/m$$

2.8 点电荷 $q_1 = q$ 位于点 $P_1(-a,0,0)$处,另一个点电荷 $q_2 = -2q$ 位于 $P_2(a,0,0)$处,试问空间中是否存在 $\boldsymbol{E}=0$ 的点?

解 $q_1 = q$ 在空间任意点 $P(x,y,z)$处产生的电场为

$$\boldsymbol{E}_1 = \frac{q}{4\pi\varepsilon_0}\frac{\boldsymbol{e}_x(x+a) + \boldsymbol{e}_y y + \boldsymbol{e}_z z}{[(x+a)^2 + y^2 + z^2]^{3/2}}$$

电荷 $q_2=-2q$ 在点 $P(x,y,z)$ 处产生的电场为

$$\boldsymbol{E}_2=-\frac{2q}{4\pi\varepsilon_0}\frac{\boldsymbol{e}_x(x-a)+\boldsymbol{e}_y y+\boldsymbol{e}_z z}{[(x-a)^2+y^2+z^2]^{3/2}}$$

故在点 $P(x,y,z)$ 处的电场则为 $\boldsymbol{E}=\boldsymbol{E}_1+\boldsymbol{E}_2$。令 $\boldsymbol{E}=0$，则有

$$\frac{\boldsymbol{e}_x(x+a)+\boldsymbol{e}_y y+\boldsymbol{e}_z z}{[(x+a)^2+y^2+z^2]^{3/2}}=\frac{2[\boldsymbol{e}_x(x-a)+\boldsymbol{e}_y y+\boldsymbol{e}_z z]}{[(x-a)^2+y^2+z^2]^{3/2}}$$

由此得

$$(x+a)[(x-a)^2+y^2+z^2]^{3/2}=2(x-a)[(x+a)^2+y^2+z^2]^{3/2}\quad(1)$$

$$y[(x-a)^2+y^2+z^2]^{3/2}=2y[(x+a)^2+y^2+z^2]^{3/2}\quad(2)$$

$$z[(x-a)^2+y^2+z^2]^{3/2}=2z[(x+a)^2+y^2+z^2]^{3/2}\quad(3)$$

当 $y\neq0$ 或 $z\neq0$ 时，将式(2)或式(3)代入式(1)，得 $a=0$。所以，当 $y\neq0$ 或 $z\neq0$ 时，无解。

当 $y=0$ 且 $z=0$ 时，由式(1)，有

$$(x+a)(x-a)^3=2(x-a)(x+a)^3$$

解得

$$x=(-3\pm2\sqrt{2})a$$

但 $x=-3a+2\sqrt{2}a$ 不合题意，故仅在 $(-3a-2\sqrt{2}a,0,0)$ 处电场强度 $\boldsymbol{E}=0$。

2.9 无限长线电荷通过点 $A(6,8,0)$ 且平行于 z 轴，线电荷密度为 ρ_l，试求点 $P(x,y,0)$ 处的电场强度 $\boldsymbol{E}$。

解 线电荷沿 z 方向为无限长，故电场分布与 z 无关。设点 P 位于 $z=0$ 的平面上，如图题 2.9 所示，线电荷与点 P 的距离矢量为

$$\boldsymbol{R}=\boldsymbol{e}_x(x-6)+\boldsymbol{e}_y(y-8)$$

$$|\boldsymbol{R}|=\sqrt{(x-6)^2+(y-8)^2}$$

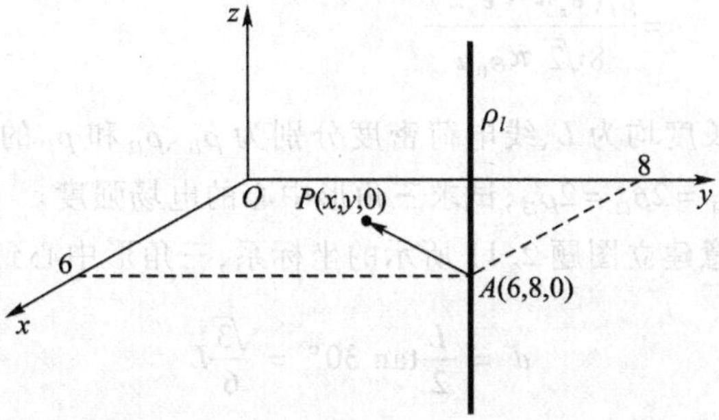

图题 2.9

$$e_R = \frac{R}{|R|} = \frac{e_x(x-6)+e_y(y-8)}{\sqrt{(x-6)^2+(y-8)^2}}$$

根据高斯定律得点 P 处的电场强度为

$$E = e_R\frac{\rho_l}{2\pi\varepsilon_0|R|} = \frac{R}{|R|}\cdot\frac{\rho_l}{2\pi\varepsilon_0|R|} = \frac{\rho_l}{2\pi\varepsilon_0}\cdot\frac{e_x(x-6)+e_y(y-8)}{(x-6)^2+(y-8)^2}$$

2.10 半径为 a 的一个半圆环上均匀分布着线电荷 ρ_l，如图题 2.10 所示。试求垂直于半圆环所在平面的轴线上 $z=a$ 处的电场强度 $E(0,0,a)$。

解 如图题 2.10 所示，场点 $P(0,0,a)$ 的位置矢量为 $r=e_z a$，电荷元 $\rho_l\mathrm{d}l'=\rho_l a\mathrm{d}\phi'$ 的位置矢量 $r'=e_x a\cos\phi'+e_y a\sin\phi'$，故

$$|r-r'| = |e_z a - e_x a\cos\phi' - e_y a\sin\phi'|$$

$$= \sqrt{a^2+(a\cos\phi')^2+(a\sin\phi')^2}$$

$$= \sqrt{2}a$$

电荷元 $\rho_l\mathrm{d}l'=\rho_l a\mathrm{d}\phi'$ 在轴线上 $z=a$ 处的电场强度为

$$\mathrm{d}E = \frac{\rho_l a}{4\pi\varepsilon_0}\frac{r-r'}{(\sqrt{2}a)^3}\mathrm{d}\phi'$$

$$= \frac{\rho_l}{8\sqrt{2}\pi\varepsilon_0}\frac{e_z-(e_x\cos\phi'+e_y\sin\phi')}{a}\mathrm{d}\phi'$$

在半圆环上对上式积分，即得

$$E(0,0,a) = \int\mathrm{d}E$$

$$= \frac{\rho_l}{8\sqrt{2}\pi\varepsilon_0 a}\int_{-\pi/2}^{\pi/2}[e_z-(e_x\cos\phi'+e_y\sin\phi')]\mathrm{d}\phi'$$

$$= \frac{\rho_l(e_z\pi-e_x 2)}{8\sqrt{2}\pi\varepsilon_0 a}$$

2.11 三根长度均为 L、线电荷密度分别为 ρ_{l1}、ρ_{l2} 和 ρ_{l3} 的线电荷构成一个等边三角形，设 $\rho_{l1}=2\rho_{l2}=2\rho_{l3}$，试求三角形中心的电场强度。

解 根据题意建立图题 2.11 所示的坐标系，三角形中心到各边的距离为

$$d = \frac{L}{2}\tan 30° = \frac{\sqrt{3}}{6}L$$

直接利用有限长直线电荷的电场强度公式

$$E_r = \frac{\rho_{l1}}{4\pi\varepsilon_0 r}(\cos\theta_1 - \cos\theta_2)$$

得

$$\boldsymbol{E}_1 = \boldsymbol{e}_y \frac{\rho_{l1}}{4\pi\varepsilon_0 d}(\cos 30° - \cos 150°) = \boldsymbol{e}_y \frac{3\rho_{l1}}{2\pi\varepsilon_0 L}$$

$$\boldsymbol{E}_2 = -(\boldsymbol{e}_x\cos 30° + \boldsymbol{e}_y\sin 30°)\frac{3\rho_{l2}}{2\pi\varepsilon_0 L} = -(\boldsymbol{e}_x\sqrt{3} + \boldsymbol{e}_y)\frac{3\rho_{l1}}{8\pi\varepsilon_0 L}$$

$$\boldsymbol{E}_3 = (\boldsymbol{e}_x\cos 30° - \boldsymbol{e}_y\sin 30°)\frac{3\rho_{l3}}{2\pi\varepsilon_0 L} = (\boldsymbol{e}_x\sqrt{3} - \boldsymbol{e}_y)\frac{3\rho_{l1}}{8\pi\varepsilon_0 L}$$

故等边三角形中心处的电场强度为

$$\begin{aligned}\boldsymbol{E} &= \boldsymbol{E}_1 + \boldsymbol{E}_2 + \boldsymbol{E}_3 \\ &= \boldsymbol{e}_y\frac{3\rho_{l1}}{2\pi\varepsilon_0 L} - (\boldsymbol{e}_x\sqrt{3} + \boldsymbol{e}_y)\frac{3\rho_{l1}}{8\pi\varepsilon_0 L} + (\boldsymbol{e}_x\sqrt{3} - \boldsymbol{e}_y)\frac{3\rho_{l1}}{8\pi\varepsilon_0 L} \\ &= \boldsymbol{e}_y\frac{3\rho_{l1}}{4\pi\varepsilon_0 L}\end{aligned}$$

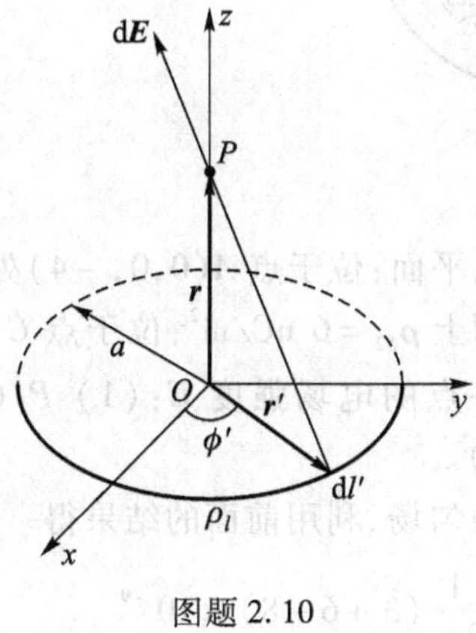

图题 2.10

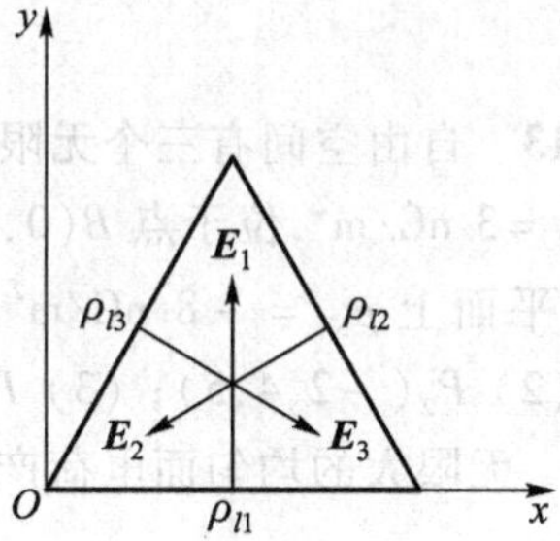

图题 2.11

2.12 一个很薄的无限大导体带电平面,其上的面电荷密度为 ρ_S。试证明:垂直于平面的 z 轴上 $z = z_0$ 处的电场强度中,有一半是由平面上半径为 $\sqrt{3}z_0$ 的圆内的电荷产生的。

证 如图题 2.12 所示,在导体平面上取面积元 $\mathrm{d}S' = r'\mathrm{d}\phi'\mathrm{d}r'$,其上所带的电荷 $\mathrm{d}q = \rho_S\mathrm{d}S' = \rho_S r'\mathrm{d}r'\mathrm{d}\phi'$,电荷元 $\mathrm{d}q$ 在 $z = z_0$ 处产生的电场强度为

$$\mathrm{d}\boldsymbol{E} = \frac{\rho_S r'\mathrm{d}r'\mathrm{d}\phi'}{4\pi\varepsilon_0}\cdot\frac{\boldsymbol{e}_z z_0 + \boldsymbol{e}_r r'}{(z_0^2 + r'^2)^{3/2}}$$

则整个导体带电面在 z 轴上 $z=z_0$ 处的电场强度为

$$\boldsymbol{E}=\frac{\rho_S}{4\pi\varepsilon_0}\int_0^r\int_0^{2\pi}\frac{\boldsymbol{e}_z z_0+\boldsymbol{e}_r r'}{(z_0^2+r'^2)^{3/2}}r'\mathrm{d}r'\mathrm{d}\phi'$$

$$=\boldsymbol{e}_z\frac{\rho_S z_0}{2\varepsilon_0}\int_0^r\frac{r'\mathrm{d}r'}{2\varepsilon_0(r'^2+z_0^2)^{3/2}}=-\boldsymbol{e}_z\frac{\rho_S z_0}{2\varepsilon_0}\left.\frac{1}{(r'^2+z_0^2)^{1/2}}\right|_0^r$$

当 $r\to\infty$ 时，$\boldsymbol{E}=\boldsymbol{e}_z\dfrac{\rho_S}{2\varepsilon_0}$，而 $r=\sqrt{3}z_0$ 时

$$\boldsymbol{E}'=-\boldsymbol{e}_z\frac{\rho_S z_0}{2\varepsilon_0}\left.\frac{1}{(r'^2+z_0^2)^{1/2}}\right|_0^{\sqrt{3}z_0}=\boldsymbol{e}_z\frac{\rho_S}{4\varepsilon_0}=\frac{1}{2}\boldsymbol{E}$$

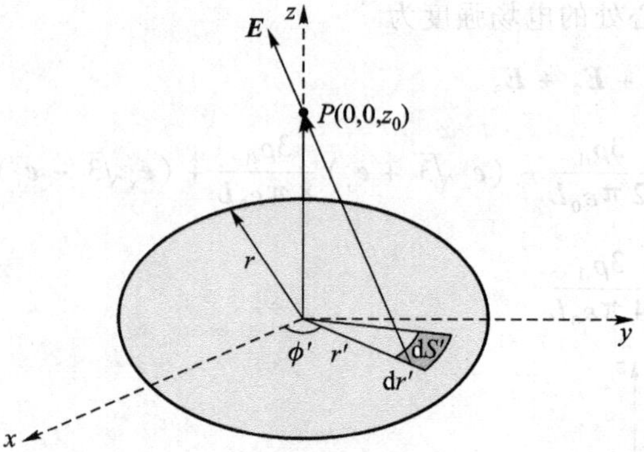

图题 2.12

2.13 自由空间有三个无限大的均匀带电平面：位于点 $A(0,0,-4)$ 处的平面上 $\rho_{S1}=3\ \mathrm{nC/m^2}$，位于点 $B(0,0,1)$ 处的平面上 $\rho_{S2}=6\ \mathrm{nC/m^2}$，位于点 $C(0,0,4)$ 处的平面上 $\rho_{S3}=-8\ \mathrm{nC/m^2}$。试求以下各点的电场强度 $\boldsymbol{E}$：(1) $P_1(2,5,-5)$；(2) $P_2(-2,4,5)$；(3) $P_3(-1,-5,2)$。

解 无限大的均匀面电荷产生的电场为均匀场，利用前面的结果得

(1) $$\boldsymbol{E}_1=-\boldsymbol{e}_z\frac{\rho_{S1}}{2\varepsilon_0}-\boldsymbol{e}_z\frac{\rho_{S2}}{2\varepsilon_0}+\boldsymbol{e}_z\frac{\rho_{S3}}{2\varepsilon_0}=-\boldsymbol{e}_z\frac{1}{2\varepsilon_0}(3+6-8)\times10^{-9}$$

$$=-\boldsymbol{e}_z\frac{1}{2\times8.85\times10^{-12}}\times10^{-9}=-\boldsymbol{e}_z 56.49\ \mathrm{V/m}$$

(2) $$\boldsymbol{E}_2=\boldsymbol{e}_z\frac{\rho_{S1}}{2\varepsilon_0}+\boldsymbol{e}_z\frac{\rho_{S2}}{2\varepsilon_0}+\boldsymbol{e}_z\frac{\rho_{S3}}{2\varepsilon_0}=\boldsymbol{e}_z\frac{1}{2\varepsilon_0}(3+6-8)\times10^{-9}=\boldsymbol{e}_z 56.49\ \mathrm{V/m}$$

(3) $$\boldsymbol{E}_3=\boldsymbol{e}_z\frac{\rho_{S1}}{2\varepsilon_0}+\boldsymbol{e}_z\frac{\rho_{S2}}{2\varepsilon_0}-\boldsymbol{e}_z\frac{\rho_{S3}}{2\varepsilon_0}=\boldsymbol{e}_z\frac{1}{2\varepsilon_0}(3+6+8)\times10^{-9}=\boldsymbol{e}_z 960.5\ \mathrm{V/m}$$

2.14 在下列条件下，对给定点求 $\nabla\cdot\boldsymbol{E}$ 的值。

(1) $\boldsymbol{E}=\boldsymbol{e}_x(2xyz-y^2)+\boldsymbol{e}_y(x^2z-2xy)+\boldsymbol{e}_z x^2y\quad \mathrm{V/m}$

求点 $P_1(2,3,-1)$ 处 $\nabla\cdot\boldsymbol{E}$ 的值。

(2) $\boldsymbol{E}=\boldsymbol{e}_\rho 2\rho z^2\sin^2\phi+\boldsymbol{e}_\phi \rho z^2\sin2\phi+\boldsymbol{e}_z 2\rho^2 z\sin^2\phi$ V/m

求点 $P_2(\rho=2,\phi=110°,z=-1)$ 处 $\nabla\cdot\boldsymbol{E}$ 的值。

(3) $\boldsymbol{E}=\boldsymbol{e}_r 2r\sin\theta\cos\phi+\boldsymbol{e}_\theta r\cos\theta\cos\phi-\boldsymbol{e}_\phi r\sin\phi$ V/m

求点 $P(r=1.5,\theta=30°,\phi=50°)$ 处 $\nabla\cdot\boldsymbol{E}$ 的值。

解 (1) $$\nabla\cdot\boldsymbol{E}=\frac{\partial}{\partial x}(2xyz-y^2)+\frac{\partial}{\partial y}(x^2z-2xy)+\frac{\partial}{\partial z}(x^2y)$$
$$=2\times3(-1)-2\times2=-10$$

(2) $$\nabla\cdot\boldsymbol{E}=\frac{1}{\rho}\frac{\partial}{\partial\rho}[\rho(2\rho z^2\sin^2\phi)]+\frac{1}{\rho}\frac{\partial}{\partial\phi}(\rho z^2\sin2\phi)+\frac{\partial}{\partial z}(2\rho^2 z\sin^2\phi)$$
$$=\frac{1}{\rho}2z^2\sin^2\phi\times2\rho+\frac{1}{\rho}2\rho z^2\cos2\phi+2\rho^2\sin^2\phi$$
$$=4\times1\times\sin^2110°+2\times1\times\cos2\times110°+2\times2^2\times\sin^2110°$$
$$=9.06$$

(3) $$\nabla\cdot\boldsymbol{E}=\frac{1}{r^2}\frac{\partial}{\partial r}(r^2\times2r\sin\theta\cos\phi)+\frac{1}{r\sin\theta}\frac{\partial}{\partial\theta}(\sin\theta\times r\cos\theta\cos\phi)+$$
$$\frac{1}{r\sin\theta}\frac{\partial}{\partial\phi}(-r\sin\phi)=\frac{1}{r^2}\times2\sin\theta\cos\phi\times3r^2+$$
$$\frac{1}{r\sin\theta}r\cos\phi(\cos^2\theta-\sin^2\theta)-\frac{\cos\phi}{\sin\theta}$$
$$=0.637$$

2.15 半径为 a 的球形体积内充满密度为 $\rho(r)$ 的体电荷，若已知球形体积内外的电位移分布为

$$\boldsymbol{D}=\boldsymbol{e}_r D_r=\begin{cases}\boldsymbol{e}_r(r^3+Ar^2), & 0<r\leqslant a\\ \boldsymbol{e}_r\dfrac{a^5+Aa^4}{r^2}, & r\geqslant a\end{cases}$$

式中 A 为常数，试求电荷密度 $\rho(r)$。

解 由 $\nabla\cdot\boldsymbol{D}=\rho$，得

$$\rho(r)=\nabla\cdot\boldsymbol{D}=\frac{1}{r^2}\frac{\mathrm{d}}{\mathrm{d}r}(r^2D_r)$$

故在 $0<r\leqslant a$ 区域，有

$$\rho(r)=\frac{1}{r^2}\frac{\mathrm{d}}{\mathrm{d}r}[r^2(r^3+Ar^2)]=5r^2+4Ar$$

在 $r>a$ 区域

$$\rho(r)=\frac{1}{r^2}\frac{\mathrm{d}}{\mathrm{d}r}\left[r^2\frac{(a^5+Aa^4)}{r^2}\right]=0$$

2.16 一个半径为 a 的导体球带电荷量为 q，当球体以均匀角速度 ω 绕一个直径旋转时（如图题 2.16 所示），试求球心处的磁感应强度 $\boldsymbol{B}$。

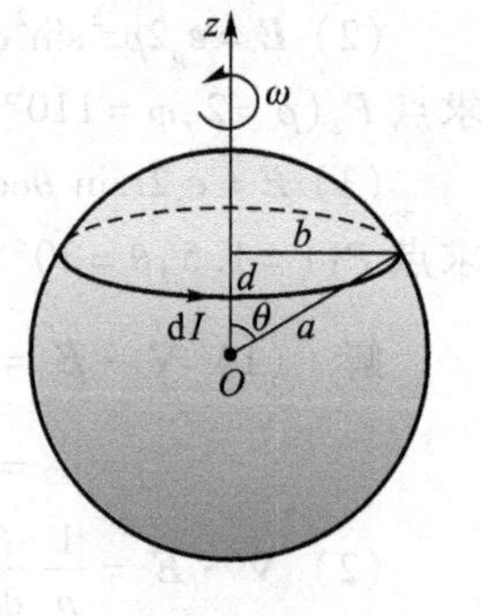

图题 2.16

解 导体球面上的电荷面密度为 $\rho_S=\dfrac{q}{4\pi a^2}$，当球体以均匀角速度 ω 绕一个直径旋转时，球面上位置矢量 $\boldsymbol{r}=\boldsymbol{e}_r a$ 点处的电流面密度为

$$\boldsymbol{J}_S=\rho_S\boldsymbol{v}=\rho_S\boldsymbol{\omega}\times\boldsymbol{r}=\rho_S\boldsymbol{e}_z\omega\times\boldsymbol{e}_r a$$
$$=\boldsymbol{e}_\phi\omega\rho_S a\sin\theta=\boldsymbol{e}_\phi\frac{\omega q}{4\pi a}\sin\theta$$

将球面划分为无数个宽度为 $\mathrm{d}l=a\mathrm{d}\theta$ 的细圆环，则球面上任一个宽度为 $\mathrm{d}l=a\mathrm{d}\theta$ 细圆环的电流为

$$\mathrm{d}I=J_S\mathrm{d}l=\frac{\omega q}{4\pi}\sin\theta\mathrm{d}\theta$$

该细圆环的半径为 $b=a\sin\theta$，细圆环平面到球心的距离 $d=a\cos\theta$，利用电流圆环的轴线上任意一点的磁场公式，可得到该细圆环电流在球心处产生的磁场为

$$\mathrm{d}\boldsymbol{B}=\boldsymbol{e}_z\frac{\mu_0 b^2\mathrm{d}I}{2(b^2+d^2)^{3/2}}=\boldsymbol{e}_z\frac{\mu_0\omega q a^2\sin^3\theta\mathrm{d}\theta}{8\pi(a^2\sin^2\theta+a^2\cos^2\theta)^{3/2}}$$
$$=\boldsymbol{e}_z\frac{\mu_0\omega q\sin^3\theta\mathrm{d}\theta}{8\pi a}$$

故整个球面电流在球心处产生的磁场为

$$\boldsymbol{B}=\int\mathrm{d}\boldsymbol{B}=\int_0^\pi\boldsymbol{e}_z\frac{\mu_0\omega q\sin^3\theta}{8\pi a}\mathrm{d}\theta=\boldsymbol{e}_z\frac{\mu_0\omega q}{6\pi a}$$

2.17 假设电流 $I=8$ A 从无限远处沿 x 轴流向原点，再离开原点沿 y 轴流向无限远，如图题 2.17 所示。试求 xy 平面上一点 $P(0.4,0.3,0)$ 处的磁感应强度 $\boldsymbol{B}$。

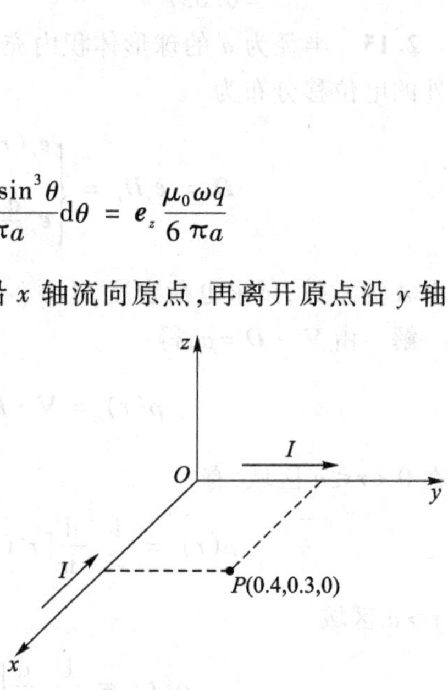

图题 2.17

解 直接利用有限长直线电流的磁场计算公式

$$\boldsymbol{B}=\boldsymbol{e}_\phi\frac{\mu_0 I}{4\pi\rho}(\cos\theta_1-\cos\theta_2)$$

对于点 $P(0.4,0.3,0)$ 单位矢量 $\boldsymbol{e}_\phi$ 即为

$-\boldsymbol{e}_z$。因此，计算 x 轴上的电流在点 P 产生的磁场时，

$$\rho = 0.3\ \text{m}$$

$$\theta_1 = 0°$$

$$\theta_2 = 180° - \arctan\left(\frac{0.3}{0.4}\right)$$

$$= 180° - 36.9° = 143.1°$$

故

$$\boldsymbol{B}_{P(x)} = -\boldsymbol{e}_z \frac{\mu_0 \times 8}{4\pi \times 0.3}(\cos 0° - \cos 143.1°)$$

$$= -\boldsymbol{e}_z \frac{12\mu_0}{\pi}$$

同样，计算 y 轴上的电流在点 P 产生的磁场时，$\rho = 0.4\ \text{m}$，$\theta_1 = \arctan\left(\frac{0.4}{0.3}\right) = 53.1°$，$\theta_2 = 180°$，故

$$\boldsymbol{B}_{P(y)} = -\boldsymbol{e}_z \frac{\mu_0 \times 8}{4\pi \times 0.4}(\cos 53.1° - \cos 180°) = -\boldsymbol{e}_z \frac{8\mu_0}{\pi}$$

则

$$\boldsymbol{B}_P = \boldsymbol{B}_{P(x)} + \boldsymbol{B}_{P(y)} = -\boldsymbol{e}_z \frac{20\mu_0}{\pi} = -\boldsymbol{e}_z 8\ \mu\text{T}$$

2.18 一条扁平的直导体带，宽度为 $2a$，中心线与 z 轴重合，通过的电流为 I。试证明在第一象限内任意一点 P 的磁感应强度为

$$B_x = -\frac{\mu_0 I}{4\pi a}\alpha$$

$$B_y = \frac{\mu_0 I}{4\pi a}\ln\left(\frac{r_2}{r_1}\right)$$

式中的 α、r_1 和 r_2 如图题 2.18 所示。

证 将导体带划分为无数个宽度为 $\mathrm{d}x'$ 的细条带，每一细条带的电流 $\mathrm{d}I = \frac{I}{2a}\mathrm{d}x'$。根据安培环路定律，可得到位于 x' 处的细条带的电流 $\mathrm{d}I$ 在 P 点处的磁场为

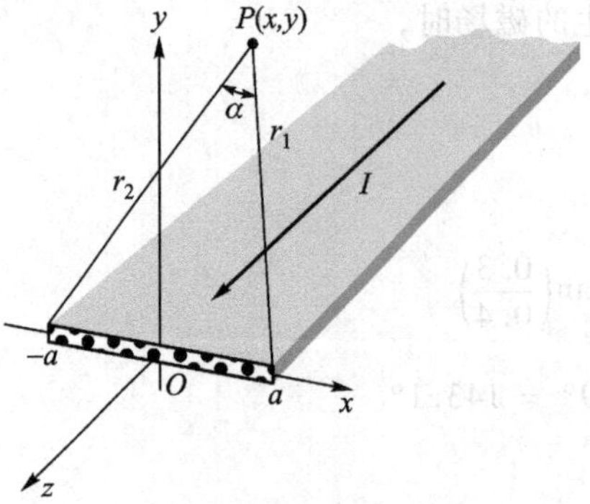

图题 2.18

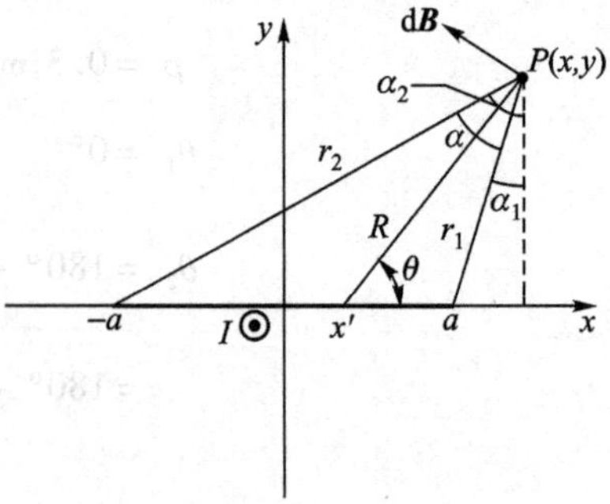

图题 2.18(附)

$$
d\boldsymbol{B} = \boldsymbol{e}_\phi \frac{\mu_0 dI}{2\pi R} = \boldsymbol{e}_\phi \frac{\mu_0 I dx'}{4\pi a R} = \boldsymbol{e}_\phi \frac{\mu_0 I dx'}{4\pi a[(x-x')^2+y^2]^{1/2}}
$$

故

$$
dB_x = -dB\sin\theta = -\frac{\mu_0 I y dx'}{4\pi a[(x-x')^2+y^2]}
$$

$$
dB_y = dB\cos\theta = \frac{\mu_0 I(x-x')dx'}{4\pi a[(x-x')^2+y^2]}
$$

式中的 x' 如图题 2.18(附)所示，则得

$$
\begin{aligned}
B_x &= -\int_{-a}^{a} \frac{\mu_0 I y dx'}{4\pi a[(x-x')^2+y^2]} \\
&= -\frac{\mu_0 I}{4\pi a}\arctan\left(\frac{x'-x}{y}\right)\bigg|_{-a}^{a} \\
&= -\frac{\mu_0 I}{4\pi a}\left[\arctan\left(\frac{a-x}{y}\right)-\arctan\left(\frac{-a-x}{y}\right)\right] \\
&= -\frac{\mu_0 I}{4\pi a}\left[\arctan\left(\frac{x+a}{y}\right)-\arctan\left(\frac{x-a}{y}\right)\right] \\
&= -\frac{\mu_0 I}{4\pi a}(\alpha_2-\alpha_1) \\
&= -\frac{\mu_0 I}{4\pi a}\alpha
\end{aligned}
$$

$$
B_y = \int_{-a}^{a} \frac{\mu_0 I(x-x')dx'}{4\pi a[(x-x')^2+y^2]} = -\frac{\mu_0 I}{8\pi a}\ln[(x-x')^2+y^2]\bigg|_{-a}^{a}
$$

$$= \frac{\mu_0 I}{8\pi a}\ln\frac{(x+a)^2+y^2}{(x-a)^2+y^2}$$

$$= \frac{\mu_0 I}{4\pi a}\ln\left(\frac{r_2}{r_1}\right)$$

2.19 两平行无限长直线电流 I_1 和 I_2，间距为 d，试求每根导线单位长度受到的安培力 $\boldsymbol{F}_{\mathrm{m}}$。

解 无限长直线电流 I_1 产生的磁场为

$$\boldsymbol{B}_1 = \boldsymbol{e}_\phi \frac{\mu_0 I_1}{2\pi\rho}$$

此磁场对直线电流 I_2 每单位长度受到的安培力为

$$\boldsymbol{F}_{\mathrm{m}12} = \int_0^1 I_2 \boldsymbol{e}_z \times \boldsymbol{B}_1 \mathrm{d}z = -\boldsymbol{e}_{12}\frac{\mu_0 I_1 I_2}{2\pi d}$$

式中，$\boldsymbol{e}_{12}$是由电流 I_1 指向电流 I_2 的单位矢量。

同样，可求出直线电流 I_2 产生的磁场对电流 I_1 每单位长度受到的安培力为

$$\boldsymbol{F}_{\mathrm{m}21} = -\boldsymbol{F}_{\mathrm{m}12} = \boldsymbol{e}_{12}\frac{\mu_0 I_1 I_2}{2\pi d}$$

2.20 在半径 $a=1$ mm 的非磁性材料圆柱形实心导体内，沿 z 轴方向通过电流 $I=20$ A，试求：(1) $\rho=0.8$ mm 处的 $\boldsymbol{B}$；(2) $\rho=1.2$ mm 处的 $\boldsymbol{B}$；(3) 圆柱内单位长度的总磁通。

解 (1) 圆柱形导体内的电流密度为

$$\boldsymbol{J} = \boldsymbol{e}_z\frac{I}{\pi a^2} = \boldsymbol{e}_z\frac{20}{\pi(1\times10^{-3})^2}\ \mathrm{A/m^2} = \boldsymbol{e}_z 6.37\times10^6\ \mathrm{A/m^2}$$

利用安培环路定律得

$$\boldsymbol{B}_{0.8\ \mathrm{mm}} = \boldsymbol{e}_\phi\frac{1}{2}\mu_0 J\rho = \boldsymbol{e}_\phi\frac{1}{2}\times4\pi\times10^{-7}\times6.37\times10^6\times0.8\times10^{-3}\ \mathrm{T}$$

$$= \boldsymbol{e}_\phi 3.2\times10^{-3}\ \mathrm{T}$$

(2) 利用安培环路定律得

$$\boldsymbol{B}_{1.2\ \mathrm{mm}} = \boldsymbol{e}_\phi\frac{\mu_0 I}{2\pi\rho} = \boldsymbol{e}_\phi\frac{4\pi\times10^{-7}\times20}{2\pi\times1.2\times10^{-3}}\ \mathrm{T} = \boldsymbol{e}_\phi 3.33\times10^{-3}\ \mathrm{T}$$

(3) $$\Phi_{\mathrm{i}} = \int\boldsymbol{B}_{\mathrm{i}}\cdot\mathrm{d}\boldsymbol{S} = \int_0^a\frac{1}{2}\mu_0 J\rho\mathrm{d}\rho = \frac{1}{2}\mu_0 J\frac{\rho^2}{2}\bigg|_0^a$$

$$= \frac{1}{2}\times4\pi\times10^{-7}\times\frac{20}{\pi(1+10^{-3})^2}\times\frac{1\times10^{-6}}{2}\ \mathrm{Wb}$$

$$=2\times 10^{-6}\ \mathrm{Wb}$$

2.21 下面的矢量函数中哪些可能是磁场？如果是，求出其源量 $\boldsymbol{J}$。

(1) $\boldsymbol{H}=\boldsymbol{e}_\rho a\rho,\boldsymbol{B}=\mu_0\boldsymbol{H}$ （圆柱坐标系）

(2) $\boldsymbol{H}=\boldsymbol{e}_x(-ay)+\boldsymbol{e}_y ax,\boldsymbol{B}=\mu_0\boldsymbol{H}$

(3) $\boldsymbol{H}=\boldsymbol{e}_x ax-\boldsymbol{e}_y ay,\boldsymbol{B}=\mu_0\boldsymbol{H}$

(4) $\boldsymbol{H}=\boldsymbol{e}_\phi ar,\boldsymbol{B}=\mu_0\boldsymbol{H}$ （球坐标系）

解 根据静态磁场的基本性质，只有满足 $\nabla\cdot\boldsymbol{B}=0$ 的矢量函数才可能是磁场的场矢量，对于磁场矢量，则可由方程 $\boldsymbol{J}=\nabla\times\boldsymbol{H}$ 求出源分布。

(1) 在圆柱坐标系中

$$\nabla\cdot\boldsymbol{B}=\frac{1}{\rho}\frac{\partial}{\partial\rho}(\rho B_\rho)=\frac{\mu_0}{\rho}\frac{\partial}{\partial\rho}(a\rho^2)=2a\mu_0\neq 0$$

可见，矢量 $\boldsymbol{H}=\boldsymbol{e}_\rho a\rho$ 不是磁场矢量。

(2) 在直角坐标系中

$$\nabla\cdot\boldsymbol{B}=\frac{\partial}{\partial x}(-ay)+\frac{\partial}{\partial y}(ax)=0$$

故矢量 $\boldsymbol{H}=\boldsymbol{e}_x(-ay)+\boldsymbol{e}_y ax$ 是磁场矢量，其源分布为

$$\boldsymbol{J}=\nabla\times\boldsymbol{H}=\begin{vmatrix}\boldsymbol{e}_x & \boldsymbol{e}_y & \boldsymbol{e}_z\\ \dfrac{\partial}{\partial x} & \dfrac{\partial}{\partial y} & \dfrac{\partial}{\partial z}\\ -ay & ax & 0\end{vmatrix}=\boldsymbol{e}_z 2a$$

(3) 在直角坐标系中

$$\nabla\cdot\boldsymbol{B}=\frac{\partial}{\partial x}(ax)+\frac{\partial}{\partial y}(-ay)=0$$

故矢量 $\boldsymbol{H}=\boldsymbol{e}_x ax-\boldsymbol{e}_y ay$ 是磁场矢量，其源分布为

$$\boldsymbol{J}=\nabla\times\boldsymbol{H}=\begin{vmatrix}\boldsymbol{e}_x & \boldsymbol{e}_y & \boldsymbol{e}_z\\ \dfrac{\partial}{\partial x} & \dfrac{\partial}{\partial y} & \dfrac{\partial}{\partial z}\\ ax & -ay & 0\end{vmatrix}=0$$

(4) 在球坐标系中

$$\nabla\cdot\boldsymbol{B}=\frac{1}{r\sin\theta}\frac{\partial B_\phi}{\partial\phi}=\frac{1}{r\sin\theta}\frac{\partial}{\partial\phi}(ar)=0$$

故矢量 $\boldsymbol{H}=\boldsymbol{e}_\phi ar$ 是磁场矢量，其源分布为

$$J = \nabla \times H = \frac{1}{r^2\sin\theta}\begin{vmatrix} e_r & re_\theta & r\sin\theta e_\phi \\ \frac{\partial}{\partial r} & \frac{\partial}{\partial \theta} & \frac{\partial}{\partial \phi} \\ 0 & 0 & ar^2\sin\theta \end{vmatrix} = e_r a\cot\theta - e_\theta 2a$$

2.22 通过电流密度为 $\boldsymbol{J}$ 的均匀电流的长圆柱导体中有一平行的圆柱形空腔，其横截面如图题 2.22 所示。试计算各部分的磁感应强度，并证明空腔内的磁场是均匀的。

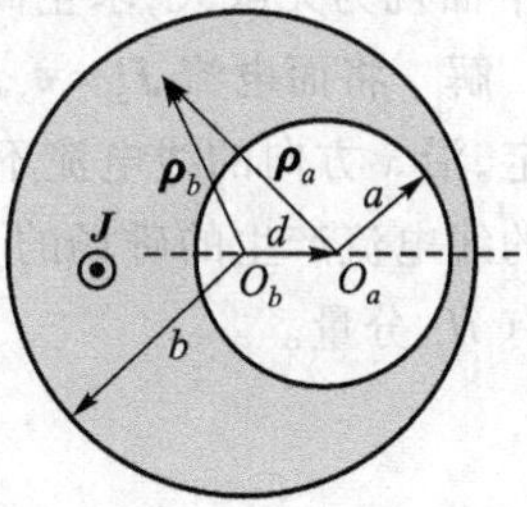

图题 2.22

解 将题所给的非对称电流分布分解为两个对称电流分布的叠加：一个是电流密度 $\boldsymbol{J}$ 均匀分布在半径为 b 的圆柱内，另一个是电流密度 $-\boldsymbol{J}$ 均匀分布在半径为 a 的圆柱内。原有的空腔被看作是同时存在 $\boldsymbol{J}$ 和 $-\boldsymbol{J}$ 两种电流密度。这样就可以利用安培环路定律分别求出两种对称电流分布的磁场，再进行叠加即可得到解答。

由安培环路定律 $\oint_C \boldsymbol{B}\cdot \mathrm{d}\boldsymbol{l} = \mu_0 I$，先求出均匀分布在半径为 b 的圆柱内的 $\boldsymbol{J}$ 产生的磁场为

$$\boldsymbol{B}_b = \begin{cases} \dfrac{\mu_0}{2}\boldsymbol{J}\times\boldsymbol{\rho}_b, & \rho_b < b \\[2ex] \dfrac{\mu_0 b^2}{2}\dfrac{\boldsymbol{J}\times\boldsymbol{\rho}_b}{\rho_b^2}, & \rho_b > b \end{cases}$$

同样，均匀分布在半径为 a 的圆柱内的 $-\boldsymbol{J}$ 产生的磁场为

$$\boldsymbol{B}_a = \begin{cases} -\dfrac{\mu_0}{2}\boldsymbol{J}\times\boldsymbol{\rho}_a, & \rho_a < a \\[2ex] -\dfrac{\mu_0 a^2}{2}\dfrac{\boldsymbol{J}\times\boldsymbol{\rho}_a}{\rho_a^2}, & \rho_a > a \end{cases}$$

这里 $\boldsymbol{\rho}_a$ 和 $\boldsymbol{\rho}_b$ 分别是点 O_a 和 O_b 到场点 P 的位置矢量。

将 $\boldsymbol{B}_a$ 和 $\boldsymbol{B}_b$ 叠加，可得到空间各区域的磁场为

圆柱外（$\rho_b > b$）： $$\boldsymbol{B} = \frac{\mu_0}{2}\boldsymbol{J}\times\left(\frac{b^2}{\rho_b^2}\boldsymbol{\rho}_b - \frac{a^2}{\rho_a^2}\boldsymbol{\rho}_a\right)$$

圆柱内的空腔外（$\rho_b < b, \rho_a > a$）： $$\boldsymbol{B} = \frac{\mu_0}{2}\boldsymbol{J}\times\left(\boldsymbol{\rho}_b - \frac{a^2}{\rho_a^2}\boldsymbol{\rho}_a\right)$$

空腔内($\rho_a < a$)： $\boldsymbol{B} = \frac{\mu_0}{2}\boldsymbol{J} \times (\boldsymbol{\rho}_b - \boldsymbol{\rho}_a) = \frac{\mu_0}{2}\boldsymbol{J} \times \boldsymbol{d}$

式中，$\boldsymbol{d}$ 是点 O_b 到点 O_a 的位置矢量。由此可见，空腔内的磁场是均匀的。

2.23 在 xy 平面上沿 $+x$ 方向有均匀面电流 $\boldsymbol{J}_S$，如图题 2.23 所示。若将 xy 平面视为无限大，求空间任意一点的 $\boldsymbol{H}$。

解 将面电流 $\boldsymbol{J}_S = \boldsymbol{e}_x J_S$ 视为很多线电流的组合，由毕奥－萨伐尔定律可以判定，沿 x 方向的线电流不会产生 x 方向的磁场。而且，沿 x 方向的一对位置对称的线电流产生的磁场的 z 分量相抵消。因此，沿 x 方向的面电流产生的磁场只有 H_y 分量。

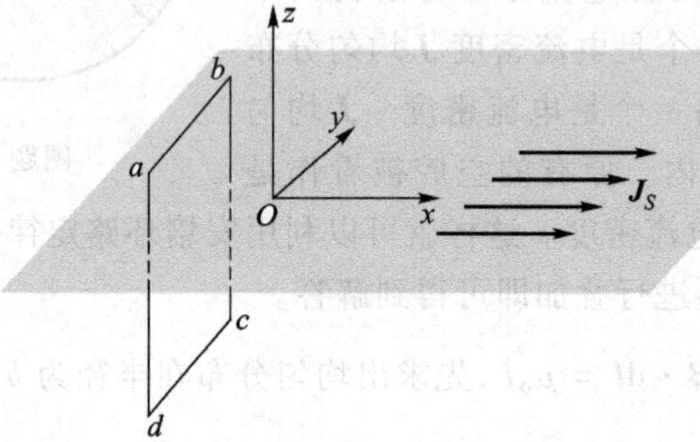

图题 2.23

由于对称性，面电流的上、下两侧的磁场是等值反向的。取如图题 2.23 所示的垂直于 xy 平面的矩形闭合线 $abcda$，据安培环路定律得

$$\boldsymbol{H} \cdot \boldsymbol{ab} + \boldsymbol{H} \cdot \boldsymbol{cd} = \boldsymbol{J}_S(ab)$$

因此，在 $z>0$ 区域，有

$$(-H_y - H_y)(ab) = J_S(ab)$$

即

$$H_y = -\frac{1}{2}J_S$$

而在 $z<0$ 区域，则有 $H_y = \frac{1}{2}J_S$

若表示为矢量形式，则为

$$\boldsymbol{H} = \frac{1}{2}\boldsymbol{J}_S \times \boldsymbol{e}_n$$

式中，$\boldsymbol{e}_n$ 是面电流的外法向单位矢量。

2.24 一导体滑片在两根平行的轨道上滑动，整个装置位于正弦时变磁场

$\boldsymbol{B}=\boldsymbol{e}_z 5\cos\omega t$ mT 之中，如图题 2.24 所示。滑片的位置由 $x=0.35(1-\cos\omega t)$ m 确定，轨道终端接有电阻 $R=0.2\ \Omega$，试求感应电流 i。

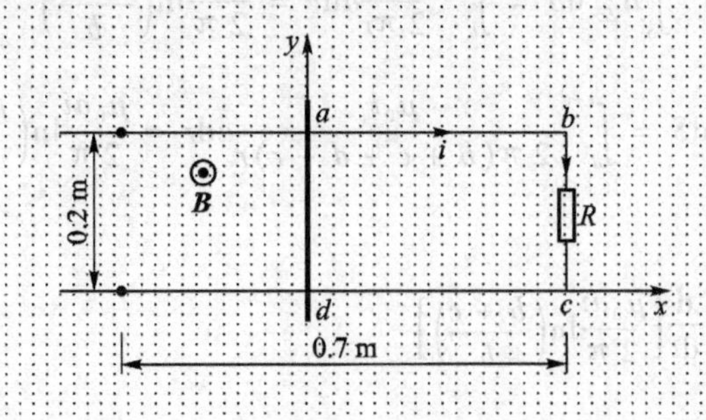

图题 2.24

解 穿过导体回路 $abcda$ 的磁通为

$$\Phi=\int\boldsymbol{B}\cdot\mathrm{d}\boldsymbol{S}=\boldsymbol{e}_z B\cdot\boldsymbol{e}_z ab\times ad=5\cos\omega t\times0.2(0.7-x)$$

$$=\cos\omega t[0.7-0.35(1-\cos\omega t)]$$

$$=0.35\cos\omega t(1+\cos\omega t)$$

故得感应电流为

$$i=\frac{\mathscr{E}_{\mathrm{in}}}{R}=-\frac{1}{R}\frac{\mathrm{d}\Phi}{\mathrm{d}t}=-\frac{1}{0.2}\times0.35\omega\sin\omega t(1+2\cos\omega t)$$

$$=-1.75\omega\sin\omega t(1+2\cos\omega t)\ \mathrm{mA}$$

2.25 平行双线与一矩形回路共面，如图题 2.25 所示。设 $a=0.2$ m，$b=c=d=0.1$ m，$i=0.1\cos(2\pi\times10^7t)$ A，求回路中的感应电动势。

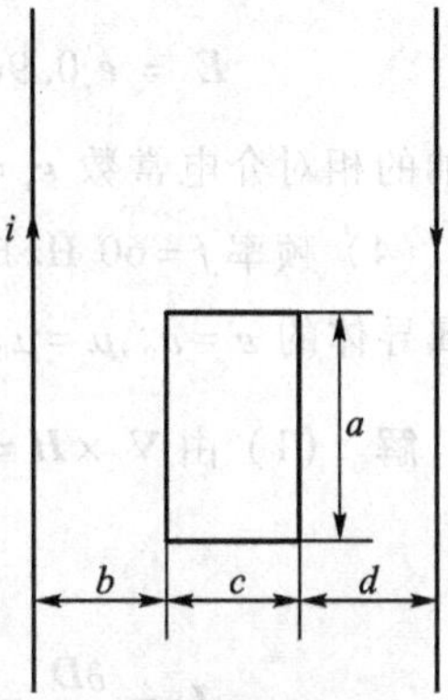

图题 2.25

解 由安培环路定律求出平行双线中的电流在矩形回路平面任意一点产生的磁感应强度分别为

$$B_{左}=\frac{\mu_0 i}{2\pi r}$$

$$B_{右}=\frac{\mu_0 i}{2\pi(b+c+d-r)}$$

它们的方向均为垂直于纸面向内。

回路中的感应电动势为

$$\mathscr{E}_{\mathrm{in}}=-\frac{\mathrm{d}}{\mathrm{d}t}\int_S\boldsymbol{B}\cdot\mathrm{d}\boldsymbol{S}=-\frac{\mathrm{d}}{\mathrm{d}t}\left[\int_S B_{左}\,\mathrm{d}S+\int_S B_{右}\,\mathrm{d}S\right]$$

式中

$$\int_S B_{左}\,\mathrm{d}S = \int_b^{b+c} \frac{\mu_0 i}{2\pi r} a\mathrm{d}r = \frac{\mu_0 a i}{2\pi}\ln\left(\frac{b+c}{b}\right)$$

$$\int_S B_{右}\,\mathrm{d}S = \int_d^{c+d} \frac{\mu_0 i}{2\pi(b+c+d-r)r} a\mathrm{d}r = \frac{\mu_0 a i}{2\pi}\ln\left(\frac{b+c}{b}\right)$$

则

$$\begin{aligned}\mathscr{E}_{\mathrm{in}} &= -2\frac{\mathrm{d}}{\mathrm{d}t}\left[\frac{\mu_0 a i}{2\pi}\ln\left(\frac{b+c}{b}\right)\right]\\ &= -\frac{\mu_0 a}{\pi}\ln\left(\frac{b+c}{b}\right)\frac{\mathrm{d}}{\mathrm{d}t}[0.1\cos(2\pi\times 10^7 t)]\\ &= -\frac{4\pi\times 10^{-7}\times 0.2}{\pi}\ln 2\times 0.1\sin(2\pi\times 10^7 t)\times 2\pi\times 10^7\ \mathrm{V}\\ &= 0.348\sin(2\pi\times 10^7 t)\ \mathrm{V}\end{aligned}$$

2.26 求下列情况下的位移电流密度的大小：

（1）某移动天线发射的电磁波的磁场强度

$$\boldsymbol{H} = \boldsymbol{e}_x 0.15\cos(9.36\times 10^8 t - 3.12y)\quad \mathrm{A/m}$$

（2）一大功率变压器在空气中产生的磁感应强度

$$\boldsymbol{B} = \boldsymbol{e}_y 0.8\cos(3.77\times 10^2 t - 1.26\times 10^{-6}x)\quad \mathrm{T}$$

（3）一大功率电容器在填充的油中产生的电场强度

$$\boldsymbol{E} = \boldsymbol{e}_x 0.9\cos(3.77\times 10^2 t - 2.81\times 10^{-6}z)\quad \mathrm{MV/m}$$

设油的相对介电常数 $\varepsilon_r = 5$。

（4）频率 $f = 60$ Hz 时的金属导体中，$\boldsymbol{J} = \boldsymbol{e}_x\sin(377\times t - 117.1z)$ MA/m²，设金属导体的 $\varepsilon = \varepsilon_0, \mu = \mu_0, \sigma = 5.8\times 10^7$ S/m。

解 （1）由 $\nabla\times\boldsymbol{H} = \frac{\partial \boldsymbol{D}}{\partial t}$，得

$$\boldsymbol{J}_{\mathrm{d}} = \frac{\partial \boldsymbol{D}}{\partial t} = \nabla\times\boldsymbol{H} = \begin{vmatrix}\boldsymbol{e}_x & \boldsymbol{e}_y & \boldsymbol{e}_z\\ \frac{\partial}{\partial x} & \frac{\partial}{\partial y} & \frac{\partial}{\partial z}\\ H_x & 0 & 0\end{vmatrix} = -\boldsymbol{e}_z\frac{\partial H_x}{\partial y}$$

$$= -\boldsymbol{e}_z\frac{\partial}{\partial y}[0.15\cos(9.36\times 10^8 t - 3.12y)]\ \mathrm{A/m^2}$$

$$= -\boldsymbol{e}_z 0.468\sin(9.36\times10^8 t - 3.12y)\ \text{A/m}^2$$

故

$$|\boldsymbol{J}_\text{d}| = 0.468\ \text{A/m}^2$$

(2) 由 $\nabla\times\boldsymbol{H} = \dfrac{\partial \boldsymbol{D}}{\partial t}, \boldsymbol{B} = \mu_0\boldsymbol{H}$,得

$$\boldsymbol{J}_\text{d} = \frac{\partial \boldsymbol{D}}{\partial t} = \frac{1}{\mu_0}\nabla\times\boldsymbol{B} = \frac{1}{\mu_0}\begin{vmatrix} \boldsymbol{e}_x & \boldsymbol{e}_y & \boldsymbol{e}_z \\ \dfrac{\partial}{\partial x} & \dfrac{\partial}{\partial y} & \dfrac{\partial}{\partial z} \\ 0 & B_y & 0 \end{vmatrix} = \boldsymbol{e}_z\frac{1}{\mu_0}\frac{\partial B_y}{\partial x}$$

$$= \boldsymbol{e}_z\frac{1}{\mu_0}\frac{\partial}{\partial x}[0.8\cos(3.77\times10^2 t - 1.26\times10^{-6}x)]$$

$$= \boldsymbol{e}_z 0.802\sin(3.77\times10^2 t - 1.26\times10^{-6}x)\ \text{A/m}^2$$

故

$$|\boldsymbol{J}_\text{d}| = 0.802\ \text{A/m}^2$$

(3) $\boldsymbol{D} = \varepsilon_\text{r}\varepsilon_0\boldsymbol{E} = 5\varepsilon_0[\boldsymbol{e}_x 0.9\times10^6\cos(3.77\times10^2 t - 2.81\times10^{-6}z)]$

$$= \boldsymbol{e}_x 5\times8.85\times10^{-12}\times0.9\times10^6\cos(3.77\times10^2 t - 2.81\times10^{-6}z)$$

$$\boldsymbol{J}_\text{d} = \frac{\partial \boldsymbol{D}}{\partial t} = -\boldsymbol{e}_x 15\times10^{-3}\sin(3.77\times10^2 t - 2.81\times10^{-6}z)\ \text{A/m}^2$$

故

$$|\boldsymbol{J}_\text{d}| = 15\times10^{-3}\ \text{A/m}^2$$

(4) $\boldsymbol{E} = \dfrac{\boldsymbol{J}}{\sigma} = \dfrac{1}{5.8\times10^7}\boldsymbol{e}_x 10^6\sin(377t - 117.1z)$

$$= \boldsymbol{e}_x 1.72\times10^{-2}\sin(377t - 117.1z)\ \text{V/m}$$

$$\boldsymbol{D} = \varepsilon\boldsymbol{E} = \boldsymbol{e}_x 8.85\times10^{-12}\times1.72\times10^{-2}\sin(377t - 117.1z)$$

$$\boldsymbol{J}_\text{d} = \frac{\partial \boldsymbol{D}}{\partial t} = \boldsymbol{e}_x 15.26\times10^{-14}\times377\cos(377t - 117.1z)$$

$$= \boldsymbol{e}_x 57.53\times10^{-12}\cos(377t - 117.1z)\ \text{A/m}^2$$

故

$$|\boldsymbol{J}_d| = 57.53 \times 10^{-12}\ \text{A/m}^2$$

2.27 同轴线的内导体半径 $a=1$ mm,外导体的内半径 $b=4$ mm,内、外导体间为空气,如图题 2.27 所示。假设内、外导体间的电场强度为 $\boldsymbol{E}=\boldsymbol{e}_\rho \dfrac{100}{\rho}\cos(10^8 t-kz)$ V/m。

(1) 求与 $\boldsymbol{E}$ 相伴的 $\boldsymbol{H}$;(2) 确定 k 的值;(3) 求内导体表面的电流密度;(4) 求沿轴线 $0\leqslant z\leqslant 1$ m 区域内的位移电流。

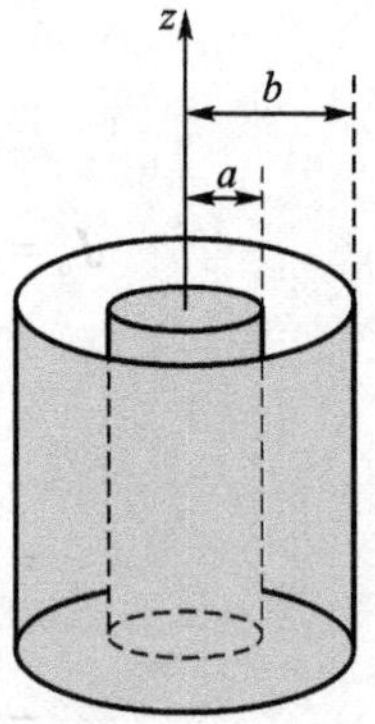

图题 2.27

解 (1) 维系电场 $\boldsymbol{E}$ 和磁场 $\boldsymbol{H}$ 的是麦克斯韦方程。将 $\nabla\times\boldsymbol{E}=-\mu_0\dfrac{\partial H}{\partial t}$ 在圆柱坐标系中展开,得

$$\frac{\partial \boldsymbol{H}}{\partial t}=-\frac{1}{\mu_0}\nabla\times\boldsymbol{E}=-\boldsymbol{e}_\phi\frac{1}{\mu_0}\frac{\partial E_\rho}{\partial z}$$

$$=-\boldsymbol{e}_\phi\frac{100k}{\mu_0\rho}\sin(10^8 t-kz)$$

将上式对时间 t 积分,得

$$\boldsymbol{H}=\boldsymbol{e}_\phi\frac{100k}{\mu_0\rho\times 10^8}\cos(10^8 t-kz)$$

(2) 为确定 k 值,将上述 $\boldsymbol{H}$ 代入 $\nabla\times\boldsymbol{H}=\varepsilon_0\dfrac{\partial \boldsymbol{E}}{\partial t}$,得

$$\frac{\partial \boldsymbol{E}}{\partial t}=\frac{1}{\varepsilon_0}\nabla\times\boldsymbol{H}=\frac{1}{\varepsilon_0}\frac{\boldsymbol{e}_\rho}{\rho}\left[-\frac{\partial}{\partial z}(\rho H_\phi)\right]$$

$$=-\boldsymbol{e}_\rho\frac{100k^2}{\mu_0\varepsilon_0\rho\times 10^8}\sin(10^8 t-kz)$$

将上式对时间 t 积分,得

$$\boldsymbol{E}=\boldsymbol{e}_\rho\frac{100k^2}{\mu_0\varepsilon_0\rho\times(10^8)^2}\cos(10^8 t-kz)$$

将其与题所给的 $\boldsymbol{E}=\boldsymbol{e}_\rho\dfrac{100}{\rho}\cos(10^8 t-kz)$ 比较,得

$$k^2=(10^8)^2\mu_0\varepsilon_0$$

故

$$k=10^8\sqrt{\mu_0\varepsilon_0}=\frac{10^8}{3\times 10^8}\ \text{rad/m}=\frac{1}{3}\ \text{rad/m}$$

因此，同轴线内、外导体之间的电场和磁场表示式分别为

$$\boldsymbol{E} = \boldsymbol{e}_\rho \frac{100}{\rho}\cos\left(10^8 t - \frac{1}{3}z\right) \text{ V/m}$$

$$\boldsymbol{H} = \boldsymbol{e}_\phi \frac{100}{120\pi\rho}\cos\left(10^8 t - \frac{1}{3}z\right) \text{ A/m}$$

(3) 将内导体视为理想导体，利用理想导体的边界条件即可求出内导体表面的电流密度

$$\boldsymbol{J}_S = \boldsymbol{e}_\text{n} \times \boldsymbol{H}\big|_{\rho=a} = \boldsymbol{e}_\rho \times \boldsymbol{e}_\phi \frac{100}{120\pi\rho}\cos\left(10^8 t - \frac{1}{3}z\right)$$

$$= \boldsymbol{e}_z 265.3\cos\left(10^8 t - \frac{1}{3}z\right) \text{ A/m}$$

位移电流密度为

$$\boldsymbol{J}_\text{d} = \varepsilon_0 \frac{\partial \boldsymbol{E}}{\partial t} = \varepsilon_0 \frac{\partial}{\partial t}\left[\boldsymbol{e}_\rho \frac{100}{\rho}\cos\left(10^8 t - \frac{1}{3}z\right)\right]$$

$$= -\boldsymbol{e}_\rho \frac{8.85\times 10^{-2}}{\rho}\sin\left(10^8 t - \frac{1}{3}z\right) \text{ A/m}^2$$

(4) 在 $0 \leqslant z \leqslant 1$ m 区域中的位移电流则为

$$i_\text{d} = \int_S \boldsymbol{J}_\text{d} \cdot \text{d}\boldsymbol{S} = \int_0^1 \boldsymbol{J}_\text{d} \cdot \boldsymbol{e}_\rho 2\pi\rho \text{d}z = -2\pi \times 8.85\times 10^{-2}\int_0^1 \sin\left(10^8 t - \frac{1}{3}z\right)\text{d}z$$

$$= -2\pi \times 8.85 \times 10^{-2} \times 3\left[\cos\left(10^8 t - \frac{1}{3}z\right)\right]\Big|_0^1$$

$$= 0.55\sin\left(10^8 t - \frac{1}{6}\right) \text{ A}$$

2.28 试将微分形式的麦克斯韦方程组写成 8 个标量方程：(1) 在直角坐标系中；(2) 在圆柱坐标系中；(3) 在球坐标系中。

解 (1) 在直角坐标系中

$$\begin{cases} \dfrac{\partial H_z}{\partial y} - \dfrac{\partial H_y}{\partial z} = J_x + \dfrac{\partial D_x}{\partial t} \\ \dfrac{\partial H_x}{\partial z} - \dfrac{\partial H_z}{\partial x} = J_y + \dfrac{\partial D_y}{\partial t} \\ \dfrac{\partial H_y}{\partial x} - \dfrac{\partial H_x}{\partial y} = J_z + \dfrac{\partial D_z}{\partial t} \end{cases}$$

$$\begin{cases}\dfrac{\partial E_z}{\partial y}-\dfrac{\partial E_y}{\partial z}=-\mu\dfrac{\partial H_x}{\partial t}\\ \dfrac{\partial E_x}{\partial z}-\dfrac{\partial E_z}{\partial x}=-\mu\dfrac{\partial H_y}{\partial t}\\ \dfrac{\partial E_y}{\partial x}-\dfrac{\partial E_x}{\partial y}=-\mu\dfrac{\partial H_z}{\partial t}\end{cases}$$

$$\frac{\partial B_x}{\partial x}+\frac{\partial B_y}{\partial y}+\frac{\partial B_z}{\partial z}=0$$

$$\frac{\partial D_x}{\partial x}+\frac{\partial D_y}{\partial y}+\frac{\partial D_z}{\partial z}=\rho$$

(2) 在圆柱坐标系中

$$\begin{cases}\dfrac{1}{\rho}\dfrac{\partial H_z}{\partial \phi}-\dfrac{\partial H_\phi}{\partial z}=J_\rho+\dfrac{\partial D_\rho}{\partial t}\\ \dfrac{\partial H_\rho}{\partial z}-\dfrac{\partial H_z}{\partial \rho}=J_\phi+\dfrac{\partial D_\phi}{\partial t}\\ \dfrac{1}{\rho}\dfrac{\partial}{\partial \rho}(\rho H_\phi)-\dfrac{1}{\rho}\dfrac{\partial H_\rho}{\partial \phi}=J_z+\dfrac{\partial D_z}{\partial t}\end{cases}$$

$$\begin{cases}\dfrac{1}{\rho}\dfrac{\partial E_z}{\partial \phi}-\dfrac{\partial E_\phi}{\partial z}=-\mu\dfrac{\partial H_\rho}{\partial t}\\ \dfrac{\partial E_\rho}{\partial z}-\dfrac{\partial E_z}{\partial \rho}=-\mu\dfrac{\partial H_\phi}{\partial t}\\ \dfrac{1}{\rho}\dfrac{\partial}{\partial \rho}(\rho E_\phi)-\dfrac{1}{\rho}\dfrac{\partial E_\rho}{\partial \phi}=-\mu\dfrac{\partial H_z}{\partial t}\end{cases}$$

$$\frac{1}{\rho}\frac{\partial}{\partial \rho}(\rho B_\rho)+\frac{1}{\rho}\frac{\partial B_\phi}{\partial \phi}+\frac{\partial B_z}{\partial z}=0$$

$$\frac{1}{\rho}\frac{\partial}{\partial \rho}(\rho D_\rho)+\frac{1}{\rho}\frac{\partial D_\phi}{\partial \phi}+\frac{\partial D_z}{\partial z}=\rho(\text{体电荷密度})$$

(3) 在球坐标系中

$$\begin{cases}\dfrac{1}{r\sin\theta}\left[\dfrac{\partial}{\partial \theta}(\sin\theta H_\phi)-\dfrac{\partial H_\theta}{\partial \phi}\right]=J_r+\dfrac{\partial D_r}{\partial t}\\ \dfrac{1}{r}\left[\dfrac{1}{\sin\theta}\dfrac{\partial H_r}{\partial \phi}-\dfrac{\partial}{\partial r}(rH_\phi)\right]=J_\theta+\dfrac{\partial D_\theta}{\partial t}\\ \dfrac{1}{r}\left[\dfrac{\partial}{\partial r}(rH_\theta)-\dfrac{\partial H_r}{\partial \theta}\right]=J_\phi+\dfrac{\partial D_\phi}{\partial t}\end{cases}$$

$$\begin{cases}\dfrac{1}{r\sin\theta}\left[\dfrac{\partial}{\partial\theta}(\sin\theta E_\phi)-\dfrac{\partial E_\theta}{\partial\phi}\right]=-\mu\dfrac{\partial H_r}{\partial t}\\ \dfrac{1}{r}\left[\dfrac{1}{\sin\theta}\dfrac{\partial E_r}{\partial\phi}-\dfrac{\partial}{\partial r}(rE_\phi)\right]=-\mu\dfrac{\partial H_\theta}{\partial t}\\ \dfrac{1}{r}\left[\dfrac{\partial}{\partial r}(rE_\theta)-\dfrac{\partial E_r}{\partial\theta}\right]=-\mu\dfrac{\partial H_\phi}{\partial t}\end{cases}$$

$$\frac{1}{r^2}\frac{\partial}{\partial r}(r^2B_r)+\frac{1}{r\sin\theta}\frac{\partial}{\partial\theta}(\sin\theta B_\theta)+\frac{1}{r\sin\theta}\frac{\partial B_\phi}{\partial\phi}=0$$

$$\frac{1}{r^2}\frac{\partial}{\partial r}(r^2D_r)+\frac{1}{r\sin\theta}\frac{\partial}{\partial\theta}(\sin\theta D_\theta)+\frac{1}{r\sin\theta}\frac{\partial D_\phi}{\partial\phi}=\rho$$

2.29 由置于 $\rho=3$ mm 和 $\rho=10$ mm 的导体圆柱面和 $z=0$、$z=20$ cm 的导体平面围成的圆柱形空间内充满 $\varepsilon=4\times10^{-11}$ F/m，$\mu=2.5\times10^{-6}$ H/m，$\sigma=0$ 的媒质。若设定媒质中的磁场强度为 $\boldsymbol{H}=\boldsymbol{e}_\phi\dfrac{2}{\rho}\cos 10\pi z\cos\omega t$ A/m，利用麦克斯韦方程求：(1) ω；(2) $\boldsymbol{E}$。

解 (1) 将题所设的 $\boldsymbol{H}$ 代入方程 $\nabla\times\boldsymbol{H}=\varepsilon\dfrac{\partial\boldsymbol{E}}{\partial t}$，得

$$\nabla\times\boldsymbol{H}=\boldsymbol{e}_\rho\left(-\frac{\partial H_\phi}{\partial z}\right)+\boldsymbol{e}_z\frac{1}{\rho}\frac{\partial}{\partial\rho}(\rho H_\phi)=-\boldsymbol{e}_\rho\frac{\partial}{\partial z}\left(\frac{2}{\rho}\cos 10\pi z\cos\omega t\right)$$

$$=\boldsymbol{e}_\rho\frac{2\times10\pi}{\rho}\sin 10\pi z\cos\omega t$$

$$=\boldsymbol{e}_\rho\varepsilon\frac{\partial E_\rho}{\partial t}$$

对时间 t 积分，得

$$E_\rho=\frac{1}{\varepsilon}\int\frac{20\pi}{\rho}\sin 10\pi z\cos\omega t\mathrm{d}t=\frac{20\pi}{\varepsilon\omega\rho}\sin 10\pi z\sin\omega t$$

将 $\boldsymbol{E}=\boldsymbol{e}_\rho E_\rho$ 代入方程 $\nabla\times\boldsymbol{E}=-\mu\dfrac{\partial\boldsymbol{H}}{\partial t}$，得

$$\nabla\times\boldsymbol{E}=\boldsymbol{e}_\phi\frac{\partial E_\rho}{\partial z}=\boldsymbol{e}_\phi\frac{\partial}{\partial z}\left(\frac{20\pi}{\varepsilon\omega\rho}\sin 10\pi z\sin\omega t\right)$$

$$=\boldsymbol{e}_\phi\frac{200\pi^2}{\varepsilon\omega\rho}\cos 10\pi z\sin\omega t=\boldsymbol{e}_\phi\mu\frac{\partial H_\phi}{\partial t}$$

对时间 t 积分，得

$$H_\phi = -\frac{200\pi^2}{\mu\varepsilon\omega\rho}\cos 10\pi z\int\sin\omega t\mathrm{d}t = \frac{200\pi^2}{\mu\varepsilon\omega^2\rho}\cos 10\pi z\cos\omega t$$

将上式与题所设的 $H_\phi = \frac{2}{\rho}\cos 10\pi z\cos\omega t$ 对比，得

$$\omega^2 = \frac{100\pi^2}{\mu\varepsilon} = \frac{100\pi^2}{2.5\times10^{-6}\times4\times10^{-11}} = \pi^2\times10^{18}$$

故

$$\omega = \pi\times10^9 \ \text{rad/s}$$

（2）将 $\omega = \pi\times10^9$ rad/s，$\varepsilon = 4\times10^{-11}$ F/m 代入 $E_\rho = \frac{20\pi}{\varepsilon\omega\rho}\sin 10\pi z\sin\omega t$ 中，得

$$\boldsymbol{E} = \boldsymbol{e}_\rho\frac{20\pi}{4\times10^{-11}\times\pi\times10^9\rho}\sin 10\pi z\sin 10^9\pi t \ \text{V/m}$$

$$= \boldsymbol{e}_\rho\frac{10^3}{2\rho}\sin 10\pi z\sin 10^9\pi t \ \text{V/m}$$

2.30 媒质1的电参数为 $\varepsilon_1 = 4\varepsilon_0$、$\mu_1 = 2\mu_0$、$\sigma_1 = 0$，媒质2的电参数为 $\varepsilon_2 = 2\varepsilon_0$、$\mu_2 = 3\mu_0$、$\sigma_2 = 0$。两种媒质分界面上的法向单位矢量为 $\boldsymbol{e}_n = \boldsymbol{e}_x0.64 + \boldsymbol{e}_y0.6 - \boldsymbol{e}_z0.48$，由媒质2指向媒质1。若已知媒质1内邻近分界面上的点 P 处 $\boldsymbol{B}_1 = (\boldsymbol{e}_x - \boldsymbol{e}_y2 + \boldsymbol{e}_z3)\sin 300t$ T，求 P 点处下列量的大小：（1）B_{1n}；（2）B_{1t}；（3）B_{2n}；（4）B_{2t}。

解 （1）$\boldsymbol{B}_1$ 在分界面法线方向的分量为

$$B_{1n} = |\boldsymbol{B}_1\cdot\boldsymbol{e}_n| = |(\boldsymbol{e}_x - \boldsymbol{e}_y2 + \boldsymbol{e}_z3)\cdot(\boldsymbol{e}_x0.64 + \boldsymbol{e}_y0.6 - \boldsymbol{e}_z0.48)|$$

$$= |0.64 - 1.2 - 1.44| \ \text{T} = 2 \ \text{T}$$

（2）$B_{1t} = \left|\sqrt{B_1^2 - B_{1n}^2}\right| = \left|\sqrt{1 + 2^2 + 3^2 - 2^2}\right| \text{T} = 3.16\text{T}$

（3）利用磁场边界条件，得

$$B_{2n} = B_{1n} = 2\text{T}$$

（4）利用磁场边界条件，得

$$B_{2t} = \frac{\mu_2}{\mu_1}B_{1t} = \frac{3\mu_0}{2\mu_0}\times3.16 = 4.74\text{T}$$

2.31 媒质1的电参数为 $\varepsilon_1 = 5\varepsilon_0$、$\mu_1 = 3\mu_0$、$\sigma_1 = 0$，媒质2可视为理想导体（$\sigma_2 = \infty$）。设 $y = 0$ 为理想导体表面，$y > 0$ 的区域（媒质1）内的电场强度

$$\boldsymbol{E} = \boldsymbol{e}_y20\cos(2\times10^8t - 2.58z) \ \text{V/m}$$

试计算 $t=6$ ns 时：(1) 点 $P(2,0,0.3)$ 处的面电荷密度 ρ_S；(2) 点 P 处的 $\boldsymbol{H}$；(3) 点 P 处的面电流密度 $\boldsymbol{J}_S$。

解 (1) $\rho_S=\boldsymbol{e}_n\cdot\boldsymbol{D}\big|_{y=0}=\boldsymbol{e}_y\cdot\boldsymbol{e}_y 20\times 5\varepsilon_0\cos(2\times10^8t-2.58z)$

$$=20\times5\times8.85\times10^{-12}\cos(2\times10^8\times6\times10^{-9}-2.58\times0.3)\ \text{C/m}^2$$

$$=80.6\times10^{-9}\ \text{C/m}^2$$

(2) 由 $\nabla\times\boldsymbol{E}=-\mu\dfrac{\partial\boldsymbol{H}}{\partial t}$，得

$$\frac{\partial\boldsymbol{H}}{\partial t}=-\frac{1}{\mu}\nabla\times\boldsymbol{E}=-\frac{1}{\mu}\left(-\boldsymbol{e}_x\frac{\partial E_y}{\partial z}\right)=\boldsymbol{e}_x\frac{1}{3\mu_0}\frac{\partial}{\partial z}[20\cos(2\times10^8t-2.58z)]$$

$$=\boldsymbol{e}_x\frac{1}{3\mu_0}20\times2.58\sin(2\times10^8t-2.58z)$$

对时间 t 积分，得

$$\boldsymbol{H}=\boldsymbol{e}_x\frac{1}{3\mu_0}20\times2.58\int\sin(2\times10^8t-2.58z)\,\mathrm{d}t$$

$$=-\boldsymbol{e}_x\frac{20\times2.58}{3\mu_0\times2\times10^8}\cos(2\times10^8t-2.58z)$$

$$=-\boldsymbol{e}_x\frac{20\times2.58}{3\times4\pi\times10^{-7}\times2\times10^8}\cos(2\times10^8\times6\times10^{-9}-2.58\times0.3)\ \text{A/m}$$

$$=-\boldsymbol{e}_x62.3\times10^{-3}\ \text{A/m}$$

(3) $\boldsymbol{J}_S=\boldsymbol{e}_n\times\boldsymbol{H}\big|_{y=0}=\boldsymbol{e}_y\times(\boldsymbol{e}_xH_x)\big|_{y=0}=\boldsymbol{e}_z62.3\times10^{-3}\ \text{A/m}$

第 3 章

静态电磁场及其边值问题的解

3.1 基本内容概述

静态电磁场包括静电场、恒定电场和恒定磁场。本章分别讨论了它们的基本方程和边界条件,位函数,能量和力,电容、电阻和电感,最后介绍静态场边值问题的几种解法(镜像法、分离变量法和有限差分法)。

3.1.1 静电场

1. 基本方程和边界条件

基本方程的微分形式

$$\nabla \cdot \boldsymbol{D} = \rho \tag{3.1}$$

$$\nabla \times \boldsymbol{E} = 0 \tag{3.2}$$

基本方程的积分形式

$$\oint_S \boldsymbol{D} \cdot \mathrm{d}\boldsymbol{S} = \int_V \rho \mathrm{d}V \tag{3.3}$$

$$\oint_C \boldsymbol{E} \cdot \mathrm{d}\boldsymbol{l} = 0 \tag{3.4}$$

边界条件

$$\boldsymbol{e}_{\mathrm{n}} \cdot (\boldsymbol{D}_1 - \boldsymbol{D}_2) = \rho_S \quad 或 \quad D_{1\mathrm{n}} - D_{2\mathrm{n}} = \rho_S \tag{3.5}$$

$$\boldsymbol{e}_{\mathrm{n}} \times (\boldsymbol{E}_1 - \boldsymbol{E}_2) = 0 \quad 或 \quad E_{1\mathrm{t}} - E_{2\mathrm{t}} = 0 \tag{3.6}$$

2. 电位函数

(1) 电位函数及其微分方程

根据电场的无旋性($\nabla \times \boldsymbol{E} = 0$),引入电位函数 φ,使

$$E = -\nabla \varphi \tag{3.7}$$

电位函数 φ 与电场强度 $\boldsymbol{E}$ 的积分关系是

$$\varphi = \int \boldsymbol{E} \cdot \mathrm{d}\boldsymbol{l} \tag{3.8}$$

在均匀、线性和各向同性电介质中，已知电荷分布求解位函数

点电荷 $$\varphi(\boldsymbol{r}) = \frac{1}{4\pi\varepsilon}\sum \frac{q_i}{|\boldsymbol{r} - \boldsymbol{r}'_i|} \tag{3.9}$$

体密度分布电荷 $$\varphi(\boldsymbol{r}) = \frac{1}{4\pi\varepsilon}\int_V \frac{\rho(\boldsymbol{r}')}{|\boldsymbol{r} - \boldsymbol{r}'|}\mathrm{d}V' \tag{3.10}$$

面密度分布电荷 $$\varphi(\boldsymbol{r}) = \frac{1}{4\pi\varepsilon}\int_S \frac{\rho_S(\boldsymbol{r}')}{|\boldsymbol{r} - \boldsymbol{r}'|}\mathrm{d}S' \tag{3.11}$$

线密度分布电荷 $$\varphi(\boldsymbol{r}) = \frac{1}{4\pi\varepsilon}\int_l \frac{\rho_l(\boldsymbol{r}')}{|\boldsymbol{r} - \boldsymbol{r}'|}\mathrm{d}l' \tag{3.12}$$

在均匀、线性和各向同性电介质中，电位函数满足泊松方程

$$\nabla^2\varphi(\boldsymbol{r}) = -\frac{\rho(\boldsymbol{r})}{\varepsilon} \tag{3.13}$$

或拉普拉斯方程（$\rho = 0$ 时）

$$\nabla^2\varphi(\boldsymbol{r}) = 0 \tag{3.14}$$

（2）电位的边界条件

$$\varphi_1 = \varphi_2 \tag{3.15a}$$

$$\varepsilon_1\frac{\partial\varphi_1}{\partial n} - \varepsilon_2\frac{\partial\varphi_2}{\partial n} = -\rho_S \tag{3.15b}$$

3. 电场能量和电场力

（1）能量及能量密度

分布电荷的电场能量 $$W_e = \frac{1}{2}\int_V \rho\varphi\mathrm{d}V \tag{3.16}$$

多导体系统电场能量 $$W_e = \frac{1}{2}\sum_{i=1}^{N}\varphi_i q_i \tag{3.17}$$

能量密度 $$w_e = \frac{1}{2}\boldsymbol{D}\cdot\boldsymbol{E} \tag{3.18}$$

（2）电场力

用虚位移法求电场力

$$F_i = -\left.\frac{\partial W_e}{\partial g_i}\right|_{q=\text{常数}} \tag{3.19a}$$

$$F_i = \left.\frac{\partial W_e}{\partial g_i}\right|_{\varphi=\text{常数}} \tag{3.19b}$$

4. 电容及部分电容

在线性和各向同性电介质中,两导体间的电容为

$$C = \frac{q}{U}$$

在多导体系统中,每个导体的电位不仅与本身所带的电荷有关,还与其它导体所带的电荷有关。为表征这种关联性,引入部分电容的概念,分为自有部分电容和互有部分电容。

3.1.2 恒定电场

1. 基本方程和边界条件

基本方程的微分形式

$$\nabla \cdot \boldsymbol{J} = 0 \tag{3.20a}$$

$$\nabla \times \boldsymbol{E} = 0 \tag{3.20b}$$

基本方程的积分形式

$$\oint_S \boldsymbol{J} \cdot \mathrm{d}\boldsymbol{S} = 0 \tag{3.21a}$$

$$\oint_C \boldsymbol{E} \cdot \mathrm{d}\boldsymbol{l} = 0 \tag{3.21b}$$

边界条件

$$\boldsymbol{e}_n \cdot (\boldsymbol{J}_1 - \boldsymbol{J}_2) = 0 \quad \text{或} \quad J_{1n} - J_{2n} = 0 \tag{3.22a}$$

$$\boldsymbol{e}_n \times (\boldsymbol{E}_1 - \boldsymbol{E}_2) = 0 \quad \text{或} \quad E_{1t} - E_{2t} = 0 \tag{3.22b}$$

用电位表示为

$$\varphi_1 = \varphi_2 \tag{3.23a}$$

$$\sigma_1 \frac{\partial \varphi_1}{\partial n} = \sigma_2 \frac{\partial \varphi_2}{\partial n} \tag{3.23b}$$

2. 静电比拟法

均匀导电媒质中的恒定电场(电源外部区域)与均匀电介质中的静电场(ρ

=0 的区域)可以相互比拟。根据这种可比拟性,可以利用已经得到的静电场的解来比拟地得到对应的恒定电场的解。

3. 电导

导电媒质中两电极间的电导为

$$G=\frac{I}{U}=\frac{\oint_S \boldsymbol{J}\cdot \mathrm{d}\boldsymbol{S}}{\int_1^2 \boldsymbol{E}\cdot \mathrm{d}\boldsymbol{l}}=\frac{\sigma\oint_S \boldsymbol{E}\cdot \mathrm{d}\boldsymbol{S}}{\int_1^2 \boldsymbol{E}\cdot \mathrm{d}\boldsymbol{l}}$$

3.1.3 恒定磁场

1. 基本方程和边界条件

基本方程

微分形式

$$\nabla\cdot\boldsymbol{B}=0 \tag{3.24a}$$

$$\nabla\times\boldsymbol{H}=\boldsymbol{J} \tag{3.24b}$$

积分形式

$$\oint_S \boldsymbol{B}\cdot \mathrm{d}\boldsymbol{S}=0 \tag{3.25a}$$

$$\oint_C \boldsymbol{H}\cdot \mathrm{d}\boldsymbol{l}=\int_S \boldsymbol{J}\cdot \mathrm{d}\boldsymbol{S} \tag{3.25b}$$

边界条件

$$\boldsymbol{e}_n\cdot(\boldsymbol{B}_1-\boldsymbol{B}_2)=0 \quad 或 \quad B_{1n}-B_{2n}=0 \tag{3.26a}$$

$$\boldsymbol{e}_n\times(\boldsymbol{H}_1-\boldsymbol{H}_2)=\boldsymbol{J}_S \quad 或 \quad H_{1t}-H_{2t}=J_S \tag{3.26b}$$

2. 矢量磁位

(1) 矢量磁位及其微分方程

根据恒定磁场的无源性($\nabla\cdot\boldsymbol{B}=0$),引入矢量磁位 $\boldsymbol{A}$,使得

$$\boldsymbol{B}=\nabla\times\boldsymbol{A} \tag{3.27}$$

在均匀、线性和各向同性磁介质中,已知电流求解矢量磁位

体分布电流 $$\boldsymbol{A}(\boldsymbol{r})=\frac{\mu}{4\pi}\int_V \frac{\boldsymbol{J}(\boldsymbol{r}')}{|\boldsymbol{r}-\boldsymbol{r}'|}\mathrm{d}V' \tag{3.28}$$

面分布电流 $$\boldsymbol{A}(\boldsymbol{r})=\frac{\mu}{4\pi}\int_S \frac{\boldsymbol{J}_S(\boldsymbol{r}')}{|\boldsymbol{r}-\boldsymbol{r}'|}\mathrm{d}S' \tag{3.29}$$

线电流 $$\boldsymbol{A}(\boldsymbol{r}) = \frac{\mu}{4\pi}\oint_l \frac{I\mathrm{d}\boldsymbol{l}'}{|\boldsymbol{r}-\boldsymbol{r}'|} \tag{3.30}$$

在均匀、线性和各向同性磁介质中，矢量磁位满足泊松方程

$$\nabla^2\boldsymbol{A} = -\mu\boldsymbol{J} \tag{3.31}$$

或拉普拉斯方程（$\boldsymbol{J}=0$ 时）

$$\nabla^2\boldsymbol{A} = 0 \tag{3.32}$$

(2) 矢量磁位的边界条件

$$\boldsymbol{A}_1 = \boldsymbol{A}_2 \tag{3.33a}$$

$$\boldsymbol{e}_n \times \left(\frac{1}{\mu_1}\nabla\times\boldsymbol{A}_1 - \frac{1}{\mu_2}\nabla\times\boldsymbol{A}_2\right) = \boldsymbol{J}_S \tag{3.33b}$$

3. 标量磁位

在没有传导电流的区域（$\boldsymbol{J}=0$）由于 $\nabla\times\boldsymbol{H}=0$，可引入标量磁位 φ_m，使得

$$\boldsymbol{H} = -\nabla\varphi_m \tag{3.34}$$

在均匀、线性和各向同性磁介质中，标量磁位 φ_m 满足拉普拉斯方程

$$\nabla^2\varphi_m = 0 \tag{3.35}$$

在两种磁介质的分界面上，标量磁位的边界条件是

$$\varphi_{m1} = \varphi_{m2} \tag{3.36a}$$

$$\mu_1\frac{\partial\varphi_{m1}}{\partial n} = \mu_2\frac{\partial\varphi_{m2}}{\partial n} \tag{3.36b}$$

4. 磁场能量和磁场力

(1) 能量和能量密度

多个电流回路的能量 $$W_m = \frac{1}{2}\sum_{i=1}^{N} I_i\psi_i \tag{3.37}$$

分布电流的能量 $$W_m = \frac{1}{2}\int_V \boldsymbol{J}\cdot\boldsymbol{A}\mathrm{d}V \tag{3.38}$$

能量密度 $$w_m = \frac{1}{2}\boldsymbol{B}\cdot\boldsymbol{H} \tag{3.39}$$

(2) 磁场力

用虚位移法求磁场力

$$F_\chi = -\frac{\partial W_m}{\partial \chi}\bigg|_{\psi=\text{常数}} \tag{3.40a}$$

$$F_\chi = \frac{\partial W_m}{\partial \chi}\bigg|_{I=\text{常数}} \tag{3.40b}$$

5. 电感

回路的自感 $$L = \frac{\psi}{I} \tag{3.41}$$

回路的互感 $$M_{21} = \frac{\psi_{21}}{I_1},\quad M_{12} = \frac{\psi_{12}}{I_2} \tag{3.42}$$

纽曼公式 $$M = \frac{\mu}{4\pi}\oint_{C_1}\oint_{C_2}\frac{\mathrm{d}\boldsymbol{l}_2\cdot\mathrm{d}\boldsymbol{l}_1}{|\boldsymbol{r}_1-\boldsymbol{r}_2|} \tag{3.43}$$

3.1.4 边值问题及其解的惟一性

1. 边值问题的类型

第一类边值问题:已知位函数在场域边界上的值。

第二类边值问题:已知位函数在场域边界上的法向导数。

第三类边值问题:已知在部分场域边界上的位函数值和另一部分场域边界上的位函数法向导数。

2. 惟一性定理

在场域 V 的边界面 S 上给定位函数 φ 或$\frac{\partial \varphi}{\partial n}$的值,则位函数 φ 的泊松方程或拉普拉斯方程在场域 V 内有惟一解。

3.1.5 镜像法

1. 点电荷(或线电荷)对无限大接地导体平面的镜像法

$$q'(\text{或}\,\rho_l') = -q(\text{或}\,\rho_l),\quad h' = h \tag{3.44}$$

2. 点电荷对导体球面的镜像法

(1) 导体球接地

$$q' = -\frac{a}{d}q,\quad d' = \frac{a^2}{d} \tag{3.45}$$

(2) 导体球不接地

$$q' = -\frac{a}{d}q,\quad d' = \frac{a^2}{d};\quad q'' = -q',\quad d'' = 0 \tag{3.46}$$

3. 线电荷对接地导体圆柱面的镜像法

$$\rho'_l = -\rho_l, \quad d' = \frac{a^2}{d} \tag{3.47}$$

4. 介质分界平面的镜像法

(1) 点电荷对电介质分界平面的镜像

$$q' = \frac{\varepsilon_1 - \varepsilon_2}{\varepsilon_1 + \varepsilon_2}q, \quad h' = h \quad (\text{场点在介质 1 内}) \tag{3.48a}$$

$$q'' = -\frac{\varepsilon_1 - \varepsilon_2}{\varepsilon_1 + \varepsilon_2}q, \quad h'' = h \quad (\text{场点在介质 2 内}) \tag{3.48b}$$

(2) 线电流对磁介质分界平面的镜像

$$I' = \frac{\mu_2 - \mu_1}{\mu_2 + \mu_1}I, \quad h' = h \tag{3.49a}$$

$$I'' = -\frac{\mu_2 - \mu_1}{\mu_2 + \mu_1}I, \quad h'' = h \tag{3.49b}$$

3.1.6　分离变量法

1. 直角坐标系中的分离变量法

位函数 $\varphi(x,y)$ 满足拉普拉斯方程

$$\frac{\partial^2 \varphi}{\partial x^2} + \frac{\partial^2 \varphi}{\partial y^2} = 0$$

方程的通解

$$\varphi(x,y) = (A_0 x + B_0)(C_0 y + D_0) + \sum_{n=1}^{\infty}(A_n \sin k_n x + B_n \cos k_n x)(C_n \sinh k_n y + D_n \cosh k_n y) \tag{3.50a}$$

或

$$\varphi(x,y) = (A_0 x + B_0)(C_0 y + D_0) + \sum_{n=1}^{\infty}(A_n \sinh k_n x + B_n \cosh k_n x)(C_n \sin k_n y + D_n \cos k_n y) \tag{3.50b}$$

2. 圆柱坐标系中的分离变量法

位函数 $\varphi(\rho,\phi)$ 满足拉普拉斯方程

$$\frac{1}{\rho}\frac{\partial}{\partial\rho}\left(\rho\frac{\partial\varphi}{\partial\rho}\right)+\frac{1}{\rho^2}\frac{\partial^2\varphi}{\partial\phi^2}=0$$

方程的通解

$$\varphi(\rho,\phi)=C_0+D_0\ln\rho+\sum_{n=1}^{\infty}(A_n\cos n\phi+B_n\sin n\phi)(C_n\rho^n+D_n\rho^{-n})\tag{3.51}$$

3. 球坐标系中的分离变量法

位函数 $\varphi(r,\theta)$ 满足拉普拉斯方程

$$\frac{1}{r^2}\frac{\partial}{\partial r}\left(r^2\frac{\partial\varphi}{\partial r}\right)+\frac{1}{r^2\sin\theta}\frac{\partial}{\partial\theta}\left(\sin\theta\frac{\partial\varphi}{\partial\theta}\right)=0$$

方程的通解

$$\varphi(r,\theta)=\sum_{n=0}^{\infty}\left[C_nr^n+D_nr^{-(n+1)}\right]P_n(\cos\theta)\tag{3.52}$$

3.1.7 有限差分法

有限差分法的基本思想是将场域划分成网格，把求解场域内连续的场分布用求解网格节点上离散的数值解来代替，即用网格节点的差分方程近似替代场域内的偏微分方程来求解。

采用正方形网格划分时，二维拉普拉斯方程的差分格式为

$$\varphi_{i,j}=\frac{1}{4}(\varphi_{i-1,j}+\varphi_{i,j-1}+\varphi_{i+1,j}+\varphi_{i,j+1})\tag{3.53}$$

3.2 教学基本要求及重点、难点讨论

3.2.1 教学基本要求

掌握静电场的基本方程和边界条件，掌握静电场中的电位函数及其微分方程，掌握电位的边界条件；理解电场能量和能量密度的概念，会计算一些典型场的能量，会计算典型双导体的电容。

掌握恒定电场的基本方程和边界条件，了解静电比拟法，会计算典型导体的电阻。

掌握恒定磁场的基本方程和边界条件，理解矢量磁位及其微分方程，了解标量磁位的概念。理解磁场能量和能量密度，会计算一些典型场的磁场能量，会计算典型回路的电感。

理解静电场的惟一性定理及其重要意义。

掌握镜像法的基本原理，会用镜像法求解一些典型问题。

了解分离变量法的基本思想和解题步骤，能够用分离变量法求解直角坐标系中的一些简单的二维问题。

3.2.2 重点、难点讨论

1. 静电场的基本方程

静电场的基本方程揭示了静电场的基本性质，是分析计算静电场问题的基础。

(1) 静电场的基本方程有积分形式和微分形式两种表示。积分形式的基本方程描述某个区域内静电场的整体性质，例如$\oint_S \boldsymbol{D}\cdot \mathrm{d}\boldsymbol{S} = \int_V \rho \mathrm{d}V$表示穿过任一闭合面$S$的电位移矢量$\boldsymbol{D}$的通量等于该闭合面包围的自由电荷的总量，与束缚电荷无关。微分形式的基本方程描述场中每一点的性质，例如$\nabla\cdot\boldsymbol{D} = \rho$表明场中某点$\boldsymbol{D}$的散度等于该点的自由体电荷密度。

(2) 高斯定律$\oint_S \boldsymbol{D}\cdot \mathrm{d}\boldsymbol{S} = \int_V \rho \mathrm{d}V$及其微分形式$\nabla\cdot\boldsymbol{D} = \rho$表明静电场是有源场（有通量源），电荷是产生静电场的源；电力线从正电荷出发，终止于负电荷。环路定律$\oint_C \boldsymbol{E}\cdot \mathrm{d}\boldsymbol{l} = 0$及其微分形式$\nabla\times\boldsymbol{E} = 0$表明静电场是无旋场（无旋涡源），是保守场。

(3) 在不同媒质的边界面上，场矢量$\boldsymbol{E}$和$\boldsymbol{D}$一般是不连续的，$\nabla\cdot\boldsymbol{D}$和$\nabla\times\boldsymbol{E}$失去意义。所以，微分形式的基本方程在边界面上不再适用，而积分形式的基本方程仍然适用。

2. 电位

电位是静电场中的一个重要概念。在课程教学中，应注意以下几点：

(1) 电位的定义虽然是从静电场的无旋性引入的，但它有明确的物理意义，它表示在电场中，将单位正电荷从P点移动到参考点Q时电场力所做的功，表示为

$$\varphi_P = \frac{W_{PQ}}{q_0} = \int_P^Q \boldsymbol{E}\cdot \mathrm{d}\boldsymbol{l}$$

(2) 点电荷的电位计算公式为我们提供了求解任何所要计算的场点 $\boldsymbol{r}$ 处电位的一种方法。对于点电荷系,利用公式(3.9)求得所有点电荷在场点 $\boldsymbol{r}$ 处产生的电位 φ,再由 $\boldsymbol{E}=-\nabla\varphi$ 求得电场矢量 $\boldsymbol{E}$。显然比直接计算各点电荷的电场矢量之和要容易些,这也是引入电位 φ 的优越性之一。

如果源电荷是连续分布的,则可以利用公式(3.10)、(3.11)和(3.12)来计算电位 φ。

(3) 计算电位的公式(3.9)~(3.12)中保留了一定程度的不确定性,也就是说,电位总是包含有一个任意的附加常数,且可以对该常数任意赋值,而不会改变原问题的基本性质。因为 $\boldsymbol{E}=-\nabla\varphi$ 与 $\boldsymbol{E}=-\nabla(\varphi+C)$ 有相同的结果。

(4) 电位是一个相对量,在电场一定的情况下,空间各点的电位值与参考点的选择密切相关。那么,如何选择电位参考点呢?一般应考虑到以下几点:首先,电位参考点的选择有一定的任意性,因此可以选择适当的参考点,使电位表示式具有最简单的形式。例如,点电荷的电位,若选无限远处为参考点,则得 $\varphi=\dfrac{q}{4\pi\varepsilon_0 r}$;若选距离点电荷 r_0 处为参考点,表达式则为 $\varphi=\dfrac{q}{4\pi\varepsilon_0}\left(\dfrac{1}{r}-\dfrac{1}{r_0}\right)$。通常就是选择无限远处为电位参考点。其次,电位参考点的选择不是完全不受限制的,为了能应用电位来描述电场各点的特性,在选择参考点后,场中各点的电位应有确定的值。具体来说有以下四种限制:一是不能选择点电荷所在的点为电位参考点,否则会使场中各点电位为无穷大,这是没有意义的。二是只有当电荷分布在有限区域时,才可以选择无限远处为电位参考点。三是对一些具有轴对称性的问题通常也不能选择无限远处为电位参考点,而是选择半径 $\rho=\rho_0$ 的圆柱面作为电位参考点。例如,对于同轴线问题可选择外导体作为电位参考点。四是同一问题只能选定一个电位参考点。

在实际的电位测量中,通常选择"地"作为电位参考点。

(5) 在静电场中,电位相等的点组成的面称为等位面。一旦求得电位函数,就可得出等位面,这样就可应用等位面族形象地描述静电场。例如,点电荷产生的电场的等位面是一个以点电荷所在点为中心的同心球面族。(以无限远处为电位参考点。)

(6) 利用公式(3.10)、(3.11)或(3.12)计算电位有时是困难的。我们可以通过求解泊松方程 $\nabla^2\varphi=-\dfrac{\rho}{\varepsilon}$ 或拉普拉斯方程 $\nabla^2\varphi=0$ 来得到电位解。

3. 静电场能量

静电场的基本特性表现为它对静止电荷有作用力,说明静电场有能量。对于常用的静电场能量的几种表示式应注意以下几点:

(1) $W_e=\dfrac{1}{2}\sum\limits_{i=1}^{N}\varphi_i q_i$ 表示点电荷系的互有能,式中的 φ_i 是除 q_i 外的其余点

电荷在 q_i 处产生的电位，这个互有能也是该点电荷系的总静电能。

(2) $W_e = \dfrac{1}{2}\int_V \rho\varphi \mathrm{d}V$ 表示连续分布电荷系统的静电能量计算公式，虽然只有电荷密度不为零的区域才对积分有贡献，但不能认为静电场能量只储存在有电荷区域。此公式只能应用于静电场。

(3) $W_e = \int_V \dfrac{1}{2}\boldsymbol{D}\cdot\boldsymbol{E}\mathrm{d}V$ 表示静电场能量储存在整个电场区域中，所有 $\boldsymbol{E}\neq 0$ 的区域都对积分有贡献，$\dfrac{1}{2}\boldsymbol{D}\cdot\boldsymbol{E}$ 称为电场能量密度。公式 $W_e = \int_V \dfrac{1}{2}\boldsymbol{D}\cdot\boldsymbol{E}\mathrm{d}V$ 既适用于静电场，也适用于时变电磁场。

4. 静电场问题的求解

静电场问题可分为两大类：分布型问题和边值型问题。已知电荷分布，求场分布，或已知电场分布，求电荷分布，这属于分布型问题。求解的方法有：

(1) 直接利用电场强度的计算公式(2.11)～(2.14)，由已知的电荷分布求出电场强度。当然，只有对一些电荷分布较简单的情况，这种方法才易于进行。

(2) 直接利用电位函数的计算公式(3.9)～(3.12)，由已知的电荷分布求得电位 φ，再由 $\boldsymbol{E} = -\nabla\varphi$ 求得电场求得 $\boldsymbol{E}$。

(3) 应用高斯定律 $\oint_S \boldsymbol{D}\cdot\mathrm{d}\boldsymbol{S} = q$ 求解对称分布的电场。

当电场分布具有某种空间对称性(譬如平面对称、轴对称、球对称等)时，就可找到一个高斯面，使该面上的电场等于常数，这样就很便捷地求得场分布。

对于一些非对称分布的场，有时可将其划分为若干个对称场分别利用高斯定律求解，然后再叠加。

当存在两种不同介质的分界面时，有两种情况也适合用高斯定律求解。第一种是在介质分界面上，电场强度 $\boldsymbol{E}$ 只有法向分量，这时电位移矢量 $\boldsymbol{D}$ 呈对称分布，就可直接利用 $\oint_S \boldsymbol{D}\cdot\mathrm{d}\boldsymbol{S} = q$ 求得 $\boldsymbol{D}$，再由 $\boldsymbol{D} = \varepsilon\boldsymbol{E}$ 求得 $\boldsymbol{E}$。例如，图3.1所示的半径分别为 a 和 b 的同心球壳之间有两层介质，此时 $\boldsymbol{D}$ 具有球对称性，可直接利用 $\oint_S \boldsymbol{D}\cdot\mathrm{d}\boldsymbol{S} = q$ 根据已知电荷分布求得 $\boldsymbol{D}$。第二种是在介质分界面上，$\boldsymbol{E}$ 只有切向分量。根据电场边界条件应有 $E_1 = E_2$，但 $D_1 \neq D_2$，即 $\boldsymbol{E}$ 呈对称分布。此时，利用 $E_1 = E_2 = E, D_1 = \varepsilon_1 E_1 = \varepsilon_1 E, D_2 = \varepsilon_2 E_2 = \varepsilon_2 E$，将 $\oint_S \boldsymbol{D}\cdot\mathrm{d}\boldsymbol{S} = q$ 变为 $\int_{S_1} \varepsilon_1 E\mathrm{d}S + \int_{S_2} \varepsilon_2 E\mathrm{d}S = q$ 即可求得 $\boldsymbol{E}$。例如，图3.2所示的同心球壳之间，两种介质分别填充了一半的空间，此时有 $\boldsymbol{E}_1 = \boldsymbol{E}_2 = \boldsymbol{E}$，即 $\boldsymbol{E}$ 呈球对称分布，应用上述转换即可求得 $\boldsymbol{E}$。

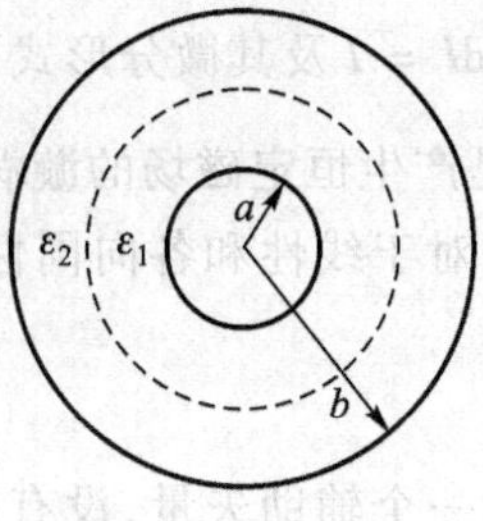

图 3.1 同心球壳之间填充两层介质

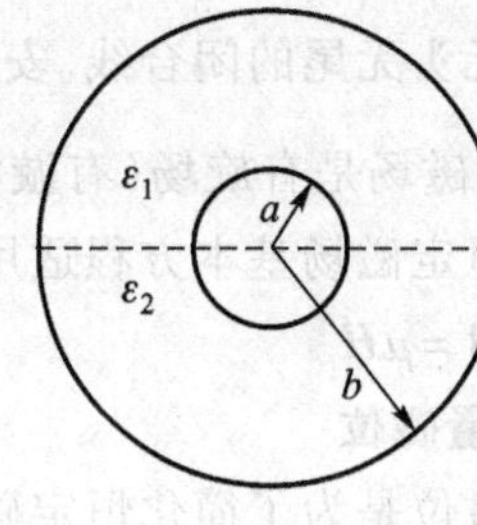

图 3.2 同心球壳之间填充两部分介质

(4) 已知电场或电位分布,求电荷分布,可利用 $\rho=\nabla\cdot\boldsymbol{D}$ 或 $\rho=-\varepsilon\nabla^2\varphi$ 求得体电荷密度 ρ;利用 $\rho_P=-\nabla\cdot\boldsymbol{P}$ 求得极化电荷体密度。利用边界条件求得导体表面的自由电荷面密度 ρ_S 或介质表面的极化电荷面密度 ρ_{PS}。

根据给定的边界条件求解空间任意一点的电位,这就是边值问题。求解边值型问题的方法有:

直接积分法——对于一维的拉普拉斯方程或泊松方程进行直接积分,根据已知边界条件确定积分常数。

分离变量法——求解二维、三维的 $\nabla^2\varphi=0$ 的经典方法。

镜像法——一种间接求解法。

有限差分法、有限元法、矩量法、边界元法等——这一类属于数值法。

5. 静电比拟

电荷的流动形成电流。在多数情况下,电荷流动是由于空间存在电场,该电场对电荷的作用力引起电荷的宏观运动。当电荷流动不随时间变化时,称为恒定电流,对应的电场称为恒定电场。欲在导体中形成恒定电流,必须在导体两端施加恒定电源。

当我们将研究的范围限于电源外部的导体中时,恒定电场也是保守场,可用电位梯度来表示。根据惟一性定理,均匀导电媒质中的恒定电场(电源外部)与均匀电介质中的静电场($\rho=0$ 的区域)在满足一定条件时是可以相互比拟的。有两方面的应用:其一,恒定电场问题可转化为相应的静电场问题求解,或直接利用静电场问题的结果,比拟地得出对应的恒定电场的解。其二,静电场问题可通过相应的恒定电流场模型来进行实验研究。这是因为恒定电流场模型更易于建立和便于测量。

6. 恒定磁场的基本方程

恒定磁场的基本方程揭示了恒定磁场的基本性质,是分析计算恒定磁场问题的基础。

(1) 恒定磁场的基本方程有积分形式和微分形式两种表示。磁通连续性原理 $\oint_S\boldsymbol{B}\cdot\mathrm{d}\boldsymbol{S}=0$ 及其微分形式 $\nabla\cdot\boldsymbol{B}=0$ 表明恒定磁场是无源场(无通量源),磁感应线是无头无尾的闭合线。安培环路定律$\oint_C \boldsymbol{H}\cdot \mathrm{d}\boldsymbol{l} = I$及其微分形式$\nabla \times \boldsymbol{H} = \boldsymbol{J}$表明恒定磁场是有旋场(有漩涡源),恒定电流是产生恒定磁场的漩涡源。

(2) 恒定磁场基本方程适用于任何磁介质。对于线性和各向同性磁介质,有关系式$\boldsymbol{B}=\mu \boldsymbol{H}$。

7. 矢量磁位

矢量磁位是为了简化恒定磁场分析而引入的一个辅助矢量,没有明确的物理意义,其定义的依据是恒定磁场的无源性($\nabla \cdot \boldsymbol{B}=0$)。

矢量恒等式$\nabla \cdot (\nabla \times \boldsymbol{A})=0$表明任何矢量场的旋度的散度恒等于零。因此,我们选择

$$\boldsymbol{B} = \nabla \times \boldsymbol{A}$$

式中的$\boldsymbol{A}$就称为矢量磁位,它自然满足磁感应强度$\boldsymbol{B}$的散度等于零的基本方程,故$\boldsymbol{A}$的定义具有普遍意义,即任何恒定磁场都可以用$\boldsymbol{A}$矢量表示。

(1) $\boldsymbol{B} = \nabla \times \boldsymbol{A}$只规定了$\boldsymbol{A}$的旋度,为惟一地确定$\boldsymbol{A}$,还必须规定$\boldsymbol{A}$的散度。在恒定磁场分析中,规定$\nabla \cdot \boldsymbol{A}=0$,这样就将$\boldsymbol{A}$的微分方程最大限度地简化为泊松方程$\nabla^2 \boldsymbol{A} = -\mu \boldsymbol{J}$。

(2) 在直角坐标系中,矢量拉普拉斯运算可以展开为三个分量的标量拉普拉斯运算的矢量和,即

$$\nabla^2 \boldsymbol{A} = \boldsymbol{e}_x \nabla^2 A_x + \boldsymbol{e}_y \nabla^2 A_y + \boldsymbol{e}_z \nabla^2 A_z$$

上式右边的$\nabla^2 = \frac{\partial^2}{\partial x^2} + \frac{\partial^2}{\partial y^2} + \frac{\partial^2}{\partial z^2}$是标量拉普拉斯算符。但在其它坐标系中不存在这样比较简单的结果,在圆柱坐标系中只对z分量才有

$$\nabla^2 \boldsymbol{A}\big|_z = \nabla^2 A_z$$

(3) 由电流源分布求矢量磁位的直接积分公式是式(3.28)~(3.30),从这些公式可看出,电流元的矢量磁位都是与电流元平行的矢量。显然,通过矢量磁位$\boldsymbol{A}$来求磁感应强度$\boldsymbol{B}$比直接求$\boldsymbol{B}$来得简单,特别是在适当选择的坐标系下,$\boldsymbol{A}$只有一个分量,而$\boldsymbol{B}$却不止一个分量。

(4) 矢量磁位的微分方程$\nabla^2 \boldsymbol{A} = -\mu \boldsymbol{J}$与静电位的泊松方程$\nabla^2 \varphi = -\frac{\rho}{\varepsilon}$在形式上是相似的,但求解方程$\nabla^2 \boldsymbol{A} = -\mu \boldsymbol{J}$要复杂得多。对一些特殊的电流分布,则可将$\boldsymbol{A}$满足的泊松方程化为标量方程。例如,电流沿$z$轴方向流动,即$\boldsymbol{J} = \boldsymbol{e}_z J$,若求解场域的界面是与$z$轴平行的柱面,则$\boldsymbol{A}$也只有$z$方向的分量,且与$z$

变量无关,即 $\boldsymbol{A}=\boldsymbol{e}_z A$,则方程化为标量泊松方程 $\nabla^2 A=-\mu J$。

(5) 磁通也可以通过矢量磁位 $\boldsymbol{A}$ 来计算。

$$\Phi=\int_S \boldsymbol{B}\cdot \mathrm{d}\boldsymbol{S}=\int_S(\nabla\times\boldsymbol{A})\cdot\mathrm{d}\boldsymbol{S}=\oint_C \boldsymbol{A}\cdot\mathrm{d}\boldsymbol{l}$$

即穿过曲面 S 的磁通量等于 $\boldsymbol{A}$ 沿此曲面的周界的闭合线积分。通常,由 $\boldsymbol{A}$ 计算磁通量比由 $\boldsymbol{B}$ 计算要简单。

8. 恒定磁场问题的求解

求解恒定磁场问题的思路与求解静电场问题有相同或相似之处。

(1) 用直接积分法求解

对由已知的源电流分布求磁场分布问题,可以利用公式(2.20)~(2.22)进行直接积分求得磁感应强度 $\boldsymbol{B}$,还可以利用公式(3.28)~(3.30)直接积分求得矢量磁位 $\boldsymbol{A}$,再由 $\boldsymbol{B}=\nabla\times\boldsymbol{A}$ 求得磁感应强度 $\boldsymbol{B}$。

(2) 应用安培环路定律求解磁场

正像在静电场问题中应用高斯定律求解那样,如果问题具有足够的对称性,我们就可以利用安培环路定律 $\oint_C \boldsymbol{H}\cdot\mathrm{d}\boldsymbol{l}=I$ 来求得磁场分布。关键的问题是选择合适的闭合积分路径,所寻求的积分路径应该是 H 在其上具有恒定大小的曲线,以及 H 平行于(或垂直于)积分路径的横切方向的切线。例如,无限长直线电流的磁场、无限大平面电流层的磁场、均匀密绕环行线圈的磁场等,都可应用安培环路定律求磁场。

(3) 求解 A 的泊松方程 $\nabla^2\boldsymbol{A}=-\mu\boldsymbol{J}$ 或拉普拉斯方程 $\nabla^2\boldsymbol{A}=0$;或求解标量磁位 φ_{m} 满足的拉普拉斯方程 $\nabla^2\varphi_{\mathrm{m}}=0$。

(4) 应用磁场的镜像法。

9. 镜像法

镜像法是一种电场问题(也可用于磁场问题)的间接求解法。

(1) 镜像法的基本思想是用位于场域边界外虚设的较为简单的镜像电荷来等效替代该边界上未知的较为复杂的电荷分布,在保持边界条件不变的情况下,将分界面移去,这样就把原来有分界面的非均匀媒质空间变换成无界的单一媒质空间来求解。

(2) 镜像法的理论依据是静电场解的惟一性定理。在保持导体形状、尺寸、带电状态以及媒质特性不变的情况下,满足泊松方程(或拉普拉斯方程)和边界条件的解是惟一的。镜像法巧妙地应用这一原理,针对多种典型的电磁场问题,把复杂问题简单化,形成了一套有效的解法。

(3) 应用镜像法的两个要点:一是正确找出镜像电荷的个数、位置以及电荷量的大小和符号,以满足边界条件不变为其准则。二是注意保持待求解的场域

(称为有效区)内的电荷分布不变,即镜像电荷必须置于有效区之外。

(4) 用镜像法解题时应注意以下几点:

• 如果边界面不是单一的平面、球面或圆柱面,而是它们的组合边界面,此时设置一个镜像电荷就不可能满足边界条件,而必须再设置镜像电荷的镜像。譬如下面几个典型例子:图 3.3 所示的在无限大接地导体平面上凸起一个半球面时的镜像法,应该有三个镜像电荷

$$q'_1 = -\frac{a}{d}q, \qquad d'_1 = \frac{a^2}{d}$$

$$q'_2 = -q, \qquad d'_2 = d$$

$$q'_3 = -q'_1 = \frac{a}{d}q, \qquad d'_3 = \frac{a^2}{d}$$

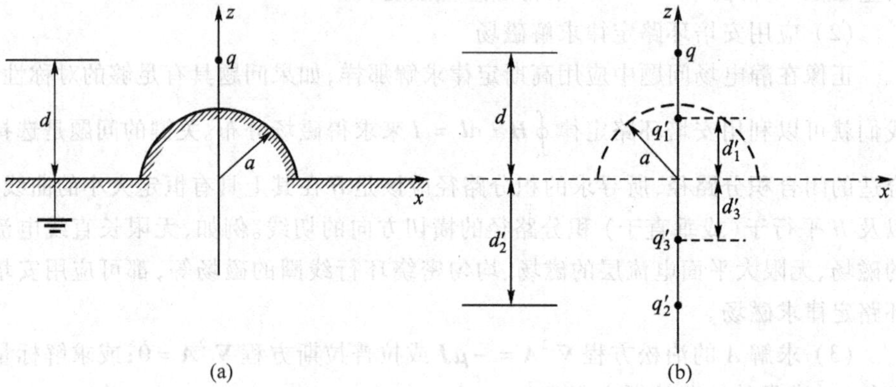

图 3.3

图 3.4 所示的两无限大平行接地导体板之间有一点电荷 q,用镜像法求解两板之间的场分布时,将构成一个连续镜像电荷系列。由于镜像电荷距有效区越来越远,当所要求的解答精确度一定时,可以只取有限个数的镜像电荷(譬如 3 ~4 个镜像电荷)来得到近似解。

• 两个半无限大导体平面相交构成的角形区域,只有交角 $\alpha = \frac{180°}{n}$($n = 1, 2, 3, \cdots$)时,才能用镜像法求解,此时的镜像电荷数为$(2n-1)$个。譬如,$\alpha = 60°$时,$n = \frac{180°}{\alpha} = 3$,故有$(2n-1) = 5$ 个镜像电荷,如图 3.5 所示。

• 若 $\alpha = 120°$,则不能用镜像法求解,因为此时为满足边界面上电位为零的边界条件,所设置的镜像电荷必将进入有效区,这是违背镜像法的基本原理的。

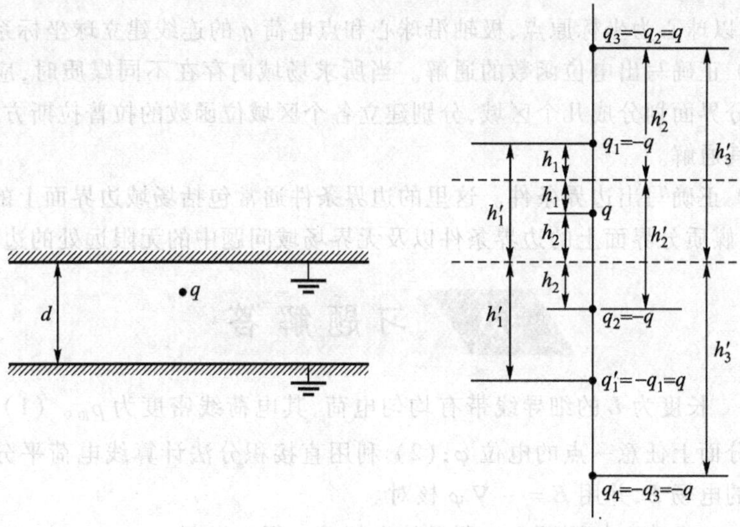

(a) (b)

图 3.4

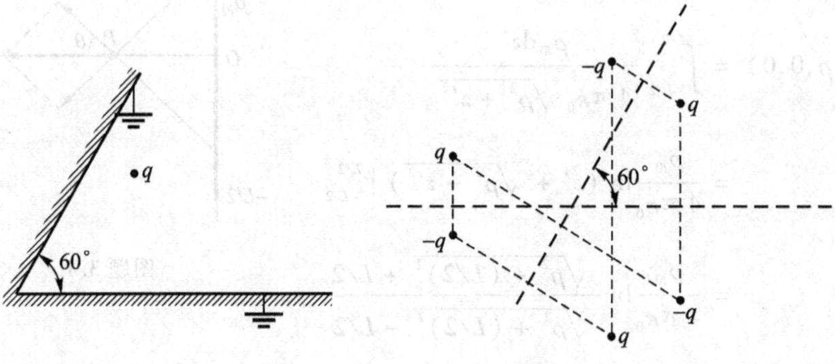

(a) (b)

图 3.5

10. 分离变量法

分离变量法是求解边值问题的一种经典法。在应用分离变量法求解边值问题时，应注意以下几点：

(1) 根据场域边界的几何特征，建立适合的坐标系。通常使坐标与场域边界面相吻合，例如，具有球面边界的问题，应选择球坐标系；具有圆柱面边界的问题，应选择圆柱坐标系。另外，对一些具有对称性的问题，应结合对称性来确定坐标轴的取向，尽可能减少电位函数的自变量个数，从而降低方程的维数，以简化求解，例如，对于在均匀外电场 $\boldsymbol{E}_0$ 放入一个导体球的问题，应以球心为坐标原点，极轴沿外场方向建立球坐标系。又如，对于导体球附近有一个点电荷的问题，则应以球心为坐标原点，极轴沿球心和点电荷 q 的连线建立球坐标系。

（2）正确写出电位函数的通解。当所求场域内存在不同媒质时，应将场域沿媒质分界面划分成几个区域，分别建立各个区域位函数的拉普拉斯方程，并分别写出其通解。

（3）正确写出边界条件。这里的边界条件通常包括场域边界面上的已知条件、不同媒质分界面上的边界条件以及无界场域问题中的无限远处的边界条件。

3.3 习题解答

3.1 长度为 L 的细导线带有均匀电荷，其电荷线密度为 ρ_{l0}。(1) 计算线电荷平分面上任意一点的电位 φ；(2) 利用直接积分法计算线电荷平分面上任意一点的电场 $\boldsymbol{E}$，并用 $\boldsymbol{E}=-\nabla\varphi$ 核对。

解 (1) 建立如图题 3.1 所示的坐标系。根据电位的积分表达式，线电荷平分面上任意一点 P 的电位为

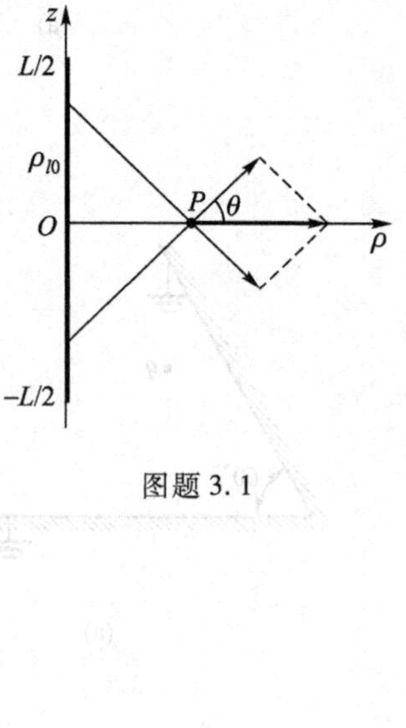

图题 3.1

$$\varphi(\rho,0,0)=\int_{-L/2}^{L/2}\frac{\rho_{l0}\mathrm{d}z'}{4\pi\varepsilon_0\sqrt{\rho^2+z'^2}}$$

$$=\frac{\rho_{l0}}{4\pi\varepsilon_0}\ln\left(z'+\sqrt{\rho^2+z'^2}\right)\Big|_{-L/2}^{L/2}$$

$$=\frac{\rho_{l0}}{4\pi\varepsilon_0}\ln\frac{\sqrt{\rho^2+(L/2)^2}+L/2}{\sqrt{\rho^2+(L/2)^2}-L/2}$$

$$=\frac{\rho_{l0}}{2\pi\varepsilon_0}\ln\frac{\sqrt{\rho^2+(L/2)^2}+L/2}{\rho}$$

(2) 根据对称性，可得两个对称线电荷元 $\rho_{l0}\mathrm{d}z'$ 在点 P 的电场为

$$\mathrm{d}\boldsymbol{E}=\boldsymbol{e}_\rho\mathrm{d}E_\rho=\boldsymbol{e}_\rho\frac{\rho_{l0}\mathrm{d}z'}{2\pi\varepsilon_0\sqrt{\rho^2+z'^2}}\cos\theta$$

$$=\boldsymbol{e}_\rho\frac{\rho_{l0}\rho\mathrm{d}z'}{2\pi\varepsilon_0(\rho^2+z'^2)^{3/2}}$$

故长为 L 的线电荷在点 P 的电场为

$$\boldsymbol{E} = \int \mathrm{d}\boldsymbol{E} = \boldsymbol{e}_\rho \int_0^{L/2} \frac{\rho_{l0}\rho \mathrm{d}z'}{2\pi\varepsilon_0(\rho^2 + z'^2)^{3/2}}$$

$$= \boldsymbol{e}_\rho \frac{\rho_{l0}}{2\pi\varepsilon_0\rho}\left(\frac{z'}{\sqrt{\rho^2 + z'^2}}\right)\Bigg|_0^{L/2}$$

$$= \boldsymbol{e}_\rho \frac{\rho_{l0}}{4\pi\varepsilon_0\rho} \frac{L}{\sqrt{\rho^2 + (L/2)^2}}$$

由 $\boldsymbol{E} = -\nabla\varphi$ 求 $\boldsymbol{E}$，有

$$\boldsymbol{E} = -\nabla\varphi = -\frac{\rho_{l0}}{2\pi\varepsilon_0}\nabla\left[\ln\frac{L/2 + \sqrt{\rho^2 + (L/2)^2}}{\rho}\right]$$

$$= -\boldsymbol{e}_\rho \frac{\rho_{l0}}{2\pi\varepsilon_0}\frac{\mathrm{d}}{\mathrm{d}\rho}\left[\ln\left(L/2 + \sqrt{\rho^2 + (L/2)^2}\right) - \ln\rho\right]$$

$$= -\boldsymbol{e}_\rho \frac{\rho_{l0}}{2\pi\varepsilon_0}\left\{\frac{\rho}{\left[L/2 + \sqrt{\rho^2 + (L/2)^2}\right]\sqrt{\rho^2 + (L/2)^2}} - \frac{1}{\rho}\right\}$$

$$= \boldsymbol{e}_\rho \frac{\rho_{l0}}{4\pi\varepsilon_0\rho}\frac{L}{\sqrt{\rho^2 + (L/2)^2}}$$

可见得到的结果相同。

3.2 一个点电荷 $q_1 = q$ 位于点 $P_1(-a,0,0)$，另一点电荷 $q_2 = -2q$ 位于点 $P_2(a,0,0)$，求空间的零电位面。

解 两个点电荷 $+q$ 和 $-2q$ 在空间产生的电位

$$\varphi(x,y,z) = \frac{1}{4\pi\varepsilon_0}\left[\frac{q}{\sqrt{(x+a)^2 + y^2 + z^2}} - \frac{2q}{\sqrt{(x-a)^2 + y^2 + z^2}}\right]$$

令 $\varphi(x,y,z) = 0$，则有

$$\frac{1}{\sqrt{(x+a)^2 + y^2 + z^2}} - \frac{2}{\sqrt{(x-a)^2 + y^2 + z^2}} = 0$$

即 $$4[(x+a)^2 + y^2 + z^2] = (x-a)^2 + y^2 + z^2$$

故得 $$\left(x + \frac{5}{3}a\right)^2 + y^2 + z^2 = \left(\frac{4}{3}a\right)^2$$

此即零电位面方程，这是一个以点 $\left(-\frac{5}{3}a,0,0\right)$ 为球心、以 $\frac{4}{3}a$ 为半径的球面。

3.3 电场中有一半径为 a 的圆柱体，已知柱内外的电位函数分别为

$$\begin{cases}\varphi(\rho)=0 & \rho\leqslant a\\ \varphi(\rho)=A\left(\rho-\dfrac{a^2}{\rho}\right)\cos\phi & \rho\geqslant a\end{cases}$$

(1) 求圆柱内、外的电场强度；

(2) 这个圆柱是什么材料制成的？表面有电荷分布吗？试求之。

解 (1) 由 $\boldsymbol{E}=-\nabla\varphi$，可得到

$\rho<a$ 时，$\boldsymbol{E}=-\nabla\varphi=0$

$$\rho>a\text{ 时},\boldsymbol{E}=-\nabla\varphi=-\boldsymbol{e}_\rho\frac{\partial}{\partial\rho}\left[A\left(\rho-\frac{a^2}{\rho}\right)\cos\phi\right]-\boldsymbol{e}_\phi\frac{\partial}{\rho\partial\phi}\left[A\left(\rho-\frac{a^2}{\rho}\right)\cos\phi\right]$$

$$=-\boldsymbol{e}_\rho A\left(1+\frac{a^2}{\rho^2}\right)\cos\phi+\boldsymbol{e}_\phi A\left(1-\frac{a^2}{\rho^2}\right)\sin\phi$$

(2) 该圆柱体为等位体，所以是由导体制成的，其表面有电荷分布，电荷面密度为

$$\rho_S=\varepsilon_0\boldsymbol{e}_n\cdot\boldsymbol{E}\big|_{\rho=a}=\varepsilon_0\boldsymbol{e}_\rho\cdot\boldsymbol{E}\big|_{\rho=a}=-2\varepsilon_0A\cos\phi$$

3.4 已知 $y>0$ 的空间中没有电荷，下列几个函数中哪些是可能的电位的解？

(1) $e^{-y}\cosh x$；

(2) $e^{-y}\cos x$；

(3) $e^{-\sqrt{2}y}\cos x\sin x$

(4) $\sin x\sin y\sin z$。

解 在电荷体密度 $\rho=0$ 的空间，电位函数应满足拉普拉斯方程 $\nabla^2\varphi=0$。

(1) $$\frac{\partial^2}{\partial x^2}(e^{-y}\cosh x)+\frac{\partial^2}{\partial y^2}(e^{-y}\cosh x)+\frac{\partial^2}{\partial z^2}(e^{-y}\cosh x)=2e^{-y}\cosh x\neq0$$

故此函数不是 $y>0$ 空间中的电位的解；

(2) $$\frac{\partial^2}{\partial x^2}(e^{-y}\cos x)+\frac{\partial^2}{\partial y^2}(e^{-y}\cos x)+\frac{\partial^2}{\partial z^2}(e^{-y}\cos x)=-e^{-y}\cos x+e^{-y}\cos x=0$$

故此函数是 $y>0$ 空间中可能的电位的解；

(3) $$\frac{\partial^2}{\partial x^2}(e^{-\sqrt{2}y}\cos x\sin x)+\frac{\partial^2}{\partial y^2}(e^{-\sqrt{2}y}\cos x\sin x)+\frac{\partial^2}{\partial z^2}(e^{-\sqrt{2}y}\cos x\sin x)$$

$$=-4e^{-\sqrt{2}y}\cos x\sin x+2e^{-\sqrt{2}y}\cos x\sin x\neq0$$

故此函数不是 $y>0$ 空间中的电位的解；

(4) $$\frac{\partial^2}{\partial x^2}(\sin x\sin y\sin z)+\frac{\partial^2}{\partial y^2}(\sin x\sin y\sin z)+\frac{\partial^2}{\partial z^2}(\sin x\sin y\sin z)$$

$$= -3\sin x\sin y\sin z \neq 0$$

故此函数不是 $y>0$ 空间中的电位的解。

3.5 一半径为 R_0 的介质球，介电常数为 $\varepsilon_r\varepsilon_0$，其内均匀分布自由电荷 ρ，试证明该介质球中心点的电位为 $\dfrac{2\varepsilon_r+1}{2\varepsilon_r}\left(\dfrac{\rho}{3\varepsilon_0}\right)R_0^2$

证 根据高斯定律 $\oint_S \boldsymbol{D}\cdot \mathrm{d}\boldsymbol{S} = q$，得

$r<R_0$ 时，
$$4\pi r^2 D_1 = \frac{4\pi r^3}{3}\rho$$

即
$$D_1 = \frac{\rho r}{3},\qquad E_1 = \frac{D_1}{\varepsilon_r\varepsilon_0} = \frac{\rho r}{3\varepsilon_r\varepsilon_0}$$

$r>R_0$ 时，
$$4\pi r^2 D_2 = \frac{4\pi R_0^3}{3}\rho$$

故
$$D_2 = \frac{\rho R_0^3}{3r^2},\qquad E_2 = \frac{D_1}{\varepsilon_0} = \frac{\rho R_0^3}{3\varepsilon_0 r^2}$$

则得中心点的电位为

$$\varphi(0) = \int_0^{R_0} E_1\mathrm{d}r + \int_{R_0}^{\infty} E_2\mathrm{d}r = \int_0^{R_0}\frac{\rho r}{3\varepsilon_r\varepsilon_0}\mathrm{d}r + \int_{R_0}^{\infty}\frac{\rho R_0^3}{3\varepsilon_0 r^2}\mathrm{d}r$$

$$= \frac{\rho R_0^2}{6\varepsilon_r\varepsilon_0} + \frac{\rho R_0^2}{3\varepsilon_0} = \frac{2\varepsilon_r+1}{3\varepsilon_r}\left(\frac{\rho}{3\varepsilon_0}\right)R_0^2$$

3.6 电场中一半径为 a、介电常数为 ε 的介质球，已知球内、外的电位函数分别为

$$\varphi_1 = -E_0 r\cos\theta + \frac{\varepsilon-\varepsilon_0}{\varepsilon+2\varepsilon_0}a^3E_0\frac{\cos\theta}{r^2}\qquad r\geqslant a$$

$$\varphi_2 = -\frac{3\varepsilon_0}{\varepsilon+2\varepsilon_0}E_0 r\cos\theta\qquad r\leqslant a$$

验证球表面的边界条件，并计算球表面的束缚电荷密度。

解 在球表面上

$$\varphi_1(a,\theta) = -E_0 a\cos\theta + \frac{\varepsilon-\varepsilon_0}{\varepsilon+2\varepsilon_0}aE_0\cos\theta$$

$$= -\frac{3\varepsilon_0}{\varepsilon + 2\varepsilon_0}E_0 a\cos\theta$$

$$\varphi_2(a,\theta) = -\frac{3\varepsilon_0}{\varepsilon + 2\varepsilon_0}E_0 a\cos\theta$$

$$\left.\frac{\partial\varphi_1}{\partial r}\right|_{r=a} = -E_0\cos\theta - \frac{2(\varepsilon - \varepsilon_0)}{\varepsilon + 2\varepsilon_0}E_0\cos\theta$$

$$= -\frac{3\varepsilon}{\varepsilon + 2\varepsilon_0}E_0\cos\theta$$

$$\left.\frac{\partial\varphi_2}{\partial r}\right|_{r=a} = -\frac{3\varepsilon_0}{\varepsilon + 2\varepsilon_0}E_0\cos\theta$$

故有

$$\varphi_1(a,\theta) = \varphi_2(a,\theta), \qquad \varepsilon_0\left.\frac{\partial\varphi_1}{\partial r}\right|_{r=a} = \varepsilon\left.\frac{\partial\varphi_2}{\partial r}\right|_{r=a}$$

可见 φ_1 和 φ_2 满足球表面上的边界条件。

介质球表面的束缚电荷密度为

$$\rho_{PS} = \boldsymbol{e}_n\cdot\boldsymbol{P}_2\big|_{r=a} = (\varepsilon - \varepsilon_0)\boldsymbol{e}_r\cdot\boldsymbol{E}_2$$

$$= -(\varepsilon - \varepsilon_0)\left.\frac{\partial\varphi_2}{\partial r}\right|_{r=a} = \frac{3\varepsilon_0(\varepsilon - \varepsilon_0)}{\varepsilon + 2\varepsilon_0}E_0\cos\theta$$

3.7 无限大导体平板分别置于 $x=0$ 和 $x=d$ 处，板间充满电荷，其体电荷密度为 $\rho = \frac{\rho_0 x}{d}$，极板的电位分别为 0 和 U_0，如图题 3.7 所示，求两极板之间的电位和电场强度。

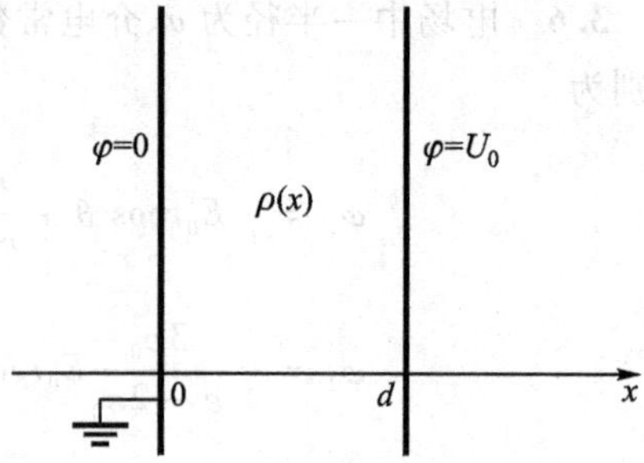

图题 3.7

解 两导体板之间的电位满足泊松方程 $\nabla^2\varphi = -\frac{\rho}{\varepsilon_0}$，故得

$$\frac{d^2\varphi}{dx^2} = -\frac{1}{\varepsilon_0}\frac{\rho_0 x}{d}$$

解此方程，得

$$\varphi = -\frac{\rho_0 x^2}{6\varepsilon_0 d} + Ax + B$$

在 $x=0$ 处，$\varphi=0$，故 $B=0$

在 $x=d$ 处，$\varphi=U_0$，故 $U_0 = -\dfrac{\rho_0 d^3}{6\varepsilon_0 d} + Ad$

得

$$A = \frac{U_0}{d} + \frac{\rho_0 d}{6\varepsilon_0}$$

故

$$\varphi = -\frac{\rho_0 x^2}{6\varepsilon_0 d} + \left(\frac{U_0}{d} + \frac{\rho_0 d}{6\varepsilon_0}\right)x$$

$$\boldsymbol{E} = -\nabla\varphi = -\boldsymbol{e}_x\frac{\partial\varphi}{\partial x} = \boldsymbol{e}_x\left[\frac{\rho_0 x^2}{2\varepsilon_0 d} - \left(\frac{U_0}{d} + \frac{\rho_0 d}{6\varepsilon_0}\right)\right]$$

3.8 证明：同轴线单位长度的静电储能 $W_e = \dfrac{q_l^2}{2C}$。式中 q_l 为单位长度上的电荷量，C 为单位长度上的电容。

证 由高斯定律可求得同轴线内、外导体间的电场强度为

$$E(\rho) = \frac{q_l}{2\pi\varepsilon\rho}$$

内外导体间的电压为

$$U = \int_a^b E\mathrm{d}\rho = \int_a^b \frac{q_l}{2\pi\varepsilon\rho}\mathrm{d}\rho = \frac{q_l}{2\pi\varepsilon}\ln\frac{b}{a}$$

则同轴线单位长度的电容为

$$C = \frac{q_l}{U} = \frac{2\pi\varepsilon}{\ln(b/a)}$$

则得同轴线单位长度的静电储能为

$$W_e = \frac{1}{2}\int_V \varepsilon E^2\mathrm{d}V = \frac{1}{2}\int_a^b \varepsilon\left(\frac{q_l}{2\pi\varepsilon\rho}\right)^2 2\pi\rho\mathrm{d}\rho$$

$$= \frac{1}{2}\frac{q_l^2}{2\pi\varepsilon}\ln(b/a) = \frac{1}{2}\frac{q_l^2}{C}$$

3.9 有一半径为 a、带电量 q 的导体球，其球心位于介电常数分别为 ε_1 和

ε_2 的两种介质的分界面上,该分界面为无限大平面。试求:(1) 导体球的电容;(2) 总的静电能量。

解 (1) 由于电场沿径向分布,根据边界条件,在两种介质的分界面上 $E_{1t}=E_{2t}$,故有 $E_1=E_2=E$。由于 $D_1=\varepsilon_1E_1$、$D_2=\varepsilon_2E_2$,所以 $D_1\neq D_2$。由高斯定律,得

$$D_1S_1+D_2S_2=q$$

即

$$2\pi r^2\varepsilon_1E+2\pi r^2\varepsilon_2E=q$$

所以

$$E=\frac{q}{2\pi r^2(\varepsilon_1+\varepsilon_2)}$$

导体球的电位

$$\varphi(a)=\int_a^\infty E\mathrm{d}r=\frac{q}{2\pi(\varepsilon_1+\varepsilon_2)}\int_a^\infty\frac{1}{r^2}\mathrm{d}r=\frac{q}{2\pi(\varepsilon_1+\varepsilon_2)a}$$

故导体球的电容

$$C=\frac{q}{\varphi(a)}=2\pi(\varepsilon_1+\varepsilon_2)a$$

(2) 总的静电能量为

$$W_e=\frac{1}{2}q\varphi(a)=\frac{q^2}{4\pi(\varepsilon_1+\varepsilon_2)a}$$

3.10 两平行的金属板,板间距离为 d,竖直地插入介电常数为 ε 的液体中,两板间加电压 U_0,试证明液面升高

$$h=\frac{1}{2\rho g}(\varepsilon-\varepsilon_0)\left(\frac{U_0}{d}\right)^2$$

式中,ρ 为液体的质量密度,g 为重力加速度。

证 设液面上金属板的高度为 L,宽度为 a,如图题 3.10 所示。

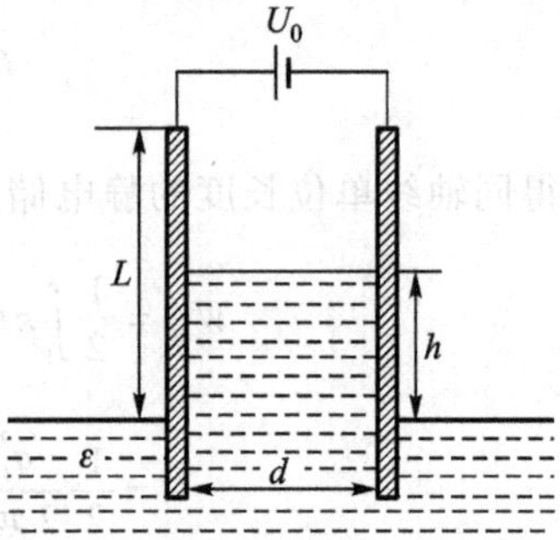

图题 3.10

当金属板之间的液面升高为 h 时,其电容为

$$C=\frac{\varepsilon ah}{d}+\frac{\varepsilon_0a(L-h)}{d}$$

金属板间的静电能量为

$$W_e = \frac{1}{2}CU_0^2 = \frac{aU_0^2}{2d}[h\varepsilon + (L-h)\varepsilon_0]$$

液体受到竖直向上的静电力为

$$F_e = \frac{\partial W_e}{\partial h} = \frac{aU_0^2}{2d}(\varepsilon - \varepsilon_0)$$

而液体所受重力

$$F_g = mg = ahd\rho g$$

F_e 与 F_g 相平衡，即

$$\frac{aU^2}{2d}(\varepsilon - \varepsilon_0) = ahdg\rho$$

故得到液面上升的高度

$$h = \frac{(\varepsilon - \varepsilon_0)U_0^2}{2d^2\rho g} = \frac{1}{2\rho g}(\varepsilon - \varepsilon_0)\left(\frac{U_0}{d}\right)^2$$

3.11 同轴电缆的内导体半径为 a，外导体内半径为 c；内、外导体之间填充两层损耗介质，其介电常数分别为 ε_1 和 ε_2，电导率分布为 σ_1 和 σ_2，两层介质的分界面为同轴圆柱面，分界面半径为 b。当外加电压为 U_0 时，试求：(1) 介质中的电流密度和电场强度分布；(2) 同轴电缆单位长度的电容及漏电阻。

解 (1) 设同轴电缆中单位长度的径向电流为 I，则由 $\int_S \boldsymbol{J}\cdot \mathrm{d}\boldsymbol{S} = I$，得电流密度

$$\boldsymbol{J} = \boldsymbol{e}_\rho \frac{I}{2\pi\rho} \qquad (a < \rho < c)$$

介质中的电场

$$\boldsymbol{E}_1 = \frac{\boldsymbol{J}}{\sigma_1} = \boldsymbol{e}_\rho \frac{I}{2\pi\rho\sigma_1} \qquad (a < \rho < b)$$

$$\boldsymbol{E}_2 = \frac{\boldsymbol{J}}{\sigma_2} = \boldsymbol{e}_\rho \frac{I}{2\pi\rho\sigma_2} \qquad (b < \rho < c)$$

而

$$U_0 = \int_a^b \boldsymbol{E}_1\cdot \mathrm{d}\boldsymbol{\rho} + \int_b^c \boldsymbol{E}_2 \cdot \mathrm{d}\boldsymbol{\rho} = \frac{I}{2\pi\sigma_1}\ln\frac{b}{a} + \frac{I}{2\pi\sigma_2}\ln\frac{c}{b}$$

故

$$I = \frac{2\pi\sigma_1\sigma_2 U_0}{\sigma_2 \ln(b/a) + \sigma_1 \ln(c/b)}$$

则得到两种介质中的电流密度和电场强度分别为

$$\boldsymbol{J} = \boldsymbol{e}_\rho \frac{\sigma_1\sigma_2 U_0}{\rho[\sigma_2 \ln(b/a) + \sigma_1 \ln(c/b)]} \quad (a < \rho < c)$$

$$\boldsymbol{E}_1 = \boldsymbol{e}_\rho \frac{\sigma_2 U_0}{\rho[\sigma_2 \ln(b/a) + \sigma_1 \ln(c/b)]} \quad (a < \rho < b)$$

$$\boldsymbol{E}_2 = \boldsymbol{e}_\rho \frac{\sigma_1 U_0}{\rho[\sigma_2 \ln(b/a) + \sigma_1 \ln(c/b)]} \quad (b < \rho < c)$$

（2）同轴电缆单位长度的漏电阻为

$$R = \frac{U_0}{I} = \frac{\sigma_2 \ln(b/a) + \sigma_1 \ln(c/b)}{2\pi\sigma_1\sigma_2}$$

由静电比拟，可得同轴电缆单位长度的电容为

$$C = \frac{2\pi\varepsilon_1\varepsilon_2}{\varepsilon_2 \ln(b/a) + \varepsilon_1 \ln(c/b)}$$

3.12 在电导率为 σ 的无限大均匀电介质内，有两个半径分别为 R_1 和 R_2 的理想导体小球，两球之间的距离为 $d(d \gg R_1, d \gg R_2)$，试求两个小导体球面间的电阻。

解 此题可采用静电比拟的方法求解。假设位于介电常数为 ε 的介质中的两个小球分别带电荷 q 和 $-q$，由于两球间的距离 $d \gg R_1$、$d \gg R_2$，两小球表面的电位为

$$\varphi_1 = \frac{q}{4\pi\varepsilon}\left(\frac{1}{R_1} - \frac{1}{d - R_2}\right)$$

$$\varphi_2 = -\frac{q}{4\pi\varepsilon}\left(\frac{1}{R_2} - \frac{1}{d - R_1}\right)$$

所以两小导体球面间的电容为

$$C = \frac{q}{\varphi_1 - \varphi_2} = \frac{4\pi\varepsilon}{\dfrac{1}{R_1} + \dfrac{1}{R_2} - \dfrac{1}{d - R_1} - \dfrac{1}{d - R_2}}$$

由静电比拟，得到两小导体球面间的电导为

$$G = \frac{I}{\varphi_1 - \varphi_2} = \frac{4\pi\sigma}{\dfrac{1}{R_1} + \dfrac{1}{R_2} - \dfrac{1}{d - R_1} - \dfrac{1}{d - R_2}}$$

故两个小导体球面间的电阻为

$$R = \frac{1}{G} = \frac{1}{4\pi\sigma}\left(\frac{1}{R_1} + \frac{1}{R_2} - \frac{1}{d - R_1} - \frac{1}{d - R_2}\right)$$

3.13 在一块厚度为 d 的导电板上，由两个半径分别为 r_1 和 r_2 的圆弧和夹角为 α 的两半径割出的一块扇形体，如图题 3.13 所示。试求：(1) 沿厚度方向的电阻；(2) 两圆弧面之间的电阻；(3) 沿 α 方向的两电极间的电阻。设导电板的电导率为 σ。

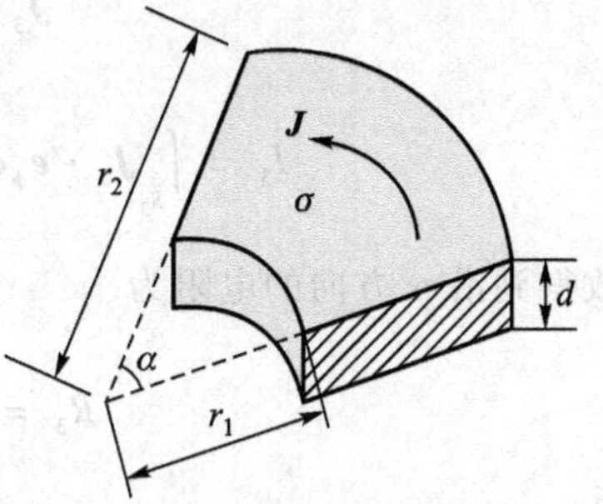

图题 3.13

解 (1) 设沿厚度方向的两电极的电压为 U_1，则有

$$E_1 = \frac{U_1}{d}$$

$$J_1 = \sigma E_1 = \frac{\sigma U_1}{d}$$

$$I_1 = J_1 S_1 = \frac{\sigma U_1}{d} \cdot \frac{\alpha}{2}(r_2^2 - r_1^2)$$

故得到沿厚度方向的电阻为

$$R_1 = \frac{U_1}{I_1} = \frac{2d}{\alpha\sigma(r_2^2 - r_1^2)}$$

(2) 设内外两圆弧面电极之间的电流为 I_2，则

$$J_2 = \frac{I_2}{S_2} = \frac{I_2}{\alpha r d}$$

$$E_2 = \frac{J_2}{\sigma} = \frac{I_2}{\sigma\alpha r d}$$

$$U_2 = \int_{r_1}^{r_2} E_2 \, \mathrm{d}r = \frac{I_2}{\sigma\alpha d}\ln\frac{r_2}{r_1}$$

故得到两圆弧面之间的电阻为

$$R_2 = \frac{U_2}{I_2} = \frac{1}{\sigma\alpha d}\ln\frac{r_2}{r_1}$$

(3) 设沿 α 方向的两电极的电压为 U_3,则有

$$U_3 = \int_0^{\alpha} E_3 r \mathrm{d}\phi$$

由于 E_3 与 ϕ 无关,故得

$$\boldsymbol{E}_3 = \boldsymbol{e}_{\phi} \frac{U_3}{\alpha r}$$

$$\boldsymbol{J}_3 = \sigma \boldsymbol{E}_3 = \boldsymbol{e}_{\phi} \frac{\sigma U_3}{\alpha r}$$

$$I_3 = \int_{S_3} \boldsymbol{J}_3 \cdot \boldsymbol{e}_{\phi} \mathrm{d}S = \int_{r_1}^{r_2} \frac{\sigma d U_3}{\alpha r} \mathrm{d}r = \frac{\sigma d U_3}{\alpha} \ln \frac{r_2}{r_1}$$

故得到沿 α 方向的电阻为

$$R_3 = \frac{U_3}{I_3} = \frac{\alpha}{\sigma d \ln (r_2 / r_1)}$$

3.14 有用圆柱坐标系表示的电流分布 $\boldsymbol{J} = \boldsymbol{e}_z \rho J_0 (\rho \leqslant a)$,试求矢量磁位 $\boldsymbol{A}$ 和磁感应强度 $\boldsymbol{B}$。

解 由于电流只有 $\boldsymbol{e}_z$ 分量,且仅为圆柱坐标 ρ 的函数,故 $\boldsymbol{A}$ 也只有 $\boldsymbol{e}_z$ 分量,且仅为 ρ 的函数,即

$$\nabla^2 A_{z1}(\rho) = \frac{1}{\rho} \frac{\partial}{\partial \rho}\left(\rho \frac{\partial A_{z1}}{\partial \rho}\right) = -\mu_0 J_0 \rho \qquad (\rho \leqslant a)$$

$$\nabla^2 A_{z2}(\rho) = \frac{1}{\rho} \frac{\partial}{\partial \rho}\left(\rho \frac{\partial A_{z2}}{\partial \rho}\right) = 0 \qquad (\rho \geqslant a)$$

由此可解得

$$A_{z1}(\rho) = -\frac{1}{9} \mu_0 J_0 \rho^3 + C_1 \ln \rho + D_1$$

$$A_{z2}(\rho) = C_2 \ln \rho + D_2$$

式中,C_1、D_1、C_2、D_2 可由 A_{z1} 和 A_{z2} 满足的边界条件确定:

① $\rho \to 0$ 时,$A_{z1}(\rho)$ 为有限值,若令此有限值为零,则得 $C_1 = 0$、$D_1 = 0$。

② $\rho = a$ 时,$A_{z1}(a) = A_{z2}(a)$,$\left.\frac{\partial A_{z1}}{\partial \rho}\right|_{\rho = a} = \left.\frac{\partial A_{z2}}{\partial \rho}\right|_{\rho = a}$

即

$$-\frac{1}{9} \mu_0 J_0 a^3 = C_2 \ln a + D_2$$

$$-\frac{1}{3}\mu_0 J_0 a^2 = C_2 \frac{1}{a}$$

由此可解得

$$C_2 = -\frac{1}{3}\mu_0 J_0 a^3, D_2 = -\frac{1}{3}\mu_0 J_0 a^3\left(\frac{1}{3} - \ln a\right)$$

故

$$A_{z1}(\rho) = -\frac{1}{9}\mu_0 J_0 \rho^3 \quad (\rho \leqslant a)$$

$$A_{z2}(\rho) = -\frac{1}{3}\mu_0 J_0 a^3 \ln \rho - \frac{1}{3}\mu_0 J_0 a^3\left(\frac{1}{3} - \ln a\right) \quad (\rho \geqslant a)$$

空间的磁感应强度为

$$\boldsymbol{B}_1(\rho) = \nabla \times \boldsymbol{A}_1(\rho) = \boldsymbol{e}_\phi \frac{1}{3}\mu_0 J_0 \rho^2 \quad (\rho < a)$$

$$\boldsymbol{B}_2(\rho) = \nabla \times \boldsymbol{A}_2(\rho) = \boldsymbol{e}_\phi \frac{\mu_0 J_0 a^3}{3\rho} \quad (\rho > a)$$

3.15 无限长直线电流 I 垂直于磁导率分别为 μ_1 和 μ_2 的两种磁介质的分界面，如图题 3.15 所示。试求：(1) 两种磁介质中的磁感应强度 $\boldsymbol{B}_1$ 和 $\boldsymbol{B}_2$；(2) 磁化电流分布。

图题 3.15

解 (1) 由安培环路定律，可得

$$\boldsymbol{H} = \boldsymbol{e}_\phi \frac{I}{2\pi\rho}$$

故得

$$\boldsymbol{B}_1 = \mu_0 \boldsymbol{H} = \boldsymbol{e}_\phi \frac{\mu_0 I}{2\pi\rho}$$

$$\boldsymbol{B}_2 = \mu \boldsymbol{H} = \boldsymbol{e}_\phi \frac{\mu I}{2\pi\rho}$$

(2) 磁介质的磁化强度

$$\boldsymbol{M} = \frac{1}{\mu_0}\boldsymbol{B}_2 - \boldsymbol{H} = \boldsymbol{e}_\phi \frac{(\mu - \mu_0) I}{2\pi\mu_0\rho}$$

则磁化电流体密度

$$\boldsymbol{J}_{\mathrm{m}} = \nabla \times \boldsymbol{M} = \boldsymbol{e}_z \frac{1}{\rho}\frac{\mathrm{d}}{\mathrm{d}\rho}(\rho M_\phi)$$

$$= \boldsymbol{e}_z \frac{(\mu-\mu_0)I}{2\pi\mu_0}\frac{1}{\rho}\frac{\mathrm{d}}{\mathrm{d}\rho}\left(\rho\cdot\frac{1}{\rho}\right) = 0$$

由 $\boldsymbol{B}_2 = \mu\boldsymbol{H} = \boldsymbol{e}_\phi \dfrac{\mu I}{2\pi\rho}$看出，在 $\rho=0$ 处，$\boldsymbol{B}_2$ 具有奇异性，所以在磁介质中 $\rho=0$ 处存在磁化线电流 I_{m}。以 z 轴为中心、ρ 为半径做一个圆形回路 C，由安培环路定律，有

$$I + I_{\mathrm{m}} = \frac{1}{\mu_0}\oint_C \boldsymbol{B}\cdot\mathrm{d}\boldsymbol{l} = \frac{\mu I}{\mu_0}$$

故得到

$$I_{\mathrm{m}} = \left(\frac{\mu}{\mu_0} - 1\right)I$$

在磁介质的表面上，磁化电流面密度为

$$\boldsymbol{J}_{\mathrm{m}S} = \boldsymbol{M}\times\boldsymbol{e}_z\Big|_{z=0} = \boldsymbol{e}_\rho \frac{(\mu-\mu_0)I}{2\pi\mu_0\rho}$$

3.16 已知一个平面电流回路在真空中产生的磁场强度为 $\boldsymbol{H}_0$，若此平面电流回路位于磁导率分别为 μ_1 和 μ_2 的两种均匀磁介质的分界平面上，试求两种磁介质中的磁场强度 $\boldsymbol{H}_1$ 和 $\boldsymbol{H}_2$。

解 因为是平面电流回路，当其位于两种均匀磁介质的分界平面上时，分界面上的磁场只有法向分量，根据边界条件，故有 $\boldsymbol{B}_1 = \boldsymbol{B}_2 = \boldsymbol{B}$。

在磁介质分界面两侧，做一个尺寸为 $2\Delta h\times\Delta l$ 的小矩形回路，如图题 3.16 所示。根据安培环路定律，得

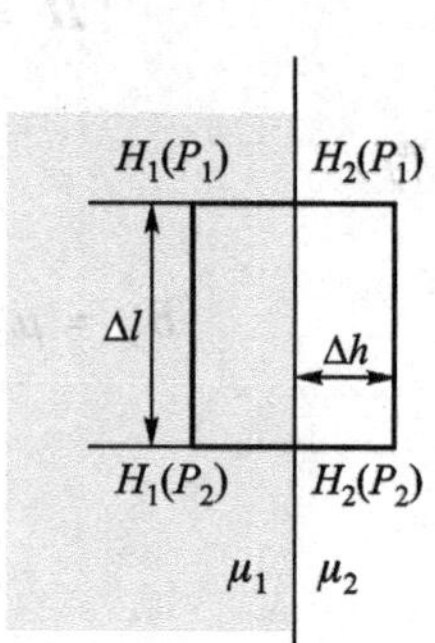

图题 3.16

$$\oint_C \boldsymbol{H}\cdot\mathrm{d}\boldsymbol{l} = H_1(P_1)\Delta h + H_2(P_1)\Delta h - H_1(P_2)\Delta h - H_2(P_2)\Delta h = I \quad (1)$$

式中的 I 是与小矩形回路交链的电流。

若平面电流回路两侧为真空，则有

$$\oint_C \boldsymbol{H}_0 \cdot \mathrm{d}\boldsymbol{l} = 2H_0(P_1)\Delta h - 2H_0(P_2)\Delta h = I \tag{2}$$

由于 P_1 和 P_2 是分界面上的任意两点,由式(1)和(2)可得到

$$\boldsymbol{H}_1 + \boldsymbol{H}_2 = 2\boldsymbol{H}_0$$

即

$$\frac{\boldsymbol{B}}{\mu_1} + \frac{\boldsymbol{B}}{\mu_2} = 2\boldsymbol{H}_0$$

于是

$$\boldsymbol{B} = \frac{2\mu_1\mu_2}{\mu_1 + \mu_2}\boldsymbol{H}_0$$

故

$$\boldsymbol{H}_1 = \frac{\boldsymbol{B}}{\mu_1} = \frac{2\mu_2}{\mu_1 + \mu_2}\boldsymbol{H}_0$$

$$\boldsymbol{H}_2 = \frac{\boldsymbol{B}}{\mu_2} = \frac{2\mu_1}{\mu_1 + \mu_2}\boldsymbol{H}_0$$

3.17 证明:在不同磁介质分界面上,矢量磁位 $\boldsymbol{A}$ 的切向分量是连续的。

证 由 $\boldsymbol{B} = \nabla \times \boldsymbol{A}$,得

$$\int_S \boldsymbol{B} \cdot \mathrm{d}\boldsymbol{S} = \int_S \nabla \times \boldsymbol{A} \cdot \mathrm{d}\boldsymbol{S} = \oint_C \boldsymbol{A} \cdot \mathrm{d}\boldsymbol{l}$$

在磁介质分界面上任取一点 P,围绕该点做一个跨越分界面的狭长矩形回路 C,其长为 Δl、宽为 Δh,且令 $\Delta h \to 0$,如图题 3.17 所示,故得

$$\oint_C \boldsymbol{A} \cdot \mathrm{d}\boldsymbol{l} = \boldsymbol{A}_1 \cdot \Delta\boldsymbol{l} - \boldsymbol{A}_2 \cdot \Delta\boldsymbol{l} = \lim_{\Delta h \to 0}\int_S \boldsymbol{B} \cdot \mathrm{d}\boldsymbol{S}$$

由于 $\boldsymbol{B}$ 为有限值,上式右端等于零,所以

$$\boldsymbol{A}_1 \cdot \Delta\boldsymbol{l} - \boldsymbol{A}_2 \cdot \Delta\boldsymbol{l} = 0$$

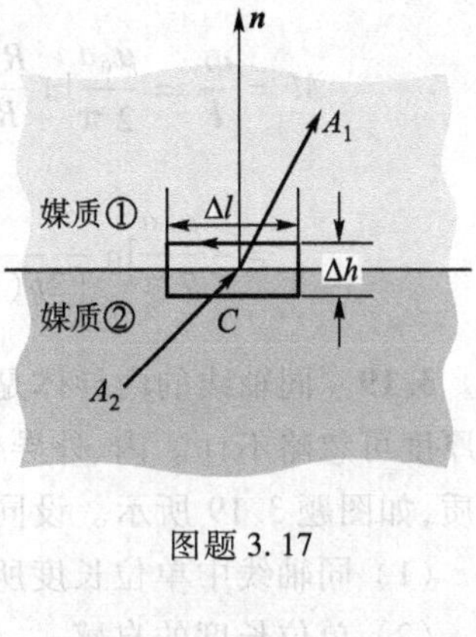

图题 3.17

因 $\Delta\boldsymbol{l}$ 平行于分界面,故有

$$A_{1t} = A_{2t}$$

3.18 长直导线附近有一矩形回路,此回路与导线不共面,如图题 3.18 所示。证明:直导线与矩形回路间的互感为

$$M=-\frac{\mu_0 a}{2\pi}\ln\frac{R}{[2b(R^2-C^2)^{1/2}+b^2+R^2]^{1/2}}$$

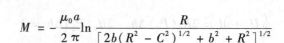

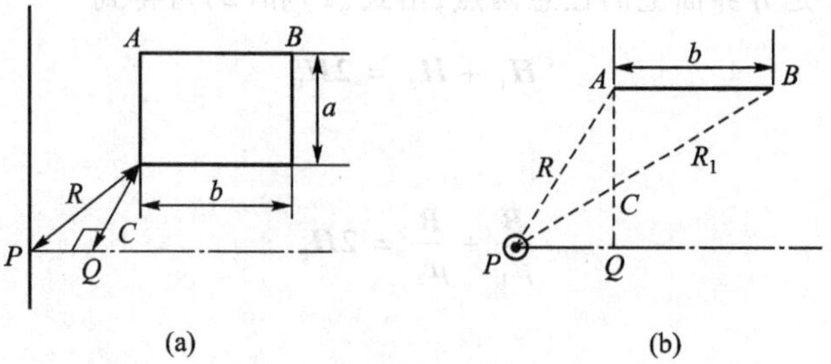

图题 3.18

证 设长直导线中的电流为 I，则其产生的磁场为

$$B=\frac{\mu_0 I}{2\pi r}$$

由图题 3.18 可知，与矩形回路交链的磁通为

$$\Phi=\int_S \boldsymbol{B}\cdot d\boldsymbol{S}=\frac{\mu_0 aI}{2\pi}\int_R^{R_1}\frac{1}{r}dr=\frac{\mu_0 aI}{2\pi}\ln\frac{R_1}{R}$$

式中

$$R_1=[C^2+(b+\sqrt{R^2-C^2})^2]^{1/2}=[R^2+b^2+2b\sqrt{R^2-C^2}]^{1/2}$$

故直导线与矩形回路间的互感为

$$M=\frac{\Phi}{I}=\frac{\mu_0 a}{2\pi}\ln\frac{R_1}{R}=\frac{\mu_0 a}{2\pi}\ln\frac{[R^2+b^2+2b\sqrt{R^2-C^2}]^{1/2}}{R}$$

$$=-\frac{\mu_0 a}{2\pi}\ln\frac{R}{[2b(R^2-C^2)^{1/2}+b^2+R^2]^{1/2}}$$

3.19 同轴线的内导体是半径为 a 的圆柱，外导体是半径为 b 的薄圆柱面，其厚度可忽略不计。内、外导体间填充有磁导率分别为 μ_1 和 μ_2 两种不同的磁介质，如图题 3.19 所示。设同轴线中通过的电流为 I，试求：

（1）同轴线中单位长度所储存的磁场能量；

（2）单位长度的自感。

解 同轴线的内外导体之间的磁场沿 ϕ 方向，在两种磁介质的分界面上，磁场只有法向分量。根据边界条件可知，两种磁介质中的磁感应强度 $\boldsymbol{B}_1=\boldsymbol{B}_2=$

$\boldsymbol{B}=\boldsymbol{e}_\phi B$，但磁场强度 $\boldsymbol{H}_1 \neq \boldsymbol{H}_2$。

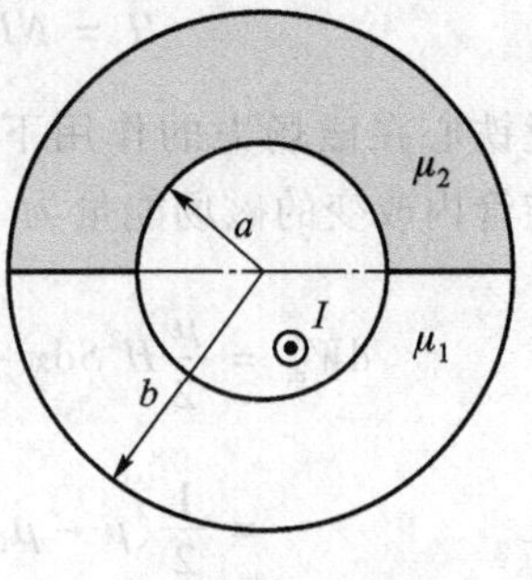

图题 3.19

（1）利用安培环路定律，当 $\rho<a$ 时，有

$$2\pi\rho B_0 = \frac{\mu_0 I}{\pi a^2}\pi\rho^2$$

所以

$$B_0 = \frac{\mu_0 I}{2\pi a^2}\rho \qquad (\rho < a)$$

在 $a<\rho<b$ 区域内，有

$$\pi\rho(H_1+H_2) = I$$

即

$$\pi\rho\left(\frac{B_1}{\mu_1}+\frac{B_2}{\mu_2}\right)=I$$

故

$$\boldsymbol{B} = \boldsymbol{e}_\phi \frac{\mu_1\mu_2 I}{\pi(\mu_1+\mu_2)\rho} \qquad (a<\rho<b)$$

同轴线中单位长度储存的磁场能量为

$$\begin{aligned}W_m &= \frac{1}{2}\int_0^a \frac{B_0^2}{\mu_0}2\pi\rho d\rho + \frac{1}{2}\int_a^b \frac{B^2}{\mu_1}\pi\rho d\rho + \frac{1}{2}\int_a^b \frac{B^2}{\mu_2}\pi\rho d\rho \\ &= \frac{1}{2}\int_0^a \frac{1}{\mu_0}\left(\frac{\mu_0 I\rho}{2\pi a^2}\right)^2 2\pi\rho d\rho + \frac{1}{2}\left(\frac{1}{\mu_1}+\frac{1}{\mu_2}\right)\int_a^b\left[\frac{\mu_1\mu_2 I}{\pi(\mu_1+\mu_2)\rho}\right]^2\pi\rho d\rho \\ &= \frac{\mu_0 I^2}{16\pi} + \frac{\mu_1\mu_2 I^2}{2\pi(\mu_1+\mu_2)}\ln\frac{b}{a}\end{aligned}$$

（2）由 $W_m=\frac{1}{2}LI^2$，得到单位长度的自感为

$$L = \frac{2W_m}{I^2} = \frac{\mu_0}{8\pi} + \frac{\mu_1\mu_2}{\pi(\mu_1+\mu_2)}\ln\frac{b}{a}$$

3.20 如图题 3.20 所示的长螺旋管，单位长度密绕 N 匝线圈，通过电流 I，铁心的磁导率为 μ、截面积为 S，求作用在它上面的磁场力。

解 由安培环路定律可得螺旋管内的磁场为

$$H = NI$$

设铁心在磁场力的作用下有一位移 $\mathrm{d}x$，则螺旋管内改变的磁场能量为

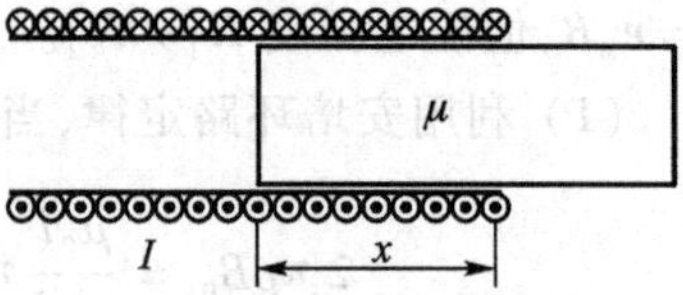

图题 3.20

$$\mathrm{d}W_{\mathrm{m}} = \frac{\mu}{2}H^2 S\mathrm{d}x - \frac{\mu_0}{2}H^2 S\mathrm{d}x$$

$$= \frac{1}{2}(\mu - \mu_0)N^2 I^2 S\mathrm{d}x$$

则作用在铁心上的磁场力为

$$F_x = \left.\frac{\mathrm{d}W_{\mathrm{m}}}{\mathrm{d}x}\right|_{I=\text{常数}} = \frac{1}{2}(\mu - \mu_0)N^2 I^2 S$$

可见，磁场力有将铁心拉进螺旋管的趋势。

3.21 一个点电荷 q 与无限大导体平面的距离为 d，如果把它移到无穷远处，需要做多少功？

解 利用镜像法求解。当点电荷 q 移动到距离导体平面为 x 的点 $P(x,0,0)$ 时，其像电荷 $q' = -q$，位于点 $(-x,0,0)$ 处，如图题 3.21 所示。像电荷 $q' = -q$ 在点 P 处产生的电场为

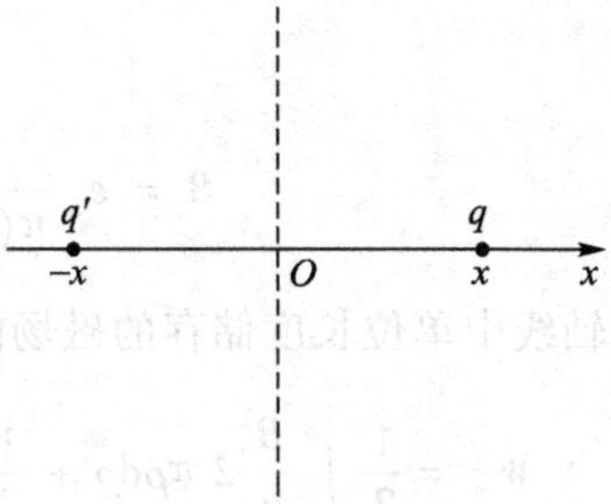

图题 3.21

$$\boldsymbol{E}'(x) = \boldsymbol{e}_x \frac{-q}{4\pi\varepsilon_0(2x)^2}$$

所以将点电荷 q 移到无穷远处时，电场所做的功为

$$W_{\mathrm{e}} = \int_d^{\infty} q\boldsymbol{E}'(x) \cdot \mathrm{d}\boldsymbol{r} = \int_d^{\infty} \frac{-q^2}{4\pi\varepsilon_0(2x)^2}\mathrm{d}x$$

$$= -\frac{q^2}{16\pi\varepsilon_0 d}$$

外力所做的功为

$$W_o = -W_{\mathrm{e}} = \frac{q^2}{16\pi\varepsilon_0 d}$$

3.22 如图题 3.22 所示，一个点电荷 q 放在 $60°$ 的接地导体角域内的点 $(1,1,0)$ 处。试求：(1) 所有镜像电荷的位置和大

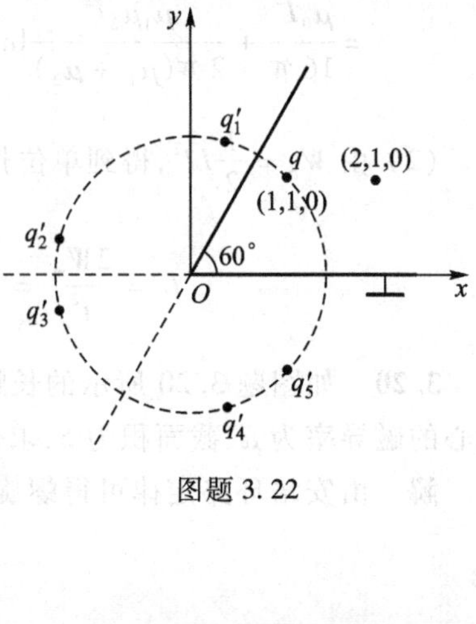

图题 3.22

小;(2) 点 $P(2,1,0)$ 处的电位。

解 (1) 这是一个多重镜像的问题,共有 $(2n-1)=2\times3-1=5$ 个像电荷,分布在以点电荷 q 到角域顶点的距离(即 $\sqrt{2}$)为半径的圆周上,并且关于导体平面对称,如图题 3.22 所示。

$$q'_1=-q,\quad\begin{cases}x'_1=\sqrt{2}\cos75^\circ=0.366\\ y'_1=\sqrt{2}\sin75^\circ=1.366\end{cases}$$

$$q'_2=q,\quad\begin{cases}x'_2=\sqrt{2}\cos165^\circ=-1.366\\ y'_2=\sqrt{2}\sin165^\circ=0.366\end{cases}$$

$$q'_3=-q,\quad\begin{cases}x'_3=\sqrt{2}\cos195^\circ=-1.366\\ y'_3=\sqrt{2}\sin195^\circ=-0.366\end{cases}$$

$$q'_4=q,\quad\begin{cases}x'_4=\sqrt{2}\cos285^\circ=0.366\\ y'_4=\sqrt{2}\sin285^\circ=-1.366\end{cases}$$

$$q'_5=-q,\quad\begin{cases}x'_5=\sqrt{2}\cos315^\circ=1\\ y'_5=\sqrt{2}\sin315^\circ=-1\end{cases}$$

(2) 点 $P(2,1,0)$ 处的电位

$$\begin{aligned}\varphi(2,1,0)&=\frac{1}{4\pi\varepsilon_0}\left(\frac{q}{R}+\frac{q'_1}{R_1}+\frac{q'_2}{R_2}+\frac{q'_3}{R_3}+\frac{q'_4}{R_4}+\frac{q'_5}{R_5}\right)\\&=\frac{q}{4\pi\varepsilon_0}(1-0.597+0.292-0.275+0.348-0.447)\\&=\frac{0.321}{4\pi\varepsilon_0}q=2.89\times10^9q\ \text{V}\end{aligned}$$

3.23 一个电荷量为 q、质量为 m 的小带电体,放置在无限大导体平面下方,与平面相距为 h。欲使带电小球受到的静电力恰好与重力相平衡,电荷 q 的值应为多少?(设 $m=2\times10^{-3}$ kg, $h=0.02$ m)。

解 将小带电体视为点电荷 q,导体平面上的感应电荷对 q 的静电力等于镜像电荷 q' 对 q 的作用力。根据镜像法可知,镜像电荷为 $q'=-q$,位于导体平面上方 h 处,则小带电体 q 受到的静电力为

$$f_e = -\frac{q^2}{4\pi\varepsilon_0(2h)^2}$$

令 f_e 的大小与重力 mg 相等,即

$$\frac{q^2}{4\pi\varepsilon_0(2h)^2} = mg$$

于是得到

$$q = 4h\sqrt{\pi\varepsilon_0 mg} = 5.9\times10^{-8}\ \mathrm{C}$$

3.24 一个半径为 R 的导体球带有的电荷量为 Q,在球体外距离球心 D 处有一个点电荷 q。(1) 求点电荷 q 与导体球之间的静电力;(2) 证明:当 q 与 Q 同号且 $\dfrac{Q}{q}<\dfrac{RD^3}{(D^2-R^2)^2}-\dfrac{R}{D}$ 成立时,F 表现为吸引力。

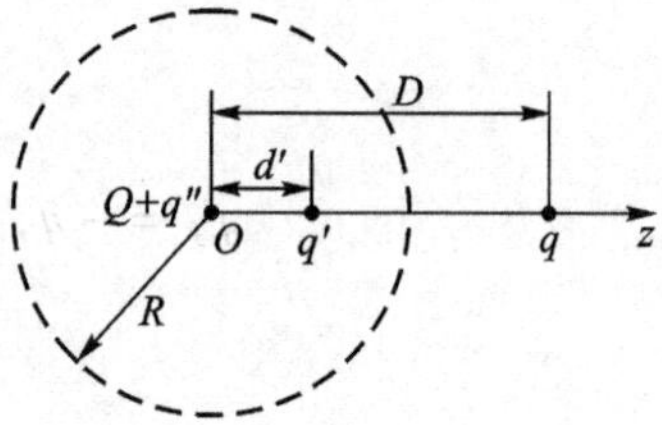

图题 3.24

解 (1) 用镜像法求解,像电荷 q' 和 q'' 的大小和位置分别为

$$q' = -\frac{R}{D}q,\quad d' = \frac{R^2}{D}$$

$$q'' = -q' = \frac{R}{D}q,\quad d'' = 0$$

如图题 3.24 所示。

导体球自身所带的电荷 Q 则用位于球心的点电荷 Q 等效,故点电荷 q 受到的静电力为

$$F = F_{q'\to q} + F_{q''\to q} + F_{Q\to q} = \frac{qq'}{4\pi\varepsilon_0(D-d')^2} + \frac{q(Q+q'')}{4\pi\varepsilon_0 D^2}$$

$$= \frac{q}{4\pi\varepsilon_0}\left[\frac{Q+(R/D)q}{D^2} - \frac{Rq}{D(D-R^2/D)^2}\right]$$

(2) 当 q 与 Q 同号,且 F 表现为吸引力,即 $F<0$ 时,则应有

$$\frac{Q+(R/D)q}{D^2} - \frac{Rq}{D[D-R^2/D]^2} < 0$$

由此可得出

$$\frac{Q}{q} < \frac{RD^3}{(D^2-R^2)^2} - \frac{R}{D}$$

3.25 一半径为 a 的无限长金属圆柱薄壳平行于地面，其轴线与地面相距为 h。在圆柱薄壳内距轴线为 r_0 处，平行放置一根电荷线密度为 ρ_l 的长直细导线，其横截面如图题 3.25(a)所示。设圆柱壳与地面间的电压为 U_0。试求：金属圆柱薄壳内外的电位分布。

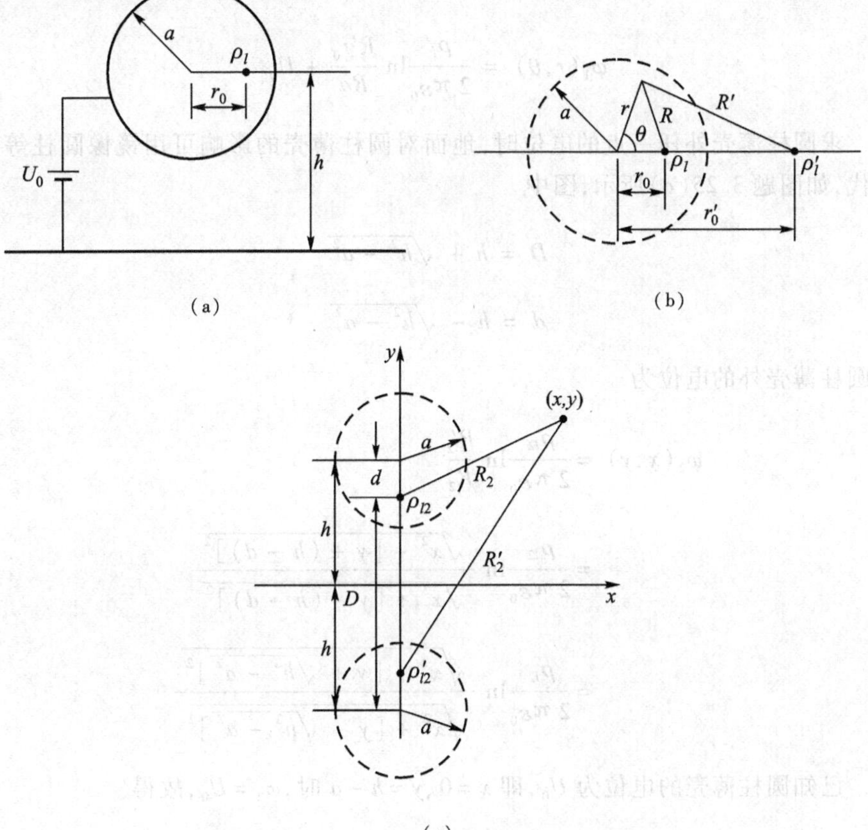

图题 3.25

解 线电荷 ρ_l 在金属圆柱薄壳内表面引起的感应电荷，用镜像电荷 ρ'_l 等效替代，如图题 3.25(b)所示，图中 $\rho'_l = -\rho_l$，位于 $r'_0 = \dfrac{a^2}{r_0}$。圆柱薄壳内任一点的电位为

$$\varphi_1(r,\theta) = \frac{\rho_l}{2\pi\varepsilon_0}\ln\frac{R'}{R} + C$$

式中，$R = \sqrt{r^2 + r_0^2 - 2rr_0\cos\theta}$

$R' = \sqrt{r^2 + (a^2/r_0)^2 - 2ra^2/r_0\cos\theta}$

因 $r=a, \varphi_1=U_0$，故得

$$C = U_0 - \frac{\rho_l}{2\pi\varepsilon_0}\ln\frac{a}{r_0}$$

则

$$\varphi_1(r,\theta) = \frac{\rho_l}{2\pi\varepsilon_0}\ln\frac{R' r_0}{Ra} + U_0$$

求圆柱薄壳外任一点的电位时，地面对圆柱薄壳的影响可用镜像圆柱等效替代，如图题3.25(c)所示，图中

$$D = h + \sqrt{h^2 - a^2}$$

$$d = h - \sqrt{h^2 - a^2}$$

则圆柱薄壳外的电位为

$$\varphi_2(x,y) = \frac{\rho_{l2}}{2\pi\varepsilon_0}\ln\frac{R'_2}{R_2}$$

$$= \frac{\rho_{l2}}{2\pi\varepsilon_0}\ln\frac{\sqrt{x^2 + [y + (h-d)]^2}}{\sqrt{x^2 + [y - (h-d)]^2}}$$

$$= \frac{\rho_{l2}}{2\pi\varepsilon_0}\ln\frac{\sqrt{x^2 + [y + \sqrt{h^2 - a^2}]^2}}{\sqrt{x^2 + [y - \sqrt{h^2 - a^2}]^2}}$$

已知圆柱薄壳的电位为 U_0，即 $x=0$、$y=h-a$ 时，$\varphi_2 = U_0$，故得

$$\rho_{l2} = \frac{2\pi\varepsilon_0 U_0}{\ln\dfrac{\sqrt{h^2-a^2}+(h-a)}{\sqrt{h^2-a^2}-(h-a)}}$$

则

$$\varphi_2 = \frac{U_0}{\ln\dfrac{\sqrt{h^2-a^2}+(h-a)}{\sqrt{h^2-a^2}-(h-a)}}\ln\frac{\sqrt{x^2 + (y + \sqrt{h^2-a^2})^2}}{\sqrt{x^2 + (y - \sqrt{h^2-a^2})^2}}$$

3.26 如图题3.26(a)所示，在 $z<0$ 的下半空间是介电常数为 ε 的介质，上半空间为空气，距离介质平面 h 处有一点电荷 q，试求：(1) $z>0$ 和 $z<0$ 的两

个半空间内的电位;(2) 介质表面上的极化电荷密度,并证明表面上极化电荷总电量等于镜像电荷 q'。

解 (1) 在点电荷 q 的电场力作用下,介质分界面上出现极化电荷,利用镜像电荷替代介质分界面上的极化电荷。根据镜像法可知,镜像电荷分布为

$$q' = -\frac{\varepsilon - \varepsilon_0}{\varepsilon + \varepsilon_0}q, \text{位于 } z = -h$$

$$q'' = \frac{\varepsilon - \varepsilon_0}{\varepsilon + \varepsilon_0}q, \text{位于 } z = h$$

如图题 3.26(b)、(c)所示。

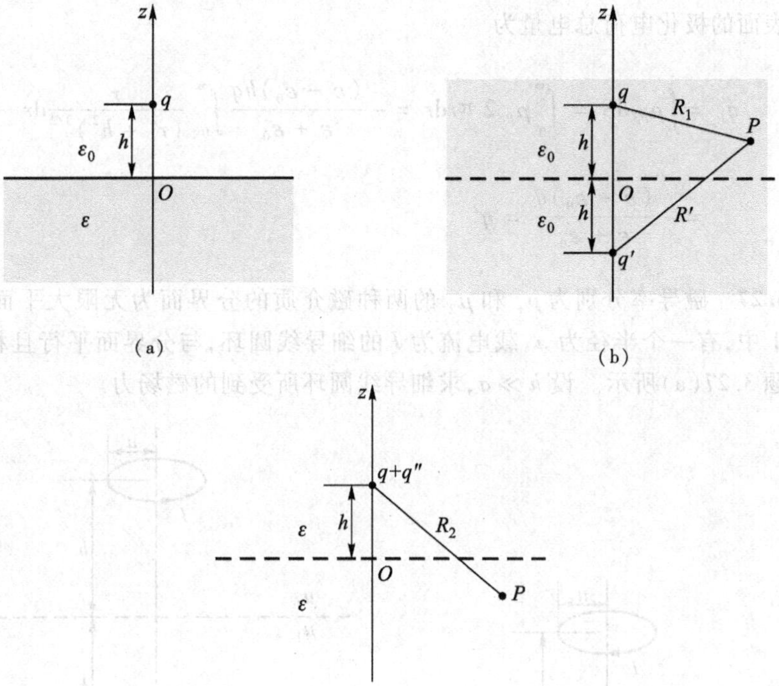

图题 3.26

上半空间内的电位由点电荷 q 和镜像电荷 q' 共同产生,即

$$\varphi_1 = \frac{q}{4\pi\varepsilon_0 R_1} + \frac{q'}{4\pi\varepsilon_0 R'}$$

$$= \frac{q}{4\pi\varepsilon_0}\left\{\frac{1}{\sqrt{r^2 + (z-h)^2}} - \frac{\varepsilon - \varepsilon_0}{\varepsilon + \varepsilon_0}\frac{1}{\sqrt{r^2 + (z+h)^2}}\right\}$$

下半空间内的电位由点电荷 q 和镜像电荷 q'' 共同产生，即

$$\varphi_2 = \frac{q+q''}{4\pi\varepsilon R_2} = \frac{q}{2\pi(\varepsilon+\varepsilon_0)} \frac{1}{\sqrt{r^2+(z-h)^2}}$$

(2) 由于分界面上无自由电荷分布，故极化电荷面密度为

$$\rho_{PS} = \boldsymbol{e}_{\mathrm{n}} \cdot (\boldsymbol{P}_1 - \boldsymbol{P}_2)\big|_{z=0} = \varepsilon_0(E_{1z} - E_{2z})\big|_{z=0} = \varepsilon_0\left(\frac{\partial\varphi_2}{\partial z} - \frac{\partial\varphi_1}{\partial z}\right)\bigg|_{z=0}$$

$$= -\frac{(\varepsilon-\varepsilon_0)hq}{2\pi(\varepsilon+\varepsilon_0)(r^2+h^2)^{3/2}}$$

介质表面的极化电荷总电量为

$$q_P = \int_S \rho_{PS}\mathrm{d}S = \int_0^\infty \rho_{PS} 2\pi r\mathrm{d}r = -\frac{(\varepsilon-\varepsilon_0)hq}{\varepsilon+\varepsilon_0}\int_0^\infty \frac{r}{(r^2+h^2)^{3/2}}\mathrm{d}r$$

$$= -\frac{(\varepsilon-\varepsilon_0)q}{\varepsilon+\varepsilon_0} = q'$$

3.27 磁导率分别为 μ_1 和 μ_2 的两种磁介质的分界面为无限大平面，在磁介质 1 中，有一个半径为 a、载电流为 I 的细导线圆环，与分界面平行且相距 h，如图题 3.27(a) 所示。设 $h \gg a$，求细导线圆环所受到的磁场力。

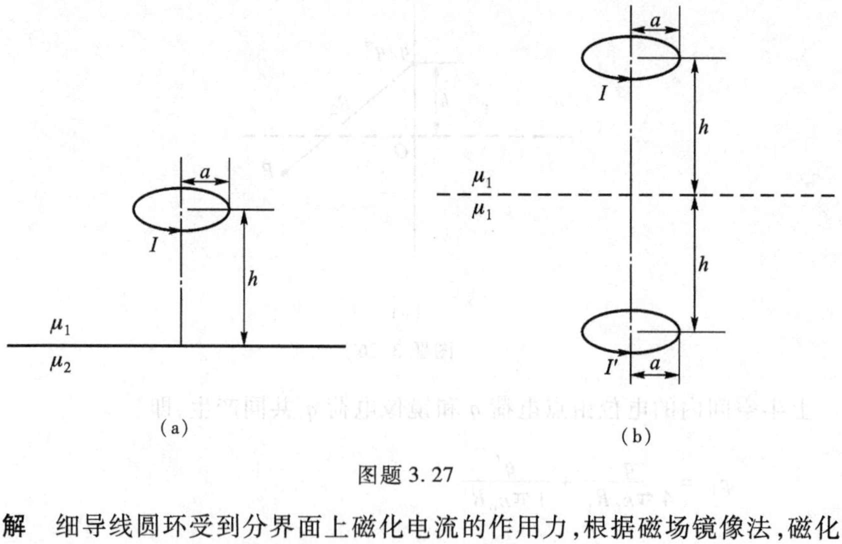

图题 3.27

解 细导线圆环受到分界面上磁化电流的作用力，根据磁场镜像法，磁化电流的作用可用一个半径为 a、载电流为 I' 的镜像圆环等效替代，如图题 3.27(b) 所示。镜像圆环中的电流为

$$I' = \frac{\mu_2 - \mu_1}{\mu_2 + \mu_1} I$$

由于 $h \gg a$，I'在细导线圆环处产生的磁场为

$$B' = \frac{\mu_1 I' a^2}{2[a^2 + (2h)^2]^{3/2}}$$

与细导线圆环交链的磁通为

$$\psi' = B' \pi a^2 = \frac{\pi \mu_1 I' a^4}{2[a^2 + (2h)^2]^{3/2}}$$

相互作用能为

$$W_m = I\psi' = \frac{\pi \mu_1 I I' a^4}{2[a^2 + (2h)^2]^{3/2}}$$

由虚位移法，可得到细导线圆环受到的磁场力为

$$F = \frac{\partial W_m}{\partial(2h)} = -\frac{\pi \mu_1 I I' a^4 h}{[a^2 + (2h)^2]^{5/2}}$$

$$= -\frac{\mu_1(\mu_2 - \mu_1)}{\mu_2 + \mu_1} \frac{\pi I^2 a^4 h}{[a^2 + (2h)^2]^{5/2}}$$

3.28 平行双线传输线的半径为 a，相距为 d，在传输线下方 h 处放置其相对磁导率为 μ_r 的铁磁性平板，如图题 3.28(a)所示。设 $a \ll h$ 且 $a \ll d$，试求此平行双线传输线单位长度的外自感。

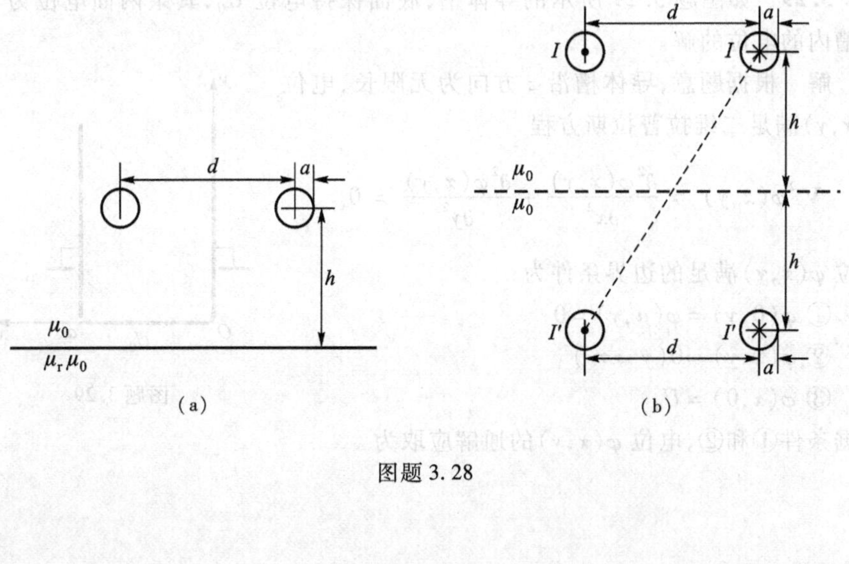

图题 3.28

解 用磁场镜像法求解，无限大铁磁物质表面的磁化电流的作用可用一对平行的镜像传输线来替代，如图题 3.28(b)所示，镜像电流为

$$I' = \frac{\mu_r\mu_0 - \mu_0}{\mu_r\mu_0 + \mu_0}I = \frac{\mu_r - 1}{\mu_r + 1}I$$

电流 I 在平行传输线的单位长度上产生的外磁通为

$$\psi_1 = \int_a^{d-a} \frac{\mu_0 I}{2\pi}\left(\frac{1}{r} - \frac{1}{d-r}\right)dr$$

$$= \frac{\mu_0 I}{\pi}\ln\frac{d-a}{a} \approx \frac{\mu_0 I}{\pi}\ln\frac{d}{a}$$

镜像电流 I' 在平行传输线的单位长度上产生的外磁通为

$$\psi'_1 = 2\int_{2h}^{D}\frac{\mu_0 I'}{2\pi r}dr = \frac{\mu_0(\mu_r - 1)I}{\pi(\mu_r + 1)}\ln\frac{D}{2h}$$

式中的 $D = \sqrt{(2h)^2 + d^2}$。

平行传输线的单位长度上总的外磁通为

$$\psi = \psi_1 + \psi'_1 = \frac{\mu_0 I}{\pi}\ln\frac{d}{a} + \frac{\mu_0(\mu_r - 1)I}{\pi(\mu_r + 1)}\ln\frac{D}{2h}$$

则得外自感为

$$L = \frac{\psi}{I} = \frac{\mu_0}{\pi}\ln\frac{d}{a} + \frac{\mu_0(\mu_r - 1)}{\pi(\mu_r + 1)}\ln\frac{D}{2h}$$

3.29 如图题 3.29 所示的导体槽，底面保持电位 U_0，其余两面电位为零，求槽内的电位的解。

解 根据题意，导体槽沿 z 方向为无限长，电位 $\varphi(x,y)$ 满足二维拉普拉斯方程

$$\nabla^2\varphi(x,y) = \frac{\partial^2\varphi(x,y)}{\partial x^2} + \frac{\partial^2\varphi(x,y)}{\partial y^2} = 0$$

电位 $\varphi(x,y)$ 满足的边界条件为

① $\varphi(0,y) = \varphi(a,y) = 0$

② $\varphi(x,y) \to 0 \ (y \to \infty)$

③ $\varphi(x,0) = U_0$

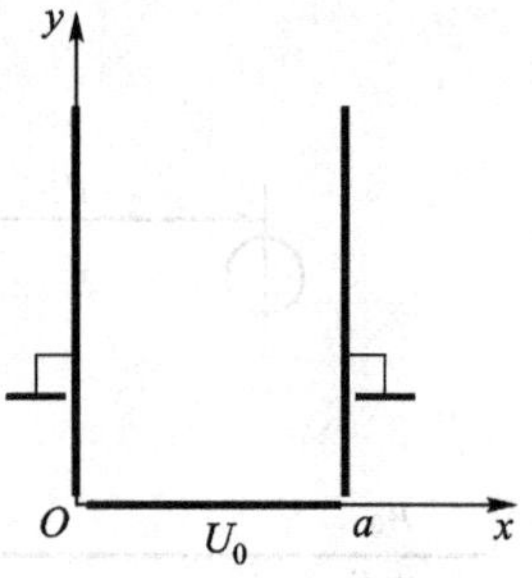

图题 3.29

根据条件①和②，电位 $\varphi(x,y)$ 的通解应取为

$$\varphi(x,y) = \sum_{n=1}^{\infty} A_n e^{-n\pi y/a} \sin\left(\frac{n\pi x}{a}\right)$$

由条件③,有

$$U_0 = \sum_{n=1}^{\infty} A_n \sin\left(\frac{n\pi x}{a}\right)$$

两边同乘以 $\sin\left(\frac{n\pi x}{a}\right)$,并从 0 到 a 对 x 积分,得到

$$A_n = \frac{2U_0}{a}\int_0^a \sin\left(\frac{n\pi x}{a}\right)dx = \frac{2U_0}{n\pi}(1-\cos n\pi) = \begin{cases} \frac{4U_0}{n\pi}, & n = 1,3,5,\cdots \\ 0, & n = 2,4,6,\cdots \end{cases}$$

故得到槽内的电位分布为

$$\varphi(x,y) = \frac{4U_0}{\pi}\sum_{n=1,3,5,\cdots} \frac{1}{n} e^{-n\pi y/a} \sin\left(\frac{n\pi x}{a}\right)$$

3.30 如图题 3.30 所示的两块平行无限大接地导体板,两板之间有一与 z 轴平行的线电荷 q_l,其位置为$(0,d)$。求板间的电位分布。

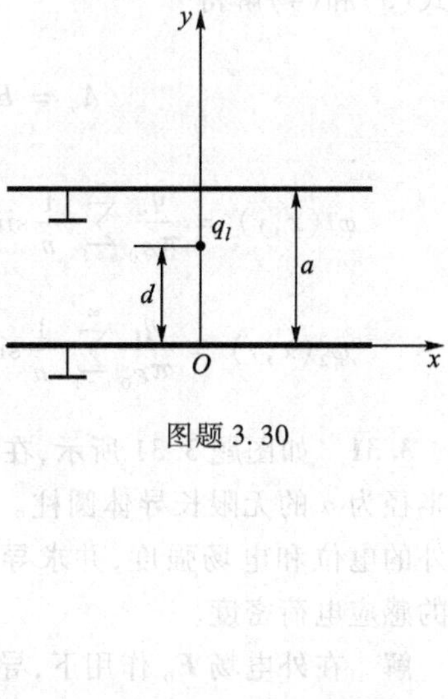

图题 3.30

解 由于在$(0,d)$处有一与 z 轴平行的线电荷 q_l,以 $x=0$ 为界将场空间分割为 $x>0$ 和 $x<0$ 两个区域,这两个区域中的电位 $\varphi_1(x,y)$和 $\varphi_2(x,y)$都满足拉普拉斯方程。而在 $x=0$ 的分界面上,可利用 δ 函数将线电荷 q_l 表示成电荷面密度 $\rho_S(y)=q_l\delta(y-y_0)$。电位的边界条件为

① $\varphi_1(x,0)=\varphi_1(x,a)=0$

$\varphi_2(x,0)=\varphi_2(x,a)=0$

② $\varphi_1(x,y)\to 0\,(x\to\infty)$

$\varphi_2(x,y)\to 0\,(x\to-\infty)$

③ $\varphi_1(0,y)=\varphi_2(0,y)$

$$\left(\frac{\partial\varphi_2}{\partial x}-\frac{\partial\varphi_1}{\partial x}\right)\bigg|_{x=0} = \frac{q_l}{\varepsilon_0}\delta(y-d)$$

由条件①和②,可取电位函数的通解为

$$\varphi_1(x,y) = \sum_{n=1}^{\infty} A_n e^{-n\pi x/a} \sin\left(\frac{n\pi y}{a}\right) \quad (x>0)$$

$$\varphi_2(x,y) = \sum_{n=1}^{\infty} B_n e^{n\pi x/a} \sin\left(\frac{n\pi y}{a}\right) \quad (x < 0)$$

由条件③，有

$$\sum_{n=1}^{\infty} A_n \sin\left(\frac{n\pi y}{a}\right) = \sum_{n=1}^{\infty} B_n \sin\left(\frac{n\pi y}{a}\right) \tag{1}$$

$$\sum_{n=1}^{\infty} A_n \frac{n\pi}{a} \sin\left(\frac{n\pi y}{a}\right) + \sum_{n=1}^{\infty} B_n \frac{n\pi}{a} \sin\left(\frac{n\pi y}{a}\right) = \frac{q_l}{\varepsilon_0}\delta(y-d) \tag{2}$$

由式(1)，可得

$$A_n = B_n \tag{3}$$

将式(2)两边同乘以 $\sin\left(\frac{m\pi y}{a}\right)$，并从 0 到 a 对 y 积分，有

$$A_n + B_n = \frac{2q_l}{n\pi\varepsilon_0}\int_0^a \delta(y-d)\sin\left(\frac{n\pi y}{a}\right)\mathrm{d}y = \frac{2q_l}{n\pi\varepsilon_0}\sin\left(\frac{n\pi d}{a}\right) \tag{4}$$

由式(3)和(4)解得

$$A_n = B_n = \frac{q_l}{n\pi\varepsilon_0}\sin\left(\frac{n\pi d}{a}\right)$$

故

$$\varphi_1(x,y) = \frac{q_l}{\pi\varepsilon_0}\sum_{n=1}^{\infty}\frac{1}{n}\sin\left(\frac{n\pi d}{a}\right)e^{-n\pi x/a}\sin\left(\frac{n\pi y}{a}\right) \quad (x > 0)$$

$$\varphi_2(x,y) = \frac{q_l}{\pi\varepsilon_0}\sum_{n=1}^{\infty}\frac{1}{n}\sin\left(\frac{n\pi d}{a}\right)e^{n\pi x/a}\sin\left(\frac{n\pi y}{a}\right) \quad (x < 0)$$

3.31 如图题 3.31 所示，在均匀电场 $\boldsymbol{E}_0 = \boldsymbol{e}_x E_0$ 中垂直于电场方向放置一根半径为 a 的无限长导体圆柱。求导体圆柱外的电位和电场强度，并求导体圆柱表面的感应电荷密度。

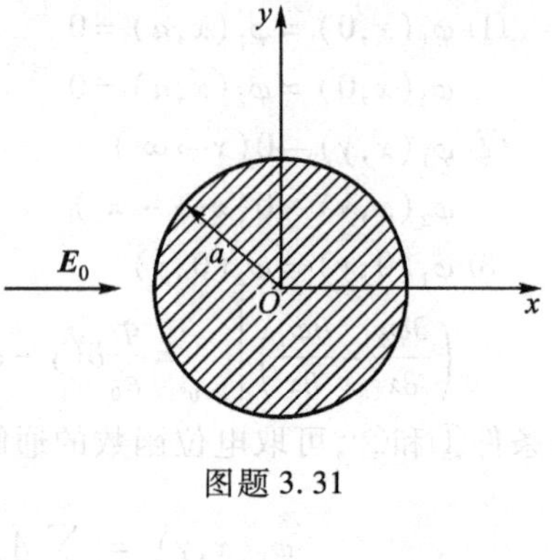

图题 3.31

解 在外电场 $\boldsymbol{E}_0$ 作用下，导体表面产生感应电荷，圆柱外的电位是外电场 $\boldsymbol{E}_0$ 的电位 φ_0 与感应电荷的电位 φ_{in} 的叠加。

由于导体圆柱为无限长，所以电位与变量 z 无关。在圆柱坐标系中，外电场的电位为

$$\varphi_0(\rho,\phi) = -E_0x + C = -E_0\rho\cos\phi + C$$

式中,常数 C 的值由电位参考点确定。而感应电荷的电位 $\varphi_{in}(r,\phi)$ 应与 $\varphi_0(\rho,\phi)$ 一样按 $\cos\phi$ 变化,且在无限远处为零。由于导体是等位体,所以 $\varphi(\rho,\phi)$ 满足的边界条件为

① $\varphi(a,\phi)=C$

② $\varphi(\rho,\phi)\to -E_0\rho\cos\phi + C(\rho\to\infty)$

由此可设

$$\varphi(\rho,\phi) = -E_0\rho\cos\phi + A_1\rho^{-1}\cos\phi + C$$

由条件①,有

$$-E_0a\cos\phi + A_1a^{-1}\cos\phi + C = C$$

于是得到

$$A_1 = a^2E_0$$

故圆柱外的电位为

$$\varphi(\rho,\phi) = (-\rho + a^2\rho^{-1})E_0\cos\phi + C$$

若选择导体圆柱表面为电位参考点,即 $\varphi(a,\phi)=0$,则 $C=0$。

导体圆柱外的电场则为

$$\boldsymbol{E} = -\nabla\varphi(\rho,\phi) = -\boldsymbol{e}_\rho\frac{\partial\varphi}{\partial\rho} - \boldsymbol{e}_\phi\frac{1}{\rho}\frac{\partial\varphi}{\partial\phi}$$

$$= \boldsymbol{e}_\rho\left(1+\frac{a^2}{\rho^2}\right)E_0\cos\phi + \boldsymbol{e}_\phi\left(-1+\frac{a^2}{\rho^2}\right)E_0\sin\phi$$

导体圆柱表面的电荷面密度为

$$\rho_S = \boldsymbol{e}_\rho\cdot(\varepsilon_0\boldsymbol{E})\big|_{\rho=a} = 2\varepsilon_0E_0\cos\phi$$

3.32 一个半径为 b、无限长的薄导体圆柱面被分割成 4 个 $\frac{1}{4}$ 圆柱面,彼此绝缘。其中,第 2 象限和第 4 象限的 $\frac{1}{4}$ 圆柱面接地,第 1 象限和第 3 象限的 $\frac{1}{4}$ 圆柱面分别保持电位 U_0 和 $-U_0$,如图题 3.32 所示。试求圆柱面内的电位函数。

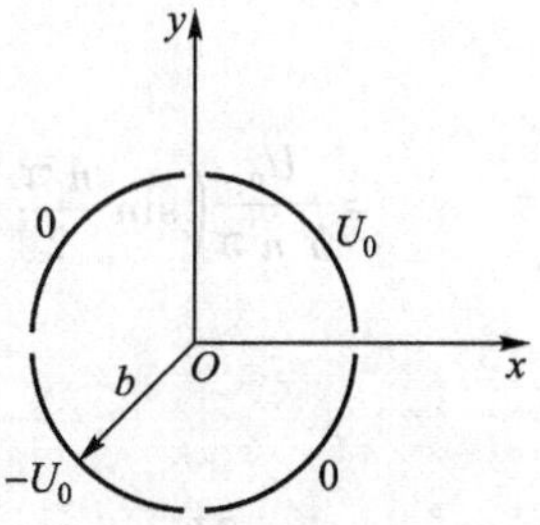

图题 3.32

解 由题意可知，圆柱面内部的电位函数满足的边界条件为

① $\varphi(0,\phi)$ 为有限值；

② $\varphi(b,\phi)=\begin{cases} U_0 & 0<\phi<\pi/2 \\ 0 & \pi/2<\phi<\pi \\ -U_0 & \pi<\phi<3\pi/2 \\ 0 & 3\pi/2<\phi<2\pi \end{cases}$

由条件①可知，圆柱面内部的电位函数的通解为

$$\varphi(\rho,\phi)=\sum_{n=1}^{\infty}\rho^n(A_n\sin n\phi+B_n\cos n\phi)\,(\rho\leqslant b)$$

代入条件②，有

$$\sum_{n=1}^{\infty}b^n(A_n\sin n\phi+B_n\cos n\phi)=\varphi(b,\phi)$$

由此得到

$$A_n=\frac{1}{b^n\pi}\int_0^{2\pi}\varphi(b,\phi)\sin n\phi\mathrm{d}\phi$$

$$=\frac{1}{b^n\pi}\left[\int_0^{\pi/2}U_0\sin n\phi\mathrm{d}\phi-\int_{\pi}^{3\pi/2}U_0\sin n\phi\mathrm{d}\phi\right]$$

$$=\frac{U_0}{b^n n\pi}(1-\cos n\pi)=\begin{cases}\dfrac{2U_0}{n\pi b^n}, & n=1,3,5,\cdots \\ 0, & n=2,4,6,\cdots\end{cases}$$

$$B_n=\frac{1}{b^n\pi}\int_0^{2\pi}\varphi(b,\phi)\cos n\phi\mathrm{d}\phi$$

$$=\frac{1}{b^n\pi}\left[\int_0^{\pi/2}U_0\cos n\phi\mathrm{d}\phi-\int_{\pi}^{3\pi/2}U_0\cos n\phi\mathrm{d}\phi\right]$$

$$=\frac{U_0}{b^n n\pi}\left(\sin\frac{n\pi}{2}-\sin\frac{3n\pi}{2}\right)=\begin{cases}(-1)^{\frac{n+3}{2}}\dfrac{2U_0}{n\pi b^n}, & n=1,3,5,\cdots \\ 0, & n=2,4,6,\cdots\end{cases}$$

故

$$\varphi(\rho,\phi)=\frac{2U_0}{\pi}\sum_{n=1,3,5,\cdots}\frac{1}{n}\left(\frac{\rho}{b}\right)^n\left[\sin n\phi+(-1)^{\frac{n+3}{2}}\cos n\phi\right]\qquad(\rho\leqslant b)$$

3.33 如图题3.33所示，一根无限长介质圆柱的半径为 a、介电常数为 ε，在距离轴线 $r_0(r_0>a)$ 处，有一与圆柱平行的线电荷 q_l，计算空间各部分的电位。

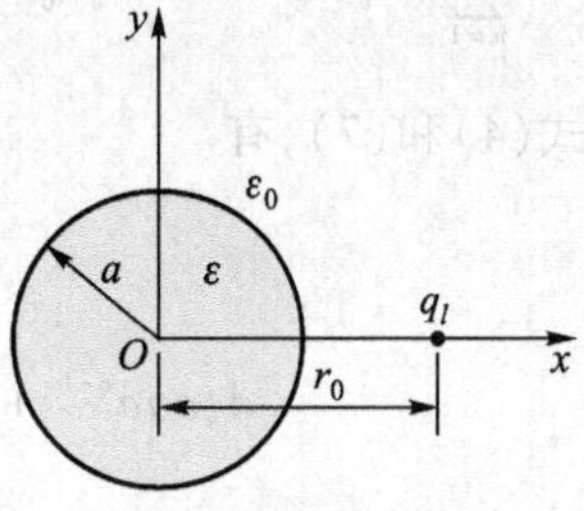

图题 3.33

解 在线电荷 q_l 作用下，介质圆柱产生极化，介质圆柱内外的电位 $\varphi(\rho,\phi)$ 均为线电荷 q_l 的电位 $\varphi_l(\rho,\phi)$ 与极化电荷的电位 $\varphi_p(\rho,\phi)$ 的叠加，即 $\varphi(\rho,\phi)=\varphi_l(\rho,\phi)+\varphi_p(\rho,\phi)$。线电荷 q_l 的电位为

$$\varphi_l(\rho,\phi) = -\frac{q_l}{2\pi\varepsilon_0}\ln R$$

$$= -\frac{q_l}{2\pi\varepsilon_0}\ln\sqrt{\rho^2+r_0^2-2\rho r_0\cos\phi} \tag{1}$$

而极化电荷的电位 $\varphi_p(\rho,\phi)$ 满足拉普拉斯方程，且是 ϕ 的偶函数。介质圆柱内外的电位 $\varphi_1(\rho,\phi)$ 和 $\varphi_2(\rho,\phi)$ 满足的边界条件分别为

① $\varphi_1(0,\phi)$ 为有限值；

② $\varphi_2(\rho,\phi)\to\varphi_l(\rho,\phi)\ (\rho\to\infty)$

③ $r=a$ 时，$\varphi_1=\varphi_2$，$\varepsilon\dfrac{\partial\varphi_1}{\partial r}=\varepsilon_0\dfrac{\partial\varphi_2}{\partial r}$

由条件①和②可知，$\varphi_1(\rho,\phi)$ 和 $\varphi_2(\rho,\phi)$ 的通解为

$$\varphi_1(\rho,\phi) = \varphi_l(\rho,\phi)+\sum_{n=1}^{\infty}A_n\rho^n\cos n\phi \qquad (0\leqslant\rho\leqslant a) \tag{2}$$

$$\varphi_2(\rho,\phi) = \varphi_l(\rho,\phi)+\sum_{n=1}^{\infty}B_n\rho^{-n}\cos n\phi \qquad (a\leqslant\rho<\infty) \tag{3}$$

将式(1)～(3)代入条件③，可得到

$$\sum_{n=1}^{\infty}A_n a^n\cos n\phi = \sum_{n=1}^{\infty}B_n a^{-n}\cos n\phi \tag{4}$$

$$\sum_{n=1}^{\infty}(A_n\varepsilon n a^{n-1}+B_n\varepsilon_0 n a^{-n-1})\cos n\phi = (\varepsilon-\varepsilon_0)\frac{q_l}{2\pi\varepsilon_0}\frac{\partial\ln R}{\partial r}\bigg|_{\rho=a} \tag{5}$$

当 $\rho<r_0$ 时，将 $\ln R$ 展开为级数，有

$$\ln R = \ln r_0 - \sum_{n=1}^{\infty}\frac{1}{n}\left(\frac{\rho}{r_0}\right)^n\cos n\phi \tag{6}$$

代入式(5)，得

$$\sum_{n=1}^{\infty}(A_n\varepsilon na^{n-1}+B_n\varepsilon_0 na^{-n-1})\cos n\phi=-\frac{(\varepsilon-\varepsilon_0)q_l}{2\pi\varepsilon_0 r_0}\sum_{n=1}^{\infty}\left(\frac{a}{r_0}\right)^{n-1}\cos n\phi \quad (7)$$

由式(4)和(7),有

$$A_n a^n=B_n a^{-n}$$

$$A_n\varepsilon na^{n-1}+B_n\varepsilon_0 na^{-n-1}=-\frac{(\varepsilon-\varepsilon_0)q_l}{2\pi\varepsilon_0 r_0}\left(\frac{a}{r_0}\right)^{n-1}$$

由此解得

$$A_n=-\frac{q_l(\varepsilon-\varepsilon_0)}{2\pi\varepsilon_0(\varepsilon+\varepsilon_0)}\frac{1}{nr_0^n},\quad B_n=-\frac{q_l(\varepsilon-\varepsilon_0)}{2\pi\varepsilon_0(\varepsilon+\varepsilon_0)}\frac{a^{2n}}{nr_0^n}$$

故得到圆柱内、外的电位分别为

$$\varphi_1(\rho,\phi)=-\frac{q_l}{2\pi\varepsilon_0}\ln\sqrt{\rho^2+r_0^2-2\rho r_0\cos\phi}-\frac{q_l(\varepsilon-\varepsilon_0)}{2\pi\varepsilon_0(\varepsilon+\varepsilon_0)}\sum_{n=1}^{\infty}\frac{1}{n}\left(\frac{\rho}{r_0}\right)^n\cos n\phi \quad (8)$$

$$\varphi_2(\rho,\phi)=-\frac{q_l}{2\pi\varepsilon_0}\ln\sqrt{\rho^2+r_0^2-2\rho r_0\cos\phi}-\frac{q_l(\varepsilon-\varepsilon_0)}{2\pi\varepsilon_0(\varepsilon+\varepsilon_0)}\sum_{n=1}^{\infty}\frac{1}{n}\left(\frac{a^2}{r_0\rho}\right)^n\cos n\phi \quad (9)$$

讨论：利用式(6),可将式(8)和(9)中的第二项分别写为

$$-\frac{q_l(\varepsilon-\varepsilon_0)}{2\pi\varepsilon_0(\varepsilon+\varepsilon_0)}\sum_{n=1}^{\infty}\frac{1}{n}\left(\frac{\rho}{r_0}\right)^n\cos n\phi=\frac{q_l(\varepsilon-\varepsilon_0)}{2\pi\varepsilon_0(\varepsilon+\varepsilon_0)}(\ln R-\ln r_0)$$

$$-\frac{q_l(\varepsilon-\varepsilon_0)}{2\pi\varepsilon_0(\varepsilon+\varepsilon_0)}\sum_{n=1}^{\infty}\frac{1}{n}\left(\frac{a^2}{r_0\rho}\right)^n\cos n\phi=\frac{q_l(\varepsilon-\varepsilon_0)}{2\pi\varepsilon_0(\varepsilon+\varepsilon_0)}(\ln R'-\ln\rho)$$

式中,$R'=\sqrt{\rho^2+(a^2/r_0)^2-2\rho(a^2/r_0)\cos\phi}$。因此,可将 $\varphi_1(\rho,\phi)$ 和 $\varphi_2(\rho,\phi)$ 分别写为

$$\varphi_1(\rho,\phi)=-\frac{1}{2\pi\varepsilon_0}\frac{2\varepsilon_0 q_l}{\varepsilon+\varepsilon_0}\ln R-\frac{q_l(\varepsilon-\varepsilon_0)}{2\pi\varepsilon_0(\varepsilon+\varepsilon_0)}\ln r_0$$

$$\varphi_2(\rho,\phi)=-\frac{q_l}{2\pi\varepsilon_0}\ln R-\frac{1}{2\pi\varepsilon_0}\frac{-(\varepsilon-\varepsilon_0)q_l}{\varepsilon+\varepsilon_0}\ln R'$$

$$-\frac{1}{2\pi\varepsilon_0}\frac{(\varepsilon-\varepsilon_0)q_l}{\varepsilon+\varepsilon_0}\ln\rho$$

由所得结果可知，介质圆柱内的电位与位于$(r_0,0)$的线电荷$\frac{2\varepsilon_0}{\varepsilon+\varepsilon_0}q_l$的电位相同，而介质圆柱外的电位相当于三根线电荷所产生，它们分别为：位于$(r_0,0)$的线电荷q_l；位于$\left(\frac{a^2}{r_0},0\right)$的线电荷$-\frac{\varepsilon-\varepsilon_0}{\varepsilon+\varepsilon_0}q_l$；位于$r=0$的线电荷$\frac{\varepsilon-\varepsilon_0}{\varepsilon+\varepsilon_0}q_l$。

3.34 如图题 3.34 所示，无限大的介质外加均匀电场$\boldsymbol{E}_0=\boldsymbol{e}_zE_0$，在介质中有一个半径为$a$的球形空腔。求空腔内、外的电场强度和空腔表面的极化电荷密度。

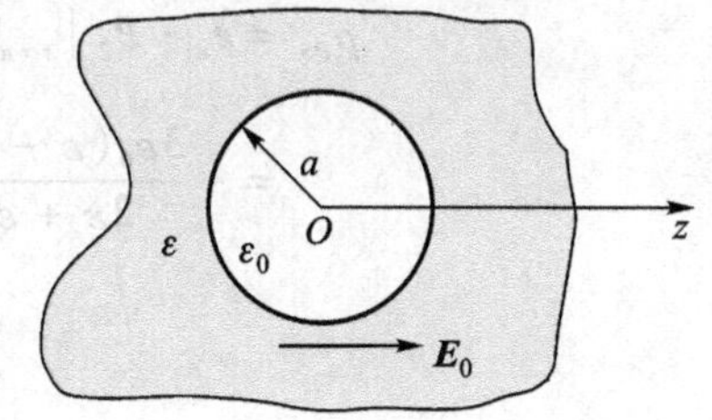

图题 3.34

解 在电场$\boldsymbol{E}_0$的作用下，介质产生极化，空腔表面形成极化电荷，空腔内、外的电场$\boldsymbol{E}$为外加电场$\boldsymbol{E}_0$与极化电荷的电场$\boldsymbol{E}_P$的叠加。设空腔内、外的电位分别为$\varphi_1(r,\theta)$和$\varphi_2(r,\theta)$，则边界条件为

① $r\to\infty$时，$\varphi_2(r,\theta)\to -E_0r\cos\theta$；

② $r=0$时，$\varphi_1(r,\theta)$为有限值；

③ $r=a$时，$\varphi_1(a,\theta)=\varphi_2(a,\theta)$，$\varepsilon_0\frac{\partial\varphi_1}{\partial r}=\varepsilon\frac{\partial\varphi_2}{\partial r}$

由条件①和②，可设

$$\varphi_1(r,\theta)=-E_0r\cos\theta+A_1r\cos\theta$$

$$\varphi_2(r,\theta)=-E_0r\cos\theta+A_2r^{-2}\cos\theta$$

代入条件③，有

$$A_1a=A_2a^{-2},\ -\varepsilon_0E_0+\varepsilon_0A_1=-\varepsilon E_0-2\varepsilon a^{-3}A_2$$

由此解得

$$A_1=-\frac{\varepsilon-\varepsilon_0}{2\varepsilon+\varepsilon_0}E_0,\quad A_2=-\frac{\varepsilon-\varepsilon_0}{2\varepsilon+\varepsilon_0}a^3E_0$$

所以

$$\varphi_1(r,\theta)=-\frac{3\varepsilon}{2\varepsilon+\varepsilon_0}E_0r\cos\theta$$

$$\varphi_2(r,\theta)=-\left[1+\frac{\varepsilon-\varepsilon_0}{2\varepsilon+\varepsilon_0}\left(\frac{a}{r}\right)^3\right]E_0r\cos\theta$$

空腔内、外的电场为

$$\boldsymbol{E}_1 = -\nabla\varphi_1(r,\theta) = \frac{3\varepsilon}{2\varepsilon+\varepsilon_0}\boldsymbol{E}_0$$

$$\boldsymbol{E}_2 = -\nabla\varphi_2(r,\theta) = \boldsymbol{E}_0 - \frac{(\varepsilon-\varepsilon_0)E_0}{2\varepsilon+\varepsilon_0}\left(\frac{a}{r}\right)^3[\boldsymbol{e}_r 2\cos\theta + \boldsymbol{e}_\theta\sin\theta]$$

空腔表面的极化电荷面密度为

$$\begin{aligned}\rho_{PS} &= \boldsymbol{e}_n\cdot\boldsymbol{P}_2\big|_{r=a} = -(\varepsilon-\varepsilon_0)\boldsymbol{e}_r\cdot\boldsymbol{E}_2\big|_{r=a}\\ &= -\frac{3\varepsilon_0(\varepsilon-\varepsilon_0)}{2\varepsilon+\varepsilon_0}E_0\cos\theta\end{aligned}$$

第4章

时变电磁场

4.1 基本内容概述

这一章主要讨论时变电磁场的普遍规律，内容包括：电磁场的波动方程、动态矢量位和标量位、坡印廷定理与坡印廷矢量、时谐电磁场。

4.1.1 波动方程

在无源的线性、各向同性且无损耗的均匀媒质中，由麦克斯韦方程组可推导出电场 $\boldsymbol{E}$ 和磁场 $\boldsymbol{H}$ 满足波动方程

$$\nabla^2 \boldsymbol{E} - \mu\varepsilon \frac{\partial^2 \boldsymbol{E}}{\partial t^2} = 0 \tag{4.1}$$

$$\nabla^2 \boldsymbol{H} - \mu\varepsilon \frac{\partial^2 \boldsymbol{H}}{\partial t^2} = 0 \tag{4.2}$$

4.1.2 动态矢量位和标量位

在时变电磁场中，动态矢量位 $\boldsymbol{A}$ 和动态标量位 φ 的定义为

$$\boldsymbol{B} = \nabla \times \boldsymbol{A} \tag{4.3}$$

$$\boldsymbol{E} = -\frac{\partial \boldsymbol{A}}{\partial t} - \nabla \varphi \tag{4.4}$$

应用洛仑兹条件

$$\nabla \cdot \boldsymbol{A} + \mu\varepsilon \frac{\partial \varphi}{\partial t} = 0 \tag{4.5}$$

可得到 $\boldsymbol{A}$ 和 φ 的微分方程为

$$\nabla^2 \boldsymbol{A} - \mu\varepsilon \frac{\partial^2 \boldsymbol{A}}{\partial t^2} = -\mu \boldsymbol{J} \tag{4.6}$$

$$\nabla^2 \varphi - \mu\varepsilon \frac{\partial^2 \varphi}{\partial t^2} = -\frac{1}{\varepsilon}\rho \tag{4.7}$$

4.1.3 坡印廷定理和坡印廷矢量

1. 坡印廷定理

坡印廷定理表征了电磁场能量守恒关系,其微分形式为

$$-\nabla\cdot(\boldsymbol{E}\times\boldsymbol{H}) = \frac{\partial}{\partial t}\left(\frac{1}{2}\boldsymbol{H}\cdot\boldsymbol{B}+\frac{1}{2}\boldsymbol{E}\cdot\boldsymbol{D}\right)+\boldsymbol{E}\cdot\boldsymbol{J} \tag{4.8}$$

积分形式为

$$-\oint_S(\boldsymbol{E}\times\boldsymbol{H})\cdot\mathrm{d}\boldsymbol{S} = \frac{\mathrm{d}}{\mathrm{d}t}\int_V\left(\frac{1}{2}\boldsymbol{H}\cdot\boldsymbol{B}+\frac{1}{2}\boldsymbol{E}\cdot\boldsymbol{D}\right)\mathrm{d}V+\int_V\boldsymbol{E}\cdot\boldsymbol{J}\mathrm{d}V \tag{4.9}$$

坡印廷定理的物理意义:单位时间内通过曲面 S 进入体积 V 的电磁能量等于单位时间内体积 V 中所增加的电磁场能量与损耗的能量之和。

2. 坡印廷矢量 $\boldsymbol{S}$

坡印廷矢量是描述电磁能量传输的一个重要物理量,其定义为

$$\boldsymbol{S} = \boldsymbol{E}\times\boldsymbol{H} \quad \mathrm{W/m^2} \tag{4.10}$$

它表示单位时间内通过垂直于能量传输方向的单位面积的电磁能量,其方向就是电磁能量传输的方向。

4.1.4 时谐电磁场

1. 时谐电磁场的复数表示法

以一定角频率做时谐变化的电磁场称为时谐电磁场或正弦电磁场。

时谐电磁场可用复数形式来表示

$$\boldsymbol{E}(\boldsymbol{r},t) = \mathrm{Re}[\boldsymbol{E}(\boldsymbol{r})\mathrm{e}^{\mathrm{j}\omega t}] \tag{4.11}$$

其中

$$\boldsymbol{E}(\boldsymbol{r}) = \boldsymbol{e}_x E_{x\mathrm{m}}(\boldsymbol{r})\mathrm{e}^{\mathrm{j}\phi_x(\boldsymbol{r})}+\boldsymbol{e}_y E_{y\mathrm{m}}(\boldsymbol{r})\mathrm{e}^{\mathrm{j}\phi_y(\boldsymbol{r})}+\boldsymbol{e}_z E_{z\mathrm{m}}(\boldsymbol{r})\mathrm{e}^{\mathrm{j}\phi_z(\boldsymbol{r})} \tag{4.12}$$

称为电场强度 $\boldsymbol{E}$ 的复数形式或复矢量。

2. 麦克斯韦方程的复数形式

时谐电磁场的复矢量满足的麦克斯韦方程为

$$\nabla\times\boldsymbol{H}(\boldsymbol{r}) = \boldsymbol{J}(\boldsymbol{r})+\mathrm{j}\omega\boldsymbol{D}(\boldsymbol{r}) \tag{4.13}$$

$$\nabla\times\boldsymbol{E}(\boldsymbol{r}) = -\mathrm{j}\omega\boldsymbol{B}(\boldsymbol{r}) \tag{4.14}$$

$$\nabla\cdot\boldsymbol{B}(\boldsymbol{r}) = 0 \tag{4.15}$$

$$\nabla\cdot\boldsymbol{D}(\boldsymbol{r}) = \rho(\boldsymbol{r}) \tag{4.16}$$

3. 复电容率和复磁导率

在时谐电磁场中,对于存在电极化损耗的电介质,表征其电极化特性的参数

是复介电常数(即复电容率)

$$\varepsilon = \varepsilon' - \mathrm{j}\varepsilon'' \tag{4.17}$$

对于存在磁化损耗的磁介质,表征其磁化特性的参数是复磁导率

$$\mu_c = \mu' - \mathrm{j}\mu'' \tag{4.18}$$

对于介电常数为 ε、电导率为 σ 的导电媒质,其损耗特性可用等效复介电常数 ε_c 来描述

$$\varepsilon_c = \varepsilon - \mathrm{j}\frac{\sigma}{\omega} \tag{4.19}$$

4. 波动方程的复数形式

在无源空间中,电场 $\boldsymbol{E}$ 和磁场 $\boldsymbol{H}$ 的复矢量满足的波动方程为

$$\nabla^2\boldsymbol{E} + k^2\boldsymbol{E} = 0 \tag{4.20}$$

$$\nabla^2\boldsymbol{H} + k^2\boldsymbol{H} = 0 \tag{4.21}$$

称为亥姆霍兹方程,其中

$$k^2 = \omega^2\mu\varepsilon \tag{4.22}$$

5. 动态矢量位和标量位的复数形式

在时谐电磁场中,动态矢量位 $\boldsymbol{A}$ 和动态标量位 φ 的复数形式定义为

$$\boldsymbol{B} = \nabla\times\boldsymbol{A} \tag{4.23}$$

$$\boldsymbol{E} = -\mathrm{j}\omega\boldsymbol{A} - \nabla\varphi \tag{4.24}$$

洛仑兹条件为

$$\nabla\cdot\boldsymbol{A} + \mathrm{j}\omega\mu\varepsilon\varphi = 0 \tag{4.25}$$

可得到 $\boldsymbol{A}$ 和 φ 的微分方程为

$$\nabla^2\boldsymbol{A} + \omega^2\mu\varepsilon\boldsymbol{A} = -\mu\boldsymbol{J} \tag{4.26}$$

$$\nabla^2\varphi + \omega^2\mu\varepsilon\varphi = -\frac{1}{\varepsilon}\rho \tag{4.27}$$

6. 平均坡印廷矢量 $\boldsymbol{S}_{av}$

在时谐电磁场中,一个周期 T 内的平均能流密度矢量 $\boldsymbol{S}_{av}$(即平均坡印廷矢量)为

$$\boldsymbol{S}_{av} = \frac{1}{T}\int_0^T \boldsymbol{S}\mathrm{d}t = \frac{\omega}{2\pi}\int_0^{2\pi/\omega} \boldsymbol{S}\mathrm{d}t \tag{4.28}$$

用复矢量来计算,则为

$$S_{av} = \frac{1}{2}\mathrm{Re}[\boldsymbol{E} \times \boldsymbol{H}^*] \tag{4.29}$$

4.2 教学基本要求及重点、难点讨论

4.2.1 教学基本要求

掌握电磁场的波动方程,理解动态矢量位和标量位的概念以及其满足的微分方程。

坡印廷定理是电磁场的能量转换与守恒定律,应深刻理解其物理意义。坡印廷矢量描述了电磁能量的传输,是电磁场中的一个重要概念,必须深刻理解其物理意义并应用它分析计算电磁能量的传输。

惟一性定理是电磁场的重要定理之一,它揭示了电磁场具有惟一确定分布的条件,应很好地理解惟一性定理及其重要意义。

掌握正弦电磁场的复数表示方法及其意义,掌握复数形式的麦克斯韦方程和波动方程,掌握有耗媒质特性参数的描述,掌握平均坡印廷矢量。

4.2.2 重点、难点讨论

1. 时变场中的位函数

时变场的位函数是本章的教学重点之一,它是讨论电磁辐射和天线的基本出发点。关于时变场的位函数,在教学中应明确以下几个问题:

(1) 为什么要用位函数来描述时变场? 在无源的问题中,电磁场的波动方程比较简单,通常直接求解场矢量。但在有源的问题中,电磁场的波动方程是非齐次波动方程,场与源的关系较为复杂,直接求解场矢量往往很困难,引入位函数来描述场矢量能简化求解过程。

(2) 位函数具有不确定性。满足下列变换关系

$$\begin{cases} \boldsymbol{A}' = \boldsymbol{A} + \nabla\psi \\ \varphi' = \varphi - \dfrac{\partial\psi}{\partial t} \end{cases}$$

的两组位函数$(\boldsymbol{A},\varphi)$和$(\boldsymbol{A}',\varphi')$能描述同一个电磁场问题,也就是说,对一给定的电磁场可用不同的位函数来描述。不同位函数之间的上述变换称为规范变换。

(3) 位函数的规范条件。造成位函数的不确定性的原因就是没有规定$\nabla \cdot \boldsymbol{A}$,可利用位函数的不确定性,通过规范$\boldsymbol{A}$和$\varphi$的条件,也就是规定$\nabla \cdot \boldsymbol{A}$,使位函

数满足的方程进一步简化。在电磁场中,通常采用洛仑兹条件

$$\nabla \cdot \boldsymbol{A} = -\mu\varepsilon \frac{\partial \varphi}{\partial t}$$

从而导出达朗贝尔方程。

除了利用洛仑兹条件外,另一种常用的是库仑条件

$$\nabla \cdot \boldsymbol{A} = 0$$

在库仑条件下,$\boldsymbol{A}$ 和 φ 满足的方程为(见习题4.6)

$$\nabla^2 \boldsymbol{A} - \mu\varepsilon \frac{\partial^2 \boldsymbol{A}}{\partial t^2} = -\mu \boldsymbol{J} + \mu\varepsilon \nabla\left(\frac{\partial \varphi}{\partial t}\right)$$

$$\nabla^2 \varphi = -\frac{\rho}{\varepsilon}$$

应用洛仑兹条件的特点是:① 位函数满足的方程在形式上是对称的,且比较简单,易求解;② 解的物理意义非常清楚,明确地反映出电磁场具有有限的传递速度;③ 矢量位 $\boldsymbol{A}$ 只决定于 $\boldsymbol{J}$,标量位 φ 只决定于 ρ,这对求解方程特别有利。只需解出 $\boldsymbol{A}$,而无需解出 φ,就可得到待求的电场和磁场。

应用库仑条件的特点是:① 标量位 φ 满足泊松方程,容易求解;② 但矢量位 $\boldsymbol{A}$ 方程的形式较为复杂。

必须强调的是,电磁位函数只是简化时变电磁场分析求解的一种辅助函数,应用不同的规范条件,矢量位 $\boldsymbol{A}$ 和标量位 φ 满足的方程不同,得到的 $\boldsymbol{A}$ 和 φ 的解也不相同,但最终得到的 $\boldsymbol{B}$ 和 $\boldsymbol{E}$ 是相同的。

2. 时谐电磁场的复数表示法

在研究时谐电磁场时,常采用复数表达式。一是为数学处理带来很大的方便,当场量用复数表示时,所满足的方程中不再出现对时间的偏导数,对问题的分析求解得以简化;二是在物理上,用复数来描述某些物理现象要比实数方便。例如,平面波在有耗媒质中传播时,波的振幅会衰减,当采用复数表示时,媒质的损耗特性可用复介电常数或复磁导率来描述,波的传播可由复波矢量来描述。

关于时谐场的复数表示法,应注意以下几点:

(1) 客观物理量都是实数,虽然采用了复数表达式,但并不是说实际物理量是复数,而只是用复数来表示实际物理量,其复数表达式的实部或虚部才代表真实物理量。在本教材中,规定取复数表达式的实部代表实际物理量。

(2) 在场量的复数表达式中,通常省去时间因子 $e^{j\omega t}$。因此,将场量的复数表达式写成瞬时值形式(即实数表达式)时,应乘上时间因子 $e^{j\omega t}$ 后再取实部。

(3) 由于正弦电磁场可采用复数表示和实数表示两种形式,麦克斯韦方程组也相应有复数形式和实数形式。这两种形式之间有明显的区别,实数形式具

有普遍性，不仅适用于正弦电磁场，也适用于其它宏观电磁现象。在实数形式中，场量为实数表达式；而复数形式中，场量为复数表达式，故只适用于复数表示的正弦电磁场，切不可将两者混为一谈。

(4) 在本教材中，采用$\boldsymbol{E}(\boldsymbol{r},t)=\mathrm{Re}[\boldsymbol{E}(\boldsymbol{r})\mathrm{e}^{\mathrm{j}\omega t}]$来定义复矢量，这里的$\boldsymbol{E}(\boldsymbol{r})$是复振幅矢量。在有些教材中，采用$\boldsymbol{E}(\boldsymbol{r},t)=\mathrm{Re}[\sqrt{2}\boldsymbol{E}(\boldsymbol{r})\mathrm{e}^{\mathrm{j}\omega t}]$来定义复矢量，其中的$\boldsymbol{E}(\boldsymbol{r})$为复有效值矢量。采用复有效值矢量表示方式时，平均坡印廷矢量$\boldsymbol{S}_{\mathrm{av}}=\mathrm{Re}[\boldsymbol{E}\times\boldsymbol{H}^{*}]$。此外，也有的教材中用$\boldsymbol{E}(\boldsymbol{r},t)=\mathrm{Im}[\boldsymbol{E}(\boldsymbol{r})\mathrm{e}^{\mathrm{j}\omega t}]$来定义复矢量。

(5) 在电磁场的书籍中，时间因子的选择有两种形式：在工程技术书籍中一般采用$\mathrm{e}^{\mathrm{j}\omega t}$，在电动力学书籍中多采用$\mathrm{e}^{-\mathrm{i}\omega t}$。时间因子的选择不同，场量的复数表达式就有差异。例如，表示一个沿z方向传播的右旋圆极化波，若时间因子为$\mathrm{e}^{\mathrm{j}\omega t}$，则电场强度的复数表达式为

$$\boldsymbol{E}=(\boldsymbol{e}_x-\mathrm{j}\boldsymbol{e}_y)E_{\mathrm{m}}\mathrm{e}^{-\mathrm{j}kz}$$

若时间因子为$\mathrm{e}^{-\mathrm{i}\omega t}$，则电场强度的复数表达式为

$$\boldsymbol{E}=(\boldsymbol{e}_x+\mathrm{i}\boldsymbol{e}_y)E_{\mathrm{m}}\mathrm{e}^{\mathrm{i}kz}$$

两种表达方式的复矢量不相同，但瞬时场量是相同的。这两种表示之间存在互换关系 $\mathrm{j}\leftrightarrow-\mathrm{i}$，也就是说，将前一种表达式中的 j 换成 $-\mathrm{i}$，即为后一种表达式，反之亦然。

3. 坡印廷矢量和平均坡印廷矢量

坡印廷定理与坡印廷矢量是本章的教学重点之一。坡印廷定理描述了电磁能量守恒与转换规律，它从理论上揭示了电磁场的物质属性，是电磁场的重要定理之一。坡印廷矢量$\boldsymbol{S}=\boldsymbol{E}\times\boldsymbol{H}$描述了电磁能量的传输状况，它表明$\boldsymbol{S}$的方向总是与该点处的$\boldsymbol{E}$、$\boldsymbol{H}$垂直，$\boldsymbol{E}$、$\boldsymbol{H}$、$\boldsymbol{S}$三者构成右手螺旋关系；$\boldsymbol{S}$的方向表明该点电磁能量流动的方向，$\boldsymbol{S}$的值等于穿过与它垂直的单位面积上的电磁功率。坡印廷矢量$\boldsymbol{S}$既是空间坐标的函数，又是时间的函数，因此，坡印廷矢量的时空分布形象地描绘出电磁能量流动的情况。

需要指出的是，坡印廷矢量包含了场量的平方关系，是二次式。二次式本身不能用复数形式表示，其中的场量必须是实数形式，不能将复数形式的场量直接代入。当场量用复数形式给出时，必须先取实部再代入，即

$$\boldsymbol{S}(\boldsymbol{r},t)=\mathrm{Re}[\boldsymbol{E}(\boldsymbol{r})\mathrm{e}^{\mathrm{j}\omega t}]\times\mathrm{Re}[\boldsymbol{H}(\boldsymbol{r})\mathrm{e}^{\mathrm{j}\omega t}]$$

例如，一正弦电磁场的电场强度和磁场强度分别为

$$\boldsymbol{E}(z,t)=\boldsymbol{e}_xE_{\mathrm{m}}\cos(\omega t-kz)\quad 和\quad \boldsymbol{H}(z,t)=\boldsymbol{e}_yH_{\mathrm{m}}\cos(\omega t-kz)$$

则坡印廷矢量为

$$\boldsymbol{S}(\boldsymbol{r},t)=\boldsymbol{E}(\boldsymbol{r},t)\times\boldsymbol{H}(\boldsymbol{r},t)=\boldsymbol{e}_z E_{\mathrm{m}}H_{\mathrm{m}}\cos^2(\omega t-kz)$$

将电场强度和磁场强度用复数表示,即有

$$\boldsymbol{E}(z)=\boldsymbol{e}_x E_{\mathrm{m}}\mathrm{e}^{-\mathrm{j}kz}\quad 和 \quad \boldsymbol{H}(z)=\boldsymbol{e}_y H_{\mathrm{m}}\mathrm{e}^{-\mathrm{j}kz}$$

则

$$\begin{aligned}\mathrm{Re}[\boldsymbol{E}(z)\mathrm{e}^{\mathrm{j}\omega t}\times\boldsymbol{H}(z)\mathrm{e}^{\mathrm{j}\omega t}]&=\mathrm{Re}[\boldsymbol{e}_x E_{\mathrm{m}}\mathrm{e}^{\mathrm{j}(\omega t-kz)}\times\boldsymbol{e}_y H_{\mathrm{m}}\mathrm{e}^{\mathrm{j}(\omega t-kz)}]\\&=\boldsymbol{e}_z E_{\mathrm{m}}H_{\mathrm{m}}\cos(2\omega t-2kz)\\&\neq\boldsymbol{S}(\boldsymbol{r},t)\end{aligned}$$

在正弦电磁场中,常常计算坡印廷矢量在一个周期 T 内的时间平均值,即平均坡印廷矢量

$$\boldsymbol{S}_{\mathrm{av}}(\boldsymbol{r})=\frac{1}{T}\int_0^T\boldsymbol{S}(\boldsymbol{r},t)\,\mathrm{d}t$$

平均坡印廷矢量可以直接用场量的复数形式计算

$$\boldsymbol{S}_{\mathrm{av}}(\boldsymbol{r})=\mathrm{Re}\left[\frac{1}{2}\boldsymbol{E}(\boldsymbol{r})\times\boldsymbol{H}^*(\boldsymbol{r})\right]$$

关于 $\boldsymbol{S}(\boldsymbol{r},t)$ 和 $\boldsymbol{S}_{\mathrm{av}}(\boldsymbol{r})$ 应注意以下几点:

(1) $\boldsymbol{S}(\boldsymbol{r},t)=\boldsymbol{E}(\boldsymbol{r},t)\times\boldsymbol{H}(\boldsymbol{r},t)$ 具有普遍意义,它不仅适用于正弦电磁场,也适用于其它时变电磁场,而 $\boldsymbol{S}_{\mathrm{av}}(\boldsymbol{r})=\mathrm{Re}\left[\frac{1}{2}\boldsymbol{E}(\boldsymbol{r})\times\boldsymbol{H}^*(\boldsymbol{r})\right]$ 只适用于正弦电磁场。

(2) $\boldsymbol{S}(\boldsymbol{r},t)=\boldsymbol{E}(\boldsymbol{r},t)\times\boldsymbol{H}(\boldsymbol{r},t)$ 中的 $\boldsymbol{E}(\boldsymbol{r},t)$ 和 $\boldsymbol{H}(\boldsymbol{r},t)$ 都是实数形式且是时间的函数,所以 $\boldsymbol{S}(\boldsymbol{r},t)$ 也是时间的函数。而 $\boldsymbol{S}_{\mathrm{av}}(\boldsymbol{r})=\mathrm{Re}\left[\frac{1}{2}\boldsymbol{E}(\boldsymbol{r})\times\boldsymbol{H}^*(\boldsymbol{r})\right]$ 中的 $\boldsymbol{E}(\boldsymbol{r})$ 和 $\boldsymbol{H}(\boldsymbol{r})$ 都是复矢量,而且与时间无关,所以 $\boldsymbol{S}_{\mathrm{av}}(\boldsymbol{r})$ 也与时间无关。

(3) 利用 $\boldsymbol{S}_{\mathrm{av}}(\boldsymbol{r})=\frac{1}{T}\int_0^T\boldsymbol{S}(\boldsymbol{r},t)\,\mathrm{d}t$,可由 $\boldsymbol{S}(\boldsymbol{r},t)$ 计算 $\boldsymbol{S}_{\mathrm{av}}(\boldsymbol{r})$,但不能直接由 $\boldsymbol{S}_{\mathrm{av}}(\boldsymbol{r})$ 计算 $\boldsymbol{S}(\boldsymbol{r},t)$,也就是说

$$\boldsymbol{S}(\boldsymbol{r},t)\neq\mathrm{Re}[\boldsymbol{S}_{\mathrm{av}}(\boldsymbol{r})\mathrm{e}^{\mathrm{j}\omega t}]$$

4.3 习题解答

4.1 证明:在无源的真空中,以下矢量函数满足波动方程 $\nabla^2\boldsymbol{E}-\frac{1}{c^2}\frac{\partial^2\boldsymbol{E}}{\partial t^2}=0$,其中 $c^2=\frac{1}{\mu_0\varepsilon_0}$,$E_0$ 为常数。

(1) $\boldsymbol{E}=\boldsymbol{e}_x E_0\cos\left(\omega t-\dfrac{\omega}{c}z\right)$；　(2) $\boldsymbol{E}=\boldsymbol{e}_x E_0\sin\left(\dfrac{\omega}{c}z\right)\cos(\omega t)$；

(3) $\boldsymbol{E}=\boldsymbol{e}_y E_0\cos\left(\omega t+\dfrac{\omega}{c}z\right)$

证 (1)
$$\nabla^2\boldsymbol{E}=\boldsymbol{e}_x E_0\nabla^2\cos\left(\omega t-\frac{\omega}{c}z\right)=\boldsymbol{e}_x E_0\frac{\partial^2}{\partial z^2}\cos\left(\omega t-\frac{\omega}{c}z\right)=-\boldsymbol{e}_x\left(\frac{\omega}{c}\right)^2E_0\cos\left(\omega t-\frac{\omega}{c}z\right)$$

$$\frac{\partial^2}{\partial t^2}\boldsymbol{E}=\boldsymbol{e}_x E_0\frac{\partial^2}{\partial t^2}\cos\left(\omega t-\frac{\omega}{c}z\right)=-\boldsymbol{e}_x\omega^2E_0\cos\left(\omega t-\frac{\omega}{c}z\right)$$

故

$$\nabla^2\boldsymbol{E}-\frac{1}{c^2}\frac{\partial^2\boldsymbol{E}}{\partial t^2}=-\boldsymbol{e}_x\left(\frac{\omega}{c}\right)^2E_0\cos\left(\omega t-\frac{\omega}{c}z\right)-\frac{1}{c^2}\left[-\boldsymbol{e}_x\omega^2E_0\cos\left(\omega t-\frac{\omega}{c}z\right)\right]=0$$

即矢量函数 $\boldsymbol{E}=\boldsymbol{e}_x E_0\cos\left(\omega t-\dfrac{\omega}{c}z\right)$ 满足波动方程 $\nabla^2\boldsymbol{E}-\dfrac{1}{c^2}\dfrac{\partial^2\boldsymbol{E}}{\partial t^2}=0$。

(2)
$$\nabla^2\boldsymbol{E}=\boldsymbol{e}_x E_0\nabla^2\left[\sin\left(\frac{\omega}{c}z\right)\cos(\omega t)\right]=\boldsymbol{e}_x E_0\frac{\partial^2}{\partial z^2}\left[\sin\left(\frac{\omega}{c}z\right)\cos(\omega t)\right]=-\boldsymbol{e}_x\left(\frac{\omega}{c}\right)^2E_0\sin\left(\frac{\omega}{c}z\right)\cos(\omega t)$$

$$\frac{\partial^2}{\partial t^2}\boldsymbol{E}=\boldsymbol{e}_x E_0\frac{\partial^2}{\partial t^2}\left[\sin\left(\frac{\omega}{c}z\right)\cos(\omega t)\right]=-\boldsymbol{e}_x\omega^2E_0\left[\sin\left(\frac{\omega}{c}z\right)\cos(\omega t)\right]$$

故

$$\nabla^2\boldsymbol{E}-\frac{1}{c^2}\frac{\partial^2\boldsymbol{E}}{\partial t^2}=-\boldsymbol{e}_x\left(\frac{\omega}{c}\right)^2E_0\sin\left(\frac{\omega}{c}z\right)\cos(\omega t)-\frac{1}{c^2}\left[-\boldsymbol{e}_x\omega^2E_0\sin\left(\frac{\omega}{c}z\right)\cos(\omega t)\right]=0$$

即矢量函数 $\boldsymbol{E}=\boldsymbol{e}_x E_0\sin\left(\dfrac{\omega}{c}z\right)\cos(\omega t)$ 满足波动方程 $\nabla^2\boldsymbol{E}-\dfrac{1}{c^2}\dfrac{\partial^2\boldsymbol{E}}{\partial t^2}=0$。

(3)
$$\nabla^2\boldsymbol{E}=\boldsymbol{e}_y E_0\nabla^2\cos\left(\omega t+\frac{\omega}{c}z\right)=\boldsymbol{e}_y E_0\frac{\partial^2}{\partial z^2}\cos\left(\omega t+\frac{\omega}{c}z\right)=-\boldsymbol{e}_y\left(\frac{\omega}{c}\right)^2E_0\cos\left(\omega t+\frac{\omega}{c}z\right)$$

$$\frac{\partial^2}{\partial t^2}\boldsymbol{E}=\boldsymbol{e}_y E_0\frac{\partial^2}{\partial t^2}\cos\left(\omega t+\frac{\omega}{c}z\right)=-\boldsymbol{e}_x\omega^2E_0\cos\left(\omega t+\frac{\omega}{c}z\right)$$

故

$$\nabla^2 \boldsymbol{E} - \frac{1}{c^2}\frac{\partial^2 \boldsymbol{E}}{\partial t^2} = -\boldsymbol{e}_y\left(\frac{\omega}{c}\right)^2 E_0\cos\left(\omega t + \frac{\omega}{c}z\right) - \frac{1}{c^2}\left[-\boldsymbol{e}_y\omega^2 E_0\cos\left(\omega t + \frac{\omega}{c}z\right)\right]$$

$$= 0$$

即矢量函数 $\boldsymbol{E} = \boldsymbol{e}_y E_0\cos\left(\omega t + \frac{\omega}{c}z\right)$ 满足波动方程 $\nabla^2 \boldsymbol{E} - \frac{1}{c^2}\frac{\partial^2 \boldsymbol{E}}{\partial t^2} = 0$。

4.2 在无损耗的线性、各向同性媒质中,电场强度 $\boldsymbol{E}(\boldsymbol{r})$ 的波动方程为

$$\nabla^2 \boldsymbol{E}(\boldsymbol{r}) + \omega^2\mu\varepsilon\boldsymbol{E}(\boldsymbol{r}) = 0$$

已知矢量函数 $\boldsymbol{E}(\boldsymbol{r}) = \boldsymbol{E}_0 \mathrm{e}^{-\mathrm{j}\boldsymbol{k}\cdot\boldsymbol{r}}$,其中 $\boldsymbol{E}_0$ 和 $\boldsymbol{k}$ 是常矢量。试证明 $\boldsymbol{E}(\boldsymbol{r})$ 满足波动方程的条件是 $k^2 = \omega^2\mu\varepsilon$,这里 $k = |\boldsymbol{k}|$。

证 在直角坐标系中

$$\boldsymbol{r} = \boldsymbol{e}_x x + \boldsymbol{e}_y y + \boldsymbol{e}_z z$$

设

$$\boldsymbol{k} = \boldsymbol{e}_x k_x + \boldsymbol{e}_y k_y + \boldsymbol{e}_z k_z$$

则

$$\boldsymbol{k}\cdot\boldsymbol{r} = (\boldsymbol{e}_x k_x + \boldsymbol{e}_y k_y + \boldsymbol{e}_z k_z)\cdot(\boldsymbol{e}_x x + \boldsymbol{e}_y y + \boldsymbol{e}_z z) = k_x x + k_y y + k_z z$$

故

$$\boldsymbol{E}(\boldsymbol{r}) = \boldsymbol{E}_0 \mathrm{e}^{-\mathrm{j}\boldsymbol{k}\cdot\boldsymbol{r}} = \boldsymbol{E}_0 \mathrm{e}^{-\mathrm{j}(k_x x + k_y y + k_z z)}$$

$$\nabla^2 \boldsymbol{E}(\boldsymbol{r}) = \boldsymbol{E}_0 \nabla^2 \mathrm{e}^{-\mathrm{j}(k_x x + k_y y + k_z z)}$$

$$= \boldsymbol{E}_0\left(\frac{\partial^2}{\partial x^2} + \frac{\partial^2}{\partial y^2} + \frac{\partial^2}{\partial z^2}\right)\mathrm{e}^{-\mathrm{j}(k_x x + k_y y + k_z z)}$$

$$= (-k_x^2 - k_y^2 - k_z^2)\boldsymbol{E}_0 \mathrm{e}^{-\mathrm{j}(k_x x + k_y y + k_z z)}$$

$$= -k^2 \boldsymbol{E}(\boldsymbol{r})$$

代入方程 $\nabla^2 \boldsymbol{E}(\boldsymbol{r}) + \omega^2\mu\varepsilon\boldsymbol{E}(\boldsymbol{r}) = 0$,得

$$-k^2\boldsymbol{E} + \omega^2\mu\varepsilon\boldsymbol{E} = 0$$

故

$$k^2 = \omega^2\mu\varepsilon$$

4.3 已知无源的空气中的磁场强度为

$$\boldsymbol{H} = \boldsymbol{e}_y 0.1\sin(10\pi x)\cos(6\pi\times 10^9 t - kz) \quad \mathrm{A/m}$$

利用波动方程求常数 k 的值。

解 在无源的空气中的磁场强度满足波动方程

$$\nabla^2 \boldsymbol{H}(\boldsymbol{r},t) - \mu_0\varepsilon_0 \frac{\partial^2 \boldsymbol{H}(\boldsymbol{r},t)}{\partial t^2} = 0$$

而

$$\nabla^2 \boldsymbol{H}(\boldsymbol{r},t) = \boldsymbol{e}_y \nabla^2 [0.1\sin(10\pi x)\cos(6\pi\times 10^9 t - kz)]$$
$$= \boldsymbol{e}_y [-(10\pi)^2 - k^2] 0.1\sin(10\pi x)\cos(6\pi\times 10^9 t - kz)$$

$$\frac{\partial^2}{\partial t^2}\boldsymbol{H}(\boldsymbol{r},t) = \boldsymbol{e}_y 0.1\sin(10\pi x)\frac{\partial^2}{\partial t^2}\cos(6\pi\times 10^9 t - kz)$$
$$= -\boldsymbol{e}_y (6\pi\times 10^9)^2 0.1\sin(10\pi x)\cos(6\pi\times 10^9 t - kz)$$

代入方程 $\nabla^2 \boldsymbol{H}(\boldsymbol{r},t) - \mu_0\varepsilon_0 \dfrac{\partial^2 \boldsymbol{H}(\boldsymbol{r},t)}{\partial t^2} = 0$，得

$$\boldsymbol{e}_y \{[-(10\pi)^2 - k^2] + \mu_0\varepsilon_0(6\pi\times 10^9)^2\} 0.1\sin(10\pi x)\cos(6\pi\times 10^9 t - kz) = 0$$

于是有

$$[-(10\pi)^2 - k^2] + \mu_0\varepsilon_0(6\pi\times 10^9)^2 = 0$$

故得到

$$k = \sqrt{\mu_0\varepsilon_0(6\pi\times 10^9)^2 - (10\pi)^2} = 10\sqrt{3}\,\pi$$

4.4 证明：在无源的真空中，矢量函数 $\boldsymbol{E} = \boldsymbol{e}_x E_0 \cos\left(\omega t - \dfrac{\omega}{c}x\right)$ 满足波动方程 $\nabla^2 \boldsymbol{E} - \dfrac{1}{c^2}\dfrac{\partial^2 \boldsymbol{E}}{\partial t^2} = 0$，但不满足麦克斯韦方程组。

证 $\nabla^2 \boldsymbol{E}(\boldsymbol{r},t) = \boldsymbol{e}_x E_0 \nabla^2 \cos\left(\omega t - \dfrac{\omega}{c}x\right) = \boldsymbol{e}_x E_0 \dfrac{\partial^2}{\partial x^2}\cos\left(\omega t - \dfrac{\omega}{c}x\right)$

$$= -\boldsymbol{e}_x \left(\frac{\omega}{c}\right)^2 E_0 \cos\left(\omega t - \frac{\omega}{c}x\right)$$

$$\frac{\partial^2}{\partial t^2}\boldsymbol{E}(\boldsymbol{r},t) = \boldsymbol{e}_x E_0 \frac{\partial^2}{\partial t^2}\cos\left(\omega t - \frac{\omega}{c}x\right) = -\boldsymbol{e}_x \omega^2 E_0 \cos\left(\omega t - \frac{\omega}{c}x\right)$$

所以

$$\nabla^2 \boldsymbol{E} - \frac{1}{c^2}\frac{\partial^2 \boldsymbol{E}}{\partial t^2} = -\boldsymbol{e}_x \left(\frac{\omega}{c}\right)^2 E_0 \cos\left(\omega t - \frac{\omega}{c}x\right) - \frac{1}{c^2}\left[-\boldsymbol{e}_x \omega^2 E_0 \cos\left(\omega t - \frac{\omega}{c}x\right)\right]$$
$$= 0$$

即矢量函数 $\boldsymbol{E} = \boldsymbol{e}_x E_0 \cos\left(\omega t - \dfrac{\omega}{c}x\right)$ 满足波动方程 $\nabla^2 \boldsymbol{E} - \dfrac{1}{c^2}\dfrac{\partial^2 \boldsymbol{E}}{\partial t^2} = 0$。

另一方面

$$\nabla \cdot \boldsymbol{E} = E_0 \frac{\partial}{\partial x}\cos\left(\omega t - \frac{\omega}{c}x\right) = E_0 \frac{\omega}{c}\sin\left(\omega t - \frac{\omega}{c}x\right) \neq 0$$

而在无源的真空中 $\boldsymbol{E}$ 应满足的麦克斯韦方程为

$$\nabla \cdot \boldsymbol{E} = 0$$

故矢量函数 $\boldsymbol{E} = \boldsymbol{e}_x E_0 \cos\left(\omega t - \frac{\omega}{c}x\right)$ 不满足麦克斯韦方程组。

以上结果表明,波动方程的解不一定满足麦克斯韦方程。

4.5 证明:在有电荷密度 ρ 和电流密度 $\boldsymbol{J}$ 的均匀无损耗媒质中,电场强度 $\boldsymbol{E}$ 和磁场强度 $\boldsymbol{H}$ 满足的波动方程为

$$\nabla^2 \boldsymbol{E} - \mu\varepsilon \frac{\partial^2 \boldsymbol{E}}{\partial t^2} = \mu \frac{\partial \boldsymbol{J}}{\partial t} + \nabla\left(\frac{\rho}{\varepsilon}\right), \quad \nabla^2 \boldsymbol{H} - \mu\varepsilon \frac{\partial^2 \boldsymbol{H}}{\partial t^2} = -\nabla \times \boldsymbol{J}$$

证 在有电荷密度 ρ 和电流密度 $\boldsymbol{J}$ 的均匀无损耗媒质中,麦克斯韦方程组为

$$\nabla \times \boldsymbol{H} = \boldsymbol{J} + \varepsilon \frac{\partial \boldsymbol{E}}{\partial t} \tag{1}$$

$$\nabla \times \boldsymbol{E} = -\mu \frac{\partial \boldsymbol{H}}{\partial t} \tag{2}$$

$$\nabla \cdot \boldsymbol{H} = 0 \tag{3}$$

$$\nabla \cdot \boldsymbol{E} = \frac{\rho}{\varepsilon} \tag{4}$$

对式(1)两边取旋度,得

$$\nabla \times \nabla \times \boldsymbol{H} = \nabla \times \boldsymbol{J} + \varepsilon \frac{\partial}{\partial t}(\nabla \times \boldsymbol{E})$$

而

$$\nabla \times \nabla \times \boldsymbol{H} = \nabla(\nabla \cdot \boldsymbol{H}) - \nabla^2 \boldsymbol{H}$$

故

$$\nabla(\nabla \cdot \boldsymbol{H}) - \nabla^2 \boldsymbol{H} = \nabla \times \boldsymbol{J} + \varepsilon \frac{\partial}{\partial t}(\nabla \times \boldsymbol{E}) \tag{5}$$

将式(2)和式(3)代入式(5),得

$$\nabla^2 \boldsymbol{H} - \mu\varepsilon \frac{\partial^2 \boldsymbol{H}}{\partial t^2} = -\nabla \times \boldsymbol{J}$$

这就是 $\boldsymbol{H}$ 的波动方程,是二阶非齐次方程。

同样,对式(2)两边取旋度,得

$$\nabla \times \nabla \times \boldsymbol{E} = -\mu \frac{\partial}{\partial t}(\nabla \times \boldsymbol{H})$$

即

$$\nabla(\nabla \cdot \boldsymbol{E}) - \nabla^2 \boldsymbol{E} = -\mu \frac{\partial}{\partial t}(\nabla \times \boldsymbol{H}) \tag{6}$$

将式(1)和式(4)代入式(6),得

$$\nabla^2 \boldsymbol{E} - \mu\varepsilon \frac{\partial^2 \boldsymbol{E}}{\partial t^2} = \mu \frac{\partial \boldsymbol{J}}{\partial t} + \frac{1}{\varepsilon}\nabla \rho$$

此即 $\boldsymbol{E}$ 满足的波动方程。

4.6 在应用电磁位时,如果不采用洛仑兹条件,而采用库仑规范 $\nabla \cdot \boldsymbol{A} = 0$,导出 $\boldsymbol{A}$ 和 φ 所满足的微分方程。

解 将电磁矢量位 $\boldsymbol{A}$ 的关系式

$$\boldsymbol{B} = \nabla \times \boldsymbol{A}$$

和电磁标量位 φ 的关系式

$$\boldsymbol{E} = -\nabla \varphi - \frac{\partial \boldsymbol{A}}{\partial t}$$

代入麦克斯韦第一方程

$$\nabla \times \boldsymbol{H} = \boldsymbol{J} + \varepsilon \frac{\partial \boldsymbol{E}}{\partial t}$$

得

$$\frac{1}{\mu}\nabla \times (\nabla \times \boldsymbol{A}) = \boldsymbol{J} + \varepsilon \frac{\partial}{\partial t}\left(-\nabla \varphi - \frac{\partial \boldsymbol{A}}{\partial t}\right)$$

利用矢量恒等式

$$\nabla \times \nabla \times \boldsymbol{A} = \nabla(\nabla \cdot \boldsymbol{A}) - \nabla^2 \boldsymbol{A}$$

得

$$\nabla(\nabla \cdot \boldsymbol{A}) - \nabla^2 \boldsymbol{A} = \mu \boldsymbol{J} + \mu\varepsilon \frac{\partial}{\partial t}\left(-\nabla \varphi - \frac{\partial \boldsymbol{A}}{\partial t}\right) \tag{1}$$

又由

$$\nabla \cdot \boldsymbol{D} = \rho$$

得

$$\nabla \cdot \left(-\nabla \varphi - \frac{\partial \boldsymbol{A}}{\partial t}\right) = \frac{\rho}{\varepsilon}$$

即

$$\nabla^2\varphi+\frac{\partial}{\partial t}(\nabla\cdot\boldsymbol{A})=-\frac{\rho}{\varepsilon} \tag{2}$$

按库仑条件,令 $\nabla\cdot\boldsymbol{A}=0$,将其代入式(1)和式(2),得

$$\nabla^2\boldsymbol{A}-\mu\varepsilon\frac{\partial^2\boldsymbol{A}}{\partial t^2}=-\mu\boldsymbol{J}+\mu\varepsilon\nabla\left(\frac{\partial\varphi}{\partial t}\right) \tag{3}$$

$$\nabla^2\varphi=-\frac{\rho}{\varepsilon} \tag{4}$$

式(3)和式(4)就是采用库仑条件时,电磁位函数 $\boldsymbol{A}$ 和 φ 所满足的微分方程。

4.7 证明:在无源空间($\rho=0,\boldsymbol{J}=0$)中,可以引入矢量位 $\boldsymbol{A}_{\mathrm{m}}$ 和标量位 φ_{m},定义为

$$\boldsymbol{D}=-\nabla\times\boldsymbol{A}_{\mathrm{m}}$$

$$\boldsymbol{H}=-\nabla\varphi_{\mathrm{m}}-\frac{\partial\boldsymbol{A}_{\mathrm{m}}}{\partial t}$$

并推导 $\boldsymbol{A}_{\mathrm{m}}$ 和 φ_{m} 的微分方程。

证 无源空间的麦克斯韦方程组为

$$\nabla\times\boldsymbol{H}=\frac{\partial\boldsymbol{D}}{\partial t} \tag{1}$$

$$\nabla\times\boldsymbol{E}=-\frac{\partial\boldsymbol{B}}{\partial t} \tag{2}$$

$$\nabla\cdot\boldsymbol{B}=0 \tag{3}$$

$$\nabla\cdot\boldsymbol{D}=0 \tag{4}$$

据矢量恒等式 $\nabla\cdot\nabla\times\boldsymbol{A}=0$ 和式(4),知 $\boldsymbol{D}$ 可表示为一个矢量的旋度,故令

$$\boldsymbol{D}=-\nabla\times\boldsymbol{A}_{\mathrm{m}} \tag{5}$$

将式(5)代入式(1),得

$$\nabla\times\boldsymbol{H}=-\frac{\partial}{\partial t}(\nabla\times\boldsymbol{A}_{\mathrm{m}})$$

即

$$\nabla\times\left(\boldsymbol{H}+\frac{\partial\boldsymbol{A}_{\mathrm{m}}}{\partial t}\right)=0 \tag{6}$$

根据矢量恒等式 $\nabla\times\nabla\varphi=0$ 和式(6),知 $\boldsymbol{H}+\frac{\partial\boldsymbol{A}_{\mathrm{m}}}{\partial t}$ 可表示为一个标量的梯度,故令

$$\boldsymbol{H}+\frac{\partial \boldsymbol{A}_{\mathrm{m}}}{\partial t}=-\nabla \varphi_{\mathrm{m}}$$

即

$$\boldsymbol{H}=-\nabla \varphi_{\mathrm{m}}-\frac{\partial \boldsymbol{A}_{\mathrm{m}}}{\partial t} \tag{7}$$

将式(5)和式(7)代入式(2),得

$$-\frac{1}{\varepsilon}\nabla \times \nabla \times \boldsymbol{A}_{\mathrm{m}}=-\mu \frac{\partial}{\partial t}\left(-\nabla \varphi_{\mathrm{m}}-\frac{\partial \boldsymbol{A}_{\mathrm{m}}}{\partial t}\right) \tag{8}$$

而

$$\nabla \times \nabla \times \boldsymbol{A}_{\mathrm{m}}=\nabla(\nabla \cdot \boldsymbol{A}_{\mathrm{m}})-\nabla^{2} \boldsymbol{A}_{\mathrm{m}}$$

故式(8)变为

$$\nabla(\nabla \cdot \boldsymbol{A}_{\mathrm{m}})-\nabla^{2} \boldsymbol{A}_{\mathrm{m}}=-\mu \varepsilon \nabla\left(\frac{\partial \varphi_{\mathrm{m}}}{\partial t}\right)-\mu \varepsilon \frac{\partial^{2} \boldsymbol{A}_{\mathrm{m}}}{\partial t^{2}} \tag{9}$$

又将式(7)代入式(3),得

$$\nabla \cdot\left(-\nabla \varphi_{\mathrm{m}}-\frac{\partial \boldsymbol{A}_{\mathrm{m}}}{\partial t}\right)=0$$

即

$$\nabla^{2} \varphi_{\mathrm{m}}+\frac{\partial}{\partial t}(\nabla \cdot \boldsymbol{A}_{\mathrm{m}})=0 \tag{10}$$

令

$$\nabla \cdot \boldsymbol{A}_{\mathrm{m}}=-\mu \varepsilon \frac{\partial \varphi_{\mathrm{m}}}{\partial t}$$

将它代入式(9)和式(10),即得 $\boldsymbol{A}_{\mathrm{m}}$ 和 φ_{m} 的微分方程

$$\nabla^{2} \boldsymbol{A}_{\mathrm{m}}-\mu \varepsilon \frac{\partial^{2} \boldsymbol{A}_{\mathrm{m}}}{\partial t^{2}}=0$$

$$\nabla^{2} \varphi_{\mathrm{m}}-\mu \varepsilon \frac{\partial^{2} \varphi_{\mathrm{m}}}{\partial t^{2}}=0$$

4.8 给定标量位 $\varphi=x-ct$ 及矢量位 $\boldsymbol{A}=\boldsymbol{e}_{x}\left(\frac{x}{c}-t\right)$,式中 $c=\frac{1}{\sqrt{\mu_{0} \varepsilon_{0}}}$。(1) 证明:$\nabla \cdot \boldsymbol{A}=-\mu_{0} \varepsilon_{0} \frac{\partial \varphi}{\partial t}$;(2) 求 $\boldsymbol{H}$、$\boldsymbol{B}$、$\boldsymbol{E}$ 和 $\boldsymbol{D}$;(3) 证明上述结果满足自由空间的麦克斯韦方程。

解 (1) $\nabla\cdot\boldsymbol{A}=\dfrac{\partial A_x}{\partial x}=\dfrac{\partial}{\partial x}\left(\dfrac{x}{c}-t\right)=\dfrac{1}{c}=\sqrt{\mu_0\varepsilon_0}$

$$\frac{\partial\varphi}{\partial t}=\frac{\partial}{\partial t}(x-ct)=-c=-\frac{1}{\sqrt{\mu_0\varepsilon_0}}$$

故

$$-\mu_0\varepsilon_0\frac{\partial\varphi}{\partial t}=-\mu_0\varepsilon_0\left(-\frac{1}{\sqrt{\mu_0\varepsilon_0}}\right)=\sqrt{\mu_0\varepsilon_0}$$

则

$$\nabla\cdot\boldsymbol{A}=-\mu_0\varepsilon_0\frac{\partial\varphi}{\partial t}$$

(2) $\boldsymbol{B}=\nabla\times\boldsymbol{A}=\boldsymbol{e}_y\dfrac{\partial A_x}{\partial z}-\boldsymbol{e}_z\dfrac{\partial A_x}{\partial y}=0$

$$\boldsymbol{H}=\frac{\boldsymbol{B}}{\mu_0}=0$$

而

$$\boldsymbol{E}=-\nabla\varphi-\frac{\partial\boldsymbol{A}}{\partial t}=-\boldsymbol{e}_x\frac{\partial\varphi}{\partial x}-\boldsymbol{e}_x\frac{\partial}{\partial t}\left(\frac{x}{c}-t\right)=-\boldsymbol{e}_x\frac{\partial}{\partial x}(x-ct)+\boldsymbol{e}_x=0$$

$$\boldsymbol{D}=\varepsilon_0\boldsymbol{E}=0$$

(3) 这是无源自由空间的零场，自然满足麦克斯韦方程。

4.9 自由空间中的电磁场为

$\boldsymbol{E}(z,t)=\boldsymbol{e}_x 1\ 000\cos(\omega t-kz)$ V/m

$\boldsymbol{H}(z,t)=\boldsymbol{e}_y 2.65\cos(\omega t-kz)$ A/m

式中，$k=\omega\sqrt{\mu_0\varepsilon_0}=0.42$ rad/m。试求：

(1) 瞬时坡印廷矢量；

(2) 平均坡印廷矢量；

(3) 任一时刻流入图题 4.9 所示的平行六面体（长 1 m、横截面积为 0.25 m²）中的净功率。

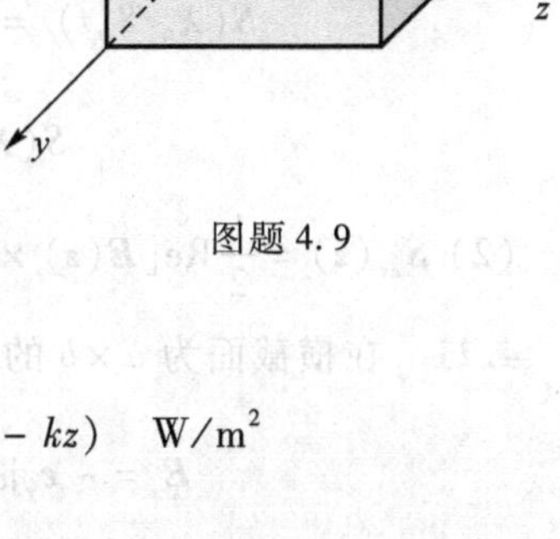

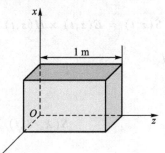

图题 4.9

解 (1) 瞬时坡印廷矢量

$$\boldsymbol{S}=\boldsymbol{E}\times\boldsymbol{H}=\boldsymbol{e}_z 2\ 650\cos^2(\omega t-kz)\quad \text{W/m}^2$$

(2) 平均坡印廷矢量

$$\boldsymbol{S}_{av}=\boldsymbol{e}_z\frac{\omega}{2\pi}\int_0^{2\pi/\omega}2\ 650\cos^2(\omega t-kz)\,dt=\boldsymbol{e}_z 1\ 325\ \text{W/m}^2$$

(3) 任一时刻流入图题4.9所示的平行六面体中的净功率为

$$P = -\oint_S \boldsymbol{S}\cdot\boldsymbol{e}_{\mathrm{n}}\mathrm{d}S = -[\boldsymbol{S}\cdot(-\boldsymbol{e}_z)|_{z=0} + \boldsymbol{S}\cdot\boldsymbol{e}_z|_{z=1}]\times 0.25$$

$$= 2\,650\times 0.25[\cos^2(\omega t) - \cos^2(\omega t - 0.42)]$$

$$= -270.2\sin(2\omega t - 0.42)\ \mathrm{W}$$

4.10 已知某电磁场的复矢量为

$$\boldsymbol{E}(z) = \boldsymbol{e}_x \mathrm{j}E_0\sin(k_0 z)\quad \mathrm{V/m}$$

$$\boldsymbol{H}(z) = \boldsymbol{e}_y\sqrt{\frac{\varepsilon_0}{\mu_0}}E_0\cos(k_0 z)\quad \mathrm{A/m}$$

式中,$k_0 = \dfrac{2\pi}{\lambda_0} = \dfrac{\omega}{c}$,$c$ 为真空中的光速,λ_0 是波长。试求:(1) $z = 0$、$\dfrac{\lambda_0}{8}$、$\dfrac{\lambda_0}{4}$各点处的瞬时坡印廷矢量;(2) 以上各点处的平均坡印廷矢量。

解 (1) $\boldsymbol{E}$ 和 $\boldsymbol{H}$ 的瞬时矢量为

$$\boldsymbol{E}(z,t) = \mathrm{Re}[\boldsymbol{e}_x\mathrm{j}E_0\sin(k_0 z)\mathrm{e}^{\mathrm{j}\omega t}] = -\boldsymbol{e}_x E_0\sin(k_0 z)\sin(\omega t)\quad \mathrm{V/m}$$

$$\boldsymbol{H}(z,t) = \mathrm{Re}\left[\boldsymbol{e}_y\sqrt{\frac{\varepsilon_0}{\mu_0}}E_0\cos(k_0 z)\mathrm{e}^{\mathrm{j}\omega t}\right] = \boldsymbol{e}_y\sqrt{\frac{\varepsilon_0}{\mu_0}}E_0\cos(k_0 z)\cos(\omega t)\quad \mathrm{A/m}$$

则瞬时坡印廷矢量为

$$\boldsymbol{S}(z,t) = \boldsymbol{E}(z,t)\times\boldsymbol{H}(z,t) = -\boldsymbol{e}_z\sqrt{\frac{\varepsilon_0}{\mu_0}}E_0^2\cos(k_0 z)\sin(k_0 z)\cos(\omega t)\sin(\omega t)$$

故

$$\boldsymbol{S}(0,t) = 0\ \mathrm{W/m^2}$$

$$\boldsymbol{S}(\lambda_0/8,t) = -\boldsymbol{e}_z\frac{E^2}{4}\sqrt{\frac{\varepsilon_0}{\mu_0}}\sin(2\omega t)\quad \mathrm{W/m^2}$$

$$\boldsymbol{S}(\lambda_0/4,t) = 0\quad \mathrm{W/m^2}$$

(2) $\boldsymbol{S}_{\mathrm{av}}(z) = \dfrac{1}{2}\mathrm{Re}[\boldsymbol{E}(z)\times\boldsymbol{H}^*(z)] = 0\quad \mathrm{W/m^2}$

4.11 在横截面为 $a\times b$ 的矩形金属波导中,电磁场的复矢量为

$$\boldsymbol{E} = -\boldsymbol{e}_y\mathrm{j}\omega\mu\frac{a}{\pi}H_0\sin\left(\frac{\pi x}{a}\right)\mathrm{e}^{-\mathrm{j}\beta z}\quad \mathrm{V/m}$$

$$\boldsymbol{H} = \left[\boldsymbol{e}_x\mathrm{j}\beta\frac{a}{\pi}H_0\sin\left(\frac{\pi x}{a}\right) + \boldsymbol{e}_z H_0\cos\left(\frac{\pi x}{a}\right)\right]\mathrm{e}^{-\mathrm{j}\beta z}\quad \mathrm{A/m}$$

式中，H_0、ω、μ 和 β 都是实常数。试求：(1) 瞬时坡印廷矢量；(2) 平均坡印廷矢量。

解 (1) $\boldsymbol{E}$ 和 $\boldsymbol{H}$ 的瞬时矢量为

$$\boldsymbol{E}(x,z,t) = \mathrm{Re}\left[-\boldsymbol{e}_y \mathrm{j}\omega\mu \frac{a}{\pi}H_0\sin\left(\frac{\pi x}{a}\right)\mathrm{e}^{-\mathrm{j}\beta z}\mathrm{e}^{\mathrm{j}\omega t}\right]$$

$$= \boldsymbol{e}_y\omega\mu\frac{a}{\pi}H_0\sin\left(\frac{\pi x}{a}\right)\sin(\omega t-\beta z)\quad \mathrm{V/m}$$

$$\boldsymbol{H}(x,z,t) = \mathrm{Re}\left\{\left[\boldsymbol{e}_x \mathrm{j}\beta\frac{a}{\pi}H_0\sin\left(\frac{\pi x}{a}\right)+\boldsymbol{e}_z H_0\cos\left(\frac{\pi x}{a}\right)\right]\mathrm{e}^{-\mathrm{j}\beta z}\mathrm{e}^{\mathrm{j}\omega t}\right\}$$

$$= -\boldsymbol{e}_x\beta\frac{a}{\pi}H_0\sin\left(\frac{\pi x}{a}\right)\sin(\omega t-\beta z)+\boldsymbol{e}_z H_0\cos\left(\frac{\pi x}{a}\right)\cos(\omega t-\beta z)$$

故瞬时坡印廷矢量

$$\boldsymbol{S}(x,z,t) = \boldsymbol{e}_z\omega\mu\beta\left(\frac{a}{\pi}H_0\right)^2\sin^2\left(\frac{\pi x}{a}\right)\sin^2(\omega t-\beta z)+$$

$$\boldsymbol{e}_x\frac{a\omega\mu}{4\pi}H_0^2\sin\left(\frac{2\pi x}{a}\right)\sin(2\omega t-2\beta z)\quad \mathrm{W/m^2}$$

(2) 平均坡印廷矢量

$$\boldsymbol{S}_{\mathrm{av}}(x,z) = \frac{1}{2}\mathrm{Re}[\boldsymbol{E}(x,z)\times\boldsymbol{H}^*(x,z)] = \boldsymbol{e}_z\frac{\omega\mu\beta}{2}\left(\frac{a}{\pi}H_0\right)^2\sin^2\left(\frac{\pi x}{a}\right)\quad \mathrm{W/m^2}$$

4.12 在球坐标系中，已知电磁场的瞬时值

$$\boldsymbol{E}(\boldsymbol{r},t) = \boldsymbol{e}_\theta\frac{E_0}{r}\sin\theta\sin(\omega t-k_0 r)\quad \mathrm{V/m}$$

$$\boldsymbol{H}(\boldsymbol{r},t) = \boldsymbol{e}_\phi\frac{E_0}{\eta_0 r}\sin\theta\sin(\omega t-k_0 r)\quad \mathrm{A/m}$$

式中，E_0 为常数，$\eta_0=\sqrt{\dfrac{\mu_0}{\varepsilon_0}}$，$k_0=\omega\sqrt{\mu_0\varepsilon_0}$。试计算通过以坐标原点为球心、$r_0$ 为半径的球面 S 的总功率。

解 将 $\boldsymbol{E}$ 和 $\boldsymbol{H}$ 表示为复数形式，有

$$\boldsymbol{E}(\boldsymbol{r},\theta) = \boldsymbol{e}_\theta\frac{E_0}{r}\sin\theta\mathrm{e}^{-\mathrm{j}k_0 r}\quad \mathrm{V/m}$$

$$\boldsymbol{H}(\boldsymbol{r},\theta) = \boldsymbol{e}_\phi\frac{E_0}{\eta_0 r}\sin\theta\mathrm{e}^{-\mathrm{j}k_0 r}\quad \mathrm{A/m}$$

于是得到平均坡印廷矢量

$$\boldsymbol{S}_{av}(\boldsymbol{r},\theta) = \frac{1}{2}\mathrm{Re}(\boldsymbol{E}\times\boldsymbol{H}^*) = \boldsymbol{e}_r\frac{1}{2\eta_0}\left(\frac{E_0}{r}\right)^2\sin^2\theta \quad \mathrm{W/m^2}$$

通过以原点为球心、r_0 为半径的球面 S 的总功率

$$P_{av} = \oint_S \boldsymbol{S}_{av}\cdot \mathrm{d}\boldsymbol{S} = \int_0^{2\pi}\int_0^{\pi}\frac{1}{2\eta_0}\left(\frac{E_0}{r_0}\right)^2\sin\theta\cdot r_0^2\sin\theta\mathrm{d}\theta\mathrm{d}\varphi = \frac{E_0^2}{90} \quad \mathrm{W/m^2}$$

4.13 已知无源的真空中电磁波的电场

$$\boldsymbol{E} = \boldsymbol{e}_x E_m\cos\left(\omega t - \frac{\omega}{c}z\right) \quad \mathrm{V/m}$$

证明：$\boldsymbol{S}_{av} = \boldsymbol{e}_z w_{av} c$，其中 w_{av} 是电磁场能量密度的时间平均值，$c = \dfrac{1}{\sqrt{\mu_0\varepsilon_0}}$ 为电磁波在真空中的传播速度。

证 电场复矢量为

$$\boldsymbol{E} = \boldsymbol{e}_x E_m \mathrm{e}^{-\mathrm{j}\frac{\omega}{c}z}$$

由 $\nabla\times\boldsymbol{E} = -\mathrm{j}\omega\mu_0\boldsymbol{H}$，得磁场强度复矢量

$$\boldsymbol{H} = \frac{\mathrm{j}}{\omega\mu_0}\nabla\times\boldsymbol{E} = \frac{\mathrm{j}}{\omega\mu_0}\boldsymbol{e}_z\times\boldsymbol{e}_x\frac{\partial}{\partial z}(E_m\mathrm{e}^{-\mathrm{j}\frac{\omega}{c}z}) = \boldsymbol{e}_y\sqrt{\frac{\varepsilon_0}{\mu_0}}E_m\mathrm{e}^{-\mathrm{j}\frac{\omega}{c}z}$$

所以

$$\boldsymbol{S}_{av} = \frac{1}{2}\mathrm{Re}[\boldsymbol{E}\times\boldsymbol{H}^*] = \boldsymbol{e}_z\frac{1}{2}\sqrt{\frac{\varepsilon_0}{\mu_0}}E_m^2$$

另一方面

$$w_{av} = \frac{1}{2}\mathrm{Re}\left[\frac{\varepsilon_0}{2}\boldsymbol{E}\cdot\boldsymbol{E}^* + \frac{\mu_0}{2}\boldsymbol{H}\cdot\boldsymbol{H}^*\right] = \frac{\varepsilon_0}{2}E_m^2$$

由于 $\sqrt{\dfrac{\varepsilon_0}{\mu_0}} = \dfrac{\varepsilon_0}{\sqrt{\mu_0\varepsilon_0}} = \varepsilon_0 c$，故有

$$\boldsymbol{S}_{av} = \boldsymbol{e}_z\frac{\varepsilon_0}{2}E_m^2 c = \boldsymbol{e}_z w_{av} c$$

4.14 设电场强度和磁场强度分别为

$$\boldsymbol{E} = \boldsymbol{E}_0\cos(\omega t + \psi_e)$$

$$\boldsymbol{H} = \boldsymbol{H}_0\cos(\omega t + \psi_m)$$

证明其坡印廷矢量的平均值为

$$\boldsymbol{S}_{av} = \frac{1}{2}\boldsymbol{E}_0 \times \boldsymbol{H}_0 \cos(\psi_e - \psi_m)$$

证 坡印廷矢量的瞬时值为

$$\boldsymbol{S} = \boldsymbol{E} \times \boldsymbol{H} = \boldsymbol{E}_0 \cos(\omega t + \psi_e) \times \boldsymbol{H}_0 \cos(\omega t + \psi_m)$$

$$= \frac{1}{2}\boldsymbol{E}_0 \times \boldsymbol{H}_0 [\cos(\omega t + \psi_e + \omega t + \psi_m)] + \cos(\omega t + \psi_e - \omega t - \psi_m)$$

$$= \frac{1}{2}\boldsymbol{E}_0 \times \boldsymbol{H}_0 [\cos(2\omega t + \psi_e + \psi_m) + \cos(\psi_e - \psi_m)]$$

故平均坡印廷矢量为

$$\boldsymbol{S}_{av} = \frac{1}{T}\int_0^T \boldsymbol{S} \mathrm{d}t = \frac{1}{T}\int_0^T \frac{1}{2}\boldsymbol{E}_0 \times \boldsymbol{H}_0 [\cos(2\omega t + \psi_e + \psi_m) + \cos(\psi_e - \psi_m)] \mathrm{d}t$$

$$= \frac{1}{2}\boldsymbol{E}_0 \times \boldsymbol{H}_0 \cos(\psi_e - \psi_m)$$

4.15 在半径为 a、电导率为 σ 的无限长直圆柱导线中,沿轴向通以均匀分布的恒定电流 I,且导线表面上有均匀分布的电荷面密度 ρ_S。

(1) 导线表面外侧的坡印廷矢量 $\boldsymbol{S}$;

(2) 证明:由导线表面进入其内部的功率等于导线内的焦耳热损耗功率。

解:(1) 当导线的电导率 σ 为有限值时,导线内部存在沿电流方向的电场

$$\boldsymbol{E}_i = \frac{\boldsymbol{J}}{\sigma} = \boldsymbol{e}_z \frac{I}{\pi a^2 \sigma}$$

根据边界条件,在导线表面上电场的切向分量连续,即 $E_{iz} = E_{oz}$。因此,在导线表面外侧的电场的切向分量为

$$E_{oz}\big|_{\rho=a} = \frac{I}{\pi a^2 \sigma}$$

又利用高斯定律,容易求得导线表面外侧的电场的法向分量为

$$E_{o\rho}\big|_{\rho=a} = \frac{\rho_S}{\varepsilon_0}$$

故导线表面外侧的电场为

$$\boldsymbol{E}_o\big|_{\rho=a} = \boldsymbol{e}_\rho \frac{\rho_S}{\varepsilon_0} + \boldsymbol{e}_z \frac{I}{\pi a^2 \sigma}$$

利用安培环路定律,可求得导线表面外侧的磁场为

$$\boldsymbol{H}_o\big|_{\rho=a} = \boldsymbol{e}_\phi \frac{I}{2\pi a}$$

故导线表面外侧的坡印廷矢量为

$$\boldsymbol{S}_{o|\rho=a} = (\boldsymbol{E}_o \times \boldsymbol{H}_o)\big|_{\rho=a} = -\boldsymbol{e}_\rho \frac{I^2}{2\pi^2 a^3 \sigma} + \boldsymbol{e}_z \frac{\rho_S I}{2\pi\varepsilon_0 a} \quad \text{W/m}^2$$

（2）由内导体表面每单位长度进入其内部的功率

$$P = -\int_S \boldsymbol{S}_o\big|_{\rho=a} \cdot \boldsymbol{e}_\rho \mathrm{d}S = \frac{I^2}{2\pi^2 a^3 \sigma} \times 2\pi a = \frac{I^2}{\pi a^2 \sigma} = RI^2$$

式中，$R=\dfrac{1}{\pi a^2 \sigma}$是内导体单位长度的电阻。由此可见，由导线表面进入其内部的功率等于导线内的焦耳热损耗功率。

4.16 由半径为 a 的两圆形导体平板构成一平行板电容器，间距为 d，两板间充满介电常数为 ε、电导率为 σ 的媒质，如图题 4.16 所示。设两板间外加缓变电压 $u = U_m \cos \omega t$，略去边缘效应，试求：

（1）电容器内的瞬时坡印廷矢量和平均坡印廷矢量；

（2）进入电容器的平均功率；

（3）电容器内损耗的瞬时功率和平均功率。

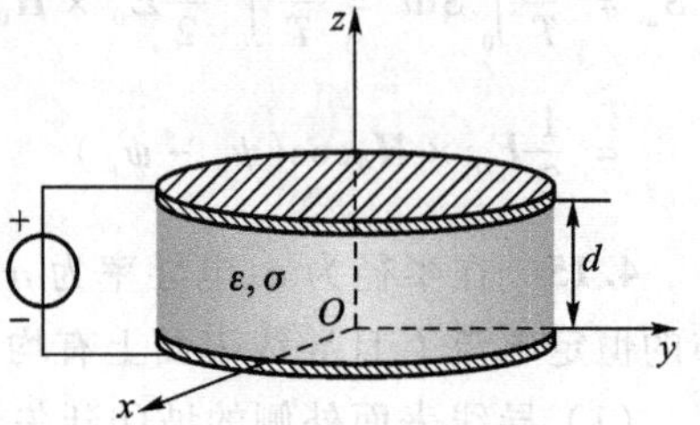

图题 4.16

解 （1）电容器中的电场

$$\boldsymbol{E} = \boldsymbol{e}_z \frac{u}{d} = \boldsymbol{e}_z \frac{U_m}{d} \cos \omega t$$

位移电流密度 $\boldsymbol{J}_d$ 和传导电流密度 $\boldsymbol{J}$ 分别为

$$\boldsymbol{J}_d = \varepsilon \frac{\partial \boldsymbol{E}}{\partial t} = -\boldsymbol{e}_z \frac{\varepsilon \omega U_m}{d} \sin \omega t$$

$$\boldsymbol{J} = \sigma \boldsymbol{E} = \boldsymbol{e}_z \frac{\sigma U_m}{d} \cos \omega t$$

由于轴对称性，两板间的磁场只有 $\boldsymbol{e}_\phi$ 分量，且在以 z 轴为中心、ρ 为半径的圆周 C 上处处相等，于是由

$$\oint_C \boldsymbol{H} \cdot \mathrm{d}\boldsymbol{l} = \int_S \boldsymbol{J} \cdot \mathrm{d}\boldsymbol{S} + \int_S \frac{\partial \boldsymbol{D}}{\partial t} \cdot \mathrm{d}\boldsymbol{S}$$

可得

$$2\pi\rho H_\phi = \pi\rho^2 \cdot \frac{\sigma U_m}{d} \cos \omega t - \pi\rho^2 \frac{\varepsilon \omega U_m}{d} \sin \omega t$$

所以

$$\boldsymbol{H}=\boldsymbol{e}_{\phi}\frac{U_{\mathrm{m}}\rho}{2d}(\sigma\cos\omega t-\varepsilon\omega\sin\omega t)$$

$$\boldsymbol{S}=\boldsymbol{E}\times\boldsymbol{H}=-\boldsymbol{e}_{\rho}\frac{U_{\mathrm{m}}^{2}\rho}{2d^{2}}\left(\sigma\cos^{2}\omega t-\frac{\varepsilon\omega}{2}\sin 2\omega t\right)$$

$$\boldsymbol{S}_{\mathrm{av}}=\frac{\omega}{2\pi}\int_{0}^{\frac{2\pi}{\omega}}\boldsymbol{S}\mathrm{d}t$$

$$=\frac{\omega}{2\pi}\int_{0}^{\frac{2\pi}{\omega}}(-\boldsymbol{e}_{\rho})\frac{U_{\mathrm{m}}^{2}\rho}{2d^{2}}\left(\sigma\cos^{2}\omega t-\frac{\varepsilon\omega}{2}\sin 2\omega t\right)\mathrm{d}t=-\boldsymbol{e}_{\rho}\frac{\sigma U_{\mathrm{m}}^{2}\rho}{4d^{2}}$$

(2) 损耗功率瞬时值 P 为

$$P=\int_{V}\sigma E^{2}\mathrm{d}V=\int_{V}\frac{\sigma U_{\mathrm{m}}^{2}}{d^{2}}\cos^{2}\omega t\mathrm{d}V$$

$$=\frac{\sigma U_{\mathrm{m}}^{2}}{d^{2}}\cos^{2}\omega t\times\pi a^{2}d=\frac{\pi\sigma a^{2}U_{\mathrm{m}}^{2}}{d}\cos^{2}\omega t$$

平均损耗功率 P_{av} 为

$$P_{\mathrm{av}}=\frac{\omega}{2\pi}\int_{0}^{\frac{2\pi}{\omega}}P\mathrm{d}t=\frac{\pi\sigma a^{2}U_{\mathrm{m}}^{2}}{2d}$$

(3) 进入电容器的平均功率为

$$P'_{\mathrm{av}}=-\oint_{S}\boldsymbol{S}_{\mathrm{av}}\cdot\mathrm{d}\boldsymbol{S}$$

$$=-\left[\int_{S_{\text{上}}}\boldsymbol{S}_{\mathrm{av}}\cdot\boldsymbol{e}_{z}\mathrm{d}S+\int_{S_{\text{下}}}\boldsymbol{S}_{\mathrm{av}}\cdot(-\boldsymbol{e}_{z})\mathrm{d}S+\int_{S_{\text{柱面}}}\boldsymbol{S}_{\mathrm{av}}\cdot\boldsymbol{e}_{r}\mathrm{d}S\right]$$

$$=\frac{\sigma U_{\mathrm{m}}^{2}a}{4d^{2}}\cdot 2\pi ad=\frac{\pi\sigma a^{2}U_{\mathrm{m}}^{2}}{2d}$$

由此可见，有 $P'_{\mathrm{av}}=P_{\mathrm{av}}$。

4.17 已知真空中两个沿 z 方向传播的电磁波的电磁场分别为

$$\boldsymbol{E}_{1}=\boldsymbol{e}_{x}E_{1\mathrm{m}}\mathrm{e}^{-\mathrm{j}kz},\quad \boldsymbol{E}_{2}=\boldsymbol{e}_{y}E_{2\mathrm{m}}\mathrm{e}^{-\mathrm{j}(kz-\phi)}$$

其中 ϕ 为常数，$k=\omega\sqrt{\mu_{0}\varepsilon_{0}}$。证明总的平均坡印廷矢量等于两个波的平均坡印廷矢量之和。

证 由 $\nabla\times\boldsymbol{E}=-\mathrm{j}\omega\mu_{0}\boldsymbol{H}$ 得磁场复矢量

$$\boldsymbol{H}_{1}=\frac{\mathrm{j}}{\omega\mu_{0}}\nabla\times\boldsymbol{E}_{1}=\frac{\mathrm{j}}{\omega\mu_{0}}\left(\boldsymbol{e}_{z}\frac{\partial}{\partial z}\right)\times\boldsymbol{E}_{1}=\boldsymbol{e}_{y}\sqrt{\frac{\varepsilon_{0}}{\mu_{0}}}E_{1\mathrm{m}}\mathrm{e}^{-\mathrm{j}kz}$$

$$\boldsymbol{H}_2 = \frac{\mathrm{j}}{\omega\mu_0}\nabla\times\boldsymbol{E}_2 = \frac{\mathrm{j}}{\omega\mu_0}\left(\boldsymbol{e}_z\frac{\partial}{\partial z}\right)\times\boldsymbol{E}_2 = -\boldsymbol{e}_x\sqrt{\frac{\varepsilon_0}{\mu_0}}E_{2\mathrm{m}}\mathrm{e}^{-\mathrm{j}(kz-\phi)}$$

所以平均坡印廷矢量

$$\boldsymbol{S}_{1\mathrm{av}} = \frac{1}{2}\mathrm{Re}[\boldsymbol{E}_1\times\boldsymbol{H}_1^*] = \frac{1}{2}\mathrm{Re}\left[\boldsymbol{e}_xE_{1\mathrm{m}}\mathrm{e}^{-\mathrm{j}kz}\times\left(\boldsymbol{e}_y\sqrt{\frac{\varepsilon_0}{\mu_0}}E_{1\mathrm{m}}\mathrm{e}^{-\mathrm{j}kz}\right)^*\right]$$

$$= \boldsymbol{e}_z\frac{1}{2}\sqrt{\frac{\varepsilon_0}{\mu_0}}E_{1\mathrm{m}}^2$$

$$\boldsymbol{S}_{2\mathrm{av}} = \frac{1}{2}\mathrm{Re}[\boldsymbol{E}_2\times\boldsymbol{H}_2^*] = \frac{1}{2}\mathrm{Re}\left[\boldsymbol{e}_xE_{1\mathrm{m}}\mathrm{e}^{-\mathrm{j}(kz-\phi)}\times\left(\boldsymbol{e}_y\sqrt{\frac{\varepsilon_0}{\mu_0}}E_{1\mathrm{m}}\mathrm{e}^{-\mathrm{j}(kz-\phi)}\right)^*\right]$$

$$= \boldsymbol{e}_z\frac{1}{2}\sqrt{\frac{\varepsilon_0}{\mu_0}}E_{2\mathrm{m}}^2$$

合成波电场和磁场复矢量

$$\boldsymbol{E} = \boldsymbol{E}_1 + \boldsymbol{E}_2 = \boldsymbol{e}_xE_{1\mathrm{m}}\mathrm{e}^{-\mathrm{j}kz} + \boldsymbol{e}_yE_{2\mathrm{m}}\mathrm{e}^{-\mathrm{j}(kz-\phi)}$$

$$\boldsymbol{H} = \boldsymbol{H}_1 + \boldsymbol{H}_2 = -\boldsymbol{e}_x\sqrt{\frac{\varepsilon_0}{\mu_0}}E_{2\mathrm{m}}\mathrm{e}^{-\mathrm{j}(kz-\phi)} + \boldsymbol{e}_y\sqrt{\frac{\varepsilon_0}{\mu_0}}E_{1\mathrm{m}}\mathrm{e}^{-\mathrm{j}kz}$$

所以平均坡印廷矢量

$$\boldsymbol{S}_{\mathrm{av}} = \frac{1}{2}\mathrm{Re}[\boldsymbol{E}\times\boldsymbol{H}^*]$$

$$= \frac{1}{2}\mathrm{Re}\left[(\boldsymbol{e}_xE_{1\mathrm{m}}\mathrm{e}^{-\mathrm{j}kz} + \boldsymbol{e}_yE_{2\mathrm{m}}\mathrm{e}^{-\mathrm{j}(kz-\phi)})\times\right.$$

$$\left.\left(-\boldsymbol{e}_x\sqrt{\frac{\varepsilon_0}{\mu_0}}E_{2\mathrm{m}}\mathrm{e}^{-\mathrm{j}(kz-\phi)} + \boldsymbol{e}_y\sqrt{\frac{\varepsilon_0}{\mu_0}}E_{1\mathrm{m}}\mathrm{e}^{-\mathrm{j}kz}\right)^*\right]$$

$$= \boldsymbol{e}_z\frac{1}{2}\sqrt{\frac{\varepsilon_0}{\mu_0}}(E_{1\mathrm{m}}^2 + E_{2\mathrm{m}}^2)$$

由此可见

$$\boldsymbol{S}_{\mathrm{av}} = \boldsymbol{S}_{1\mathrm{av}} + \boldsymbol{S}_{2\mathrm{av}}$$

4.18 试证明电磁能量密度 $w = \frac{1}{2}\varepsilon|\boldsymbol{E}|^2 + \frac{1}{2}\mu|\boldsymbol{H}|^2$ 和坡印廷矢量 $\boldsymbol{S} = \boldsymbol{E}\times\boldsymbol{H}$ 在下列变换下都具有不变性：

$$\boldsymbol{E}_1 = \boldsymbol{E}\cos\phi + \eta\boldsymbol{H}\sin\phi,\quad \boldsymbol{H}_1 = -\frac{1}{\eta}\boldsymbol{E}\sin\phi + \boldsymbol{H}\cos\phi$$

其中 ϕ 为常数，$\eta = \sqrt{\dfrac{\mu}{\varepsilon}}$。

证 （1）
$$\frac{1}{2}\varepsilon|\boldsymbol{E}_1|^2 + \frac{1}{2}\mu|\boldsymbol{H}_1|^2 = \frac{\varepsilon}{2}\boldsymbol{E}_1 \cdot \boldsymbol{E}_1 + \frac{\mu}{2}\boldsymbol{H}_1 \cdot \boldsymbol{H}_1$$
$$= \frac{\varepsilon}{2}[E^2\cos^2\phi + \eta^2 H^2\sin^2\phi + 2\eta\boldsymbol{E}\cdot\boldsymbol{H}\cos\phi\sin\phi] +$$
$$\frac{\mu}{2}\left[\frac{1}{\eta^2}E^2\sin^2\phi + H^2\cos^2\phi - 2\frac{1}{\eta}\boldsymbol{E}\cdot\boldsymbol{H}\cos\phi\sin\phi\right]$$

由于 $\eta = \sqrt{\dfrac{\mu}{\varepsilon}}$，则 $\varepsilon\eta^2 = \mu$ 及 $\mu/\eta^2 = \varepsilon$，故有

$$\frac{1}{2}\varepsilon|\boldsymbol{E}_1|^2 + \frac{1}{2}\mu|\boldsymbol{H}_1|^2 = \frac{1}{2}\varepsilon|\boldsymbol{E}|^2 + \frac{1}{2}\mu|\boldsymbol{H}|^2$$

（2）
$$\boldsymbol{E}_1 \times \boldsymbol{H}_1 = (\boldsymbol{E}\cos\phi + \eta\boldsymbol{H}\sin\phi) \times \left(-\frac{1}{\eta}\boldsymbol{E}\sin\phi + \boldsymbol{H}\cos\phi\right)$$
$$= \boldsymbol{E}\times\boldsymbol{H}\cos^2\phi + (\eta\boldsymbol{H}) \times \left(-\frac{1}{\eta}\boldsymbol{E}\right)\sin^2\phi$$
$$= \boldsymbol{E}\times\boldsymbol{H}$$

第 5 章

均匀平面波在无界空间中的传播

5.1 基本内容概述

本章讨论均匀平面波在无界空间传播的特性,主要内容为:均匀平面波在无界的理想介质中的传播特性和导电媒质中的传播特性、电磁波的极化、均匀平面波在各向异性媒质中的传播、相速与群速。

5.1.1 理想介质中的均匀平面波

1. 均匀平面波函数

在正弦稳态的情况下,线性、各向同性的均匀媒质中的无源区域的波动方程为

$$\nabla^2 \boldsymbol{E} + k^2 \boldsymbol{E} = 0$$

对于沿 z 轴方向传播的均匀平面波,$\boldsymbol{E}$ 仅是 z 坐标的函数。若取电场 $\boldsymbol{E}$ 的方向为 x 轴,即 $\boldsymbol{E} = \boldsymbol{e}_x E_x$,则波动方程简化为

$$\frac{\mathrm{d}^2 E_x}{\mathrm{d}z^2} + k^2 E_x = 0$$

沿 $+z$ 轴方向传播的正向行波为

$$\boldsymbol{E}(z) = \boldsymbol{e}_x E_\mathrm{m} \mathrm{e}^{\mathrm{j}\phi} \mathrm{e}^{-\mathrm{j}kz} \tag{5.1}$$

与之相伴的磁场强度复矢量为

$$\boldsymbol{H}(z) = \frac{k}{\omega\mu} \boldsymbol{e}_z \times \boldsymbol{E}(z) = \boldsymbol{e}_y \frac{1}{\eta} E_\mathrm{m} \mathrm{e}^{\mathrm{j}\phi} \mathrm{e}^{-\mathrm{j}kz} \tag{5.2}$$

电场强度和磁场强度的瞬时值形式分别为

$$\boldsymbol{E}(z,t) = \mathrm{Re}[\boldsymbol{E}(z) \mathrm{e}^{\mathrm{j}\omega t}] = \boldsymbol{e}_x E_\mathrm{m} \cos(\omega t - kz + \phi) \tag{5.3}$$

$$\boldsymbol{H}(z,t) = \mathrm{Re}[\boldsymbol{H}(z) \mathrm{e}^{\mathrm{j}\omega t}] = \boldsymbol{e}_y \frac{E_\mathrm{m}}{\eta} \cos(\omega t - kz + \phi) \tag{5.4}$$

2. 均匀平面波的传播参数

(1) 周期 $T=\dfrac{2\pi}{\omega}$(s),表示时间相位相差 2π的时间间隔。

(2) 相位常数 $k=\omega\sqrt{\mu\varepsilon}$ (rad/m),表示波传播单位距离的相位变化。

(3) 波长 $\lambda=\dfrac{2\pi}{k}$(m),表示空间相位相差 2π的两等相位面之间的距离。

(4) 相速 $v_{\mathrm{p}}=\dfrac{\omega}{k}=\dfrac{1}{\sqrt{\varepsilon\mu}}$ (m/s),表示等相位面的移动速度。

(5) 波阻抗(本征阻抗)$\eta=\dfrac{E_x}{H_y}=\sqrt{\dfrac{\mu}{\varepsilon}}$ (Ω),描述均匀平面波的电场和磁场之间的大小及相位关系。在真空中,$\eta=\eta_0=\sqrt{\dfrac{\mu_0}{\varepsilon_0}}=120\pi\ \Omega\approx377\ \Omega$

3. 能量密度与能流密度

在理想介质中,均匀平面波的电场能量密度等于磁场能量密度,即

$$\frac{1}{2}\varepsilon|\boldsymbol{E}|^2=\frac{1}{2}\mu|\boldsymbol{H}|^2$$

电磁能量密度可表示为

$$w=w_{\mathrm{e}}+w_{\mathrm{m}}=\frac{1}{2}\varepsilon|\boldsymbol{E}|^2+\frac{1}{2}\mu|\boldsymbol{H}|^2=\varepsilon|\boldsymbol{E}|^2=\mu|\boldsymbol{H}|^2 \tag{5.5}$$

瞬时坡印廷矢量为

$$\boldsymbol{S}=\boldsymbol{E}\times\boldsymbol{H}=\boldsymbol{e}_z\frac{1}{\eta}|\boldsymbol{E}|^2 \tag{5.6}$$

平均坡印廷矢量为

$$\boldsymbol{S}_{\mathrm{av}}=\frac{1}{2}\mathrm{Re}[\boldsymbol{E}\times\boldsymbol{H}^*]=\boldsymbol{e}_z\frac{1}{2\eta}|\boldsymbol{E}|^2 \tag{5.7}$$

4. 沿任意方向传播的平面波

对于任意方向 $\boldsymbol{e}_{\mathrm{n}}$ 传播的均匀平面波,定义波矢量为

$$\boldsymbol{k}=\boldsymbol{e}_n k=\boldsymbol{e}_x k_x+\boldsymbol{e}_y k_y+\boldsymbol{e}_z k_z \tag{5.8}$$

则

$$\boldsymbol{E}(\boldsymbol{r})=\boldsymbol{E}_0\mathrm{e}^{-\mathrm{j}\boldsymbol{k}\cdot\boldsymbol{r}}=\boldsymbol{E}_0\mathrm{e}^{-\mathrm{j}k\boldsymbol{e}_{\mathrm{n}}\cdot\boldsymbol{r}} \tag{5.9}$$

$$\boldsymbol{H}(\boldsymbol{r})=\frac{1}{\eta}\boldsymbol{e}_{\mathrm{n}}\times\boldsymbol{E}(\boldsymbol{r}) \tag{5.10}$$

$$e_n \cdot E_0 = 0 \tag{5.11}$$

5.1.2 电磁波的极化

1. 极化的概念

波的极化表征在空间给定点上电场强度矢量的取向随时间变化的特性，并用电场强度矢量的端点在空间描绘出的轨迹来描述。

电磁波的极化状态分为直线极化、圆极化和椭圆极化。

2. 极化的三种状态

一般情况下，沿 z 方向传播的均匀平面波的电场可表示为

$$\boldsymbol{E} = \boldsymbol{e}_x E_{xm}\cos(\omega t - kz + \phi_x) + \boldsymbol{e}_y E_{ym}\cos(\omega t - kz + \phi_y)$$

(1) 直线极化

直线极化的条件：$\phi_y - \phi_x = 0$ 或 $\pm\pi$

极化角：$\alpha = \arctan\left(\dfrac{E_y}{E_x}\right) = \arctan\left(\pm\dfrac{E_{ym}}{E_{xm}}\right) = \text{const}$

(2) 圆极化

圆极化的条件：$E_{xm} = E_{ym} = E_m, \phi_y - \phi_x = \pm\dfrac{\pi}{2}$

合成波电场强度的大小：$E = \sqrt{E_x^2 + E_y^2} = E_m = \text{const}$

极化角：$\alpha = \arctan\left(\dfrac{E_y}{E_x}\right) = \pm\omega t$

当 $\phi_y - \phi_x = \dfrac{\pi}{2}$时，为左旋圆极化波；当 $\phi_y - \phi_x = -\dfrac{\pi}{2}$时，为右旋圆极化波。

(3) 椭圆极化

当 ϕ_x、ϕ_y和 E_{xm}、E_{ym}不满足上述条件时，就构成椭圆极化波。直线极化和圆极化都可看作椭圆极化的特例。

5.1.3 导电媒质中的均匀平面波

导电媒质的典型特征：电导率 $\sigma \neq 0$，电磁波在其中传播时，有电磁能量的损耗。

1. 导电媒质中的平面波函数

在导电媒质中，电场强度 $\boldsymbol{E}$ 满足的亥姆霍兹方程为

$$\nabla^2 \boldsymbol{E} - \gamma^2 \boldsymbol{E} = 0$$

式中，$\gamma=\alpha+\mathrm{j}\beta=\mathrm{j}k_{\mathrm{c}}=\mathrm{j}\omega\sqrt{\mu\varepsilon_{\mathrm{c}}}$为传播常数；$k_{\mathrm{c}}=\omega\sqrt{\mu\varepsilon_{\mathrm{c}}}$为复波数；$\varepsilon_{\mathrm{c}}=\varepsilon-\mathrm{j}\dfrac{\sigma}{\omega}$为复介电常数。

对于沿 $+z$ 方向传播的均匀平面波，若取 $\boldsymbol{E}=\boldsymbol{e}_x E_x$，则

$$\boldsymbol{E}=\boldsymbol{e}_x E_{xm}\mathrm{e}^{-\gamma z}=\boldsymbol{e}_x E_{xm}\mathrm{e}^{-\alpha z}\mathrm{e}^{-\mathrm{j}\beta z} \tag{5.12}$$

与电场相伴的磁场为

$$\boldsymbol{H}=\boldsymbol{e}_z\times\frac{1}{\eta_{\mathrm{c}}}\boldsymbol{E}=\boldsymbol{e}_y\frac{1}{\eta_{\mathrm{c}}}E_{xm}\mathrm{e}^{-\gamma z}=\boldsymbol{e}_y\frac{1}{|\eta_{\mathrm{c}}|}E_{xm}\mathrm{e}^{-\gamma z}\mathrm{e}^{-\mathrm{j}\phi} \tag{5.13}$$

式中，$\alpha=\omega\sqrt{\dfrac{\mu\varepsilon}{2}\left[\sqrt{1+\left(\dfrac{\sigma}{\omega\varepsilon}\right)^2}-1\right]}$称为衰减常数，单位为 Np/m；

$\beta=\omega\sqrt{\dfrac{\mu\varepsilon}{2}\left[\sqrt{1+\left(\dfrac{\sigma}{\omega\varepsilon}\right)^2}+1\right]}$称为相位常数，单位为 rad/m；

$\eta_{\mathrm{c}}=\sqrt{\dfrac{\mu}{\varepsilon_{\mathrm{c}}}}=|\eta_{\mathrm{c}}|\mathrm{e}^{\mathrm{j}\phi}$为导电媒质的本征阻抗，是一复数。

电场和磁场的瞬时值形式

$$\boldsymbol{E}(z,t)=\boldsymbol{e}_x E_{xm}\mathrm{e}^{-\alpha z}\cos(\omega t-\beta z) \tag{5.14}$$

$$\boldsymbol{H}(z,t)=\boldsymbol{e}_y\frac{1}{|\eta_{\mathrm{c}}|}E_{xm}\mathrm{e}^{-\alpha z}\cos(\omega t-\beta z-\phi) \tag{5.15}$$

导电媒质中均匀平面波的瞬时坡印廷矢量为

$$\boldsymbol{S}=\boldsymbol{e}_z\frac{1}{|\eta_{\mathrm{c}}|}E_{xm}^2\mathrm{e}^{-2\alpha z}\cos(\omega t-\beta z)\cos(\omega t-\beta z-\phi) \tag{5.16}$$

平均坡印廷矢量为

$$\boldsymbol{S}_{\mathrm{av}}=\boldsymbol{e}_z\frac{1}{2|\eta_{\mathrm{c}}|}E_{xm}^2\mathrm{e}^{-2\alpha z}\cos\phi \tag{5.17}$$

2. 弱导电媒质

满足条件$\dfrac{\sigma}{\omega\varepsilon}\ll 1$的媒质称为弱导电媒质，此时

$$\alpha\approx\frac{\sigma}{2}\sqrt{\frac{\mu}{\varepsilon}} \tag{5.18}$$

$$\beta\approx\omega\sqrt{\mu\varepsilon} \tag{5.19}$$

$$\eta_{\mathrm{c}}\approx\sqrt{\frac{\mu}{\varepsilon}}\left(1+\mathrm{j}\frac{\sigma}{2\omega\varepsilon}\right) \tag{5.20}$$

$$v_p = \frac{\omega}{\beta} \approx \frac{1}{\sqrt{\varepsilon\mu}} \tag{5.21}$$

$$\lambda = \frac{2\pi}{\beta} \approx \frac{2\pi}{\omega\sqrt{\varepsilon\mu}} \tag{5.22}$$

3. 良导体

满足条件$\frac{\sigma}{\omega\varepsilon} \gg 1$的媒质称为良导体,此时

$$\alpha \approx \beta \approx \sqrt{\pi f\mu\sigma} \tag{5.23}$$

$$\eta_c \approx \sqrt{\frac{j\omega\mu}{\sigma}} = (1+j)\sqrt{\frac{\pi f\mu}{\sigma}} \tag{5.24}$$

$$v_p = \frac{\omega}{\beta} \approx \sqrt{\frac{2\omega}{\mu\sigma}} \tag{5.25}$$

$$\lambda = \frac{2\pi}{\beta} = \frac{v}{f} \approx 2\sqrt{\frac{\pi}{f\mu\sigma}} \tag{5.26}$$

在良导体中,磁场的相位滞后于电场45°。

电磁波在良导体中衰减很快,主要存在于良导体表面的一个薄层内,用趋肤深度δ(或穿透深度)来描述

$$\delta = \frac{1}{\alpha} \approx \frac{1}{\sqrt{\pi f\mu\sigma}} \tag{5.27}$$

5.1.4 群速

群速v_g是包络波上任一恒定相位点的推进速度

$$v_g = \frac{d\omega}{d\beta} \tag{5.28}$$

群速与相速之间的关系为

$$v_g = \frac{v_p}{1 - \frac{\omega}{v_p}\frac{dv_p}{d\omega}} \tag{5.29}$$

群速与相速一般是不相等的,存在以下三种可能情况:

(1) $\frac{dv_p}{d\omega} = 0$,即相速与频率无关,此时$v_g = v_p$,即群速等于相速,称为无

色散；

(2) $\dfrac{\mathrm{d}v_p}{\mathrm{d}\omega}<0$，即相速随着频率升高而减小，此时 $v_g<v_p$，称为正常色散；

(3) $\dfrac{\mathrm{d}v_p}{\mathrm{d}\omega}>0$，即相速随着频率升高而增加，此时 $v_g>v_p$，称为反常色散。

5.1.5 均匀平面波在各向异性媒质中的传播

1. 均匀平面波在磁化等离子体中的传播

设外加恒定磁场为 $\boldsymbol{B}_0=\boldsymbol{e}_zB_0$，则等离子体的介电常数的张量为

$$\overline{\overline{\varepsilon}}=\begin{bmatrix}\varepsilon_{11} & \varepsilon_{12} & 0\\ \varepsilon_{21} & \varepsilon_{22} & 0\\ 0 & 0 & \varepsilon_{33}\end{bmatrix} \tag{5.30}$$

其中

$$\varepsilon_{11}=\varepsilon_{22}=\varepsilon_0\left[1+\frac{\omega_p^2}{\omega_c^2-\omega^2}\right] \tag{5.31}$$

$$\varepsilon_{12}=-\varepsilon_{21}=\mathrm{j}\varepsilon_0\frac{\omega_c\omega_p^2}{\omega(\omega_c^2-\omega^2)} \tag{5.32}$$

$$\varepsilon_{33}=\varepsilon_0\left[1-\frac{\omega_p^2}{\omega^2}\right] \tag{5.33}$$

电场 $\boldsymbol{E}$ 的波动方程

$$\nabla^2\boldsymbol{E}-\nabla(\nabla\cdot\boldsymbol{E})+\omega^2\mu_0\overline{\overline{\varepsilon}}\cdot\boldsymbol{E}=0$$

对于沿外加恒定磁场 $\boldsymbol{B}_0$ 方向（即 $\boldsymbol{e}_z$ 方向）传播的均匀平面波，有

$$\beta_1=\omega\sqrt{\mu_0(\varepsilon_{11}+\mathrm{j}\varepsilon_{12})}=\omega\sqrt{\mu_0\varepsilon_0\left(1-\frac{\omega_p^2/\omega}{\omega_c+\omega}\right)} \tag{5.34}$$

$$\beta_2=\omega\sqrt{\mu_0(\varepsilon_{11}-\mathrm{j}\varepsilon_{12})}=\omega\sqrt{\mu_0\varepsilon_0\left(1+\frac{\omega_p^2/\omega}{\omega_c-\omega}\right)} \tag{5.35}$$

一个为左旋圆极化波，一个为右旋圆极化波。由于两个圆极化波的相速不相等，合成波的极化面在磁化等离子体内以 $\boldsymbol{B}_0$ 为轴而不断旋转，这种现象称为法拉第效应。

2. 均匀平面波在磁化铁氧体中的传播

设外加恒定磁场为 $\boldsymbol{B}_0=\boldsymbol{e}_zB_0$，则饱和磁化铁氧体的磁导率张量为

$$\overline{\overline{\mu}}=\begin{bmatrix}\mu_{11} & \mu_{12} & 0\\ \mu_{21} & \mu_{22} & 0\\ 0 & 0 & \mu_{33}\end{bmatrix}\tag{5.36}$$

其中

$$\mu_{11}=\mu_{22}=\mu_0\left(1+\frac{\omega_c\omega_m}{\omega_c^2-\omega^2}\right)\tag{5.37}$$

$$\mu_{12}=-\mu_{21}=\mathrm{j}\mu_0\frac{\omega\omega_m}{\omega_c^2-\omega^2}\tag{5.38}$$

$$\mu_{33}=\mu_0\tag{5.39}$$

磁场强度 $\boldsymbol{H}$ 的波动方程

$$\nabla^2\boldsymbol{H}-\nabla(\nabla\cdot\boldsymbol{H})+\omega^2\varepsilon\overline{\overline{\mu}}\cdot\boldsymbol{H}=0$$

对于沿外加恒定磁场 $\boldsymbol{B}_0$ 方向（即 $\boldsymbol{e}_z$ 方向）传播的均匀平面波，有

$$\beta_1=\omega\sqrt{\varepsilon(\mu_{11}+\mathrm{j}\mu_{12})}=\omega\sqrt{\mu_0\varepsilon\left(1+\frac{\omega_m^2}{\omega_c+\omega}\right)}\tag{5.40}$$

$$\beta_2=\omega\sqrt{\varepsilon(\mu_{11}-\mathrm{j}\mu_{12})}=\omega\sqrt{\mu_0\varepsilon\left(1+\frac{\omega_m^2}{\omega_c-\omega}\right)}\tag{5.41}$$

5.2 教学基本要求及重点、难点讨论

5.2.1 教学基本要求

掌握波的概念和表示方法，理解均匀平面波的概念以及研究均匀平面波的重要意义；理解和掌握均匀平面波在无界理想介质中的传播特性；理解和掌握均匀平面波在无界有损耗媒质中的传播特性，理解描述传播特性的参数的物理意义。

掌握波的极化的概念以及研究波的极化的重要意义，掌握三种极化方式的条件并能正确判别波的极化状态；

理解群速的概念以及群速与相速的关系；

了解电磁波在各向异性媒质中传播问题的分析方法及其传播特性。

5.2.2 重点、难点讨论

1. 均匀平面电磁波

均匀平面波是教学中的一个重点。研究电磁波的传播，要明确研究些什么，用什么参量来表征波的传播特性，空间媒质对波的传播又有什么样的影响？了解什么是均匀平面波，研究均匀平面波的意义何在？

均匀平面波的波阵面（或等相位面、波前）为平面，且在波阵面上各点的场强都相等。也就是说，在与波传播方向垂直的无限大平面（即等相位面）内，场的方向、振幅和相位都相同。它的特性及讨论方法简单，但又能表征电磁波重要的和主要的性质。

均匀平面波是电磁波的一种最简单形式，实际应用的各种复杂形式的电磁波可以看成是由许多均匀平面波叠加的结果；远离波源的球面波，当所讨论的区域很小，可近似地看成平面波。分析均匀平面波这一特殊的电磁波形式，既可以使问题大大简化，又不妨碍对电磁波传播特性的认识，因此有着重要意义。

对于均匀平面波，重点是掌握在无界理想介质和有损耗媒质中的传播特性。

均匀平面波在理想介质中传播时，其传播特性可归纳如下：

① 是一个横电磁波（TEM 波），电场 $\boldsymbol{E}$ 和磁场 $\boldsymbol{H}$ 都在垂直于传播方向的横向平面内，且存在以下关系式

$$\boldsymbol{H} = \frac{1}{\eta}\boldsymbol{e}_{\mathrm{n}} \times \boldsymbol{E} \quad 或 \quad \boldsymbol{E} = \eta\boldsymbol{H} \times \boldsymbol{e}_{\mathrm{n}}$$

② 在传播过程中，电场 $\boldsymbol{E}$ 与磁场 $\boldsymbol{H}$ 的振幅无衰减，波形不变化。

③ 电场 $\boldsymbol{E}$ 与磁场 $\boldsymbol{H}$ 同相位，$\dfrac{|\boldsymbol{E}|}{|\boldsymbol{H}|} = \eta = \sqrt{\dfrac{\mu}{\varepsilon}}$ 是实数。

④ 波的相速 $v_{\mathrm{p}} = \dfrac{1}{\sqrt{\mu\varepsilon}}$ 只与媒质参数 μ、ε 有关，与频率无关，是非色散波。

⑤ 电场能量密度等于磁场能量密度。

分析均匀平面波在导电媒质中的传播时，关键点是媒质的损耗特性。从分析方法上，引入等效复介电常数，并与均匀平面波在理想介质中的传播情况类比。但由于媒质的损耗特性，使得均匀平面波在导电媒质中的传播特性与其在理想介质中的传播特性有很大的差异。均匀平面波在导电媒质中的传播特性可归纳如下：

① 是一个横电磁波（TEM 波），电场 $\boldsymbol{E}$ 和磁场 $\boldsymbol{H}$ 都在垂直于传播方向的横

向平面内,有如下关系式

$$H = \frac{1}{\eta_c} e_n \times E \quad 或 \quad E = (H \times e_n)\eta_c$$

② 在传播过程中有损耗,电场 E 与磁场 H 的振幅有衰减,波形要发生变化。

③ $\frac{E}{H} = \eta_c = \sqrt{\frac{\mu}{\varepsilon_c}}$ 是复数,E 和 H 不同相位。

④ 波的相速 $v_p = \frac{\omega}{\beta(\omega)}$ 不仅与媒质参数 μ、ε、σ 有关,还与频率有关,是色散波。

⑤ 电场能量密度小于磁场能量密度。

2. 波矢量

波矢量 k 的大小等于波数 k,方向则用波传播方向的单位矢量 e_n 表示,即 $k = e_n k$。这是描述电磁波传播特性的一个重要参数,它的大小直接表征电磁波的相位、相速、波长、衰减等参数,它的方向就是电磁波的传播方向。

在理想介质中,波矢量为

$$k = e_n k = e_n \omega \sqrt{\mu\varepsilon}$$

是一个实常矢量,它表明波在传播过程中无衰减,波形无变化。

在有损耗媒质中,波矢量为

$$k_c = e_n k_c = e_n \omega \sqrt{\mu\varepsilon_c} = e_n \omega \sqrt{\mu\left(\varepsilon - j\frac{\sigma}{\omega}\right)} = e_n \omega \sqrt{\mu\varepsilon}\left(1 - j\frac{\sigma}{\omega\varepsilon}\right)^{1/2}$$

是一个复矢量,它表明波在传播过程中有衰减,波形要发生变化。

3. 波阻抗

均匀平面波的电场与磁场的振幅之比称为波阻抗,它是表征电磁波特性的又一个重要参数,其大小和相位直接表征电场和磁场的振幅的相对大小和相位关系。

对于理想介质,波阻抗为

$$\eta = \frac{|E|}{|H|} = \sqrt{\frac{\mu}{\varepsilon}}$$

是一个仅与媒质参数 μ、ε 有关的实数,表明电场和磁场同相位。

对于有损耗媒质,波阻抗为

$$\eta_c = \sqrt{\frac{\mu}{\varepsilon_c}} = \sqrt{\frac{\mu}{\varepsilon}}\left[1 + \left(\frac{\sigma}{\omega\varepsilon}\right)^2\right]^{-1/4} e^{j\frac{1}{2}\arctan\left(\frac{\sigma}{\omega\varepsilon}\right)}$$

可见，η_c是一个不仅与媒质参数μ、ε、σ有关、还与频率有关的复数，同时也表明磁场的相位落后于电场的相位。

应该指出，引入波阻抗便于讨论电磁波在分界面上的入射、反射和透射问题，特别是处理对多层媒质的垂直入射问题时，等效波阻抗的概念很有用。

4. 波的极化

波的极化是教学中的重点之一，它是描述均匀平面波状态的一个重要特征。均匀平面波是横电磁波，在一般的情况下，电场强度在等相位面上存在两个相互正交的分量。由于两个分量的振幅和相位的不同，使得均匀平面波的合成波电场强度的振幅和方向都可能随时间变化。这种变化规律十分重要，称为电磁波的极化特性。

对于电磁波的极化问题，应明确为什么要研究波的极化？怎样描述波的极化？怎样判别波的极化方式。平面电磁波的极化是以合成波电场强度在等相位面上随时间变化的运动轨迹来描述的，分为线极化、圆极化和椭圆极化三种情况。按照合成波电场强度的旋转方向与波的传播方向的关系，圆极化和椭圆极化又分为左旋和右旋两种情况。当合成波电场强度在等相位面上的旋转方向与波传播方向成右螺旋关系时称为右旋极化波。反之，则为左旋极化波。

对旋转方向的判断容易出现差错，混淆不清。一种方便而准确的判别方法是，将左手或右手的大拇指指向波的传播方向，若左手其余四指的握向与电场强度矢量的旋向吻合，就是左旋极化波，若是右手四指握向与电场强度矢量的旋向一致，便是右旋极化波。

5.3 习题解答

5.1 在自由空间中，已知电场$\boldsymbol{E}(z,t)=\boldsymbol{e}_y 10^3\sin(\omega t-\beta z)$ V/m，试求磁场强度$\boldsymbol{H}(z,t)$。

解 以余弦为基准，重新写出已知的电场表示式

$$\boldsymbol{E}(z,t)=\boldsymbol{e}_y 10^3\cos\left(\omega t-\beta z-\frac{\pi}{2}\right)\quad \text{V/m}$$

这是一个沿$+z$方向传播的均匀平面波的电场，其初相位为$-90°$，与之相伴的磁场为

$$\boldsymbol{H}(z,t)=\frac{1}{\eta_0}\boldsymbol{e}_z\times\boldsymbol{E}(z,t)=\frac{1}{\eta_0}\boldsymbol{e}_z\times\boldsymbol{e}_y 10^3\cos\left(\omega t-\beta z-\frac{\pi}{2}\right)$$

$$=-\boldsymbol{e}_x\frac{10^3}{120\pi}\cos\left(\omega t-\beta z-\frac{\pi}{2}\right)$$

$$= -\boldsymbol{e}_x 2 \cdot 65\sin(\omega t - \beta z) \quad \text{A/m}$$

5.2 理想介质(参数为$\mu=\mu_0$、$\varepsilon=\varepsilon_r\varepsilon_0$、$\sigma=0$)中有一均匀平面波沿 x 方向传播,已知其电场瞬时值表达式为

$$\boldsymbol{E}(x,t) = \boldsymbol{e}_y 377\cos(10^9 t - 5x) \quad \text{V/m}$$

试求:(1) 该理想介质的相对介电常数;(2) 与 $\boldsymbol{E}(x,t)$ 相伴的磁场 $\boldsymbol{H}(x,t)$;(3) 该平面波的平均功率密度。

解 (1) 理想介质中的均匀平面波的电场 $\boldsymbol{E}$ 应满足波动方程

$$\nabla^2 \boldsymbol{E} - \mu\varepsilon \frac{\partial^2 \boldsymbol{E}}{\partial t^2} = 0$$

据此即可求出欲使给定的 $\boldsymbol{E}$ 满足方程所需的媒质参数。

方程中

$$\nabla^2 \boldsymbol{E} = \boldsymbol{e}_y \nabla^2 E_y = \boldsymbol{e}_y \frac{\partial^2 E_y}{\partial x^2} = -\boldsymbol{e}_y 9\,425\cos(10^9 t - 5x)$$

$$\frac{\partial^2 \boldsymbol{E}}{\partial t^2} = \boldsymbol{e}_y \frac{\partial^2 E_y}{\partial t^2} = -\boldsymbol{e}_y 377 \times 10^{18}\cos(10^9 t - 5x)$$

故得

$$-9\,425\cos(10^9 t - 5x) + \mu\varepsilon[377 \times 10^{18}\cos(10^9 t - 5x)] = 0$$

即

$$\mu\varepsilon = \frac{9\,425}{377 \times 10^{18}} = 25 \times 10^{-18}$$

故

$$\varepsilon_r = \frac{25 \times 10^{-18}}{\mu_0\varepsilon_0} = 25 \times 10^{-18} \times (3 \times 10^8)^2 = 2.25$$

其实,观察题目给定的电场表达式,可知它表征一个沿 $+x$ 方向传播的均匀平面波,其相速为

$$v_p = \frac{\omega}{k} = \frac{10^9}{5} \text{ m/s} = 2 \times 10^8 \text{ m/s}$$

而

$$v_p = \frac{1}{\sqrt{\mu\varepsilon}} = \frac{1}{\sqrt{\mu_0\varepsilon_r\varepsilon_0}} = \frac{1}{\sqrt{\varepsilon_r}}\frac{1}{\sqrt{\mu_0\varepsilon_0}} = \frac{1}{\sqrt{\varepsilon_r}} \times 3 \times 10^8$$

故

$$\varepsilon_r = \left(\frac{3}{2}\right)^2 = 2.25$$

（2）与电场 $\boldsymbol{E}$ 相伴的磁场 $\boldsymbol{H}$ 可由 $\nabla \times \boldsymbol{E} = -\mathrm{j}\omega\mu_0\boldsymbol{H}$ 求得。先写出 $\boldsymbol{E}$ 的复数形式 $\boldsymbol{E} = \boldsymbol{e}_y 377\mathrm{e}^{-\mathrm{j}5x}\,\mathrm{V/m}$，故

$$\boldsymbol{H} = -\frac{1}{\mathrm{j}\omega\mu_0}\nabla \times \boldsymbol{E} = -\frac{1}{\mathrm{j}\omega\mu_0}\boldsymbol{e}_z\frac{\partial E_y}{\partial x} = -\boldsymbol{e}_z\frac{1}{\mathrm{j}\omega\mu_0}377\mathrm{e}^{-\mathrm{j}5x}(-\mathrm{j}5)$$

$$= \boldsymbol{e}_z\frac{1}{10^9 \times 4\pi \times 10^{-7}}\mathrm{e}^{-\mathrm{j}5x}$$

$$= \boldsymbol{e}_z 1.5\mathrm{e}^{-\mathrm{j}5x}\ \mathrm{A/m}$$

则得磁场的瞬时值表达式

$$\boldsymbol{H}(x,t) = \mathrm{Re}[\boldsymbol{H}\mathrm{e}^{\mathrm{j}\omega t}] = \mathrm{Re}[\boldsymbol{e}_z 1.5\mathrm{e}^{-\mathrm{j}5x}\mathrm{e}^{\mathrm{j}10^9 t}]$$

$$= \boldsymbol{e}_z 1.5\cos(10^9 t - 5x)\ \mathrm{A/m}$$

也可以直接从关系式 $\boldsymbol{H} = \frac{1}{\eta}\boldsymbol{e}_n \times \boldsymbol{E}$ 得到 $\boldsymbol{H}$

$$\boldsymbol{H} = \frac{1}{\eta}\boldsymbol{e}_x \times \boldsymbol{e}_y 377\mathrm{e}^{-\mathrm{j}5x} = \boldsymbol{e}_z\frac{\sqrt{\varepsilon_r}}{\eta_0} \times 377\mathrm{e}^{-\mathrm{j}5x} = \boldsymbol{e}_z 1.5\mathrm{e}^{-\mathrm{j}5x}\ \mathrm{A/m}$$

（3）平均坡印廷矢量为

$$\boldsymbol{S}_{av} = \frac{1}{2}\mathrm{Re}[\boldsymbol{E} \times \boldsymbol{H}^*] = \frac{1}{2}\mathrm{Re}[\boldsymbol{e}_y 377\mathrm{e}^{-\mathrm{j}5x} \times \boldsymbol{e}_z 1.5\mathrm{e}^{\mathrm{j}5x}] = \boldsymbol{e}_x 282.75\ \mathrm{W/m^2}$$

5.3 在空气中，沿 $\boldsymbol{e}_y$ 方向传播的均匀平面波的频率 $f = 400$ MHz。当 $y = 0.5$ m、$t = 0.2$ ns 时，电场强度 $\boldsymbol{E}$ 的最大值为 250 V/m，表征其方向的单位矢量为 $\boldsymbol{e}_x 0.6 - \boldsymbol{e}_z 0.8$。试求出电场 $\boldsymbol{E}$ 和磁场 $\boldsymbol{H}$ 的瞬时表示式。

解 沿 $\boldsymbol{e}_y$ 方向传播的均匀平面波的电场强度的一般表达式为

$$\boldsymbol{E}(y,t) = \boldsymbol{E}_m\cos(\omega t - ky + \phi)$$

根据本题所给条件可知，式中各参数为

$$\omega = 2\pi f = 8\pi \times 10^8\ \ \mathrm{rad/s}$$

$$k = \omega\sqrt{\mu_0\varepsilon_0} = \frac{\omega}{c} = \frac{8\pi \times 10^8}{3 \times 10^8}\ \mathrm{rad/s} = \frac{8\pi}{3}\ \ \mathrm{rad/m}$$

$$\boldsymbol{E}_{\mathrm{m}} = 250(\boldsymbol{e}_x 0.6 - \boldsymbol{e}_z 0.8) \quad \mathrm{V/m}$$

由于 $y=0.5$ m、$t=0.2$ ns 时，$\boldsymbol{E}$ 达到最大值，即

$$\boldsymbol{E}_{\mathrm{m}}\cos\left(8\pi\times10^{8}\times0.2\times10^{-9}-\frac{8\pi}{3}\times\frac{1}{2}+\phi\right)=\boldsymbol{E}_{\mathrm{m}}$$

于是得到

$$\phi=\frac{4\pi}{3}-\frac{4\pi}{25}=\frac{88\pi}{75}$$

故

$$\boldsymbol{E}=(\boldsymbol{e}_x150-\boldsymbol{e}_z200)\cos\left(8\pi\times10^{8}t-\frac{8\pi}{3}y+\frac{88\pi}{75}\right)\quad \mathrm{V/m}$$

$$\boldsymbol{H}=\frac{1}{\eta_0}\boldsymbol{e}_y\times\boldsymbol{E}=-\left(\boldsymbol{e}_x\frac{5}{3\pi}+\boldsymbol{e}_z\frac{5}{4\pi}\right)\cos\left(8\pi\times10^{8}t-\frac{8\pi}{3}y+\frac{88\pi}{75}\right)\quad \mathrm{A/m}$$

5.4 有一均匀平面波在 $\mu=\mu_0$、$\varepsilon=4\varepsilon_0$、$\sigma=0$ 的媒质中传播，其电场强度 $E=E_{\mathrm{m}}\sin\left(\omega t-kz+\frac{\pi}{3}\right)$。若已知平面波的频率 $f=150$ MHz，平均功率密度为 0.265 $\mu\mathrm{W/m^2}$。试求：(1) 电磁波的波数、相速、波长和波阻抗；(2) $t=0$、$z=0$ 时的电场 $E(0,0)$ 值；(3) 经过 $t=0.1$ μs 后，电场 $E(0,0)$ 出现在什么位置？

解 (1) 由 $\boldsymbol{E}$ 的表达式可看出这是沿 $+z$ 方向传播的均匀平面波，其波数为

$$\begin{aligned}k&=\omega\sqrt{\mu\varepsilon}=2\pi f\sqrt{4\varepsilon_0\mu_0}=2\pi\times150\times10^{6}\sqrt{4\mu_0\varepsilon_0}\\&=2\pi\times150\times10^{6}\times2\times\frac{1}{3\times10^{8}}\\&=2\pi\ \mathrm{rad/m}\end{aligned}$$

相速为

$$v_{\mathrm{p}}=\frac{1}{\sqrt{\mu\varepsilon}}=\frac{1}{\sqrt{4\mu_0\varepsilon_0}}=1.5\times10^{8}\ \mathrm{m/s}$$

波长为

$$\lambda=\frac{2\pi}{k}=1\ \mathrm{m}$$

波阻抗为

$$\eta = \sqrt{\frac{\mu}{\varepsilon}} = \sqrt{\frac{\mu_0}{4\varepsilon_0}} = 60\pi\ \Omega \approx 188.5\ \Omega$$

（2）平均坡印廷矢量为

$$S_{av} = \frac{1}{2\eta}E_m^2 = 0.265 \times 10^{-6}\ \mathrm{W/m^2}$$

故得

$$E_m = (2\eta \times 0.265 \times 10^{-6})^{1/2} \approx 10^{-2}\ \mathrm{V/m}$$

因此

$$E(0,0) = E_m \sin\left(\frac{\pi}{3}\right) = 8.66 \times 10^{-3}\ \mathrm{V/m}$$

（3）随着时间 t 的增加，波将沿 $+z$ 方向传播，当 $t=0.1\ \mu s$ 时，电场为

$$E = 10^{-2}\sin\left(2\pi ft - kz + \frac{\pi}{3}\right)$$

$$= 10^{-2}\sin\left(2\pi \times 150 \times 10^6 \times 0.1 \times 10^{-6} - 2\pi z + \frac{\pi}{3}\right)$$

$$= 8.66 \times 10^{-3}$$

得

$$\sin\left(30\pi - 2\pi z + \frac{\pi}{3}\right) = 0.866$$

即

$$30\pi - 2\pi z + \frac{\pi}{3} = \frac{\pi}{3}$$

则

$$z = 15\ \mathrm{m}$$

5.5 理想介质中的均匀平面波的电场和磁场分别为

$$\boldsymbol{E} = \boldsymbol{e}_x 10\cos(6\pi \times 10^7 t - 0.8\pi z)\ \mathrm{V/m}$$

$$\boldsymbol{H} = \boldsymbol{e}_y \frac{1}{6\pi}\cos(6\pi \times 10^7 t - 0.8\pi z)\ \mathrm{V/m}$$

试求该介质的相对磁导率 μ_r 和相对介电常数 ε_r。

解 由给出的 $\boldsymbol{E}$ 和 $\boldsymbol{H}$ 的表达式可知，它表征沿 $+z$ 方向传播的均匀平面波，其相关参数为

角频率 $$\omega = 6\pi\times10^{7}\ \text{rad/s}$$

波数 $$k = 0.8\pi\ \text{rad/m}$$

波阻抗 $$\eta = \frac{E}{H} = \frac{10}{\dfrac{1}{6\pi}}\ \Omega = 60\pi\ \Omega$$

而

$$k = \omega\sqrt{\mu\varepsilon} = \omega\sqrt{\mu_r\mu_0\varepsilon_r\varepsilon_0} = \frac{\omega}{c}\sqrt{\mu_r\varepsilon_r} = 0.8\pi\ \text{rad/m} \qquad (1)$$

$$\eta = \sqrt{\frac{\mu}{\varepsilon}} = \sqrt{\frac{\mu_r}{\varepsilon_r}}\sqrt{\frac{\mu_0}{\varepsilon_0}} = 60\pi\ \Omega \qquad (2)$$

联立解方程式(1)和(2)，得

$$\mu_r = 2,\ \varepsilon_r = 8$$

5.6 在自由空间传播的均匀平面波的电场强度复矢量为

$$\boldsymbol{E} = \boldsymbol{e}_x10^{-4}\mathrm{e}^{-\mathrm{j}20\pi z} + \boldsymbol{e}_y10^{-4}\mathrm{e}^{-\mathrm{j}(20\pi z-\frac{\pi}{2})}\ \text{V/m}$$

试求：(1) 平面波的传播方向和频率；

(2) 波的极化方式；

(3) 磁场强度 $\boldsymbol{H}$；

(4) 流过沿传播方向单位面积的平均功率。

解 (1) 传播方向为 $\boldsymbol{e}_z$

由题意知 $k=20\pi=\omega\sqrt{\mu_0\varepsilon_0}$，故

$$\omega = \frac{20\pi}{\sqrt{\mu_0\varepsilon_0}} = 6\pi\times10^{9}\ \text{rad/s}$$

$$f = \frac{\omega}{2\pi} = 3\times10^{9}\ \text{Hz} = 3\ \text{GHz}$$

(2) 原电场可表示为

$$\boldsymbol{E} = (\boldsymbol{e}_x + \mathrm{j}\boldsymbol{e}_y)10^{-4}\mathrm{e}^{-\mathrm{j}20\pi z}$$

是左旋圆极化波。

(3) 由 $$\boldsymbol{H} = \frac{1}{\eta_0}\boldsymbol{e}_z\times\boldsymbol{E}$$

得

$$\boldsymbol{H}=\frac{10^{-4}}{120\pi}(\boldsymbol{e}_y-\mathrm{j}\boldsymbol{e}_x)\mathrm{e}^{-\mathrm{j}20\pi z}$$

$$=-\boldsymbol{e}_x 2.65\times10^{-7}\mathrm{e}^{-\mathrm{j}\left(20\pi z-\frac{\pi}{2}\right)}+\boldsymbol{e}_y 2.65\times10^{-7}\mathrm{e}^{-\mathrm{j}20\pi z}$$

(4) $$\boldsymbol{S}_{\mathrm{av}}=\frac{1}{2}\mathrm{Re}[\boldsymbol{E}\times\boldsymbol{H}^*]$$

$$=\frac{1}{2}\mathrm{Re}\{[\boldsymbol{e}_x 10^{-4}\mathrm{e}^{-\mathrm{j}20\pi z}+\boldsymbol{e}_y 10^{-4}\mathrm{e}^{-\mathrm{j}\left(20\pi z-\frac{\pi}{2}\right)}]\times$$

$$[\boldsymbol{e}_y 2.65\times10^{-7}\mathrm{e}^{\mathrm{j}20\pi z}-\boldsymbol{e}_x 2.65\times10^{-7}\mathrm{e}^{\mathrm{j}\left(20\pi z-\frac{\pi}{2}\right)}]\}$$

$$=\boldsymbol{e}_z 2.65\times10^{-11}\ \mathrm{W/m^2}$$

即 $$P_{\mathrm{av}}=2.65\times10^{-11}\ \mathrm{W/m^2}$$

5.7 在空气中,一均匀平面波的波长为 12 cm,当该波进入某无损媒质中传播时,其波长减小为 8 cm,且已知在媒质中的 $\boldsymbol{E}$ 和 $\boldsymbol{H}$ 的振幅分别为 50 V/m 和 0.1 A/m。试求该平面波的频率、媒质的相对磁导率和相对介电常数。

解 在自由空间中,波的相速 $v_{\mathrm{p}}=c=3\times10^8$ m/s,故波的频率为

$$f=\frac{v_{\mathrm{p}}}{\lambda_0}=\frac{c}{\lambda_0}=\frac{3\times10^8}{12\times10^{-2}}\ \mathrm{Hz}=2.5\times10^9\ \mathrm{Hz}$$

在无损耗媒质中,波的相速为

$$v_{\mathrm{p}}=f\lambda=2.5\times10^9\times8\times10^{-2}\ \mathrm{m/s}=2\times10^8\ \mathrm{m/s}$$

又

$$v_{\mathrm{p}}=\frac{1}{\sqrt{\mu_{\mathrm{r}}\mu_0\varepsilon_{\mathrm{r}}\varepsilon_0}}=\frac{c}{\sqrt{\mu_{\mathrm{r}}\varepsilon_{\mathrm{r}}}}$$

故

$$\mu_{\mathrm{r}}\varepsilon_{\mathrm{r}}=\left(\frac{c}{v_{\mathrm{p}}}\right)^2=\frac{9}{4}\tag{1}$$

无损耗媒质中的波阻抗为

$$\eta=\frac{|\boldsymbol{E}|}{|\boldsymbol{H}|}=\frac{E_{\mathrm{m}}}{H_{\mathrm{m}}}=\frac{50}{0.1}\ \Omega=500\ \Omega$$

又由于

$$\eta = \sqrt{\frac{\mu_r\mu_0}{\varepsilon_r\varepsilon_0}} = \eta_0\sqrt{\frac{\mu_r}{\varepsilon_r}}$$

故

$$\frac{\mu_r}{\varepsilon_r} = \left(\frac{\eta}{\eta_0}\right)^2 = \left(\frac{500}{377}\right)^2 \tag{2}$$

联解式(1)和式(2),得

$$\mu_r = 1.99, \quad \varepsilon_r = 1.13$$

5.8 在自由空间中,一均匀平面波的相位常数为 $\beta_0 = 0.524$ rad/m,当该波进入到理想介质后,其相位常数变为 $\beta = 1.81$ rad/m。设该理想介质的 $\mu_r = 1$,试求该理想介质的 ε_r 和波在该理想介质中的传播速度。

解 自由空间的相位常数

$$\beta_0 = \omega\sqrt{\mu_0\varepsilon_0}$$

故

$$\omega = \frac{\beta_0}{\sqrt{\mu_0\varepsilon_0}} = 0.524 \times 3 \times 10^8\ \text{Hz} = 1.572 \times 10^8\ \text{rad/s}$$

在理想电介质中,相位常数 $\beta = \omega\sqrt{\mu_0\varepsilon_r\varepsilon_0} = 1.81$ rad/m,故得到

$$\varepsilon_r = \frac{1.81^2}{\omega^2\mu_0\varepsilon_0} = 11.93$$

电介质中的波速则为

$$v_p = \frac{1}{\sqrt{\mu\varepsilon}} = \frac{1}{\sqrt{\mu_0\varepsilon_r\varepsilon_0}} = \frac{c}{\sqrt{\varepsilon_r}} = \frac{3\times10^8}{\sqrt{11.93}}\ \text{m/s} = 0.87\times10^8\ \text{m/s}$$

5.9 在自由空间中,一均匀平面波的波长为 $\lambda_0 = 0.2$ m,当该波进入到理想介质后,其波长变为 $\lambda = 0.09$ m。设该理想介质的 $\mu_r = 1$,试求该理想介质的 ε_r 和波在该理想介质中的传播速度。

解 在自由空间,波的相速 $v_p = c = 3\times10^8$ m/s,故波的频率为

$$f = \frac{v_p}{\lambda_0} = \frac{3\times10^8}{0.2}\ \text{Hz} = 1.5\times10^9\ \text{Hz}$$

在理想介质中,波长 $\lambda = 0.09$ m,故波的相速为

$$v_p = f\lambda = 1.5\times10^9 \times 0.09\ \text{m/s} = 1.35\times10^8\ \text{m/s}$$

另一方面

$$v_p = \frac{1}{\sqrt{\mu\varepsilon}} = \frac{1}{\sqrt{\mu_0\varepsilon_r\varepsilon_0}} = \frac{c}{\sqrt{\varepsilon_r}}$$

故

$$\varepsilon_r = \left(\frac{c}{v_p}\right)^2 = \left(\frac{3\times10^8}{1.35\times10^8}\right)^2 = 4.94$$

5.10 均匀平面波的磁场强度 $\boldsymbol{H}$ 的振幅为$\frac{1}{3\pi}$ A/m,在自由空间沿 $-\boldsymbol{e}_z$方向传播,其相位常数 $\beta=30$ rad/m。当 $t=0$、$z=0$ 时,$\boldsymbol{H}$ 在 $-\boldsymbol{e}_y$方向。

(1) 写出 $\boldsymbol{E}$ 和 $\boldsymbol{H}$ 的表达式;

(2) 求频率和波长。

解 以余弦为基准,按题意先写出磁场表示式

$$\boldsymbol{H} = -\boldsymbol{e}_y\frac{1}{3\pi}\cos(\omega t+\beta z)\quad \text{A/m}$$

与之相伴的电场为

$$\boldsymbol{E} = \eta_0[\boldsymbol{H}\times(-\boldsymbol{e}_z)] = 120\pi\left[-\boldsymbol{e}_y\frac{1}{3\pi}\cos(\omega t+\beta z)\times(-\boldsymbol{e}_z)\right]$$

$$= \boldsymbol{e}_x 40\cos(\omega t+\beta z)\quad \text{V/m}$$

由 $\beta=30$ rad/m 得波长 λ 和频率 f 分别为

$$\lambda = \frac{2\pi}{\beta} = 0.21\ \text{m}$$

$$f = \frac{v_p}{\lambda} = \frac{c}{\lambda} = \frac{3\times10^8}{0.21}\ \text{Hz} = 1.43\times10^9\ \text{Hz}$$

$$\omega = 2\pi f = 2\pi\times1.43\times10^9\ \text{rad/s} = 9\times10^9\ \text{rad/s}$$

则磁场和电场分别为

$$\boldsymbol{H} = -\boldsymbol{e}_y\frac{1}{3\pi}\cos(9\times10^9 t+30z)\quad \text{A/m}$$

$$\boldsymbol{E} = \boldsymbol{e}_x 40\cos(9\times10^9 t+30z)\quad \text{V/m}$$

5.11 在空气中,一均匀平面波沿 $\boldsymbol{e}_y$方向传播,其磁场强度的瞬时表达式为

$$\boldsymbol{H}(y,t) = \boldsymbol{e}_z 4\times10^{-6}\cos\left(10^7\pi t-\beta y+\frac{\pi}{4}\right)$$

(1) 求相位常数 β 和 $t=3$ ms 时，$H_z=0$ 的位置；

(2) 求电场强度的瞬时表达式 $\boldsymbol{E}(y,t)$。

解 (1) $\beta=\omega\sqrt{\mu_0\varepsilon_0}=10^7\pi\times\dfrac{1}{3\times10^8}$ rad/m $=\dfrac{\pi}{30}$ rad/m

在 $t=3$ ms 时，欲使 $H_z=0$，则要求

$$\cos\left(10^7\pi\times3\times10^{-3}-\frac{\pi}{30}y+\frac{\pi}{4}\right)=\cos\left(-\frac{\pi}{30}y+\frac{\pi}{4}\right)=0$$

即

$$-\frac{\pi}{30}y+\frac{\pi}{4}=\frac{\pi}{2}\pm n\pi,\quad n=0,1,2,\cdots$$

故

$$y=-\frac{30}{4}\pm30n,\quad n=0,1,2,\cdots$$

考虑到波长 $\lambda=\dfrac{2\pi}{\beta}=60$ m，故 $t=3$ ms 时，$H_z=0$ 的位置为

$$y=22.5\pm n\frac{\lambda}{2}\ \text{m},\quad n=0,1,2,\cdots$$

(2) 电场的瞬时表达式为

$$\boldsymbol{E}=(\boldsymbol{H}\times\boldsymbol{e}_y)\eta_0=\left[\boldsymbol{e}_z4\times10^{-6}\cos\left(10^7\pi t-\beta y+\frac{\pi}{4}\right)\times\boldsymbol{e}_y\right]\times120\pi$$

$$=-\boldsymbol{e}_x1.508\times10^{-3}\cos\left(10^7\pi t-\frac{\pi}{30}y+\frac{\pi}{4}\right)\ \text{V/m}$$

5.12 已知在自由空间传播的均匀平面波的磁场强度为

$$\boldsymbol{H}(z,t)=(\boldsymbol{e}_x+\boldsymbol{e}_y)\times0.8\cos(6\pi\times10^8t-2\pi z)\quad\text{A/m}$$

(1) 求该均匀平面波的频率、波长、相位常数、相速；

(2) 求与 $\boldsymbol{H}(z,t)$ 相伴的电场强度 $\boldsymbol{E}(z,t)$；

(3) 计算瞬时坡印廷矢量。

解 (1) 从给定的磁场表达式，可直接得出

频率 $f=\dfrac{\omega}{2\pi}=\dfrac{6\pi\times10^8}{2\pi}$ Hz $=3\times10^8$ Hz

相位常数 $\beta = 2\pi\ \mathrm{rad/m}$

波长 $\lambda = \dfrac{2\pi}{\beta} = \dfrac{2\pi}{2\pi}\ \mathrm{m} = 1\ \mathrm{m}$

相速 $v_{\mathrm{p}} = \dfrac{\omega}{\beta} = \dfrac{6\pi\times 10^{8}}{2\pi}\ \mathrm{m/s} = 3\times 10^{8}\ \mathrm{m/s}$

(2) 与 $\boldsymbol{H}(z,t)$ 相伴的电场强度

$$\boldsymbol{E}(z,t) = \eta_0 \boldsymbol{H}(z,t)\times \boldsymbol{e}_z = (\boldsymbol{e}_x + \boldsymbol{e}_y)\times \boldsymbol{e}_z 0.8\times 120\pi\cos(6\pi\times 10^{8}t - 2\pi z)$$

$$= (\boldsymbol{e}_x - \boldsymbol{e}_y)96\pi\cos(6\pi\times 10^{8}t - 2\pi z)$$

(3) 瞬时坡印廷矢量为

$$\boldsymbol{S}(z,t) = \boldsymbol{E}(z,t)\times \boldsymbol{H}(z,t) = \boldsymbol{e}_z 153.6\pi\cos^2(6\pi\times 10^{8}t - 2\pi z)\ \mathrm{W/m^2}$$

5.13 频率 $f=500\ \mathrm{kHz}$ 的正弦均匀平面波在理想介质中传播,其电场振幅矢量 $\boldsymbol{E}_{\mathrm{m}} = \boldsymbol{e}_x 4 - \boldsymbol{e}_y + \boldsymbol{e}_z 2\ \mathrm{kV/m}$,磁场振幅矢量 $\boldsymbol{H}_{\mathrm{m}} = \boldsymbol{e}_x 6 + \boldsymbol{e}_y 18 - \boldsymbol{e}_z 3\ \ \mathrm{A/m}$。试求:(1) 波传播方向的单位矢量;(2) 介质的相对介电常数 ε_{r};(3) 电场 $\boldsymbol{E}$ 和磁场 $\boldsymbol{H}$ 的复数表达式。

解 (1) 表征电场方向的单位矢量为

$$\boldsymbol{e}_E = \frac{\boldsymbol{E}}{E} = \frac{\boldsymbol{e}_x 4 - \boldsymbol{e}_y + \boldsymbol{e}_z 2}{\sqrt{4^2+1+2^2}} = \frac{1}{\sqrt{21}}(\boldsymbol{e}_x 4 - \boldsymbol{e}_y + \boldsymbol{e}_z 2)$$

表征磁场方向的单位矢量为

$$\boldsymbol{e}_H = \frac{\boldsymbol{H}}{H} = \frac{\boldsymbol{e}_x 6 + \boldsymbol{e}_y 18 - \boldsymbol{e}_z 3}{\sqrt{6^2+18^2+3^2}} = \frac{1}{\sqrt{41}}(\boldsymbol{e}_x 2 + \boldsymbol{e}_y 6 - \boldsymbol{e}_z)$$

由此得到波传播方向的单位矢量为

$$\boldsymbol{e}_{\mathrm{n}} = \boldsymbol{e}_E\times \boldsymbol{e}_H = \frac{1}{\sqrt{21}}(\boldsymbol{e}_x 4 - \boldsymbol{e}_y + \boldsymbol{e}_z 2)\times \frac{1}{\sqrt{41}}(\boldsymbol{e}_x 2 + \boldsymbol{e}_y 6 - \boldsymbol{e}_z)$$

$$= \frac{1}{\sqrt{861}}(-\boldsymbol{e}_x 11 + \boldsymbol{e}_y 8 + \boldsymbol{e}_z 26)$$

$$= -\boldsymbol{e}_x 0.375 + \boldsymbol{e}_y 0.273 + \boldsymbol{e}_z 0.886$$

(2) 由 $\eta = \sqrt{\dfrac{\mu_0}{\varepsilon_{\mathrm{r}}\varepsilon_0}} = \dfrac{120\pi}{\sqrt{\varepsilon_{\mathrm{r}}}} = \dfrac{|\boldsymbol{E}_{\mathrm{m}}|}{|\boldsymbol{H}_{\mathrm{m}}|} = \dfrac{\sqrt{21}\times 10^{3}}{\sqrt{369}}$,可得到

$$\varepsilon_{\mathrm{r}} = 2.5$$

(3) 电场 $\boldsymbol{E}$ 和磁场 $\boldsymbol{H}$ 的复数表达式分别为

$$\boldsymbol{E}=\boldsymbol{E}_{\mathrm{m}}\mathrm{e}^{-\mathrm{j}k\boldsymbol{e}_{\mathrm{n}}\cdot\boldsymbol{r}}=(\boldsymbol{e}_x4-\boldsymbol{e}_y+\boldsymbol{e}_z)10^3\mathrm{e}^{-\mathrm{j}k\boldsymbol{e}_{\mathrm{n}}\cdot\boldsymbol{r}}$$

$$\boldsymbol{H}=\boldsymbol{H}_{\mathrm{m}}\mathrm{e}^{-\mathrm{j}k\boldsymbol{e}_{\mathrm{n}}\cdot\boldsymbol{r}}=(\boldsymbol{e}_x6+\boldsymbol{e}_y18-\boldsymbol{e}_z3)\mathrm{e}^{-\mathrm{j}k\boldsymbol{e}_{\mathrm{n}}\cdot\boldsymbol{r}}$$

式中

$$k=\omega\sqrt{\mu_0\varepsilon_{\mathrm{r}}\varepsilon_0}=2\pi\times500\times10^3\sqrt{\varepsilon_{\mathrm{r}}}\sqrt{\mu_0\varepsilon_0}$$

$$=\frac{\pi\times10^6}{3\times10^8}\sqrt{2.5}\ \mathrm{rad/m}$$

$$=\frac{\pi\sqrt{2.5}}{3}\times10^{-2}\ \mathrm{rad/m}$$

5.14 已知自由空间传播的均匀平面波的磁场强度为

$$\boldsymbol{H}=\left(\boldsymbol{e}_x\frac{3}{2}+\boldsymbol{e}_y+\boldsymbol{e}_z\right)10^{-6}\cos\left[\omega t-\pi\left(-x+y+\frac{1}{2}z\right)\right]\quad \mathrm{A/m}$$

试求：(1) 波的传播方向；(2) 波的频率和波长；(3) 与磁场 $\boldsymbol{H}$ 相伴的电场 $\boldsymbol{E}$；(4) 平均坡印廷矢量。

解 (1) 波的传播方向由波矢量 $\boldsymbol{k}$ 来确定。由给出的 $\boldsymbol{H}$ 的表达式可知

$$\boldsymbol{k}\cdot\boldsymbol{r}=k_xx+k_yy+k_zz=-\pi x+\pi y+0.5\pi z$$

故

$$k_x=-\pi,\quad k_y=\pi,\quad k_z=0.5\pi$$

即

$$\boldsymbol{k}=-\boldsymbol{e}_x\pi+\boldsymbol{e}_y\pi+\boldsymbol{e}_z0.5\pi$$

$$k=\pi\sqrt{(-1)^2+1+(0.5)^2}\ \mathrm{rad/m}=\frac{3}{2}\pi\quad \mathrm{rad/m}$$

则波传播方向单位矢量为

$$\boldsymbol{e}_{\mathrm{n}}=\frac{\boldsymbol{k}}{k}=\frac{1}{1.5\pi}\left(-\boldsymbol{e}_x\pi+\boldsymbol{e}_y\pi+\boldsymbol{e}_z\frac{\pi}{2}\right)=-\boldsymbol{e}_x\frac{2}{3}+\boldsymbol{e}_y\frac{2}{3}+\boldsymbol{e}_z\frac{1}{3}$$

(2)
$$\lambda=\frac{2\pi}{k}=\frac{2\pi}{3\pi/2}\ \mathrm{m}=\frac{4}{3}\ \mathrm{m}$$

$$f=\frac{v_{\mathrm{p}}}{\lambda}=\frac{3\times10^8}{4/3}\ \mathrm{Hz}=\frac{9}{4}\times10^8\ \mathrm{Hz}$$

(3) 与 $\boldsymbol{H}$ 相伴的 $\boldsymbol{E}$ 为

$$\boldsymbol{E}=(\boldsymbol{H}\times\boldsymbol{e}_n)\eta_0$$

$$=\left(\boldsymbol{e}_x\frac{3}{2}+\boldsymbol{e}_y+\boldsymbol{e}_z\right)10^{-6}\cos\left[\omega t-\pi\left(-x+y+\frac{1}{2}z\right)\right]\times$$

$$\left(-\boldsymbol{e}_x\frac{2}{3}+\boldsymbol{e}_y\frac{2}{3}+\boldsymbol{e}_z\frac{1}{3}\right)\times 377$$

$$=377\times10^{-6}\left(-\boldsymbol{e}_x\frac{1}{3}-\boldsymbol{e}_y\frac{7}{6}+\boldsymbol{e}_z\frac{5}{3}\right)\times$$

$$\cos\left[\frac{9\pi}{2}\times10^8t-\pi(-x+y+0.5z)\right]\quad \text{V/m}$$

(4) 平均坡印廷矢量

$$\boldsymbol{S}_{\text{av}}=\frac{1}{2}\text{Re}[\boldsymbol{E}\times\boldsymbol{H}^*]$$

$$=\frac{1}{2}\text{Re}\left[377\times10^{-6}\left(-\boldsymbol{e}_x\frac{1}{3}-\boldsymbol{e}_y\frac{7}{6}+\boldsymbol{e}_z\frac{5}{3}\right)\text{e}^{-\text{j}\pi(-x+y+0.5z)}\times\right.$$

$$\left.10^{-6}\left(\boldsymbol{e}_x\frac{3}{2}+\boldsymbol{e}_y+\boldsymbol{e}_z\right)\text{e}^{\text{j}\pi(-x+y+0.5z)}\right]$$

$$=1.7\pi\times10^{-10}\left(-\boldsymbol{e}_x+\boldsymbol{e}_y+\boldsymbol{e}_z\frac{1}{2}\right)\ \text{W/m}^2$$

5.15 频率为 100 MHz 的正弦均匀平面波，沿 $\boldsymbol{e}_z$ 方向传播。当 $t=0$ 时，在自由空间点 $P(4,-2,6)$ 的电场强度为 $\boldsymbol{E}=\boldsymbol{e}_x100-\boldsymbol{e}_y70\ \text{V/m}$，试求：

(1) $t=0$ 时，P 点的 $|\boldsymbol{E}|$；

(2) $t=1$ ns 时，P 点的 $|\boldsymbol{E}|$；

(3) $t=2$ ns 时，点 $Q(3,5,8)$ 的 $|\boldsymbol{E}|$。

解 在自由空间中

$$v_p=c=3\times10^8\quad\text{m/s}$$

$$\omega=2\pi f=2\pi\times10^8\quad\text{rad/s}$$

$$k=\frac{\omega}{v_p}=\frac{2\pi\times10^8}{3\times10^8}\ \text{rad/m}=\frac{2\pi}{3}\ \text{rad/m}$$

由题意可设电场强度的瞬时表达式为

$$\boldsymbol{E}=(\boldsymbol{e}_x100-\boldsymbol{e}_y70)\cos\left(2\pi\times10^8t-\frac{2\pi}{3}z+\phi\right)\ \text{V/m}$$

当 $t=0$、$z=6$ 时，应有

$$(\boldsymbol{e}_x100-\boldsymbol{e}_y70)\cos\left(-\frac{2\pi}{3}\times 6+\phi\right)=\boldsymbol{e}_x100-\boldsymbol{e}_y70$$

所以

$$\phi=0$$

故得到：(1) 当 $t=0$ 时，在 P 点

$$|\boldsymbol{E}|=\left|(\boldsymbol{e}_x100-\boldsymbol{e}_y70)\cos\left(-\frac{2\pi}{3}\times 6\right)\right|$$

$$=\sqrt{100^2+70^2}\ \text{V/m}=122.1\ \text{V/m}$$

(2) 当 $t=1$ ns 时，在 P 点

$$|\boldsymbol{E}|=|(\boldsymbol{e}_x100-\boldsymbol{e}_y70)\cos(2\pi\times 10^8\times 10^{-9}-4\pi)|$$

$$=\sqrt{100^2+70^2}\times 0.809\ \text{V/m}=98.8\ \text{V/m}$$

(3) 当 $t=2$ ns 时，在 Q 点

$$|\boldsymbol{E}|=\left|(\boldsymbol{e}_x100-\boldsymbol{e}_y70)\cos\left(2\pi\times 10^8\times 2\times 10^{-9}-\frac{2\pi}{3}\times 8\right)\right|$$

$$=\sqrt{100^2+70^2}\times 0.978\ \text{V/m}=119.4\ \text{V/m}$$

5.16 频率 $f=3$ GHz 的均匀平面波垂直入射到有一个大孔的聚苯乙烯（$\varepsilon_r=2.7$）介质板上，平面波将分别通过孔洞和介质板达到的右侧界面，如图题 5.16 所示。试求介质板的厚度 d 为多少时，才能使通过孔洞和通过介质板的平面波有相同的相位？（注：计算此题时不考虑边缘效应，也不考虑在界面上的反射）

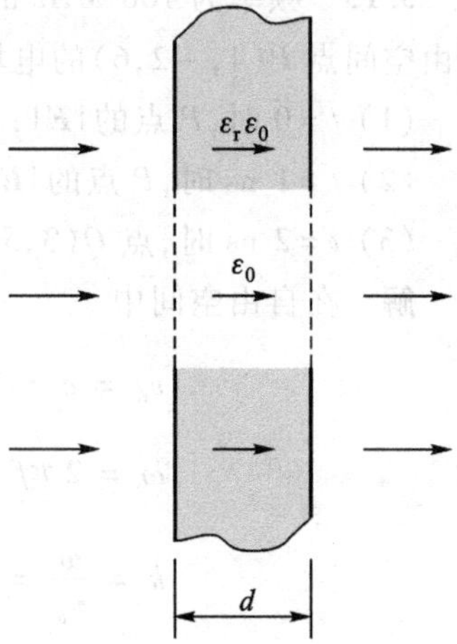

图题 5.16

解 相位常数与媒质参数及波的频率有关，对于介质板

$$\beta=\omega\sqrt{\mu\varepsilon}=2\pi f\sqrt{\mu_0(2.7\varepsilon_0)}$$

对孔洞

$$\beta_0=\omega\sqrt{\mu_0\varepsilon_0}=2\pi f\sqrt{\mu_0\varepsilon_0}$$

可见,波在介质板中传播单位距离引起的相位移要大于空气中的相位移。按题目要求,介质板的厚度 d 应满足下式

$$\beta d = \beta_0 d + 2\pi$$

故得

$$d = \frac{2\pi}{\beta - \beta_0} = \frac{2\pi}{2\pi f\sqrt{\mu_0\varepsilon_0}(\sqrt{2.7} - 1)}$$

$$= \frac{3\times 10^8}{3\times 10^9(\sqrt{2.7} - 1)}\ \text{m} = 155.5\ \text{mm}$$

5.17 证明:一个椭圆极化波可以分解为两个旋向相反的圆极化波。

证 表征沿 $+z$ 方向传播的椭圆极化波的电场可表示为

$$\boldsymbol{E} = (\boldsymbol{e}_x E_{xm}\mathrm{e}^{-\mathrm{j}\phi_x} + \boldsymbol{e}_y E_{ym}\mathrm{e}^{-\mathrm{j}\phi_y})\mathrm{e}^{-\mathrm{j}\beta z}$$

设两个旋向相反的圆极化波分别为

$$\boldsymbol{E}_1 = (\boldsymbol{e}_x + \boldsymbol{e}_y\mathrm{j})E_{1m}\mathrm{e}^{-\mathrm{j}\beta z}$$

$$\boldsymbol{E}_2 = (\boldsymbol{e}_x - \boldsymbol{e}_y\mathrm{j})E_{2m}\mathrm{e}^{-\mathrm{j}\beta z}$$

其中 E_{1m}、E_{2m} 均为复数。

令 $\boldsymbol{E}_1 + \boldsymbol{E}_2 = \boldsymbol{E}$,即

$$(\boldsymbol{e}_x + \boldsymbol{e}_y\mathrm{j})E_{1m}\mathrm{e}^{-\mathrm{j}\beta z} + (\boldsymbol{e}_x - \boldsymbol{e}_y\mathrm{j})E_{2m}\mathrm{e}^{-\mathrm{j}\beta z} = (\boldsymbol{e}_x E_{xm}\mathrm{e}^{-\mathrm{j}\phi_x} + \boldsymbol{e}_y E_{ym}\mathrm{e}^{-\mathrm{j}\phi_y})\mathrm{e}^{-\mathrm{j}\beta z}$$

则有

$$E_{1m} + E_{2m} = E_{xm}\mathrm{e}^{-\mathrm{j}\phi_x}$$

$$E_{1m} - E_{2m} = -\mathrm{j}E_{ym}\mathrm{e}^{-\mathrm{j}\phi_y}$$

由此可解得

$$E_{1m} = \frac{1}{2}(E_{xm}\mathrm{e}^{-\mathrm{j}\phi_x} - \mathrm{j}E_{ym}\mathrm{e}^{-\mathrm{j}\phi_y})$$

$$E_{2m} = \frac{1}{2}(E_{xm}\mathrm{e}^{-\mathrm{j}\phi_x} + \mathrm{j}E_{ym}\mathrm{e}^{-\mathrm{j}\phi_y})$$

故得到两个旋向相反的圆极化波分别为

$$\boldsymbol{E}_1 = \frac{1}{2}(\boldsymbol{e}_x + \boldsymbol{e}_y\mathrm{j})(E_{xm}\mathrm{e}^{-\mathrm{j}\phi_x} - \mathrm{j}E_{ym}\mathrm{e}^{-\mathrm{j}\phi_y})\mathrm{e}^{-\mathrm{j}\beta z}$$

$$\boldsymbol{E}_2 = \frac{1}{2}(\boldsymbol{e}_x - \boldsymbol{e}_y \mathrm{j})(E_{xm}\mathrm{e}^{-\mathrm{j}\phi_x} + \mathrm{j}E_{ym}\mathrm{e}^{-\mathrm{j}\phi_y})E_{2m}\mathrm{e}^{-\mathrm{j}\beta z}$$

5.18 已知一右旋圆极化波的波矢量为

$$\boldsymbol{k} = (\boldsymbol{e}_y + \boldsymbol{e}_z)\omega\sqrt{\mu\varepsilon/2}$$

且 $t=0$ 时,坐标原点处的电场为 $\boldsymbol{E}(0)=\boldsymbol{e}_x E_0$。试求此右旋圆极化波的电场、磁场表达式。

解 波矢量的方向即均匀平面波的传播方向,用其单位矢量 $\boldsymbol{e}_\mathrm{n}$ 表示,即

$$\boldsymbol{e}_\mathrm{n} = \frac{\boldsymbol{k}}{k} = \frac{(\boldsymbol{e}_y + \boldsymbol{e}_z)\omega\sqrt{\mu\varepsilon/2}}{\sqrt{(1^2+1^2)}\,\omega\sqrt{\mu\varepsilon/2}} = \frac{1}{\sqrt{2}}(\boldsymbol{e}_y + \boldsymbol{e}_z)$$

沿 $\boldsymbol{e}_\mathrm{n}$ 方向传播的均匀平面波的电场和磁场均位于与 $\boldsymbol{e}_\mathrm{n}$ 方向垂直的横向平面内。设电场的两个分量的方向单位矢量分别为 $\boldsymbol{e}_{\mathrm{n}1}$ 和 $\boldsymbol{e}_{\mathrm{n}2}$,则应有 $\boldsymbol{e}_\mathrm{n}=\boldsymbol{e}_{\mathrm{n}1}\times\boldsymbol{e}_{\mathrm{n}2}$。因此,沿 $\boldsymbol{e}_\mathrm{n}$ 方向传播的右旋圆极化波的电场可表示为

$$\boldsymbol{E}(\boldsymbol{r}) = E_0(\boldsymbol{e}_{\mathrm{n}1} - \boldsymbol{e}_{\mathrm{n}2}\mathrm{j})\mathrm{e}^{-\mathrm{j}k\boldsymbol{e}_\mathrm{n}\cdot\boldsymbol{r}}$$

根据题中所给条件 $t=0$ 时,坐标原点处的电场为 $\boldsymbol{E}(0)=\boldsymbol{e}_x E_0$,故得

$$\boldsymbol{e}_{\mathrm{n}1} = \boldsymbol{e}_x$$

而

$$\boldsymbol{e}_{\mathrm{n}2} = \boldsymbol{e}_\mathrm{n}\times\boldsymbol{e}_{\mathrm{n}1} = \frac{1}{\sqrt{2}}(\boldsymbol{e}_y + \boldsymbol{e}_z)\times\boldsymbol{e}_x = \frac{1}{\sqrt{2}}(\boldsymbol{e}_y - \boldsymbol{e}_z)$$

故

$$\boldsymbol{E}(\boldsymbol{r}) = \left[\boldsymbol{e}_x - \frac{\mathrm{j}}{\sqrt{2}}(\boldsymbol{e}_y - \boldsymbol{e}_z)\right]E_0\mathrm{e}^{-\mathrm{j}k\boldsymbol{e}_\mathrm{n}\cdot\boldsymbol{r}}$$

$$\boldsymbol{H}(\boldsymbol{r}) = \frac{1}{\eta}\boldsymbol{e}_\mathrm{n}\times\boldsymbol{E}(\boldsymbol{r}) = \sqrt{\frac{\varepsilon}{\mu}}\cdot\frac{1}{\sqrt{2}}(\boldsymbol{e}_y + \boldsymbol{e}_z)\times E_0\left[\boldsymbol{e}_x - \frac{\mathrm{j}}{\sqrt{2}}(\boldsymbol{e}_y - \boldsymbol{e}_z)\right]\mathrm{e}^{-\mathrm{j}k\boldsymbol{e}_\mathrm{n}\cdot\boldsymbol{r}}$$

$$= \left(\boldsymbol{e}_x\mathrm{j} + \boldsymbol{e}_y\frac{1}{\sqrt{2}} - \boldsymbol{e}_z\frac{1}{\sqrt{2}}\right)\sqrt{\frac{\varepsilon}{\mu}}E_0\mathrm{e}^{-\mathrm{j}k\boldsymbol{e}_\mathrm{n}\cdot\boldsymbol{r}}$$

写成瞬时值形式

$$\boldsymbol{E}(\boldsymbol{r},t) = \mathrm{Re}[\boldsymbol{E}(\boldsymbol{r})\mathrm{e}^{\mathrm{j}\omega t}] = \mathrm{Re}\left[\left(\boldsymbol{e}_x - \boldsymbol{e}_y\frac{\mathrm{j}}{\sqrt{2}} + \boldsymbol{e}_z\frac{\mathrm{j}}{\sqrt{2}}\right)E_0\mathrm{e}^{-\mathrm{j}k\boldsymbol{e}_\mathrm{n}\cdot\boldsymbol{r}}\mathrm{e}^{\mathrm{j}\omega t}\right]$$

$$= E_0\left[\boldsymbol{e}_x \cos(\omega t - \boldsymbol{k}\cdot\boldsymbol{r}) + \boldsymbol{e}_y \frac{1}{\sqrt{2}}\cos\left(\omega t - \boldsymbol{k}\cdot\boldsymbol{r} - \frac{\pi}{2}\right) + \boldsymbol{e}_z \frac{1}{\sqrt{2}}\cos\left(\omega t - \boldsymbol{k}\cdot\boldsymbol{r} + \frac{\pi}{2}\right)\right]$$

$$\boldsymbol{H}(\boldsymbol{r},t) = \sqrt{\frac{\varepsilon}{\mu}}E_0\left[\boldsymbol{e}_x \cos\left(\omega t - \boldsymbol{k}\cdot\boldsymbol{r} + \frac{\pi}{2}\right) + \boldsymbol{e}_y \frac{1}{\sqrt{2}}\cos(\omega t - \boldsymbol{k}\cdot\boldsymbol{r}) - \boldsymbol{e}_z \frac{1}{\sqrt{2}}\cos(\omega t - \boldsymbol{k}\cdot\boldsymbol{r})\right]$$

5.19 自由空间的均匀平面波的电场表达式为

$$\boldsymbol{E}(\boldsymbol{r},t) = (\boldsymbol{e}_x + \boldsymbol{e}_y 2 + \boldsymbol{e}_z E_{zm})10\cos(\omega t + 3x - y - z) \quad \text{V/m}$$

式中的 E_{zm} 为待定量。试由该表达式确定波的传播方向、角频率 ω、极化状态,并求与 $\boldsymbol{E}(\boldsymbol{r},t)$ 相伴的磁场 $\boldsymbol{H}(\boldsymbol{r},t)$。

解 设波的传播方向的单位矢量为 $\boldsymbol{e}_n$,则电场的复数形式可表示为

$$\boldsymbol{E}(\boldsymbol{r}) = \boldsymbol{E}_m e^{-jk\boldsymbol{e}_n\cdot\boldsymbol{r}}$$

题目中给定的电场的复数形式为

$$\boldsymbol{E}(\boldsymbol{r},t) = (\boldsymbol{e}_x + \boldsymbol{e}_y 2 + \boldsymbol{e}_z E_{zm})10e^{-j(-3x+y+z)} \quad \text{V/m}$$

于是有

$$\boldsymbol{E}_m = \boldsymbol{e}_x 10 + \boldsymbol{e}_y 20 + \boldsymbol{e}_z 10E_{zm}$$

$$\boldsymbol{k}\cdot\boldsymbol{r} = k\boldsymbol{e}_n\cdot\boldsymbol{r} = -3x + y + z$$

又

$$\boldsymbol{k}\cdot\boldsymbol{r} = k_x x + k_y y + k_z z$$

可见

$$k_x = -3, \quad k_y = 1, \quad k_z = 1$$

故波矢量

$$\boldsymbol{k} = -\boldsymbol{e}_x 3 + \boldsymbol{e}_y + \boldsymbol{e}_z$$

$$k = \sqrt{3^2 + 1^2 + 1^2}\ \text{rad/m} = \sqrt{11}\ \ \text{rad/m}$$

波传播方向的单位矢量 $\boldsymbol{e}_n$ 为

$$e_n = \frac{\boldsymbol{k}}{k} = \frac{-\boldsymbol{e}_x 3 + \boldsymbol{e}_y + \boldsymbol{e}_z}{\sqrt{11}}$$

波的角频率为

$$\omega = kv_p = kc = \sqrt{11} \times 3 \times 10^8 \text{ rad/s} = 9.95 \times 10^8 \quad \text{rad/s}$$

为了确定 E_{zm}，可利用均匀平面波的电场矢量垂直于波的传播方向这一性质，故有 $\boldsymbol{k} \cdot \boldsymbol{E}_m = 0$，即

$$(-\boldsymbol{e}_x 3 + \boldsymbol{e}_y + \boldsymbol{e}_z) \cdot (\boldsymbol{e}_x 10 + \boldsymbol{e}_y 20 + \boldsymbol{e}_z 10E_m) = 0$$

由此得

$$-30 + 20 + 10E_{zm} = 0$$

故得到

$$E_{zm} = 1$$

因此，自由空间任意一点 $\boldsymbol{r}$ 处的电场为

$$\boldsymbol{E}(\boldsymbol{r},t) = 10(\boldsymbol{e}_x + \boldsymbol{e}_y 2 + \boldsymbol{e}_z)\cos(9.95 \times 10^8 t + 3x - y - z) \quad \text{V/m}$$

上式表明电场的各个分量同相位，故 $\boldsymbol{E}(\boldsymbol{r},t)$ 表示一个直线极化波。

与 $\boldsymbol{E}(\boldsymbol{r},t)$ 相伴的磁场 $\boldsymbol{H}(\boldsymbol{r},t)$ 为

$$\begin{aligned}\boldsymbol{H}(\boldsymbol{r},t) &= \frac{1}{\eta_0}\boldsymbol{e}_n \times \boldsymbol{E}(\boldsymbol{r},t)\\ &= \frac{1}{120\pi} \times \frac{1}{\sqrt{11}}(-\boldsymbol{e}_x 3 + \boldsymbol{e}_y + \boldsymbol{e}_z) \times (\boldsymbol{e}_x + \boldsymbol{e}_y 2 + \boldsymbol{e}_z) \times \\ &\quad 10\cos(9.95 \times 10^8 t - \boldsymbol{k} \cdot \boldsymbol{r})\\ &= 8 \times 10^{-3}(-\boldsymbol{e}_x + \boldsymbol{e}_y 4 - \boldsymbol{e}_z 7)\cos(9.95 \times 10^8 t + 3x - y - z) \quad \text{A/m}\end{aligned}$$

5.20 已知自由空间的均匀平面波的电场表达式为

$$\boldsymbol{E}(\boldsymbol{r}) = (\boldsymbol{e}_x + \boldsymbol{e}_y 2 + \boldsymbol{e}_z \mathrm{j}\sqrt{5})\mathrm{e}^{-\mathrm{j}(2x + by + cz)} \quad \text{V/m}$$

试由此表达式确定波的传播方向、波长、极化状态，并求与 $\boldsymbol{E}(\boldsymbol{r})$ 相伴的磁场 $\boldsymbol{H}(\boldsymbol{r})$。

解 波的传播方向由波矢量的方向确定。由

$$\boldsymbol{k} \cdot \boldsymbol{r} = k_x x + k_y y + k_z z = 2x + by + cz$$

有

$$k_x = 2,\quad k_y = b,\quad k_z = c$$

为确定 b 和 c,利用 $\boldsymbol{k}\cdot\boldsymbol{E}_{\mathrm{m}}=0$,得

$$(\boldsymbol{e}_x2+\boldsymbol{e}_yb+\boldsymbol{e}_zc)\cdot(\boldsymbol{e}_x+\boldsymbol{e}_y2+\boldsymbol{e}_z\mathrm{j}\sqrt{5}) = 2+2b+\mathrm{j}\sqrt{5}c = 0$$

故

$$b=-1,\quad c=0$$

则波矢量为

$$\boldsymbol{k} = \boldsymbol{e}_x2-\boldsymbol{e}_y$$

波传播方向的单位矢量为

$$\boldsymbol{e}_{\mathrm{n}} = \frac{\boldsymbol{k}}{k} = \frac{\boldsymbol{e}_x2-\boldsymbol{e}_y}{\sqrt{2^2+1^2}} = \frac{1}{\sqrt{5}}(\boldsymbol{e}_x2-\boldsymbol{e}_y)$$

波长为

$$\lambda = \frac{2\pi}{k} = \frac{2\pi}{\sqrt{5}}\ \mathrm{m} = 2.81\ \mathrm{m}$$

已知的电场复振幅可写为

$$\boldsymbol{E}_{\mathrm{m}} = (\boldsymbol{e}_x+\boldsymbol{e}_y2)+\boldsymbol{e}_z\mathrm{j}\sqrt{5} = \boldsymbol{E}_{\mathrm{m}R}+\boldsymbol{E}_{\mathrm{m}I}$$

其中

$$\boldsymbol{E}_{\mathrm{m}R} = \boldsymbol{e}_x+\boldsymbol{e}_y2 = \frac{1}{\sqrt{5}}(\boldsymbol{e}_x+\boldsymbol{e}_y2)\sqrt{5} = \boldsymbol{e}_R\sqrt{5}$$

$$\boldsymbol{E}_{\mathrm{m}I} = \boldsymbol{e}_z\mathrm{j}\sqrt{5}$$

可见,$\boldsymbol{E}_{\mathrm{m}R}$与$\boldsymbol{E}_{\mathrm{m}I}$的大小相等,即

$$|\boldsymbol{E}_{\mathrm{m}R}| = \sqrt{1+2^2} = \sqrt{5},\quad |\boldsymbol{E}_{\mathrm{m}I}| = \sqrt{5}$$

且

$$\boldsymbol{e}_R\times\boldsymbol{e}_z = \frac{1}{\sqrt{5}}(\boldsymbol{e}_x+\boldsymbol{e}_y2)\times\boldsymbol{e}_z = \frac{1}{\sqrt{5}}(2\boldsymbol{e}_x-\boldsymbol{e}_y) = \boldsymbol{e}_{\mathrm{n}}$$

$$\boldsymbol{e}_R\cdot\boldsymbol{e}_z = \frac{1}{\sqrt{5}}(\boldsymbol{e}_x+\boldsymbol{e}_y2)\cdot\boldsymbol{e}_z = 0$$

由于$\boldsymbol{E}_{\mathrm{m}R}$与$\boldsymbol{E}_{\mathrm{m}I}$的相位相差 90°,即 $\phi_R=0,\phi_I=90°$,故 $\boldsymbol{E}(\boldsymbol{r})$表示一个左旋圆极

化波。

与 $\boldsymbol{E}(\boldsymbol{r})$ 相伴的磁场为

$$\boldsymbol{H}(\boldsymbol{r}) = \frac{1}{\eta_0}\boldsymbol{e}_{\mathrm{n}} \times \boldsymbol{E}(\boldsymbol{r}) = \frac{1}{120\,\pi} \cdot \frac{1}{\sqrt{5}}(\boldsymbol{e}_x 2 - \boldsymbol{e}_y) \times (\boldsymbol{e}_x + \boldsymbol{e}_y 2 + \boldsymbol{e}_z \mathrm{j}\sqrt{5})\,\mathrm{e}^{-\mathrm{j}(2x-y)}$$

$$= \frac{1}{120\,\pi}(-\boldsymbol{e}_x \mathrm{j} - \boldsymbol{e}_y \mathrm{j}2 + \boldsymbol{e}_z\sqrt{5})\,\mathrm{e}^{-\mathrm{j}(2x-y)} \quad \mathrm{A/m}$$

5.21 证明：电磁波在良导体中传播时，场强每经过一个波长振幅衰减 55 dB。

证 在良导体中 $\alpha \approx \beta = \dfrac{2\,\pi}{\lambda}$，故场强的衰减因子为

$$\mathrm{e}^{-\alpha z} \approx \mathrm{e}^{-\frac{2\pi}{\lambda}z}$$

场强的振幅经过 $z=\lambda$ 的距离后

$$\left|\frac{E_{\mathrm{m}}(\lambda)}{E_{\mathrm{m}}(0)}\right| = \mathrm{e}^{-2\,\pi} = 0.002$$

即衰减到起始值的 0.002。用分贝表示，则为

$$20\ \lg\left|\frac{E_{\mathrm{m}}(\lambda)}{E_{\mathrm{m}}(0)}\right| = 20\ \lg\ \mathrm{e}^{-2\,\pi} = -2\,\pi \times 20\ \lg\ \mathrm{e} \approx -55\ \mathrm{dB}$$

5.22 有一线极化的均匀平面波在海水（$\varepsilon_{\mathrm{r}}=81$、$\mu_{\mathrm{r}}=1$、$\sigma=4\ \mathrm{S/m}$）中沿 $+y$ 方向传播，其磁场强度在 $y=0$ 处为

$$\boldsymbol{H}(0,t) = \boldsymbol{e}_x 0.1\sin(10^{10}\pi t - \pi/3) \quad \mathrm{A/m}$$

(1) 求衰减常数、相位常数、本征阻抗、相速、波长及透入深度；(2) 求出 $\boldsymbol{H}$ 的振幅为 0.01 A/m 时的位置；(3) 写出 $\boldsymbol{E}(y,t)$ 和 $\boldsymbol{H}(y,t)$ 的表示式。

解 (1) $\dfrac{\sigma}{\omega\varepsilon} = \dfrac{4 \times 36\,\pi \times 10^{9}}{10^{10}\pi \times 81} = \dfrac{16}{90} \approx 0.18$

可见，在角频率 $\omega = 10^{10}\pi$ 时，海水为一般有损耗媒质，故

$$\alpha = \omega\sqrt{\frac{\mu\varepsilon}{2}\left[\sqrt{1+\left(\frac{\sigma}{\omega\varepsilon}\right)^2} - 1\right]} = 10^{10}\pi\sqrt{\frac{81\mu_0\varepsilon_0}{2}[\sqrt{1+0.18^2} - 1]}$$

$$= 83.9\ \mathrm{Np/m}$$

$$\beta = \omega\sqrt{\frac{\mu\varepsilon}{2}\left[\sqrt{1+\left(\frac{\sigma}{\omega\varepsilon}\right)^2} + 1\right]} = 10^{10}\pi\sqrt{\frac{81\mu_0\varepsilon_0}{2}[\sqrt{1+0.18^2} + 1]}$$

$\approx 300\pi$ rad/m

$$\eta_c=\frac{\sqrt{\frac{\mu}{\varepsilon}}}{\sqrt{1-\mathrm{j}\frac{\sigma}{\omega\varepsilon}}}=\frac{\sqrt{\frac{\mu_0}{81\varepsilon_0}}}{\sqrt{1-\mathrm{j}0.18}}=\frac{41.89}{1.008\mathrm{e}^{-\mathrm{j}0.028\pi}}\ \Omega=41.56\mathrm{e}^{\mathrm{j}0.028\pi}\quad\Omega$$

$$v_p=\frac{\omega}{\beta}=\frac{10^{10}\pi}{300\pi}=0.333\times10^{8}\ \mathrm{m/s}$$

$$\lambda=\frac{2\pi}{\beta}=\frac{2\pi}{300\pi}=6.67\times10^{-3}\ \mathrm{m}$$

$$\delta=\frac{1}{\alpha}=\frac{1}{83.9}\ \mathrm{m}=11.92\times10^{-3}\ \mathrm{m}$$

（2）由 $0.01=0.1\mathrm{e}^{-\alpha y}$，即 $\mathrm{e}^{-\alpha y}=0.1$，得

$$y=\frac{1}{\alpha}\ln 10=\frac{1}{83.9}\times2.303\ \mathrm{m}=27.4\times10^{-3}\ \mathrm{m}$$

（3） $$\boldsymbol{H}(y,t)=\boldsymbol{e}_x0.1\mathrm{e}^{-83.9y}\sin\left(10^{10}\pi t-300\pi y-\frac{\pi}{3}\right)\quad\mathrm{A/m}$$

其复数形式为

$$\boldsymbol{H}(y)=-\boldsymbol{e}_x0.1\mathrm{j}\mathrm{e}^{-83.9y}\mathrm{e}^{-\mathrm{j}300\pi y}\mathrm{e}^{-\mathrm{j}\frac{\pi}{3}}\quad\mathrm{A/m}$$

故电场的复数表示式为

$$\boldsymbol{E}(y)=\eta_c\boldsymbol{H}(y)\times\boldsymbol{e}_y=\boldsymbol{e}_x\times\boldsymbol{e}_y41.56\mathrm{e}^{\mathrm{j}0.028\pi}\times0.1\mathrm{e}^{-83.9y}\times\mathrm{e}^{-\mathrm{j}\left(300\pi y+\frac{\pi}{3}+\frac{\pi}{2}\right)}$$

$$=\boldsymbol{e}_z4.156\mathrm{e}^{-83.9y}\mathrm{e}^{-\mathrm{j}\left(300\pi y+\frac{\pi}{3}-0.028\pi+\frac{\pi}{2}\right)}\quad\mathrm{V/m}$$

则

$$\boldsymbol{E}(y,t)=\mathrm{Re}\left[\boldsymbol{E}(y)\mathrm{e}^{\mathrm{j}\omega t}\right]$$

$$=\boldsymbol{e}_z4.156\mathrm{e}^{-83.9y}\sin\left(10^{10}\pi t-300\pi y-\frac{\pi}{3}+0.028\pi\right)\quad\mathrm{V/m}$$

5.23 海水的电导率 $\sigma=4$ S/m、相对介电常数 $\varepsilon_r=81$。求频率为 10 kHz、100 kHz、1 MHz、10 MHz、100 MHz、1 GHz 的电磁波在海水中的波长、衰减系数和波阻抗。

解 先判定海水在各频率下的属性

$$\frac{\sigma}{\omega\varepsilon}=\frac{\sigma}{2\pi f\varepsilon_r\varepsilon_0}=\frac{4}{2\pi f\times81\varepsilon_0}=\frac{8.89\times10^{8}}{f}$$

可见，当$f \leqslant 10^7$ Hz 时，满足$\dfrac{\sigma}{\omega\varepsilon} \gg 1$，海水可视为良导体，此时

$$\alpha \approx \beta \approx \sqrt{\pi f \mu_0 \sigma}, \quad \eta_c \approx (1+\mathrm{j})\sqrt{\frac{\pi f \mu_0}{\sigma}}$$

$f=10$ kHz 时

$$\alpha = \sqrt{\pi \times 10 \times 10^3 \times 4\pi \times 10^{-7} \times 4} = 0.126\pi \text{ Np/m} = 0.396 \text{ Np/m}$$

$$\lambda = \frac{2\pi}{\beta} = \frac{2\pi}{0.126\pi} \text{ m} = 15.87 \text{ m}$$

$$\eta_c = (1+\mathrm{j})\sqrt{\frac{\pi \times 10 \times 10^3 \times 4\pi \times 10^{-7}}{4}}\ \Omega = 0.099(1+\mathrm{j})\ \Omega$$

$f=100$ kHz 时

$$\alpha = \sqrt{\pi \times 100 \times 10^3 \times 4\pi \times 10^{-7} \times 4} \text{ Np/m} = 1.26\pi \text{ Np/m}$$

$$\lambda = \frac{2\pi}{\beta} = \frac{2\pi}{1.26} \text{ m} = 5 \text{ m}$$

$$\eta_c = (1+\mathrm{j})\sqrt{\frac{\pi \times 100 \times 10^3 \times 4\pi \times 10^{-7}}{4}}\ \Omega = 0.314(1+\mathrm{j})\ \Omega$$

$f=1$ MHz 时

$$\alpha = \sqrt{\pi \times 10^6 \times 4\pi \times 10^{-7} \times 4} \text{ Np/m} = 3.96 \text{ Np/m}$$

$$\lambda = \frac{2\pi}{\beta} = \frac{2\pi}{3.96} \text{ m} = 1.587 \text{ m}$$

$$\eta_c = (1+\mathrm{j})\sqrt{\frac{\pi \times 10^6 \times 4\pi \times 10^{-7}}{4}}\ \Omega = 0.99(1+\mathrm{j})\ \Omega$$

$f=10$ MHz 时

$$\alpha = \sqrt{\pi \times 10 \times 10^6 \times 4\pi \times 10^{-7} \times 4} \text{ Np/m} = 12.6 \text{ Np/m}$$

$$\lambda = \frac{2\pi}{\beta} = \frac{2\pi}{12.6} \text{ m} = 0.5 \text{ m}$$

$$\eta_c = (1+\mathrm{j})\sqrt{\frac{\pi \times 10 \times 10^6 \times 4\pi \times 10^{-7}}{4}}\ \Omega = 3.14(1+\mathrm{j})\ \Omega$$

当 $f=100$ MHz 及以上时，$\dfrac{\sigma}{\omega\varepsilon}\gg 1$ 不再满足，海水属一般有损耗媒质，此时，

$$\alpha = 2\pi f\sqrt{\frac{\mu_0\varepsilon_r\varepsilon_0}{2}\left[\sqrt{1+\left(\frac{\sigma}{2\pi f\varepsilon_r\varepsilon_0}\right)^2}-1\right]}$$

$$\beta = 2\pi f\sqrt{\frac{\mu_0\varepsilon_r\varepsilon_0}{2}\left[\sqrt{1+\left(\frac{\sigma}{2\pi f\varepsilon_r\varepsilon_0}\right)^2}+1\right]}$$

$$\eta_c=\frac{\sqrt{\mu_0/(\varepsilon_r\varepsilon_0)}}{\sqrt{1-j\sigma/(2\pi f\varepsilon_r\varepsilon_0)}}$$

$f=100$ MHz 时

$$\alpha = 37.57\ \text{Np/m}$$

$$\beta = 42.1\ \text{rad/m}$$

$$\lambda = \frac{2\pi}{\beta} = 0.149\ \text{m}$$

$$\eta_c = \frac{42}{\sqrt{1-j8.9}}\ \Omega = 14.05e^{j41.8^\circ}\ \Omega$$

$f=1$ GHz 时

$$\alpha = 69.12\ \text{Np/m}$$

$$\beta = 203.58\ \text{rad/m}$$

$$\lambda = \frac{2\pi}{\beta} = 0.03\ \text{m}$$

$$\eta_c = \frac{42}{\sqrt{1-j0.89}}\ \Omega = 36.5e^{j20.8^\circ}\ \Omega$$

5.24 已知某区域内的电场强度表达式为

$$\boldsymbol{E} = (\boldsymbol{e}_x 4+\boldsymbol{e}_y 3e^{-j\frac{\pi}{2}})e^{-(0.1z+j0.3z)}\quad \text{V/m}$$

试讨论电场所表示的均匀平面波的极化特性。

解 由给定的电场表达式可看出，这是在有损耗媒质中沿 $+z$ 方向传播的均匀平面波。写出电场强度的两个分量的瞬时表达式

$$E_x(z,t) = \text{Re}[E_x e^{j\omega t}] = \text{Re}[4e^{-(0.1z+j0.3z)}e^{j\omega t}] = 4e^{-0.1z}\cos(\omega t-0.3z)$$

$$E_y(z,t) = \mathrm{Re}[E_y \mathrm{e}^{\mathrm{j}\omega t}]$$
$$= \mathrm{Re}[3\mathrm{e}^{-\mathrm{j}\frac{\pi}{2}}\mathrm{e}^{-(0.1z+\mathrm{j}0.3z)}\mathrm{e}^{\mathrm{j}\omega t}]$$
$$= 3\mathrm{e}^{-0.1z}\cos\left(\omega t - 0.3z - \frac{\pi}{2}\right)$$

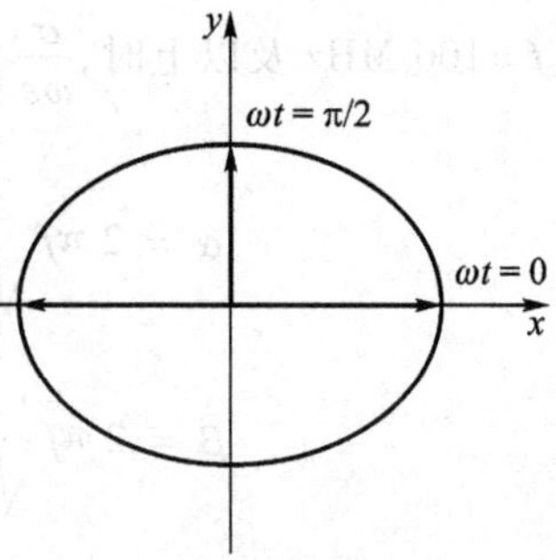

图题 5.24

为简化讨论，取 $z=0$，得

$$E_x(0,t) = 4\cos\omega t$$
$$E_y(z,t) = 3\sin\omega t$$

将以上两式平方后再相加，得

$$\frac{E_x^2(0,t)}{16} + \frac{E_y^2(0,t)}{9} = 1$$

这是一个标准的椭圆方程，半长轴 $a=4$，半短轴 $b=3$。因此，题目给定的 $\boldsymbol{E}$ 表示一个椭圆极化波。取以下时间：

$$\omega t = 0、\frac{\pi}{2}、\pi$$

有
$$E_x(0,t) = 4、0、-4$$
$$E_y(0,t) = 0、3、0$$

由此得出，在 $z=0$ 的平面上，$\boldsymbol{E}$ 矢量的端点随时间变化的轨迹如图题 5.24 所示。可见，$\boldsymbol{E}=(\boldsymbol{e}_x 4+\boldsymbol{e}_y 3\mathrm{e}^{-\mathrm{j}\frac{\pi}{2}})\mathrm{e}^{-(0.1z+\mathrm{j}0.3z)}$ 表示一个右旋椭圆极化波。

5.25 在相对介电常数 $\varepsilon_r=2.5$、损耗角正切值为 10^{-2} 的非磁性媒质中，频率为 3 GHz、$\boldsymbol{e}_y$ 方向极化的均匀平面波沿 $\boldsymbol{e}_x$ 方向传播。

(1) 求波的振幅衰减一半时，传播的距离；

(2) 求媒质的本征阻抗、波的波长和相速；

(3) 设在 $x=0$ 处的 $\boldsymbol{E}(0,t)=\boldsymbol{e}_y 50\sin\left(6\pi\times10^9 t+\frac{\pi}{3}\right)$，写出 $\boldsymbol{H}(x,t)$ 的表达式。

解 (1) 由 $\dfrac{\sigma}{\omega\varepsilon}=\dfrac{\sigma}{2\pi f\varepsilon_r\varepsilon_0}=\dfrac{\sigma}{2\pi\times3\times10^9\times2.5\times10^{-9}/(36\pi)}=\dfrac{18\sigma}{3\times2.5}$
$=10^{-2}$

得

$$\sigma = \frac{3\times2.5\times10^{-2}}{18}\ \mathrm{S/m} = 0.417\times10^{-2}\ \mathrm{S/m}$$

而

$$\frac{\sigma}{\omega\varepsilon} = 10^{-2} \ll 1$$

该媒质在 $f=3$ GHz 时可视为弱导电媒质，故衰减常数为

$$\alpha \approx \frac{\sigma}{2}\sqrt{\frac{\mu}{\varepsilon}} = \frac{0.417\times10^{-2}}{2}\sqrt{\frac{\mu_0}{2.5\varepsilon_0}} = 0.497\ \text{Np/m}$$

由 $e^{-\alpha x}=\frac{1}{2}$，得波的振幅衰减一半时，传播的距离

$$x = \frac{1}{\alpha}\ln 2 = \frac{1}{0.497}\ln 2\ \text{m} = 1.395\ \text{m}$$

（2）对于弱导电媒质，本征阻抗为

$$\eta_c \approx \sqrt{\frac{\mu}{\varepsilon}}\left(1+\text{j}\frac{\sigma}{2\omega\varepsilon}\right) = \sqrt{\frac{\mu_0}{2.5\varepsilon_0}}\left(1+\text{j}\frac{10^{-2}}{2}\right) = 238.44(1+\text{j}0.005)$$

$$= 238.44e^{\text{j}0.286^\circ} = 238.44e^{\text{j}0.0016\pi}\quad \Omega$$

而相位常数

$$\beta \approx \omega\sqrt{\mu\varepsilon} = 2\pi f\sqrt{2.5\mu_0\varepsilon_0}$$

$$= 2\pi\times3\times10^9\times\frac{\sqrt{2.5}}{3\times10^8}\ \text{rad/m}$$

$$= 31.6\pi\ \text{rad/m}$$

故波长和相速分别为

$$\lambda = \frac{2\pi}{\beta} = \frac{2\pi}{31.6\pi}\ \text{m} = 0.063\ \text{m}$$

$$v_p = \frac{\omega}{\beta} = \frac{2\pi\times3\times10^9}{31.6\pi}\ \text{m/s} = 1.899\times10^8\ \text{m/s}$$

（3）在 $x=0$ 处，

$$\boldsymbol{E}(0,t) = \boldsymbol{e}_y 50\sin\left(6\pi\times10^9 t+\frac{\pi}{3}\right)\quad \text{V/m}$$

故

$$\boldsymbol{E}(x,t) = \boldsymbol{e}_y 50e^{-0.497x}\sin\left(6\pi\times10^9 t-31.6\pi x+\frac{\pi}{3}\right)\quad \text{V/m}$$

则

$$H(x) = \frac{1}{|\eta_c|}e_x \times E(x)e^{-j\phi}$$

$$= \frac{1}{238.44}e_x \times e_y 50e^{-0.497x}e^{-j31.6\pi x}e^{j\frac{\pi}{3}}e^{-j\frac{\pi}{2}}e^{-j0.0016\pi}$$

$$= e_z 0.21e^{-0.497x}e^{-j31.6\pi x}e^{j\frac{\pi}{3}}e^{-j0.0016\pi}e^{-j\frac{\pi}{2}} \quad \text{A/m}$$

故

$$H(x,t) = \text{Re}[H(x)e^{j\omega t}]$$

$$= e_z 0.21e^{-0.497x}\sin\left(6\pi\times 10^9 t - 31.6\pi x + \frac{\pi}{3} - 0.0016\pi\right) \quad \text{A/m}$$

5.26 已知在 100 MHz 时,石墨的趋肤深度为 0.16 mm,试求:

(1) 石墨的电导率;

(2) 1 GHz 的电磁波在石墨中传播多长距离其振幅衰减了 30 dB?

解 (1) 由趋肤深度

$$\delta = \frac{1}{\sqrt{\pi f\mu\sigma}}$$

得到石墨的电导率

$$\sigma = \frac{1}{\pi f\mu\delta^2} = 0.99\times 10^5 \quad \text{S/m}$$

(2) 当 $f = 10^9$ Hz 时

$$\alpha = \sqrt{\pi f\mu\sigma} = 1.98\times 10^4 \quad \text{Np/m}$$

要求

$$20\ \text{lg}e^{-\alpha z} = -30\ \text{dB}$$

故得到

$$z = \frac{1.5}{\alpha\ \text{lg}e} = 1.75\times 10^{-4}\ \text{m}$$

5.27 频率为 150 MHz 的均匀平面波在损耗媒质中传播,已知 $\varepsilon_r = 1.4$、$\mu_r = 1$ 及 $\frac{\sigma}{\omega\varepsilon} = 10^{-4}$,问电磁波在该媒质中传播几米后,波的相位改变 90°?

解 因$\frac{\sigma}{\omega\varepsilon}=10^{-4}\ll 1$，为弱导电媒质，故

$$\beta=\omega\sqrt{\mu\varepsilon}=2\pi f\sqrt{\mu_0\varepsilon_0}\sqrt{\varepsilon_r}$$

$$=2\pi\times 150\times 10^6\times\frac{\sqrt{1.4}}{3\times 10^8}\ \text{rad/m}$$

$$=1.18\pi\ \text{rad/m}$$

由相移量

$$\beta z=1.18\pi z=\frac{\pi}{2}$$

故得到

$$z=0.424\ \text{m}$$

第6章

均匀平面波的反射与透射

6.1 基本内容概述

本章讨论均匀平面波在不同媒质分界面上的反射与透射，主要内容为：均匀平面波对两种不同媒质（包括理想介质、一般导电媒质、理想导体）分界平面的垂直入射，均匀平面波对理想介质分界面的斜入射和均匀平面波对理想导体表面的斜入射。

6.1.1 电磁波对分界面的垂直入射

1. 对导电媒质分界面的垂直入射

反射系数

$$\Gamma = \frac{E_{\text{rm}}}{E_{\text{im}}} = \frac{\eta_{2\text{c}} - \eta_{1\text{c}}}{\eta_{2\text{c}} + \eta_{1\text{c}}} \tag{6.1}$$

透射系数

$$\tau = \frac{E_{\text{tm}}}{E_{\text{im}}} = \frac{2\eta_{2\text{c}}}{\eta_{2\text{c}} + \eta_{1\text{c}}} \tag{6.2}$$

且

$$1 + \Gamma = \tau \tag{6.3}$$

在一般情况下，$\eta_{1\text{c}}$、$\eta_{2\text{c}}$为复数，故 Γ 和 τ 一般也为复数，这表明在分界面上的反射和透射将引入附加的相位移。

2. 对理想导体平面的垂直入射

媒质 1 为理想介质，媒质 2 为理想导体，则 $\eta_{2\text{c}}=0$、$\Gamma=-1$、$\tau=0$，即产生全反射，媒质 1 中的合成波为驻波。

$$\boldsymbol{E}_1(z) = \boldsymbol{E}_{\text{i}}(z) + \boldsymbol{E}_{\text{r}}(z) = -\boldsymbol{e}_x \text{j}2E_{\text{im}} \sin \beta_1 z \tag{6.4}$$

$$\boldsymbol{H}_1(z) = \boldsymbol{H}_{\text{i}}(z) + \boldsymbol{H}_{\text{r}}(z) = \boldsymbol{e}_y \frac{2}{\eta_1} E_{\text{im}} \cos \beta_1 z \tag{6.5}$$

合成波的特点：$z=-\frac{n\lambda_1}{2}(n=0,1,2,\cdots)$处为合成波电场的波节点和合成波磁场的波腹点；$z=-\frac{(2n+1)\lambda_1}{4}(n=0,1,2,\cdots)$处为合成波电场的波腹点和合成波磁场的波节点；$\boldsymbol{E}_1$ 和 $\boldsymbol{H}_1$ 的驻波在时间上有$\frac{\pi}{2}$的相移，在空间分布上错开$\frac{\lambda}{4}$。

3. 对理想介质分界面的垂直入射

反射系数 Γ 和透射系数 τ 为实数，媒质 1 中的合成波的电场为

$$\boldsymbol{E}_1(z)=\boldsymbol{e}_x E_{\mathrm{im}}(\tau \mathrm{e}^{-\mathrm{j}\beta_1 z}+\mathrm{j}2\Gamma\sin\beta_1 z) \tag{6.6}$$

合成波的电场最大值

$$|\boldsymbol{E}_1(z)|_{\max}=E_{\mathrm{im}}(1+|\Gamma|) \tag{6.7}$$

出现位置

$$z_{\max}=\begin{cases}-n\lambda_1/2, & \Gamma>0\\ -(2n+1)\lambda_1/4, & \Gamma<0\end{cases}\quad(n=0,1,2,3,\cdots) \tag{6.8}$$

合成波的电场最小值

$$|\boldsymbol{E}_1(z)|_{\min}=E_{\mathrm{im}}(1-|\Gamma|) \tag{6.9}$$

出现位置

$$z_{\min}=\begin{cases}-(2n+1)\lambda_1/4, & \Gamma>0\\ -n\lambda_1/2, & \Gamma<0\end{cases}\quad(n=0,1,2,3,\cdots) \tag{6.10}$$

驻波系数(驻波比)

$$S=\frac{|E|_{\max}}{|E|_{\min}}=\frac{1+|\Gamma|}{1-|\Gamma|} \tag{6.11}$$

6.1.2 对三层介质分界平面的垂直入射

分界面 1 处的等效波阻抗

$$\eta_{\mathrm{ef}}=\eta_2\frac{\eta_3+\mathrm{j}\eta_2\tan(\beta_2 d)}{\eta_2+\mathrm{j}\eta_3\tan(\beta_2 d)} \tag{6.12}$$

分界面 1 处的反射系数

$$\Gamma_1=\frac{\eta_{\mathrm{ef}}-\eta_1}{\eta_{\mathrm{ef}}+\eta_1} \tag{6.13}$$

四分之一波长匹配层：在两种不同介质之间插入一层厚度为 $d=\frac{\lambda_2}{4}$ 的介质，当 $\eta_2=\sqrt{\eta_1\eta_3}$ 时，有 $\Gamma_1=0$。

半波长介质窗：如果介质1和介质3是相同的介质，即 $\eta_3=\eta_1$，当介质2的厚度 $d=\frac{\lambda_2}{2}$ 时，有 $\Gamma_1=0$。

6.1.3 平面波对介质分界面的斜入射

1. 反射定律与折射定律

斯耐尔反射定律

$$\theta_r=\theta_i \tag{6.14}$$

斯耐尔折射定律

$$\frac{\sin\theta_t}{\sin\theta_i}=\frac{k_1}{k_2}=\frac{n_1}{n_2} \tag{6.15}$$

式中，$n_1=\frac{c}{v_1}=\sqrt{\mu_{r1}\varepsilon_{r1}}$、$n_2=\frac{c}{v_2}=\sqrt{\mu_{r2}\varepsilon_{r2}}$ 分别为介质1和介质2的折射率。

2. 反射系数与透射系数

① 垂直极化入射

$$\Gamma_\perp=\frac{\eta_2\cos\theta_i-\eta_1\cos\theta_t}{\eta_2\cos\theta_i+\eta_1\cos\theta_t} \tag{6.16}$$

$$\tau_\perp=\frac{2\eta_2\cos\theta_i}{\eta_2\cos\theta_i+\eta_1\cos\theta_t} \tag{6.17}$$

且

$$1+\Gamma_\perp=\tau_\perp \tag{6.18}$$

② 平行极化入射

$$\Gamma_{/\!/}=\frac{\eta_1\cos\theta_i-\eta_2\cos\theta_t}{\eta_1\cos\theta_i+\eta_2\cos\theta_t} \tag{6.19}$$

$$\tau_{/\!/}=\frac{2\eta_2\cos\theta_i}{\eta_1\cos\theta_i+\eta_2\cos\theta_t} \tag{6.20}$$

且

$$1+\Gamma_{/\!/}=\frac{\eta_1}{\eta_2}\tau_{/\!/} \tag{6.21}$$

3. 全反射

临界角

$$\theta_c = \arcsin\left(\frac{k_2}{k_1}\right) = \arcsin\left(\frac{n_2}{n_1}\right) \tag{6.22}$$

发生全反射的条件：$n_1 > n_2$ 且 $\theta_i \geqslant \theta_c$。

发生全反射时，$|\rho_\perp| = |\rho_{/\!/}| = 1$，透射波沿分界面方向传播，透射波的振幅在垂直于分界面的方向上呈指数衰减，形成表面波。

4. 无反射

布儒斯特角

$$\theta_B = \arctan\sqrt{\frac{\varepsilon_2}{\varepsilon_1}} \tag{6.23}$$

发生无反射的条件：在 $\mu_1 = \mu_2$ 的情况下，当 $\theta_i = \theta_B$ 时，平行极化波无反射。

任意极化波以布儒斯特角入射到两种介质($\mu_1 = \mu_2$)分界面时，平行极化分量已全部透射了，反射波中只包含垂直极化分量。

6.1.4 平面波对理想导体平面的斜入射

1. 垂直极化入射

如图 6.1 所示，媒质 1 中的合成波电场和磁场

$$\boldsymbol{E}_1 = -\boldsymbol{e}_y \mathrm{j}2E_m \sin(kz\cos\theta_i)\mathrm{e}^{-\mathrm{j}kx\sin\theta_i} \tag{6.24}$$

$$\boldsymbol{H}_1 = [-\boldsymbol{e}_x \cos\theta_i \cos(kz\cos\theta_i) - \boldsymbol{e}_z \mathrm{j}\sin\theta_i \sin(kz\cos\theta_i)]\frac{2E_m}{\eta}\mathrm{e}^{-\mathrm{j}kx\sin\theta_i} \tag{6.25}$$

合成波的特点：

① 合成波是沿平行于分界面的方向传播的 TE 波。

② 合成波是非均匀平面波，其振幅在垂直于导体表面的方向(即 z 方向)上呈驻波分布，而且合成波电场在 $z = -\dfrac{n\pi}{k\cos\theta_i}$ 处为零。

2. 平行极化入射

如图 6.2 所示，媒质 1 中的合成波

$$\boldsymbol{E}_1 = [-\boldsymbol{e}_x \mathrm{j}\cos\theta_i \sin(kz\cos\theta_i) - \boldsymbol{e}_z \sin\theta_i \cos(kz\cos\theta_i)]2E_m \mathrm{e}^{-\mathrm{j}kx\sin\theta_i} \tag{6.26}$$

$$\boldsymbol{H}_1 = \boldsymbol{e}_y 2\frac{E_m}{\eta}\cos(kz\cos\theta_i)\mathrm{e}^{-\mathrm{j}kx\sin\theta_i} \tag{6.27}$$

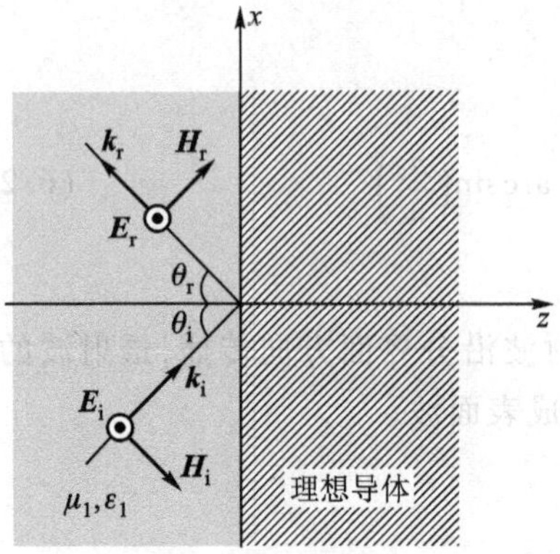

图 6.1 垂直极化波对理想导体平面的斜入射

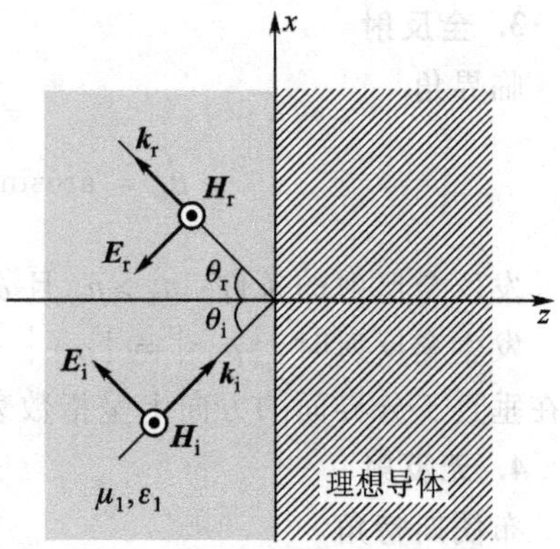

图 6.2 平行极化波对理想导体平面的斜入射

合成波的特点：

① 合成波是沿平行于分界面的方向传播的 TM 波。

② 合成波是非均匀平面波，其振幅在垂直于导体表面的方向（即 z 方向）上呈驻波分布，而且合成波磁场在 $z=-\dfrac{n\pi}{k\cos\theta_i}$ 处达到最大值。

6.2 教学基本要求及重点、难点讨论

6.2.1 教学基本要求

均匀平面波对理想导体平面和理想介质平面的垂直入射，是讨论反射和透射问题的最基本、也是最简单的情形，应掌握其分析方法和过程，理解所得结果表征的物理意义。

了解均匀平面波对多层媒质分界面垂直入射的分析方法，掌握四分之一波长匹配层和半波长介质窗的意义及其应用。

了解均匀平面波对分界面的斜入射问题的分析方法，理解斯耐尔反射定律和折射定律以及反射系数、透射系数的意义；理解全反射现象和无反射现象的概念，掌握其产生的条件，了解其应用。

6.2.2 重点、难点讨论

1. 均匀平面波的反射和透射

电磁波在不同媒质分界面上的反射和透射是普遍而重要的现象。简单的均匀平面波经反射后，将会出现波的叠加，形成驻波、混合波、表面波等，引入了许

多新概念，是教学中的难点，特别是斜入射问题。

重点是掌握对分界面的垂直入射问题。关于对分界面的斜入射问题，重点掌握反射与透射的分析方法以及反射系数和透射系数的概念。

均匀平面波入射到无限大理想介质和理想导体平面的基本分析方法是根据电场强度、磁场强度和波矢量三者之间的关系，写出入射波、反射波和透射波的数学表达式，然后利用分界面上电场强度切向分量和磁场强度切向分量的边界条件，以入射波的场强分量表达反射波场强分量和透射波场强分量，包括反射波、透射波的传播方向和反射波、透射波的振幅，即反射系数与透射系数。

在分析均匀平面波对分界面的斜入射问题时，将入射波分为垂直极化入射波和平行极化入射波两种情况来讨论，这是因为入射波为垂直极化波时，反射波和透射波也只有垂直极化分量，而不可能产生平行极化分量；同样，入射波为平行极化波时，反射波和透射波也只有平行极化分量，而不可能产生垂直极化分量。也就是说，这两种极化波之间互不影响。任意极化波则分解为两种极化波的叠加。

对平行极化波的反射系数和透射系数的定义在不同的教材中可能有差异。在本教材中是按反射波的总电场强度、透射波的总电场强度与入射波的总电场强度来定义的，即

$$\Gamma_{/\!/}=\frac{E_m^r}{E_m^i}=\frac{\eta_1\cos\theta_i-\eta_2\cos\theta_t}{\eta_1\cos\theta_i+\eta_2\cos\theta_t}$$

$$\tau_{/\!/}=\frac{E_m^t}{E_m^i}=\frac{2\eta_2\cos\theta_i}{\eta_1\cos\theta_i+\eta_2\cos\theta_t}$$

此时，反射系数 $\Gamma_{/\!/}$ 和透射系数 $\tau_{/\!/}$ 的关系为

$$1+\Gamma_{/\!/}=\frac{\eta_1}{\eta_2}\tau_{/\!/}$$

另一种定义是按电场强度在分界面上的切向分量来定义平行极化入射的反射系数和透射系数，即

$$\Gamma_{/\!/}=\frac{E_m^r\cos\theta_r}{E_m^i\cos\theta_i}=\frac{\eta_1\cos\theta_i-\eta_2\cos\theta_t}{\eta_1\cos\theta_i+\eta_2\cos\theta_t}$$

$$\tau_{/\!/}=\frac{E_m^t\cos\theta_t}{E_m^i\cos\theta_i}=\frac{2\eta_2\cos\theta_t}{\eta_1\cos\theta_i+\eta_2\cos\theta_t}$$

此时，反射系数 $\Gamma_{/\!/}$ 和透射系数 $\tau_{/\!/}$ 的关系为

$$1+\Gamma_{/\!/}=\tau_{/\!/}$$

这与垂直极化入射时 $\Gamma_{\perp}$ 与 $\tau_{\perp}$ 的关系 $1+\Gamma_{\perp}=\tau_{\perp}$ 相同。

应当强调的是,无论采用哪种定义,反射系数和透射系数都只是描述了入射波、反射波和透射波的电场强度在不同媒质分界面上的相互关系。不同定义的差异只是形式上的,并不会影响最终的场分布结果。

2. 波的全反射现象

平面电磁波斜入射到理想导体表面上会发生全反射。在一定条件下,平面电磁波斜入射到理想介质分界面时也会发生全反射。这种全反射现象有着重要意义和实用价值,例如,光纤通信就是根据全反射的原理实现的。

平面电磁波在理想介质分界面上的全反射与在理想导体表面上的全反射有所不同。在理想导体表面上发生的全反射,只有反射波,没有透射波;而在理想介质分界面上发生全反射时,不仅有反射波,还存在透射波。那么应怎样理解平面电磁波在理想介质分界面上的全反射呢?

平面电磁波在理想介质分界面上的全反射是反射系数的模等于1的一种反射与透射现象。当发生全反射时,透射波是只存在于分界面的第二种介质一侧的薄层内、沿分界面方向传播的所谓表面波。因此,从某种意义上说,这时并不存在通常意义上的透射波。

当平面波从稠密媒质(介电常数 ε_1 相对较大的介质)入射到稀疏媒质(介电常数 ε_2 相对较小的介质),且入射角 θ 等于临界角 θ_c,即 $\theta=\theta_c$ 时,$\sin\theta=\sin\theta_c=\sqrt{\dfrac{\varepsilon_2}{\varepsilon_1}}$,有

$$\rho_{/\!/}=1 \quad 和 \quad \rho_{\perp}=1$$

即产生全反射。

而当 $\theta>\theta_c$,即 $\sin\theta>\sqrt{\dfrac{\varepsilon_2}{\varepsilon_1}}$ 时,平行极化入射波的反射系数

$$\Gamma_{/\!/}=\frac{\dfrac{\varepsilon_2}{\varepsilon_1}\cos\theta_i-\sqrt{\dfrac{\varepsilon_2}{\varepsilon_1}-\sin^2\theta_i}}{\dfrac{\varepsilon_2}{\varepsilon_1}\cos\theta_i+\sqrt{\dfrac{\varepsilon_2}{\varepsilon_1}-\sin^2\theta_i}}=\frac{\dfrac{\varepsilon_2}{\varepsilon_1}\cos\theta_i-\mathrm{j}\sqrt{\sin^2\theta_i-\dfrac{\varepsilon_2}{\varepsilon_1}}}{\dfrac{\varepsilon_2}{\varepsilon_1}\cos\theta_i+\mathrm{j}\sqrt{\sin^2\theta_i-\dfrac{\varepsilon_2}{\varepsilon_1}}}=\mathrm{e}^{-\mathrm{j}2\delta_{/\!/}}$$

式中

$$\delta_{/\!/}=\arctan\left[\sqrt{\sin^2\theta_i-\frac{\varepsilon_2}{\varepsilon_1}}\bigg/\left(\frac{\varepsilon_2}{\varepsilon_1}\cos\theta_i\right)\right]$$

垂直极化入射波的反射系数

$$\Gamma_{\perp} = \frac{\cos\theta_i - \sqrt{\dfrac{\varepsilon_2}{\varepsilon_1} - \sin^2\theta_i}}{\cos\theta_i + \sqrt{\dfrac{\varepsilon_2}{\varepsilon_1} - \sin^2\theta_i}} = \frac{\cos\theta_i - \mathrm{j}\sqrt{\sin^2\theta_i - \dfrac{\varepsilon_2}{\varepsilon_1}}}{\cos\theta_i + \mathrm{j}\sqrt{\sin^2\theta_i - \dfrac{\varepsilon_2}{\varepsilon_1}}} = \mathrm{e}^{-\mathrm{j}2\delta_{\perp}}$$

式中

$$\delta_{\perp} = \arctan\left(\sqrt{\sin^2\theta_i - \frac{\varepsilon_2}{\varepsilon_1}} \bigg/ \cos\theta_i\right)$$

可见,当 $\theta > \theta_c$ 时,无论入射波是平行极化还是垂直极化,反射系数的模都等于1,表明发生了全反射,只是反射系数的幅角不相等,即 $\delta_{/\!/} \neq \delta_{\perp}$。

对于垂直极化入射波,当发生全反射时,透射波电场强度为

$$\boldsymbol{E}_t = \boldsymbol{e}_y E_{tm} \mathrm{e}^{-\alpha z} \mathrm{e}^{-\mathrm{j}k_{tx}x}$$

则透射波磁场强度为

$$\boldsymbol{H}_t = -\frac{1}{\mathrm{j}\omega\mu}\nabla \times \boldsymbol{E}_t = \left(\boldsymbol{e}_x \frac{\mathrm{j}\alpha}{\omega\mu} + \boldsymbol{e}_z \frac{k_{tx}}{\omega\mu}\right) E_{tm} \mathrm{e}^{-\alpha z} \mathrm{e}^{-\mathrm{j}k_{tx}x}$$

则透射波的平均坡印廷矢量

$$\boldsymbol{S}_{av} = \frac{1}{2}\mathrm{Re}[\boldsymbol{E}_t \times \boldsymbol{H}_t^*] = \frac{1}{2}\mathrm{Re}\left[\left(\boldsymbol{e}_z \frac{\mathrm{j}\alpha}{\omega\mu} + \boldsymbol{e}_x \frac{k_{tx}}{\omega\mu}\right) E_{tm}^2 \mathrm{e}^{-2\alpha z}\right] = \boldsymbol{e}_x \frac{k_{tx}}{2\omega\mu} E_{tm}^2 \mathrm{e}^{-2\alpha z}$$

因此,透射波的平均能流密度只有 x 分量,沿 z 方向透入媒质 2 中的平均能流密度为零。但其瞬时值并不为零,说明这时媒质 2 起着吞吐电磁能量的作用。在前半个周期内,电磁能量透入媒质 2,在界面附近薄层内储存起来,在后半个周期内,该能量被释放出来变为反射波能量。这就是透射波成为衰减波的原因。这种衰减不同于导电媒质中存在的衰减,导电媒质中存在着传导电流,必然有电磁能量损耗,从而造成波的衰减。在全反射时,媒质 2 中不存在传导电流,所以波的衰减只是由于透入的电磁能流不断有所返回造成的,两者有本质的区别。

6.3 习题解答

6.1 有一频率为 100 MHz、沿 y 方向极化的均匀平面波从空气($x<0$ 区域)中垂直入射到位于 $x=0$ 的理想导体板上。设入射波电场 $\boldsymbol{E}_i$ 的振幅为 10 V/m,试求:

(1) 入射波电场 $\boldsymbol{E}_i$ 和磁场 $\boldsymbol{H}_i$ 的复矢量;

(2) 反射波电场 $\boldsymbol{E}_r$ 和磁场 $\boldsymbol{H}_r$ 的复矢量;

(3) 合成波电场 $\boldsymbol{E}_1$ 和磁场 $\boldsymbol{H}_1$ 的复矢量;

(4) 距离导体平面最近的合成波电场 $\boldsymbol{E}_1$ 为零的位置；

(5)距离导体平面最近的合成波磁场 $\boldsymbol{H}_1$ 为零的位置。

解 (1) $\omega = 2\pi f = 2\pi\times10^8 \quad \text{rad/s}$

$$\beta = \frac{\omega}{c} = \frac{2\pi\times10^8}{3\times10^8}\ \text{rad/m} = \frac{2}{3}\pi\ \text{rad/m}$$

$$\eta_1 = \eta_0 = \sqrt{\frac{\mu_0}{\varepsilon_0}} = 120\pi\ \Omega$$

则入射波电场 $\boldsymbol{E}_i$ 和磁场 $\boldsymbol{H}_i$ 的复矢量分别为

$$\boldsymbol{E}_i(x) = \boldsymbol{e}_y 10\mathrm{e}^{-\mathrm{j}\frac{2}{3}\pi x} \quad \text{V/m}$$

$$\boldsymbol{H}_i(x) = \frac{1}{\eta_1}\boldsymbol{e}_x\times\boldsymbol{E}_i(x) = \boldsymbol{e}_z\frac{1}{12\pi}\mathrm{e}^{-\mathrm{j}\frac{2}{3}\pi x} \quad \text{A/m}$$

(2) 反射波电场 $\boldsymbol{E}_r$ 和磁场 $\boldsymbol{H}_r$ 的复矢量分别为

$$\boldsymbol{E}_r(x) = -\boldsymbol{e}_y 10\mathrm{e}^{\mathrm{j}\frac{2}{3}\pi x} \quad \text{V/m}$$

$$\boldsymbol{H}_r(x) = \frac{1}{\eta}(-\boldsymbol{e}_x)\times\boldsymbol{E}_r(x) = \boldsymbol{e}_z\frac{1}{12\pi}\mathrm{e}^{\mathrm{j}\frac{2}{3}\pi x} \quad \text{A/m}$$

(3) 合成波电场 $\boldsymbol{E}_1$ 和磁场 $\boldsymbol{H}_1$ 的复矢量分别为

$$\boldsymbol{E}_1(x) = \boldsymbol{E}_i(x) + \boldsymbol{E}_r(x) = -\boldsymbol{e}_y \mathrm{j}20\sin\left(\frac{2}{3}\pi x\right) \quad \text{V/m}$$

$$\boldsymbol{H}_1(x) = \boldsymbol{H}_i(x) + \boldsymbol{H}_r(x) = \boldsymbol{e}_z\frac{1}{6\pi}\cos\left(\frac{2}{3}\pi x\right) \quad \text{A/m}$$

(4) 对于 $\boldsymbol{E}_1(x)$，当 $x=0$ 时，$\boldsymbol{E}_1(0)=0$。而在空气中，第一个零点发生在 $\frac{2}{3}\pi x = -\pi$ 处，即

$$x = -\frac{3}{2}\ \text{m}$$

(5) 对于 $\boldsymbol{H}_1(x)$，当 $\frac{2}{3}\pi x = -\frac{\pi}{2}$，即 $x = -\frac{3}{4}$ m 时为磁场在空气中的第一个零点。

6.2 一均匀平面波沿 $+z$ 方向传播，其电场强度矢量为

$$\boldsymbol{E} = \boldsymbol{e}_x 100\sin(\omega t - \beta z) + \boldsymbol{e}_y 200\cos(\omega t - \beta z) \quad \text{V/m}$$

(1) 应用麦克斯韦方程求相伴的磁场 $\boldsymbol{H}$；

(2) 若在波传播方向上 $z=0$ 处放置一无限大的理想导体板，求 $z<0$ 区域中的合成波电场 $\boldsymbol{E}_1$ 和磁场 $\boldsymbol{H}_1$；

(3) 求理想导体板表面的电流密度。

解 (1) 将已知的电场写成复数形式

$$E(z)=e_x100e^{-j(\beta z+90^\circ)}+e_y200e^{-j\beta z}$$

由 $\nabla\times E=-j\omega\mu_0H$，得

$$H(z)=-\frac{1}{j\omega\mu_0}\nabla\times E(z)=-\frac{1}{j\omega\mu_0}\begin{vmatrix}e_x & e_y & e_z\\ \frac{\partial}{\partial x} & \frac{\partial}{\partial y} & \frac{\partial}{\partial z}\\ E_x & E_y & 0\end{vmatrix}$$

$$=-\frac{1}{j\omega\mu_0}\left(-e_x\frac{\partial E_y}{\partial z}+e_y\frac{\partial E_x}{\partial z}\right)$$

$$=-\frac{1}{j\omega\mu_0}[-e_x200(-j\beta)e^{-j\beta z}+e_y100(-j\beta)e^{-j(\beta z+90^\circ)}]$$

$$=\frac{\beta}{\omega\mu_0}[-e_x200e^{-j\beta z}+e_y100e^{-j(\beta z+90^\circ)}]$$

$$=\frac{1}{\eta_0}[-e_x200e^{-j\beta z}+e_y100e^{-j(\beta z+90^\circ)}]\quad \text{A/m}$$

写成瞬时值表示式

$$H(z,t)=\mathrm{Re}[H(z)e^{j\omega t}]$$

$$=\frac{1}{\eta_0}[-e_x200\cos(\omega t-\beta z)+e_y100\cos(\omega t-\beta z-90^\circ)]$$

$$=\frac{1}{\eta_0}[-e_x200\cos(\omega t-\beta z)+e_y100\sin(\omega t-\beta z)]\quad \text{A/m}$$

(2) 均匀平面波垂直入射到理想导体平面上会产生全反射，反射波的电场为

$$E_{rx}=-100e^{j(\beta z-90^\circ)}$$

$$E_{ry}=-200e^{j\beta z}$$

即 $z<0$ 区域内的反射波电场为

$$E_r=e_xE_{rx}+e_yE_{ry}=-e_x100e^{j(\beta z-90^\circ)}-e_y200e^{j\beta z}$$

与之相伴的反射波磁场为

$$H_r=\frac{1}{\eta_0}(-e_z\times E_r)=\frac{1}{\eta_0}(-e_x200e^{j\beta z}+e_y100e^{j(\beta z-90^\circ)})$$

至此，即可求出 $z<0$ 区域内的总电场 $\boldsymbol{E}_1$ 和总磁场 $\boldsymbol{H}_1$。

$$E_{1x}=E_x+E_{rx}=100\mathrm{e}^{-\mathrm{j}(\beta z+90^\circ)}-100\mathrm{e}^{\mathrm{j}(\beta z-90^\circ)}$$

$$=100\mathrm{e}^{-\mathrm{j}90^\circ}(\mathrm{e}^{-\mathrm{j}\beta z}-\mathrm{e}^{\mathrm{j}\beta z})=-\mathrm{j}200\sin\beta z\mathrm{e}^{-\mathrm{j}90^\circ}$$

$$E_{1y}=E_y+E_{ry}=200\mathrm{e}^{-\mathrm{j}\beta z}-200\mathrm{e}^{\mathrm{j}\beta z}=-\mathrm{j}400\sin\beta z$$

故

$$\boldsymbol{E}_1=\boldsymbol{e}_xE_{1x}+\boldsymbol{e}_yE_{1y}=-\boldsymbol{e}_x\mathrm{j}200\sin\beta z\mathrm{e}^{-\mathrm{j}90^\circ}-\boldsymbol{e}_y\mathrm{j}400\sin\beta z$$

同样

$$H_{1x}=H_x+H_{rx}=-\frac{1}{\eta_0}200\mathrm{e}^{-\mathrm{j}\beta z}-\frac{1}{\eta_0}200\mathrm{e}^{\mathrm{j}\beta z}=-\frac{1}{\eta_0}400\cos\beta z$$

$$H_{1y}=H_y+H_{ry}=\frac{1}{\eta_0}[100\mathrm{e}^{-\mathrm{j}(\beta z+90^\circ)}+100\mathrm{e}^{\mathrm{j}(\beta z-90^\circ)}]=\frac{1}{\eta_0}200\mathrm{e}^{-\mathrm{j}90^\circ}\cos\beta z$$

故

$$\boldsymbol{H}_1=\boldsymbol{e}_xH_{1x}+\boldsymbol{e}_yH_{1y}=\frac{1}{\eta_0}(-\boldsymbol{e}_x400\cos\beta z+\boldsymbol{e}_y200\mathrm{e}^{-\mathrm{j}90^\circ}\cos\beta z)$$

(3) 理想导体平面上的电流密度为

$$\boldsymbol{J}_S=\boldsymbol{e}_n\times\boldsymbol{H}_1\big|_{z=0}=-\boldsymbol{e}_z\times(-\boldsymbol{e}_x400\cos\beta z+\boldsymbol{e}_y200\mathrm{e}^{-\mathrm{j}90^\circ}\cos\beta z)\frac{1}{\eta_0}\bigg|_{z=0}$$

$$=\boldsymbol{e}_x0.53\mathrm{e}^{-\mathrm{j}90^\circ}+\boldsymbol{e}_y1.06\quad \mathrm{A/m}$$

6.3 均匀平面波的频率为 16 GHz，在聚苯乙烯（$\sigma_1=0$、$\varepsilon_{r1}=2.55$、$\mu_{r1}=1$）中沿 $\boldsymbol{e}_z$ 方向传播，在 $z=0.82$ cm 处遇到理想导体，试求：

(1) 电场 $\boldsymbol{E}=0$ 的位置；

(2) 聚苯乙烯中 E_{max} 和 H_{max} 的比值。

解 (1) 令 $z'=z-0.82$，设电场振动方向为 $\boldsymbol{e}_x$，则在聚苯乙烯中的电场为

$$\boldsymbol{E}_1(z')=\boldsymbol{E}_i(z')+\boldsymbol{E}_r(z')=-\boldsymbol{e}_x\mathrm{j}2E_{im}\sin\beta z'$$

故 $\boldsymbol{E}_1(z')=0$ 的位置为

$$\beta z'=-n\pi\quad(n=0,1,2,\cdots)$$

即

$$z'=-\frac{n\pi}{\beta}=-\frac{n\pi}{\omega\sqrt{\mu\varepsilon}}$$

将 $\omega=2\pi f$、$\mu=\mu_0$、$\varepsilon_r=2.55$ 代入，则有

$$z'=-\frac{n\pi}{2\pi f\sqrt{\mu_0\varepsilon_0}\sqrt{\varepsilon_r}}=-\frac{3\times10^8\times n\pi}{2\pi\times16\times10^9\times1.6}$$

$$= -5.86n \times 10^{-3}\ \text{m} = -0.586n\ \text{cm}$$

故

$$z = z' + 0.82 = -0.586n + 0.82\ \text{cm} \quad (n = 0, 1, 2, \cdots)$$

（2）聚苯乙烯中的磁场

$$\boldsymbol{H}_1(z') = \boldsymbol{H}_i(z') + \boldsymbol{H}_r(z') = \boldsymbol{e}_y 2\frac{E_{im}}{\eta_1}\cos\beta z'$$

所以

$$\frac{E_{max}}{H_{max}} = \frac{2E_{im}}{2E_{im}/\eta_1} = \eta_1 = \sqrt{\frac{\mu}{\varepsilon}} = \eta_0\sqrt{\frac{\mu_r}{\varepsilon_r}} = 235.6\ \ \Omega$$

6.4 均匀平面波的电场振幅为 $E_{im} = 100\ \text{V/m}$，从空气中垂直入射到无损耗介质平面上（介质的 $\sigma_2 = 0$、$\varepsilon_{r2} = 4$、$\mu_{r2} = 1$），求反射波与透射波的电场振幅。

解 $\eta_1 = \sqrt{\dfrac{\mu_1}{\varepsilon_1}} = \sqrt{\dfrac{\mu_0}{\varepsilon_0}} = 120\pi\ \Omega$

$$\eta_2 = \sqrt{\frac{\mu_2}{\varepsilon_2}} = \sqrt{\frac{\mu_0}{4\varepsilon_0}} = 60\pi\ \Omega$$

反射系数为

$$\Gamma = \frac{\eta_2 - \eta_1}{\eta_2 + \eta_1} = \frac{60\pi - 120\pi}{60\pi + 120\pi} = -\frac{1}{3}$$

透射系数为

$$\tau = \frac{2\eta_2}{\eta_2 + \eta_1} = \frac{2 \times 60\pi}{60\pi + 120\pi} = \frac{2}{3}$$

故反射波的电场振幅为

$$E_{rm} = |\Gamma| E_{im} = \frac{100}{3}\ \text{V/m} = 33.3\ \text{V/m}$$

透射波的电场振幅为

$$E_{tm} = \tau E_{im} = \frac{2 \times 100}{3}\ \text{V/m} = 66.6\ \text{V/m}$$

6.5 设一电磁波，其电场沿 x 方向、频率为 1 GHz、振幅为 100 V/m、初相位为零，垂直入射到一无损耗介质表面（$\varepsilon_r = 2.1$），如图题 6.5 所示。

（1）求每一区域中的波阻抗和传播常数；

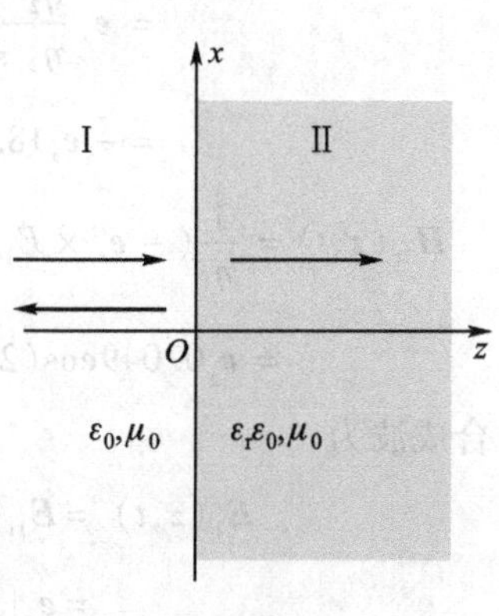

图题 6.5

（2）分别求两区域中的电场、磁场的瞬时表达式。

解 （1）波阻抗

$$\eta = \sqrt{\frac{\mu}{\varepsilon}} = \sqrt{\frac{\mu_0}{\varepsilon_0}}\sqrt{\frac{\mu_r}{\varepsilon_r}}$$

得

$$\eta_1 = \sqrt{\frac{\mu_0}{\varepsilon_0}} = 120\pi\ \Omega = 377\ \Omega$$

$$\eta_2 = \sqrt{\frac{\mu}{\varepsilon}} = \sqrt{\frac{\mu_0}{\varepsilon_0}}\sqrt{\frac{\mu_r}{\varepsilon_r}} = 120\pi\sqrt{\frac{1}{2.1}}\ \Omega = 260\ \Omega$$

对于无损耗介质

$$\gamma = \mathrm{j}\beta = \mathrm{j}\omega\sqrt{\mu\varepsilon} = \mathrm{j}2\pi\sqrt{\mu_0\varepsilon_0}\sqrt{\mu_r\varepsilon_r}$$

得

$$\gamma_1 = \mathrm{j}2\pi f\sqrt{\mu_0\varepsilon_0} \approx \mathrm{j}20.93\ 1/\mathrm{m}$$

$$\gamma_2 = \mathrm{j}2\pi f\sqrt{\mu_0\varepsilon_0}\sqrt{\mu_r\varepsilon_r} \approx \mathrm{j}30.33\ 1/\mathrm{m}$$

（2）Ⅰ区的入射波为

$$\boldsymbol{E}_{1i}(z,t) = \boldsymbol{e}_x 100\cos(2\pi ft - \beta_1 z) = \boldsymbol{e}_x 100\cos(2\pi\times 10^9 t - 20.93z)\quad \mathrm{V/m}$$

$$\boldsymbol{H}_{1i}(z,t) = \frac{1}{\eta_1}\boldsymbol{e}_z \times E_{1i}(z,t) = \boldsymbol{e}_y 0.27\cos(2\pi\times 10^9 t - 20.93z)\quad \mathrm{A/m}$$

反射波为

$$\begin{aligned}\boldsymbol{E}_{1r}(z,t) &= \boldsymbol{e}_x E_{rm}\cos(\omega t + \beta_1 z) = \boldsymbol{e}_x E_{im}\cos(2\pi ft + \beta_1 z)\\ &= \boldsymbol{e}_x\frac{\eta_2 - \eta_1}{\eta_2 + \eta_1}100\cos(2\pi\times 10^9 t + 20.93z)\\ &= -\boldsymbol{e}_x 18.37\cos(2\pi\times 10^9 t + 20.93z)\quad \mathrm{V/m}\end{aligned}$$

$$\begin{aligned}\boldsymbol{H}_{1r}(z,t) &= \frac{1}{\eta_1}(-\boldsymbol{e}_z \times \boldsymbol{E}_{1r}) = \boldsymbol{e}_y\frac{1}{377}\times 18.37\cos(2\pi\times 10^9 t + 20.93z)\\ &= \boldsymbol{e}_y 0.049\cos(2\pi\times 10^9 t + 20.93z)\quad \mathrm{A/m}\end{aligned}$$

故合成波为

$$\begin{aligned}\boldsymbol{E}_1(z,t) &= \boldsymbol{E}_{1i}(z,t) + \boldsymbol{E}_{1r}(z,t)\\ &= \boldsymbol{e}_x[100\cos(2\pi\times 10^9 t - 20.93z) -\\ &\quad 18.37\cos(2\pi\times 10^9 t + 20.93z)\quad \mathrm{V/m}\end{aligned}$$

$$\begin{aligned}\boldsymbol{H}_1(z,t) &= \boldsymbol{H}_{1i}(z,t) + \boldsymbol{H}_{1r}(z,t)\\ &= \boldsymbol{e}_y[0.27\cos(2\pi\times10^9 t - 20.93z) +\\ &\quad 0.049\cos(2\pi\times10^9 t + 20.93z)]\quad \text{A/m}\end{aligned}$$

Ⅱ区只有透射波

$$\begin{aligned}\boldsymbol{E}_{2t}(z,t) &= \boldsymbol{e}_x E_{tm}\cos(\omega t - \beta_2 z) = \boldsymbol{e}_x \tau E_{im}\cos(2\pi f t - \beta_2 z)\\ &= \boldsymbol{e}_x \frac{2\eta_2}{\eta_1+\eta_2}100\cos(2\pi\times10^9 t - 30.33z)\\ &= \boldsymbol{e}_x 81.6\cos(2\pi\times10^9 t - 30.33z)\quad \text{V/m}\end{aligned}$$

$$\begin{aligned}\boldsymbol{H}_{2t}(z,t) &= \frac{1}{\eta_2}\boldsymbol{e}_z\times \boldsymbol{E}_{2t}\\ &= \boldsymbol{e}_y \frac{81.6}{260}\cos(2\pi f t - \beta_2 z)\\ &= \boldsymbol{e}_y 0.31\cos(2\pi\times10^9 t - 30.33z)\quad \text{A/m}\end{aligned}$$

6.6 均匀平面波从媒质 1 入射到与媒质 2 的平面分界面上，已知 $\sigma_1 = \sigma_2 = 0$、$\mu_1 = \mu_2 = \mu_0$。求使入射波的平均功率的 10% 被反射时的 $\frac{\varepsilon_{r2}}{\varepsilon_{r1}}$ 的值。

解 由题意得下列关系

$$|\Gamma|^2 = 0.1$$

而

$$\Gamma = \frac{\eta_2-\eta_1}{\eta_2+\eta_1} = \frac{\sqrt{\mu_2/\varepsilon_2}-\sqrt{\mu_1/\varepsilon_1}}{\sqrt{\mu_2/\varepsilon_2}+\sqrt{\mu_1/\varepsilon_1}}$$

$$= \frac{\eta_0\sqrt{1/\varepsilon_{r2}}-\eta_0\sqrt{1/\varepsilon_{r1}}}{\eta_0\sqrt{1/\varepsilon_{r2}}+\eta_0\sqrt{1/\varepsilon_{r1}}} = \frac{\sqrt{\varepsilon_{r1}/\varepsilon_{r2}}-1}{\sqrt{\varepsilon_{r1}/\varepsilon_{r2}}+1}$$

代入 $|\Gamma|^2 = 0.1$ 中，得

$$\sqrt{\frac{\varepsilon_{r1}}{\varepsilon_{r2}}} = 1.92 \quad 或 \quad \sqrt{\frac{\varepsilon_{r1}}{\varepsilon_{r2}}} = 0.52$$

故

$$\frac{\varepsilon_{r1}}{\varepsilon_{r2}} = 3.68 \quad 或 \quad \frac{\varepsilon_{r1}}{\varepsilon_{r2}} = 0.269$$

6.7 入射波电场 $\boldsymbol{E}_i = \boldsymbol{e}_x 10\cos(3\pi\times10^9 t - 10\pi z)$ V/m，从空气（$z<0$ 区域）

中垂直入射到 $z=0$ 的分界面上，在 $z>0$ 区域中 $\mu_r=1$、$\varepsilon_r=4$、$\sigma=0$。求 $z>0$ 区域的电场 $\boldsymbol{E}_2$ 和磁场 $\boldsymbol{H}_2$。

解 $z>0$ 区域，本征阻抗

$$\eta_2=\sqrt{\frac{\mu_2}{\varepsilon_2}}=\eta_0\sqrt{\frac{\mu_{r2}}{\varepsilon_{r2}}}=\frac{120\,\pi}{2}\ \Omega=60\,\pi\ \Omega$$

透射系数

$$\tau=\frac{2\eta_2}{\eta_1+\eta_2}=\frac{2\times 60\,\pi}{120\,\pi+60\,\pi}=6.67\times 10^{-1}$$

相位常数

$$\beta_2=\omega\sqrt{\mu_2\varepsilon_2}=\omega\sqrt{\mu_0\varepsilon_0}\sqrt{\varepsilon_{r2}}=\frac{3\,\pi\times 10^9}{3\times 10^8}\times 2\ \text{rad/m}=20\,\pi\ \text{rad/m}$$

故

$$\begin{aligned}\boldsymbol{E}_2&=\boldsymbol{e}_x E_{2\text{m}}\cos(\omega t-\beta_2 z)=\boldsymbol{e}_x\tau E_{1\text{m}}\cos(\omega t-\beta_2 z)\\&=\boldsymbol{e}_x 6.67\times 10^{-1}\times 10\cos(3\,\pi\times 10^9 t-20\,\pi z)\\&=\boldsymbol{e}_x 6.67\cos(3\,\pi\times 10^9 t-20\,\pi z)\quad \text{V/m}\end{aligned}$$

$$\begin{aligned}\boldsymbol{H}_2&=\frac{1}{\eta_2}\boldsymbol{e}_z\times\boldsymbol{E}_2=\boldsymbol{e}_y\frac{6.67}{60\,\pi}\cos(3\,\pi\times 10^9 t-20\,\pi z)\\&=\boldsymbol{e}_y 0.036\cos(3\,\pi\times 10^9 t-20\,\pi z)\quad \text{A/m}\end{aligned}$$

6.8 已知 $z<0$ 区域中媒质 1 的 $\sigma_1=0$、$\varepsilon_{r1}=4$、$\mu_{r1}=1$，$z>0$ 区域中媒质 2 的 $\sigma_2=0$、$\varepsilon_{r2}=10$、$\mu_{r2}=4$，角频率 $\omega=5\times 10^8$ rad/s 的均匀平面波从媒质 1 垂直入射到分界面上。设入射波是沿 x 轴方向的线极化波，在 $t=0$、$z=0$ 时，入射波电场振幅为 2.4 V/m。试求：

(1) β_1 和 β_2；

(2) 反射系数 Γ；

(3) 媒质 1 的电场 $\boldsymbol{E}_1(z,t)$；

(4) 媒质 2 的电场 $\boldsymbol{E}_2(z,t)$；

(5) $t=5$ ns 时，媒质 1 中的磁场 $\boldsymbol{H}_1(-1,t)$ 的值。

解 (1) $\beta_1=\omega\sqrt{\mu_1\varepsilon_1}=\omega\sqrt{\mu_0\varepsilon_0}\sqrt{\mu_{r1}\varepsilon_{r1}}=\dfrac{5\times 10^8}{3\times 10^8}\times 2\ \text{rad/m}=3.33\ \text{rad/m}$

$$\beta_2=\omega\sqrt{\mu_0\varepsilon_0}\sqrt{\mu_{r2}\varepsilon_{r2}}=\frac{5\times 10^8}{3\times 10^8}\times\sqrt{10\times 4}\ \text{rad/m}=10.54\ \text{rad/m}$$

(2) $\eta_1=\sqrt{\dfrac{\mu_1}{\varepsilon_1}}=\eta_0\sqrt{\dfrac{\mu_{r1}}{\varepsilon_{r1}}}=\dfrac{1}{2}\eta_0=60\,\pi\ \Omega$

$$\eta_2 = \sqrt{\frac{\mu_2}{\varepsilon_2}} = \eta_0\sqrt{\frac{\mu_{r2}}{\varepsilon_{r2}}} = \eta_0\sqrt{\frac{4}{10}} \approx 75.9\,\pi\ \Omega$$

故

$$\Gamma = \frac{\eta_2-\eta_1}{\eta_2+\eta_1} = \frac{75.9-60}{60+75.9} = 0.117$$

(3) 电场方向为 $\boldsymbol{e}_x$，则

$$\begin{aligned}\boldsymbol{E}_1(z) &= \boldsymbol{E}_i(z) + \boldsymbol{E}_r(z) = \boldsymbol{e}_x E_{im}(\mathrm{e}^{-\mathrm{j}\beta_1 z} + \Gamma \mathrm{e}^{\mathrm{j}\beta_1 z}) \\ &= \boldsymbol{e}_x E_{im}[(1+\Gamma)\mathrm{e}^{-\mathrm{j}\beta_1 z} + \Gamma(\mathrm{e}^{\mathrm{j}\beta_1 z} - \mathrm{e}^{-\mathrm{j}\beta_1 z})] \\ &= \boldsymbol{e}_x E_{im}[(1+\Gamma)\mathrm{e}^{-\mathrm{j}\beta_1 z} + \mathrm{j}2\Gamma\sin\beta_1 z] \\ &= \boldsymbol{e}_x 2.4(1.117\mathrm{e}^{-\mathrm{j}3.33z} + \mathrm{j}0.234\sin 3.33z) \\ &= \boldsymbol{e}_x(2.681\mathrm{e}^{-\mathrm{j}3.33z} + \mathrm{j}0.562\sin 3.33z)\end{aligned}$$

故

$$\begin{aligned}\boldsymbol{E}_1(z,t) &= \mathrm{Re}[\boldsymbol{e}_x \boldsymbol{E}_1(z)\mathrm{e}^{\mathrm{j}\omega t}] \\ &= \boldsymbol{e}_x 2.681\cos(5\times10^8 t - 3.33z) - \\ &\quad \boldsymbol{e}_x 0.562\sin(3.33z)\sin(5\times10^8 t)\end{aligned}$$

或

$$\boldsymbol{E}_1(z) = \boldsymbol{E}_i(z) + \boldsymbol{E}_r(z) = \boldsymbol{e}_x 2.4\mathrm{e}^{-\mathrm{j}3.33z} - \boldsymbol{e}_x 0.281\mathrm{e}^{\mathrm{j}3.33z}$$

$$\begin{aligned}\boldsymbol{E}_1(z,t) &= \mathrm{Re}[\boldsymbol{e}_x \boldsymbol{E}_1(z)\mathrm{e}^{\mathrm{j}\omega t}] \\ &= \boldsymbol{e}_x 2.4\cos(5\times10^8 t - 3.33z) + \boldsymbol{e}_x 0.281\cos(5\times10^8 t + 3.33z)\end{aligned}$$

(4)

$$\boldsymbol{E}_2(z) = \boldsymbol{e}_x E_{tm}\mathrm{e}^{-\mathrm{j}\beta_2 z} = \boldsymbol{e}_x \tau E_{im}\mathrm{e}^{-\mathrm{j}\beta_2 z}$$

式中

$$\tau = \frac{2\eta_2}{\eta_1+\eta_2} \approx 1.12$$

故

$$\boldsymbol{E}_2(z) = \boldsymbol{e}_x 1.12\times2.4\mathrm{e}^{-\mathrm{j}10.54z} = \boldsymbol{e}_x 2.68\mathrm{e}^{-\mathrm{j}10.54z}$$

$$\boldsymbol{E}_2(z,t) = \boldsymbol{e}_x 2.68\cos(5\times10^8 t - 10.54z)$$

(5)

$$\begin{aligned}\boldsymbol{H}_1(z) &= \boldsymbol{H}_i(z) + \boldsymbol{H}_r(z) = \boldsymbol{e}_z\times\frac{1}{\eta_1}\boldsymbol{E}_i(z) + (-\boldsymbol{e}_z)\times\frac{1}{\eta_1}\boldsymbol{E}_r(z) \\ &= \boldsymbol{e}_y\frac{2.4}{\eta_1}\mathrm{e}^{-\mathrm{j}\beta_1 z} - \boldsymbol{e}_y\frac{0.281}{\eta_1}\mathrm{e}^{\mathrm{j}\beta_1 z} \\ &= \boldsymbol{e}_y 1.27\times10^{-2}\mathrm{e}^{-\mathrm{j}3.33z} - \boldsymbol{e}_y 1.49\times10^{-3}\mathrm{e}^{\mathrm{j}3.33z}\end{aligned}$$

$$\boldsymbol{H}_1(z,t) = \boldsymbol{e}_y 1.27\times10^{-2}\cos(\omega t-3.33z) - \boldsymbol{e}_y 1.49\times10^{-3}\cos(\omega t+3.33z)$$

当 $t=5\times10^{-9}$ s、$z=-1$ m 时

$$\begin{aligned}\boldsymbol{H}_1 &= \boldsymbol{e}_y 1.27\times10^{-2}\cos(5\times10^{8}\times10^{-9}\times5+3.33) - \\ &\quad \boldsymbol{e}_y 1.49\times10^{-3}\cos(5\times10^{8}\times10^{-9}\times5-3.33) \\ &= \boldsymbol{e}_y 10.4\times10^{-3}\quad \text{A/m}\end{aligned}$$

6.9 一圆极化波自空气中垂直入射于一介质板上,介质板的本征阻抗为 η_2。入射波电场为 $\boldsymbol{E}=E_{\mathrm{m}}(\boldsymbol{e}_x+\boldsymbol{e}_y\mathrm{j})\mathrm{e}^{-\mathrm{j}\beta z}$。求反射波与透射波的电场,它们的极化情况如何?

解 设媒质1为空气,其本征阻抗为 η_0,故分界面上的反射系数和透射系数分别为

$$\Gamma = \frac{\eta_2-\eta_0}{\eta_2+\eta_0}$$

$$\tau = \frac{2\eta_2}{\eta_2+\eta_0}$$

式中

$$\eta_2 = \sqrt{\frac{\mu_2}{\varepsilon_2}} = \sqrt{\frac{\mu_0}{\varepsilon_{r2}\varepsilon_0}},\eta_0 = \sqrt{\frac{\mu_0}{\varepsilon_0}}$$

都是实数,故 Γ、τ 也是实数。

反射波的电场为

$$\boldsymbol{E}_{\mathrm{r}} = \Gamma E_{\mathrm{m}}(\boldsymbol{e}_x+\boldsymbol{e}_y\mathrm{j})\mathrm{e}^{\mathrm{j}\beta z}$$

可见,反射波的电场的两个分量的振幅仍相等,相位关系与入射波相比没有变化,故反射波仍然是圆极化波。但波的传播方向变为 $-z$ 方向,故反射波变为右旋圆极化波,而入射波是沿 $+z$ 方向传播的左旋圆极化波。

透射波的电场为

$$\boldsymbol{E}_{\mathrm{t}} = \tau E_{\mathrm{m}}(\boldsymbol{e}_x+\boldsymbol{e}_y\mathrm{j})\mathrm{e}^{-\mathrm{j}\beta_2 z}$$

式中,$\beta_2=\omega\sqrt{\mu_2\varepsilon_2}=\omega\sqrt{\mu_0\varepsilon_{r2}\varepsilon_0}$ 是媒质2中的相位常数。可见,透射波是沿 $+z$ 方向传播的左旋圆极化波。

6.10 证明:均匀平面波从本征阻抗为 η_1 的无耗媒质垂直入射至另一种本征阻抗为 η_2 的无耗媒质的平面上,两种媒质中功率密度的时间平均值相等。

证 设平面波的传播方向为 $\boldsymbol{e}_z$,则媒质1中的功率密度平均值为

$$\boldsymbol{S}_{1\mathrm{av}} = \boldsymbol{S}_{\mathrm{iav}} + \boldsymbol{S}_{\mathrm{rav}}$$

$$= \boldsymbol{e}_z \frac{1}{2\eta_1} |\boldsymbol{E}_i|^2 - \boldsymbol{e}_z \frac{1}{2\eta_1} |\boldsymbol{E}_r|^2 = \boldsymbol{e}_z \frac{1}{2\eta_1} |\boldsymbol{E}_i|^2 (1 - \Gamma^2)$$

媒质 2 中的功率密度平均值为

$$\boldsymbol{S}_{2av} = \boldsymbol{S}_{tav} = \boldsymbol{e}_z \frac{1}{2\eta_2} |\boldsymbol{E}_t|^2 = \boldsymbol{e}_z \frac{1}{2\eta_2} |\boldsymbol{E}_i|^2 \tau^2 = \boldsymbol{e}_z \frac{1}{2\eta_2} |\boldsymbol{E}_i|^2 (1 + \Gamma)^2$$

所以

$$\frac{|\boldsymbol{S}_{1av}|}{|\boldsymbol{S}_{2av}|} = \frac{\eta_2 (1 - \Gamma^2)}{\eta_1 (1 + \Gamma)^2} = \frac{\eta_2}{\eta_1} \frac{(1 - \Gamma)(1 + \Gamma)}{(1 + \Gamma)^2} = \frac{\eta_2}{\eta_1} \frac{1 - \Gamma}{1 + \Gamma}$$

将 $\Gamma = \dfrac{\eta_2 - \eta_1}{\eta_2 + \eta_1}$代入上式，可得到$\dfrac{|\boldsymbol{S}_{1av}|}{|\boldsymbol{S}_{2av}|} = 1$，故

$$\boldsymbol{S}_{1av} = \boldsymbol{S}_{2av}$$

6.11 均匀平面波垂直入射到两种无损耗电介质分界面上，当反射系数与透射系数的大小相等时，其驻波比等于多少？

解 由题意有下列关系

$$|\Gamma| = \tau = 1 + \Gamma$$

由此可得

$$|\Gamma|^2 = 1 + 2\Gamma + \Gamma^2$$

即

$$\Gamma = -\frac{1}{2}$$

故驻波系数

$$S = \frac{1 + |\Gamma|}{1 - |\Gamma|} = \frac{1 + 1/2}{1 - 1/2} = 3$$

由 $\Gamma = \dfrac{\eta_2 - \eta_1}{\eta_2 + \eta_1} = -\dfrac{1}{2}$，还可得到

$$\eta_1 = 3\eta_2$$

若媒质的磁导率 $\mu_1 = \mu_2$，则可得到

$$\varepsilon_{r2} = 9\varepsilon_{r1}$$

6.12 均匀平面波从空气垂直入射到某电介质平面时，空气中的驻波比为 2.7，介质平面上为驻波电场最小点，求电介质的介电常数。

解 根据题意有

$$S = \frac{1 + |\Gamma|}{1 - |\Gamma|} = 2.7$$

由此求得

$$|\Gamma| = \frac{S-1}{S+1} = \frac{1.7}{3.7} = 0.459$$

因介质平面上是驻波最小点,故应取

$$\Gamma = -0.459$$

由反射系数

$$\Gamma = \frac{\eta_2 - \eta_0}{\eta_2 + \eta_0} = \frac{\eta_0/\sqrt{\varepsilon_{r2}} - \eta_0}{\eta_0/\sqrt{\varepsilon_{r2}} + \eta_0} = \frac{1-\sqrt{\varepsilon_{r2}}}{1+\sqrt{\varepsilon_{r2}}} = -0.459$$

得

$$\varepsilon_{r2} = \left(\frac{1+0.459}{1-0.459}\right)^2 = 7.27$$

故电介质的介电常数

$$\varepsilon_2 = \varepsilon_{r2}\varepsilon_0 = 7.27\varepsilon_0$$

6.13 均匀平面波从空气中垂直入射到理想电介质($\varepsilon = \varepsilon_r\varepsilon_0$、$\mu_r = 1$、$\sigma = 0$)表面上。测得空气中驻波比为2,电场振幅最大值相距1.0 m,且第一个最大值距离介质表面0.5 m。试确定电介质的相对介电常数 ε_r。

解 由 $\frac{\lambda}{2} = 1.0$,得 $\lambda = 2$ m,所以电场振幅第一个最大值距离介质表面 $\lambda/4$,故反射系数 $\Gamma < 0$。

由 $|\Gamma| = \frac{S-1}{S+1} = \frac{2-1}{2+1} = \frac{1}{3}$,得到

$$\Gamma = -\frac{1}{3}$$

又

$$\Gamma = \frac{\eta_2 - \eta_0}{\eta_2 + \eta_0} = \frac{1-\sqrt{\varepsilon_{r2}}}{1+\sqrt{\varepsilon_{r2}}}$$

故得到

$$\varepsilon_{r2} = \left(\frac{1+1/3}{1-1/3}\right)^2 = 4$$

6.14 $z<0$ 的区域1和 $z>0$ 的区域2都是理想电介质,频率 $f = 3\times10^9$ Hz 的均匀平面波沿 $\boldsymbol{e}_z$ 方向传播,在两种电介质中的波长分别为 $\lambda_1 = 5$ cm 和 $\lambda_2 = 3$ cm。(1) 计算入射波能量被反射的百分比;(2) 计算区域1中的驻波比。

解 (1) 在理想电介质中 $\lambda = \lambda_0/\sqrt{\varepsilon_r}$

由

$$\lambda_0 = \frac{c}{f} = \frac{3\times10^8}{3\times10^9}\ \text{m} = 0.1\ \text{m}$$

得

$$\sqrt{\varepsilon_{r1}}=\frac{\lambda_0}{\lambda_1}=\frac{0.1}{0.05}=2$$

$$\sqrt{\varepsilon_{r2}}=\frac{\lambda_0}{\lambda_2}=\frac{0.1}{0.03}=\frac{10}{3}$$

反射系数

$$\Gamma=\frac{\eta_2-\eta_1}{\eta_2+\eta_1}=\frac{\sqrt{\varepsilon_{r1}}-\sqrt{\varepsilon_{r2}}}{\sqrt{\varepsilon_{r1}}+\sqrt{\varepsilon_{r2}}}=\frac{2-10/3}{2+10/3}=-\frac{1}{4}$$

故入射波能量被反射的百分比为

$$\frac{S_{rav}}{S_{iav}}=|\Gamma|^2=\frac{1}{16}=6.25\%$$

（2）区域 1 中的驻波比为

$$S=\frac{1+|\Gamma|}{1-|\Gamma|}=\frac{1+1/4}{1-1/4}=\frac{5}{3}$$

6.15 频率 $f=20$ MHz 的均匀平面波由空气中垂直入射到海平面上，已知海水的 $\varepsilon_r=81$、$\mu_r=1$、$\sigma=4$ S/m。试确定入射功率被海平面反射的百分比。

解 $\dfrac{\sigma_2}{\omega\varepsilon_2}=\dfrac{4\times36\pi\times10^9}{2\pi\times20\times10^6\times81}=\dfrac{400}{9}\gg1$，可视为良导体，则

$$\eta_{2c}\approx(1+j)\sqrt{\frac{\pi f\mu_2}{\sigma_2}}=(1+j)\sqrt{\frac{\pi\times20\times10^6\times4\pi\times10^{-7}}{4}}=\sqrt{2}\pi(1+j)$$

反射系数

$$\Gamma=\frac{\eta_{2c}-\eta_1}{\eta_{2c}+\eta_1}=\frac{\sqrt{2}(1+j)-120}{\sqrt{2}(1+j)+120}$$

故入射波功率被海平面反射的百分比为

$$\frac{S_{rav}}{S_{iav}}=|\Gamma|^2=97.7\%$$

6.16 均匀平面波的电场强度为 $\boldsymbol{E}_i=\boldsymbol{e}_x10e^{-j6z}$，此波从空中垂直入射到 $\varepsilon_r=2.5$、损耗角正切为 0.5 的导电媒质表面上，如图题 6.16 所示。

（1）求反射波和透射波的电场与磁场的瞬时表达式；

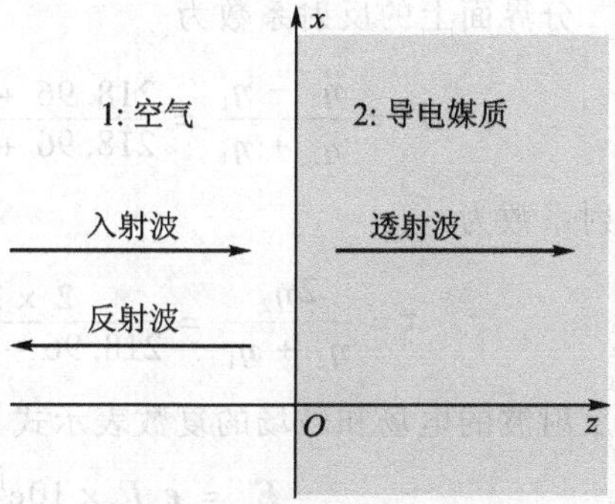

图题 6.16

(2) 求空气中及损耗媒质中的时间平均坡印廷矢量。

解 (1) 根据已知条件求得如下参数。

在空气中

$$\beta_1 = 6\ \text{rad/m}$$

$$\omega = \beta_1 c = 6 \times 3 \times 10^8\ \text{rad/s} = 1.8 \times 10^9\ \text{rad/s}$$

$$\eta_1 = \sqrt{\frac{\mu_1}{\varepsilon_1}} = \sqrt{\frac{\mu_0}{\varepsilon_0}} = 377\ \Omega$$

在导电媒质中

$$\tan\delta = \frac{\sigma_2}{\omega\varepsilon_2} = 0.5$$

$$\alpha_2 = \omega\sqrt{\frac{\mu_2\varepsilon_2}{2}\left[\sqrt{1+\left(\frac{\sigma_2}{\omega\varepsilon_2}\right)^2} - 1\right]}$$

$$= 1.8 \times 10^9\sqrt{\frac{2.5\mu_0\varepsilon_0}{2}\left[\sqrt{1+0.5^2} - 1\right]} = 2.31\ \text{Np/m}$$

$$\beta_2 = \omega\sqrt{\frac{\mu_2\varepsilon_2}{2}\left[\sqrt{1+\left(\frac{\sigma_2}{\omega\varepsilon_2}\right)^2} + 1\right]}$$

$$= 1.8 \times 10^9\sqrt{\frac{2.5\mu_0\varepsilon_0}{2}\left[\sqrt{1+0.5^2} + 1\right]} = 9.77\ \text{rad/m}$$

$$\eta_2 = \sqrt{\frac{\mu_2}{\varepsilon_2}}\Big/\sqrt{1 - \text{j}\frac{\sigma_2}{\omega\varepsilon_2}} = \sqrt{\frac{\mu_0}{2.5\varepsilon_0}}\Big/\sqrt{1 - \text{j}0.5}$$

$$= 225\text{e}^{\text{j}13.3°} = 218.96 + \text{j}51.76\ \Omega$$

分界面上的反射系数为

$$\boldsymbol{\Gamma} = \frac{\eta_2 - \eta_1}{\eta_2 + \eta_1} = \frac{218.96 + \text{j}51.76 - 377}{218.96 + \text{j}51.76 + 377} = 0.278\text{e}^{\text{j}156.9°}$$

透射系数为

$$\tau = \frac{2\eta_2}{\eta_2 + \eta_1} = \frac{2 \times 225\text{e}^{\text{j}13.3°}}{218.96 + \text{j}51.76 + 377} = 0.752\text{e}^{\text{j}8.34°}$$

故反射波的电场和磁场的复数表示式为

$$\boldsymbol{E}_\text{r} = \boldsymbol{e}_x\boldsymbol{\Gamma} \times 10\text{e}^{\text{j}6z} = \boldsymbol{e}_x 2.78\text{e}^{\text{j}156.9°}\text{e}^{\text{j}6z}$$

$$\boldsymbol{H}_\text{r} = \frac{1}{\eta_0}(-\boldsymbol{e}_z \times \boldsymbol{E}_\text{r}) = \frac{1}{377}(-\boldsymbol{e}_z \times \boldsymbol{e}_x 2.78\text{e}^{\text{j}156.9°}\text{e}^{\text{j}6z})$$

$$= -\boldsymbol{e}_y 7.37\times10^{-3}\mathrm{e}^{\mathrm{j}156.9^\circ}\mathrm{e}^{\mathrm{j}6z}$$

则其瞬时表示式为

$$\boldsymbol{E}_\mathrm{r}(z,t) = \mathrm{Re}[\boldsymbol{E}_\mathrm{r}\mathrm{e}^{\mathrm{j}\omega t}] = \boldsymbol{e}_x 2.78\cos(1.8\times10^9 t + 6z + 156.9^\circ)\quad \mathrm{V/m}$$

$$\boldsymbol{H}_\mathrm{r}(z,t) = \mathrm{Re}[\boldsymbol{H}_\mathrm{r}\mathrm{e}^{\mathrm{j}\omega t}] = -\boldsymbol{e}_y 7.37\times10^{-3}\cos(1.8\times10^9 t + 6z + 156.9^\circ)\quad \mathrm{A/m}$$

而媒质 2 中的透射波电场和磁场为

$$\boldsymbol{E}_2 = \boldsymbol{e}_x \tau\times10\mathrm{e}^{-\alpha_2 z}\mathrm{e}^{-\mathrm{j}\beta_2 z} = \boldsymbol{e}_x 7.52\mathrm{e}^{-2.31z}\mathrm{e}^{-\mathrm{j}9.77z}\mathrm{e}^{\mathrm{j}8.34^\circ}$$

$$\boldsymbol{H}_2 = \frac{1}{\eta_2}\boldsymbol{e}_z\times\boldsymbol{E}_2 = \frac{1}{225\mathrm{e}^{\mathrm{j}13.3^\circ}}\boldsymbol{e}_z\times\boldsymbol{e}_x 7.52\mathrm{e}^{-2.31z}\mathrm{e}^{-\mathrm{j}9.77z}\mathrm{e}^{\mathrm{j}8.34^\circ}$$

$$= \boldsymbol{e}_y 0.033\mathrm{e}^{-2.31z}\mathrm{e}^{-\mathrm{j}9.77z}\mathrm{e}^{-\mathrm{j}4.96^\circ}$$

故其瞬时表示式为

$$\boldsymbol{E}_2(z,t) = \mathrm{Re}[\boldsymbol{E}_2\mathrm{e}^{\mathrm{j}\omega t}]$$

$$= \boldsymbol{e}_x 7.52\mathrm{e}^{-2.31z}\cos(1.8\times10^9 t - 9.77z + 8.34^\circ)\quad \mathrm{V/m}$$

$$\boldsymbol{H}_2(z,t) = \mathrm{Re}[\boldsymbol{H}_2\mathrm{e}^{\mathrm{j}\omega t}]$$

$$= \boldsymbol{e}_y 0.033\mathrm{e}^{-2.31z}\cos(1.8\times10^9 t - 9.77z - 4.96^\circ)\quad \mathrm{A/m}$$

(2) $\boldsymbol{S}_{1\mathrm{av}} = \boldsymbol{S}_{\mathrm{iav}} + \boldsymbol{S}_{\mathrm{rav}} = \frac{1}{2}\mathrm{Re}[\boldsymbol{E}_\mathrm{i}\times\boldsymbol{H}_\mathrm{i}^*] + \frac{1}{2}\mathrm{Re}[\boldsymbol{E}_\mathrm{r}\times\boldsymbol{H}_\mathrm{r}^*]$

$$= \boldsymbol{e}_z\frac{1}{2}\times\frac{10^2}{377} - \boldsymbol{e}_z\frac{1}{2}\times\frac{2.78^2}{377} = \boldsymbol{e}_z 0.122\quad \mathrm{W/m^2}$$

$$\boldsymbol{S}_{2\mathrm{av}} = \frac{1}{2}\mathrm{Re}[\boldsymbol{E}_2\times\boldsymbol{H}_2^*]$$

$$= \frac{1}{2}\mathrm{Re}[\boldsymbol{e}_x 7.52\mathrm{e}^{-2.31z}\mathrm{e}^{-\mathrm{j}9.77z}\mathrm{e}^{\mathrm{j}8.34^\circ}\times\boldsymbol{e}_y 0.033\mathrm{e}^{-2.31z}\mathrm{e}^{\mathrm{j}9.77z}\mathrm{e}^{\mathrm{j}4.96^\circ}]$$

$$= \frac{1}{2}\mathrm{Re}[\boldsymbol{e}_z 0.248\mathrm{e}^{-4.62z}\mathrm{e}^{\mathrm{j}13.3^\circ}] = \boldsymbol{e}_z 0.122\mathrm{e}^{-4.62z}\quad \mathrm{W/m^2}$$

6.17 $z<0$ 为自由空间，$z>0$ 的区域中为导电媒质（$\varepsilon = 20\ \mathrm{pF/m}$、$\mu = 5\ \mu\mathrm{H/m}$及 $\sigma = 0.004\ \mathrm{S/m}$）。均匀平面波垂直入射到分界面上，$E_{\mathrm{i}x} = 100\mathrm{e}^{-\alpha_1 z}\times\cos(10^8 t - \beta_1 z)\ \mathrm{V/m}$。试求：

(1) α_1 和 β_1；

(2) 分界上的反射系数 Γ；

(3) 反射波电场 $E_{\mathrm{r}x}$；

(4) 透射波电场 $E_{\mathrm{t}x}$。

解 (1) 由题意，1 区为自由空间，2 区为损耗媒质，则

$$\alpha_1 = 0$$

$$\beta_1 = \omega\sqrt{\mu_0\varepsilon_0} = 10^8 \times \frac{1}{3\times10^8}\ \mathrm{rad/m} = 0.33\ \mathrm{rad/m}$$

(2) $\dfrac{\sigma_2}{\omega\varepsilon_2} = \dfrac{0.004}{10^8\times20\times10^{-12}} = 2$

$$\eta_{2c} = \sqrt{\frac{\mu_2}{\varepsilon_{2c}}} = \sqrt{\frac{\mu_2}{\varepsilon_2 - \mathrm{j}\dfrac{\sigma_2}{\omega}}} = \sqrt{\frac{5\times10^{-6}}{20\times10^{-12} - \mathrm{j}\dfrac{0.004}{10^8}}} = 334\mathrm{e}^{\mathrm{j}31.7^\circ}$$

反射系数

$$\Gamma = \frac{\eta_{2c}-\eta_1}{\eta_{2c}+\eta_1} = \frac{334\mathrm{e}^{\mathrm{j}31.7^\circ}-377}{334\mathrm{e}^{\mathrm{j}31.7^\circ}+377}$$

$$= \frac{-92.8+\mathrm{j}175.6}{661.2+\mathrm{j}175.6} = \frac{198.3\mathrm{e}^{\mathrm{j}117.9^\circ}}{684.1\mathrm{e}^{\mathrm{j}14.87^\circ}} = 0.29\mathrm{e}^{\mathrm{j}103^\circ}$$

(3) $E_{rx} = |\Gamma| E_{im}\cos(10^8 t + \beta_1 z + \phi_\Gamma) = 29\cos(10^8 t + 0.33z + 103^\circ)\quad \mathrm{V/m}$

(4) $E_{tx} = |\tau| E_{im}\mathrm{e}^{-\alpha_2 z}\cos(10^8 t - \beta_2 z + \phi_\tau)$

式中

$$\alpha_2 = \omega\sqrt{\frac{\mu_2\varepsilon_2}{2}}\left[\sqrt{1+\left(\frac{\sigma_2}{\omega\varepsilon_2}\right)^2} - 1\right]^{1/2} = 0.78\ \mathrm{Np/m}$$

$$\beta_2 = \omega\sqrt{\frac{\mu_2\varepsilon_2}{2}}\left[\sqrt{1+\left(\frac{\sigma_2}{\omega\varepsilon_2}\right)^2} + 1\right]^{1/2} = 1.27\ \mathrm{rad/m}$$

$$\tau = 1 + \Gamma = 1 + 0.29\mathrm{e}^{-\mathrm{j}103^\circ} = 0.935 + \mathrm{j}0.283 = 0.978\mathrm{e}^{-\mathrm{j}16.8^\circ}$$

所以

$$\boldsymbol{E}_{tx} = 97.8\mathrm{e}^{-0.78z}\cos(10^8 t - 1.27z + 16.8^\circ)\ \mathrm{V/m}$$

6.18 在自由空间($z<0$)中沿 $+z$ 方向传播的均匀平面波,垂直入射到 $z=0$ 处的导体平面上。导体的电导率 $\sigma = 61.7\ \mathrm{MS/m}$、$\mu_r = 1$。自由空间电磁波的频率 $f = 1.5\ \mathrm{MHz}$、电场振幅为 1 V/m。在分界面($z=0$)处,$\boldsymbol{E}$ 由下式给出

$$\boldsymbol{E}(0,t) = \boldsymbol{e}_y \sin 2\pi f t$$

对于 $z>0$ 的区域,求 $\boldsymbol{H}_2(z,t)$。

解 在导体中

$$\frac{\sigma}{\omega\varepsilon} = \frac{61.7\times10^6}{2\pi\times1.5\times10^6\varepsilon_0} = 704.4\times10^9 \gg 1$$

可见,在 $f=1.5$ MHz 的频率该导体可视为良导体,故

$$\alpha \approx \sqrt{\pi f\mu\sigma} = \sqrt{\pi(1.5\times10^{6})\times4\pi\times10^{-7}\times61.7\times10^{6}} = 1.91\times10^{4}\ \text{Np/m}$$

$$\beta \approx \sqrt{\pi f\mu\sigma} = 1.91\times10^{4}\ \text{rad/m}$$

$$\eta_c \approx \sqrt{\frac{\omega\mu}{\sigma}}e^{j45^\circ} = \sqrt{\frac{2\pi\times1.5\times10^{6}\times4\pi\times10^{-7}}{61.7\times10^{6}}}e^{j45^\circ}$$

$$= 4.38\times10^{-4}e^{j45^\circ} = (3.1+j3.1)\times10^{-4}\ \Omega$$

分界面上的透射系数为

$$\tau = \frac{2\eta_2}{\eta_2+\eta_1} = \frac{2\eta_c}{\eta_c+\eta_0} = \frac{2\times4.38\times10^{-4}e^{j45^\circ}}{(3.1+j3.1)10^{-4}+377} \approx 2.32\times10^{-6}e^{j45^\circ}$$

入射波电场的复数表示式可写为

$$\boldsymbol{E}_1(z) = \boldsymbol{e}_y e^{-j\beta_0 z}e^{-j\frac{\pi}{2}}\ \ \text{V/m}$$

则 $z>0$ 区域的透射波电场的复数形式为

$$\boldsymbol{E}_2(z) = \boldsymbol{e}_y\tau e^{-\alpha z}e^{-j\beta z}e^{-j\frac{\pi}{2}}$$

$$= \boldsymbol{e}_y 2.32\times10^{-6}e^{j45^\circ}e^{-1.91\times10^{4}z}e^{-j1.91\times10^{4}z}e^{-j\frac{\pi}{2}}\ \ \text{V/m}$$

与之相伴的磁场为

$$\boldsymbol{H}_2(z) = \frac{1}{\eta_c}\boldsymbol{e}_z\times\boldsymbol{E}_2(z)$$

$$= \frac{1}{4.38\times10^{-4}e^{j45^\circ}}\boldsymbol{e}_z\times\boldsymbol{e}_y 2.32\times10^{-6}e^{-1.91\times10^{4}z}e^{-j\left(1.91\times10^{4}z-45^\circ+\frac{\pi}{2}\right)}$$

$$= -\boldsymbol{e}_x 0.53\times10^{-2}e^{-1.91\times10^{4}z}e^{-j\left(1.91\times10^{4}z+\frac{\pi}{2}\right)}\ \ \text{A/m}$$

则

$$\boldsymbol{H}_2(z,t) = \text{Re}[\boldsymbol{H}_2(z)e^{j\omega t}]$$

$$= -\boldsymbol{e}_x 0.53\times10^{-2}e^{-1.91\times10^{4}z}$$

$$\sin(3\pi\times10^{6}t-1.91\times10^{4}z)\ \ \text{A/m}$$

6.19 如图题 6.19 所示,$z>0$ 区域的媒质介电常数为 ε_2,在此媒质前置有厚度为 d、介电常数为 ε_1 的介质板。对于一个从左面垂直入射来的 TEM 波,证明当 $\varepsilon_{r1}=\sqrt{\varepsilon_{r2}}$、$d=\dfrac{\lambda}{4\sqrt{\varepsilon_{r1}}}$

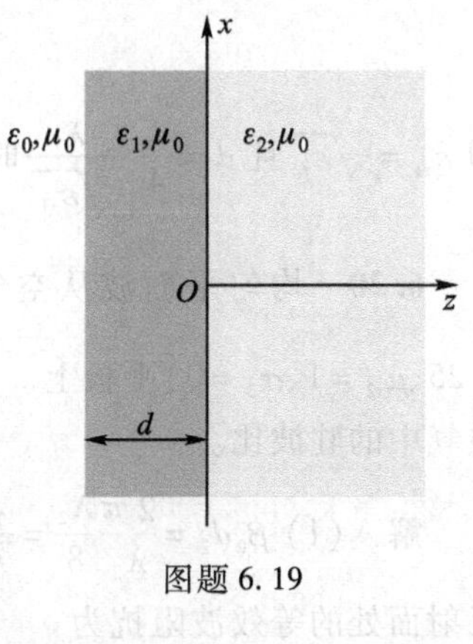

图题 6.19

时(λ 为自由空间的波长),没有反射。

解 媒质1中的波阻抗为

$$\eta_1 = \sqrt{\frac{\mu_1}{\varepsilon_1}} = \sqrt{\frac{\mu_0}{\varepsilon_{r1}\varepsilon_0}} = \frac{1}{\sqrt{\varepsilon_{r1}}}\eta_0 \tag{1}$$

媒质2中的波阻抗为

$$\eta_{21} = \sqrt{\frac{\mu_2}{\varepsilon_2}} = \sqrt{\frac{\mu_0}{\varepsilon_{r2}\varepsilon_0}} = \frac{1}{\sqrt{\varepsilon_{r2}}}\eta_0 \tag{2}$$

当 $\varepsilon_{r1} = \sqrt{\varepsilon_{r2}}$ 时,由式(1)和(2)得

$$\eta_1^2 = \frac{\eta_0^2}{\varepsilon_{r1}} = \frac{\eta_0}{\sqrt{\varepsilon_{r2}}} \cdot \eta_0 = \eta_2\eta_0 \tag{3}$$

而分界面 $z = -d$ 处的等效波阻抗为

$$\eta_{ef} = \eta_1 \frac{\eta_2 + j\eta_1 \tan\beta_1 d}{\eta_1 + j\eta_2 \tan\beta_1 d}$$

当 $d = \frac{1}{4}\frac{\lambda}{\sqrt{\varepsilon_{r1}}}$ 即 $d = \frac{\lambda_1}{4}$ 时

$$\eta_{ef} = \frac{\eta_1^2}{\eta_2} \tag{4}$$

分界面处的反射系数为

$$\Gamma = \frac{\eta_{ef} - \eta_0}{\eta_{ef} + \eta_0} \tag{5}$$

将式(3)和(4)代入式(5),则得

$$\Gamma = 0$$

即 $\varepsilon_{r1} = \sqrt{\varepsilon_{r2}}$ 且 $d = \frac{1}{4}\frac{\lambda}{\sqrt{\varepsilon_{r1}}}$ 时,分界面 $z = -d$ 处无反射。

6.20 均匀平面波从空气中垂直入射到厚度 $d_2 = \frac{\lambda_2}{8}$ m 的聚丙烯($\varepsilon_{r2} = 2.25$、$\mu_{r2} = 1$、$\sigma_2 = 0$)平板上。(1) 计算入射波能量被反射的百分比;(2) 计算空气中的驻波比。

解 (1) $\beta_2 d_2 = \frac{2\pi}{\lambda_2}\frac{\lambda_2}{8} = \frac{\pi}{4}$, $\eta_1 = \eta_3 = \eta_0$, $\eta_2 = \eta_0/\sqrt{\varepsilon_{r2}} = 2\eta_0/3$

反射面处的等效波阻抗为

$$\eta_{ef} = \eta_2 \frac{\eta_3 + j\eta_2\tan(\beta_2 d_2)}{\eta_2 + j\eta_3\tan(\beta_2 d_2)} = \eta_2 \frac{\eta_3 + j\eta_2}{\eta_2 + j\eta_3} = \frac{2\eta_0}{3} \frac{\eta_0 + j2\eta_0/3}{2\eta_0/3 + j\eta_0} = \frac{6 + j4}{6 + j9}\eta_0$$

反射系数

$$\Gamma = \frac{\eta_{ef} - \eta_0}{\eta_{ef} + \eta_0} = \frac{-j5}{12 + j13}$$

故入射波能量被反射的百分比为

$$\frac{S_{rav}}{S_{iav}} = |\Gamma|^2 = \left|\frac{\eta_{ef} - \eta_0}{\eta_{ef} + \eta_0}\right|^2 = \left|\frac{-j5}{12 + j13}\right|^2 = 7.99\%$$

(2) 空气中的驻波比为

$$S = \frac{1 + |\Gamma|}{1 - |\Gamma|} = \frac{|12 + j13| + 5}{|12 + j13| - 5} = \frac{22.69}{12.69} = 1.79$$

6.21 最简单的天线罩是单层介质板。若已知介质板的介电常数 $\varepsilon = 2.8\varepsilon_0$,问介质板的厚度应为多少方可使频率为3 GHz的电磁波垂直入射到介质板面时没有反射。当频率分别为3.1 GHz及2.9 GHz时,反射增大多少?

解 通常天线罩的内、外都是空气,即 $\eta_1 = \eta_3 = \eta_0$,无反射的条件为

$$d = \frac{\pi}{\beta_2} = \frac{\lambda_2}{2} = \frac{\lambda_0}{2\sqrt{\varepsilon_{r2}}}$$

频率 $f_0 = 3$ GHz时

$$\lambda_0 = \frac{3 \times 10^8}{3 \times 10^9} \text{ m} = 0.1 \text{ m}$$

则介质板的厚度应为

$$d = \frac{\lambda_0}{2\sqrt{2.8}} = \frac{0.1}{2 \times 1.67} \text{ m} \approx 30 \text{ mm}$$

当频率偏移到 $f = 3.1$ GHz时,

$$\beta_2 = \omega\sqrt{\mu_2\varepsilon_2} = 2\pi \times 3.1 \times 10^9 \sqrt{2.8\mu_0\varepsilon_0} = 108.6 \text{ rad/m}$$

故

$$\tan\beta_2 d = \tan(108.6 \times 30 \times 10^{-3}) = 0.117$$

而

$$\eta_2 = \sqrt{\frac{\mu_2}{\varepsilon_2}} = \sqrt{\frac{\mu_0}{2.8\varepsilon_0}} = 225.3\ \Omega$$

故此时的等效波阻抗为

$$\eta_{ef} = 225.3 \times \frac{377 + j225.3 \times 0.117}{225.3 + j377 \times 0.117} = 370.87e^{-j7.08^\circ} = 368 - j45.7\ \Omega$$

反射系数为

$$\Gamma_1 = \frac{\eta_{ef} - \eta_1}{\eta_{ef} + \eta_1} = \frac{368 - j45.7 - 377}{368 - j45.7 + 377} = 0.06e^{j(180^\circ + 82.37^\circ)}$$

反射功率密度与入射功率密度之比为

$$\frac{S_{rav}}{S_{iav}} = |\Gamma_1|^2 = 0.0036 = 0.36\%$$

即频率偏移到3.1 GHz时，反射功率将增大为入射功率的0.36%。

当频率偏移到$f = 2.9$ GHz时，

$$\beta_2 = \omega\sqrt{\mu_2\varepsilon_2} = 2\pi \times 2.9 \times 10^9\sqrt{2.8\mu_0\varepsilon_0} = 101.6\ \text{rad/m}$$

故

$$\tan\beta_2 d = \tan(101.6 \times 30 \times 10^{-3}) = -0.0939$$

故此时的等效波阻抗为

$$\eta_{ef} = 225.3 \times \frac{377 - j225.3 \times 0.0939}{225.3 - j377 \times 0.0939} = 372.9e^{j5.72^\circ} = 371.04 + j37.17\ \Omega$$

反射系数为

$$\Gamma_1 = \frac{\eta_{ef} - \eta_1}{\eta_{ef} + \eta_1} = \frac{371.04 + j37.17 - 377}{371.04 + j37.17 + 377} = 0.05e^{j96.27^\circ}$$

反射功率密度与入射功率密度之比为

$$\frac{S_{rav}}{S_{iav}} = |\Gamma_1|^2 = 0.0025 = 0.25\%$$

即频率下偏到$f_2 = 2.9$ GHz时，反射功率将增加为入射功率的0.25%。

6.22 图题6.22所示为隐身飞机的原理示意图。在表示机身的理想导体表面覆盖一层厚度$d_3 = \lambda_3/4$的理想介质膜，又在介质膜上涂一层厚度为d_2的良导体材料。试确定消除电磁波从良导体表面上反射的条件。

解 在图题6.22中，区域(1)为空气，其波阻抗为

$$\eta_1 = \sqrt{\frac{\mu_1}{\varepsilon_1}} = \sqrt{\frac{\mu_0}{\varepsilon_0}}$$

区域(2)为良导体，其波阻抗为

$$\eta_{2c} = \sqrt{\frac{\omega\mu_2}{\sigma_2}}e^{j45^\circ}$$

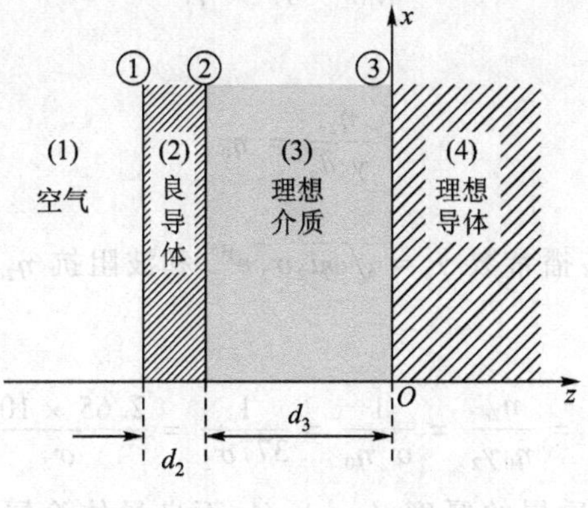

图题 6.22

区域(3)为理想介质,其波阻抗为

$$\eta_3 = \sqrt{\frac{\mu_3}{\varepsilon_3}}$$

区域(4)为理想导体($\sigma_4 = \infty$),其波阻抗为

$$\eta_4 = \sqrt{\frac{\omega\mu_4}{\sigma_4}}e^{j45^\circ} = 0$$

分界面②上的等效波阻抗为

$$\eta_{ef2} = \eta_3 \frac{\eta_4 + j\eta_3 \tan \beta_3 d_3}{\eta_3 + j\eta_4 \tan \beta_3 d_3} = \eta_3 \frac{j\eta_3 \tan\left(\frac{2\pi}{\lambda_3}\cdot\frac{\lambda_3}{4}\right)}{\eta_3} = j\eta_3 \tan\left(\frac{\pi}{2}\right) = \infty$$

分界面①上的等效波阻抗为

$$\eta_{ef1} = \eta_{2c} \frac{\eta_{ef2} + \eta_{2c} \tanh \gamma_2 d_2}{\eta_{2c} + \eta_{ef2} \tanh \gamma_2 d_2} = \frac{\eta_{2c}}{\tanh \gamma_2 d_2} \tag{1}$$

式中的 γ_2 是良导体中波的传播常数,$\tanh \gamma_2 d_2$ 为双曲正切函数。

由于良导体涂层很薄,满足 $\gamma_2 d_2 \ll 1$,故可取 $\tanh \gamma_2 d_2 \approx \gamma_2 d_2$,则式(1)变为

$$\eta_{ef1} \approx \frac{\eta_2}{\gamma_2 d_2} \tag{2}$$

分界面①上的反射系数为

$$\Gamma_1 = \frac{\eta_{ef1} - \eta_1}{\eta_{ef1} + \eta_1}$$

欲使区域(1)中无反射,必须使

$$\eta_{\text{ef1}} = \eta_1 = \eta_0$$

故由式(2),得

$$\frac{\eta_{2c}}{\gamma_2 d_2} = \eta_0 \tag{3}$$

将良导体中的传播常数 $\gamma_2 = \sqrt{\omega\mu_2\sigma_2}\,e^{j45^\circ}$ 和波阻抗 $\eta_{2c} = \sqrt{\dfrac{\omega\mu_2}{\sigma_2}}\,e^{j45^\circ}$ 代入式(3),得

$$d_2 = \frac{\eta_{2c}}{\eta_0\gamma_2} = \frac{1}{\sigma_2\eta_0} = \frac{1}{377\sigma_2} = \frac{2.65\times10^{-3}}{\sigma_2}$$

这样,只要取理想介质层的厚度 $d_3 = \lambda_3/4$,而良导体涂层的厚度 $d_2 = 2.65\times10^{-3}/\sigma_2$,就可消除分界面①上的反射波,即雷达发射的电磁波从空气中投射到分界面①时,不会产生回波,从而实现飞机隐身的目的。此结果可作如下的物理解释:由于电磁波在理想导体表面(即分界面③)上产生全反射,则在离该表面 $\lambda_3/4$ 处(即分界面②)出现电场的波腹点。而该处放置了厚度为 d_2 的良导体涂层,从而使电磁波大大损耗,故反射波就趋于零了。

6.23 均匀平面波从空气中以30°的入射角进入折射率为 $n_2=2$ 的玻璃中,试分别就下列两种情况计算入射波能量被反射的百分比:

(1) 入射波为垂直极化波;

(2) 入射波为平行极化波。

解 (1) 入射波为垂直极化波时,反射系数

$$\Gamma_\perp = \frac{\cos\theta_i - \sqrt{n_2^2 - \sin^2\theta_i}}{\cos\theta_i + \sqrt{n_2^2 - \sin^2\theta_i}} = \frac{\sqrt{3}/2 - \sqrt{4-(1/2)^2}}{\sqrt{3}/2 + \sqrt{4-(1/2)^2}}$$

$$= \frac{\sqrt{3}-\sqrt{15}}{\sqrt{3}+\sqrt{15}} = -\frac{3-\sqrt{5}}{2}$$

入射波能量被反射的百分比为

$$\frac{S_{\text{rav}}}{S_{\text{iav}}} = |\Gamma_\perp|^2 = \frac{7-3\sqrt{5}}{2} = 0.146 = 14.6\%$$

(2) 入射波为平行极化波时,反射系数

$$\Gamma_{/\!/} = \frac{n_2^2\cos\theta_i - \sqrt{n_2^2 - \sin^2\theta_i}}{n_2^2\cos\theta_i + \sqrt{n_2^2 - \sin^2\theta_i}} = \frac{2\sqrt{3} - \sqrt{4-(1/2)^2}}{2\sqrt{3} + \sqrt{4-(1/2)^2}}$$

$$= \frac{4\sqrt{3}-\sqrt{15}}{4\sqrt{3}+\sqrt{15}} = \frac{21-8\sqrt{5}}{11} = 0.283$$

入射波能量被反射的百分比为

$$\frac{S_{\text{rav}}}{S_{\text{iav}}} = |\Gamma_{/\!/}|^2 = 0.08 = 8\%$$

6.24 垂直极化的均匀平面波从水下以入射角 $\theta_i = 20°$投射到水与空气的分界面上,已知淡水的 $\varepsilon_r = 81$、$\mu_r = 1$、$\sigma = 0$,试求:

(1) 临界角;

(2) 反射系数及透射系数;

(3) 透射波在空气中传播一个波长的距离的衰减量(以 dB 表示)。

解 (1) 临界角为

$$\theta_c = \arcsin\left(\sqrt{\frac{\varepsilon_2}{\varepsilon_1}}\right) = \arcsin\left(\sqrt{\frac{\varepsilon_0}{81\varepsilon_0}}\right) = 6.38°$$

(2) 反射系数为

$$\Gamma_\perp = \frac{\cos 20° - \sqrt{\dfrac{\varepsilon_0}{81\varepsilon_0} - \sin^2 20°}}{\cos 20° + \sqrt{\dfrac{\varepsilon_0}{81\varepsilon_0} - \sin^2 20°}}$$

$$= \frac{0.94 - \sqrt{0.012 - 0.117}}{0.94 + \sqrt{0.012 - 0.117}} = \frac{0.94 - \mathrm{j}0.32}{0.94 + \mathrm{j}0.32} = \mathrm{e}^{-\mathrm{j}38.04°}$$

透射系数为

$$\tau_\perp = \frac{2\cos 20°}{\cos 20° + \sqrt{\dfrac{\varepsilon_0}{81\varepsilon_0} - \sin^2 20°}} = \frac{2 \times 0.94}{0.94 + \sqrt{0.012 - 0.117}} = 1.89\mathrm{e}^{-\mathrm{j}19.02°}$$

(3) 由于 $\theta_i > \theta_c$,故此时将产生全反射。由斯耐尔折射定律,得

$$\sin\theta_t = \sqrt{\frac{\varepsilon_1}{\varepsilon_2}}\sin\theta_i = \sqrt{81}\sin 20° = 3.08$$

此时

$$\cos\theta_t = \sqrt{1 - \sin^2\theta_t} = \sqrt{1 - 3.08^2} = -\mathrm{j}2.91$$

故空气中的透射波电场的空间变化因子为

$$\mathrm{e}^{-\mathrm{j}k_2 \boldsymbol{e}_{nt}\cdot\boldsymbol{r}} = \mathrm{e}^{-\mathrm{j}k_2(x\sin\theta_t + z\cos\theta_t)}$$

$$= \mathrm{e}^{-\mathrm{j}3.08k_2x}\mathrm{e}^{-\mathrm{j}k_2(-\mathrm{j}2.19)z} = \mathrm{e}^{-\mathrm{j}3.08k_2x}\mathrm{e}^{-k_2(2.91z)}$$

由上式即可得透射波传播一个波长时的衰减量为

$$20\lg e^{-k_2(2.91\lambda_2)} = 20\lg e^{-\frac{2\pi}{\lambda_2}(2.91\lambda_2)} = -158.8\ \text{dB}$$

6.25 均匀平面波从$\mu=\mu_0$、$\varepsilon=4\varepsilon_0$的理想电介质中斜入射到与空气的分界面上。试求：(1) 希望在分界面上产生全反射，应该采取多大的入射角；(2) 若入射波是圆极化波，而只希望反射波成为单一的直线极化波，应以什么入射角入射？

解 (1) 均匀平面波是从稠密媒质($\varepsilon_1=4\varepsilon_0$)入射到稀疏媒质($\varepsilon_2=\varepsilon_0$)，若取入射角$\theta$大于(或等于)临界角$\theta_c$，就可产生全反射。

$$\theta_c = \arcsin\left(\frac{n_2}{n_1}\right) = \arcsin\left(\sqrt{\frac{\varepsilon_2}{\varepsilon_1}}\right) = \arcsin\left(\sqrt{\frac{1}{4}}\right) = 30°$$

故取$\theta_i \geqslant 30°$时可产生全反射。

(2) 圆极化波可分解为平行极化和垂直极化两个分量，当入射角θ等于布儒斯特角θ_B时，平行极化分量就产生全透射，这样，反射波中只有单一的垂直极化分量，即

$$\theta_i = \theta_B = \arctan\left(\sqrt{\frac{\varepsilon_2}{\varepsilon_1}}\right) = \arctan\left(\sqrt{\frac{1}{4}}\right) = 26.57°$$

6.26 频率$f=300$ MHz的均匀平面波从媒质1($\mu_1=\mu_0$、$\varepsilon_1=4\varepsilon_0$、$\sigma_1=0$)斜入射到媒质2($\mu_2=\mu_0$、$\varepsilon_2=\varepsilon_0$、$\sigma_2=0$)。(1) 若入射波是垂直极化波，入射角$\theta_i=60°$，试问在空气中的透射波的传播方向如何？相速是多少？(2) 若入射波是圆极化波，且入射角$\theta_i=60°$，试问反射波是什么极化波？

解 (1) 先计算临界角

$$\theta_c = \arcsin\left(\sqrt{\frac{\varepsilon_2}{\varepsilon_1}}\right) = \arcsin\left(\sqrt{\frac{1}{4}}\right) = 30°$$

可见，$\theta_i=60°>30°$，垂直极化波的入射波要产生全反射。据折射定律$\dfrac{\sin\theta_t}{\sin\theta_i}=\sqrt{\dfrac{\varepsilon_1}{\varepsilon_2}}$，得

$$\sin\theta_t = \sqrt{\frac{\varepsilon_1}{\varepsilon_2}}\sin 60° = \sqrt{4}\times\frac{\sqrt{3}}{2} = \sqrt{3}$$

可见，θ_t没有实数解，$\cos\theta_t$为虚数，即

$$\cos\theta_t = \sqrt{1-\sin^2\theta_t} = \sqrt{1-(\sqrt{3})^2} = -\mathrm{j}\sqrt{2}$$

透射波的波数为

$$k_t = \omega\sqrt{\mu_2\varepsilon_2} = 2\pi f\sqrt{\mu_0\varepsilon_0} = 2\pi\times 3\times 10^8\times\frac{1}{3\times 10^8}\ \text{rad/m} = 2\pi\ \text{rad/m}$$

透射波的波矢量为

$$\boldsymbol{k}_t = \boldsymbol{e}_x k_t \sin\theta_t + \boldsymbol{e}_z k_t\cos\theta_t = \boldsymbol{e}_x 2\sqrt{3}\pi - \boldsymbol{e}_z \text{j}2\sqrt{2}\pi$$

故透射波的电场为

$$\boldsymbol{E}_t(\boldsymbol{r}) = \boldsymbol{e}_y E_{tm}\text{e}^{-\text{j}\boldsymbol{k}_t\cdot\boldsymbol{r}} = \boldsymbol{e}_y E_{tm}\text{e}^{-2\pi\sqrt{2}z}\text{e}^{-\text{j}2\pi\sqrt{3}x}$$

即透射波沿分界面 x 方向传播(表面波),其相速为

$$v_p = \frac{\omega}{k_{tx}} = \frac{2\pi f}{k_{tx}} = \frac{2\pi\times 3\times 10^8}{2\pi\sqrt{3}}\ \text{m/s} = 1.73\times 10^8\ \text{m/s}$$

(2) 当入射波是圆极化波时,入射角 $\theta_i = 60° >$ 临界角 θ_c,故有 $|\rho_\perp| = 1$,$|\rho_{/\!/}| = 1$,即垂直极化分量和水平极化分量都产生全反射,但反射系数的幅角分别为

$$\phi_\perp = \arctan\left(\frac{\sqrt{\sin^2\theta - \varepsilon_2/\varepsilon_1}}{\cos\theta}\right) = \arctan\left(\frac{\sqrt{\sin^2 60° - 1/4}}{\cos 60°}\right) = 57.74°$$

$$\phi_{/\!/} = \arctan\left(\frac{\sqrt{\sin^2\theta - \varepsilon_2/\varepsilon_1}}{(\varepsilon_2/\varepsilon_1)\cos\theta}\right) = \arctan\left(\frac{\sqrt{\sin^2 60° - 1/4}}{(1/4)\cos 60°}\right) = 80°$$

故反射波是椭圆极化波。

6.27 一垂直极化波从水中以 45°角入射到水和空气的分界面上,设水的参数为:$\mu = \mu_0$、$\varepsilon = 81\varepsilon_0$、$\sigma = 0$。若 $t = 0$、$z = 0$ 时,入射波电场 $E_{im} = 1$ V/m,试求空气中的电场值:(1) 在分界面上;(2) 离分界面 $\frac{\lambda}{4}$ 处。

解 平面波从水($\varepsilon_1 = 81\varepsilon_0$)中入射到空气($\varepsilon_2 = \varepsilon_0$)中,临界角为

$$\theta_c = \arcsin\left(\sqrt{\frac{\varepsilon_2}{\varepsilon_1}}\right) = \arcsin\left(\sqrt{\frac{1}{81}}\right) = 6.38°$$

可见,入射角($\theta_i = 45°$)大于临界角($\theta_c = 6.38°$),将产生全反射。根据折射定律,得

$$\sin\theta_t = \sqrt{\frac{\varepsilon_1}{\varepsilon_2}}\sin\theta_i = \sqrt{81}\sin 45° = 6.36 \tag{1}$$

可见,θ_t 无实数解,$\cos\theta_t$ 为虚数,即

$$\cos\theta_t = \sqrt{1-\sin^2\theta_t} = \sqrt{1-6.36^2} = -\text{j}6.28 \tag{2}$$

而垂直极化波斜入射时,透射波的电场为

$$\boldsymbol{E}_{\mathrm{t}} = \boldsymbol{e}_y \tau_{\perp} E_{\mathrm{im}} \mathrm{e}^{-\mathrm{j}\boldsymbol{k}_{\mathrm{t}}\cdot\boldsymbol{r}} = \boldsymbol{e}_y \tau_{\perp} E_{\mathrm{im}} \mathrm{e}^{-\mathrm{j}k_{\mathrm{t}}(z\cos\theta_{\mathrm{t}} + x\sin\theta_{\mathrm{t}})} \tag{3}$$

将式(1)和(2)代入式(3),得

$$\boldsymbol{E}_{\mathrm{t}} = \boldsymbol{e}_y \tau_{\perp} E_{\mathrm{im}} \mathrm{e}^{-6.28k_{\mathrm{t}}z} \mathrm{e}^{-\mathrm{j}6.36k_{\mathrm{t}}x} \tag{4}$$

式(4)中的透射系数为

$$\tau_{\perp} = \frac{2\cos\theta_{\mathrm{i}}}{\cos\theta_{\mathrm{i}} + \sqrt{\dfrac{\varepsilon_2}{\varepsilon_1} - \sin^2\theta_{\mathrm{i}}}} = \frac{2\cos 45^\circ}{\cos 45^\circ + \sqrt{\dfrac{1}{81} - \sin^2 45^\circ}} = 1.423\mathrm{e}^{-\mathrm{j}44.63^\circ}$$

(1) 分界面上的电场值为

$$|\boldsymbol{E}_{\mathrm{t}}|_{z=0} = |\tau_{\perp}| E_{\mathrm{im}} = 1.423\ \mathrm{V/m}$$

(2) 距分界面$\dfrac{\lambda}{4}$处的电场值为

$$|\boldsymbol{E}_{\mathrm{t}}|_{z=\frac{\lambda}{4}} = |\tau_{\perp}| E_{\mathrm{im}} \mathrm{e}^{-\frac{2\pi}{\lambda_2}\cdot\frac{\lambda_2}{4}\times 6.28} = 1.423\mathrm{e}^{-9.87} = 73.6\ \mu\mathrm{V/m}$$

6.28 一个线极化均匀平面波从自由空间斜入射到 $\sigma_1 = 0$、$\varepsilon_{\mathrm{r1}} = 4$、$\mu_{\mathrm{r1}} = 1$ 的理想介质分界面上,如果入射波的电场与入射面的夹角为45°,试求:

(1) 入射角 θ_{i} 为何值时,反射波为垂直极化波;

(2) 此时反射波的平均功率是入射波的百分之几?

解 (1) 由已知条件可知入射波中包括垂直极化分量和平行极化分量,且两分量的大小相等,均为 $E_{\mathrm{im}}/\sqrt{2}$。当入射角 θ_{i} 等于布儒斯特角 θ_{B} 时,平行极化波将无反射,反射波中就只有垂直极化分量,所以

$$\theta_{\mathrm{i}} = \theta_{\mathrm{B}} = \arctan\left(\sqrt{\frac{\varepsilon_2}{\varepsilon_1}}\right) = \arctan\left(\sqrt{\frac{4\varepsilon_0}{\varepsilon_0}}\right) = \arctan 2 = 63.43^\circ$$

(2) 当 $\theta_{\mathrm{i}} = 63.43^\circ$时,垂直极化分量的反射系数为

$$\Gamma_{\perp} = \frac{\cos\theta_{\mathrm{i}} - \sqrt{\dfrac{\varepsilon_2}{\varepsilon_1} - \sin^2\theta_{\mathrm{i}}}}{\cos\theta_{\mathrm{i}} + \sqrt{\dfrac{\varepsilon_2}{\varepsilon_1} - \sin^2\theta_{\mathrm{i}}}} = \frac{\cos 63.43^\circ - \sqrt{\dfrac{4\varepsilon_0}{\varepsilon_0} - \sin^2 63.43^\circ}}{\cos 63.43^\circ + \sqrt{\dfrac{4\varepsilon_0}{\varepsilon_0} - \sin^2 63.43^\circ}} = -0.6$$

故反射波的平均能流密度为

$$S_{\mathrm{rav}} = \frac{1}{2\eta_1}E_{\mathrm{rm}}^2 = \frac{1}{2\eta_1}\left(\Gamma_{\perp}\frac{E_{\mathrm{im}}}{\sqrt{2}}\right)^2 = \frac{E_{\mathrm{im}}^2}{2\eta_1} \times 0.18$$

而入射波的平均能流密度为

$$S_{iav} = \frac{1}{2\eta_1} E_{im}^2$$

故得到反射波的平均功率与入射波的百分比

$$\frac{S_{rav}}{S_{iav}} = 18\%$$

6.29 有一正弦均匀平面波由空气斜入射到位于 $z = 0$ 的理想导体平面上，其电场强度的复数形式为 $\boldsymbol{E}_i(x,z) = \boldsymbol{e}_y 10 e^{-j(6x+8z)}$ V/m，试求：

(1) 入射波的频率 f 与波长 λ；

(2) $\boldsymbol{E}_i(x,z,t)$ 和 $\boldsymbol{H}_i(x,z,t)$ 的瞬时表达式；

(3) 入射角 θ_i；

(4) 反射波的 $\boldsymbol{E}_r(x,z)$ 和 $\boldsymbol{H}_r(x,z)$；

(5) 总场的 $\boldsymbol{E}_1(x,z)$ 和 $\boldsymbol{H}_1(x,z)$。

解 (1) 由已知条件知入射波的波矢量为

$$\boldsymbol{k}_i = \boldsymbol{e}_x 6 + \boldsymbol{e}_z 8$$

$$k_i = |\boldsymbol{k}_i| = \sqrt{6^2 + 8^2} = 10 \text{ rad/m}$$

故波长为

$$\lambda = \frac{2\pi}{\beta} = \frac{2\pi}{k_i} = 0.628 \text{ m}$$

频率为

$$f = \frac{c}{\lambda} = \frac{3 \times 10^8}{0.628} \text{ Hz} = 4.78 \times 10^8 \text{ Hz}$$

$$\omega = 2\pi f = 3 \times 10^9 \text{ rad/s}$$

(2) 入射波传播方向的单位矢量为

$$\boldsymbol{e}_i = \frac{\boldsymbol{k}_i}{k_i} = \frac{\boldsymbol{e}_x 6 + \boldsymbol{e}_z 8}{10} = \boldsymbol{e}_x 0.6 + \boldsymbol{e}_z 0.8$$

入射波的磁场复数表示式为

$$\boldsymbol{H}_i(x,z) = \frac{1}{\eta_0} \boldsymbol{e}_i \times \boldsymbol{E}_i(x,z)$$

$$= \frac{1}{\eta_0}(-\boldsymbol{e}_x 0.6 + \boldsymbol{e}_z 0.8) \times \boldsymbol{e}_y 10 e^{-j(6x+8z)}$$

$$= \frac{1}{120\pi}(-\boldsymbol{e}_x 8 + \boldsymbol{e}_z 6) e^{-j(6x+8z)}$$

其瞬时表示式

$$\boldsymbol{H}_{\mathrm{i}}(x,z,t) = \mathrm{Re}[\boldsymbol{H}_{\mathrm{i}}(x,z)\mathrm{e}^{\mathrm{j}\omega t}]$$

$$= \mathrm{Re}\left[\frac{1}{120\pi}(-\boldsymbol{e}_x 8 + \boldsymbol{e}_z 6)\mathrm{e}^{-\mathrm{j}(6x+8z)}\mathrm{e}^{\mathrm{j}3\times10^9 t}\right]$$

$$= \frac{1}{120\pi}(-\boldsymbol{e}_x 8 + \boldsymbol{e}_z 6)\cos(3\times10^9 t - 6x - 8z) \quad \mathrm{A/m}$$

而电场的瞬时表示式为

$$\boldsymbol{E}_{\mathrm{i}}(x,z,t) = \mathrm{Re}[\boldsymbol{E}_{\mathrm{i}}(x,z)\mathrm{e}^{\mathrm{j}\omega t}]$$

$$= \mathrm{Re}[\boldsymbol{e}_y 10\mathrm{e}^{-\mathrm{j}(6x+8z)}\mathrm{e}^{\mathrm{j}\omega t}]$$

$$= \boldsymbol{e}_y 10\cos(3\times10^9 t - 6x - 8z) \quad \mathrm{V/m}$$

（3）由 $k_{\mathrm{i}z} = k_{\mathrm{i}}\cos\theta_{\mathrm{i}}$，得

$$\cos\theta_{\mathrm{i}} = \frac{k_{\mathrm{i}z}}{k_{\mathrm{i}}} = \frac{8}{10} \quad 故 \quad \theta_{\mathrm{i}} = 36.9°$$

（4）据斯耐尔反射定律知 $\theta_{\mathrm{r}} = \theta_{\mathrm{i}} = 36.9°$，反射波的波矢量为

$$\boldsymbol{k}_{\mathrm{r}} = \boldsymbol{e}_x 6 - \boldsymbol{e}_z 8$$

$$\boldsymbol{e}_{\mathrm{r}} = \frac{\boldsymbol{k}_{\mathrm{r}}}{k_{\mathrm{r}}} = \frac{\boldsymbol{e}_x 6 - \boldsymbol{e}_z 8}{10} = \boldsymbol{e}_x 0.6 - \boldsymbol{e}_z 0.8$$

而垂直极化波对理想导体平面斜入射时，反射系数 $\Gamma_{\perp} = -1$，故反射波的电场为

$$\boldsymbol{E}_{\mathrm{r}}(x,z) = -\boldsymbol{e}_y 10\mathrm{e}^{-\mathrm{j}(6x-8z)} \quad \mathrm{V/m}$$

与之相伴的磁场为

$$\boldsymbol{H}_{\mathrm{r}}(x,z) = \frac{1}{\eta_0}\boldsymbol{e}_{\mathrm{r}} \times \boldsymbol{E}_{\mathrm{r}}(x,z) = \frac{1}{120\pi}(\boldsymbol{e}_x 0.6 - \boldsymbol{e}_z 0.8) \times (-\boldsymbol{e}_y 10\mathrm{e}^{-\mathrm{j}(6x-8z)})$$

$$= \frac{1}{120\pi}(-\boldsymbol{e}_x 8 - \boldsymbol{e}_z 6)\mathrm{e}^{-\mathrm{j}(6x-8z)} \quad \mathrm{A/m}$$

（5）合成波的电场为

$$\boldsymbol{E}(x,z) = \boldsymbol{E}_{\mathrm{i}}(x,z) + \boldsymbol{E}_{\mathrm{r}}(x,z) = \boldsymbol{e}_y 10\mathrm{e}^{-\mathrm{j}(6x+8z)} - \boldsymbol{e}_y 10\mathrm{e}^{-\mathrm{j}(6x-8z)}$$

$$= \boldsymbol{e}_y 10\mathrm{e}^{-\mathrm{j}6x}(\mathrm{e}^{-\mathrm{j}8z} - \mathrm{e}^{\mathrm{j}8z}) = -\boldsymbol{e}_y \mathrm{j}20\mathrm{e}^{-\mathrm{j}6x}\sin 8z \quad \mathrm{V/m}$$

合成波的磁场为

$$\boldsymbol{H}(x,z) = \boldsymbol{H}_{\mathrm{i}}(x,z) + \boldsymbol{H}_{\mathrm{r}}(x,z)$$

$$= \frac{1}{120\pi}(-\boldsymbol{e}_x 8 + \boldsymbol{e}_z 6)\mathrm{e}^{-\mathrm{j}(6x+8z)} + \frac{1}{120\pi}(-\boldsymbol{e}_x 8 - \boldsymbol{e}_z 6)\mathrm{e}^{-\mathrm{j}(6x-8z)}$$

$$= \frac{1}{120\pi}(-\boldsymbol{e}_x 16\cos 8z - \boldsymbol{e}_y \mathrm{j}12\sin 8z)\mathrm{e}^{-\mathrm{j}6x} \quad \mathrm{A/m}$$

6.30 频率 $f = 100$ MHz 的平行极化正弦均匀平面波，在空气（$z<0$ 的区域）中以入射角 $\theta_i = 60°$ 斜入射到 $z=0$ 处的理想导体表面。设入射波磁场的振幅为 0.1 A/m、方向为 y 方向，如图题 6.30 所示。

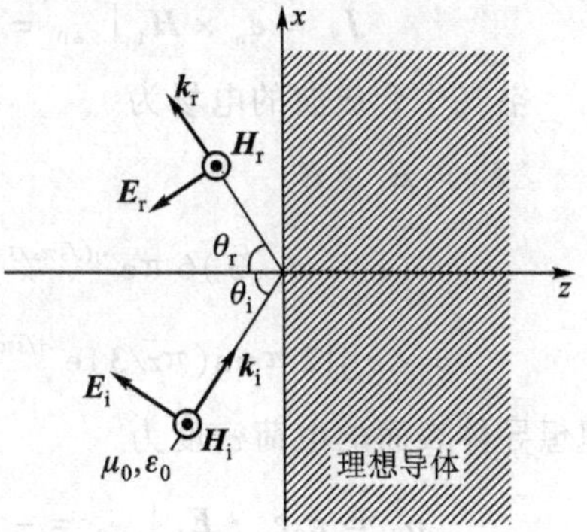

图题 6.30

(1) 求出入射波、反射波的电场和磁场表达式；

(2) 求理想导体表面上的感应电流密度和电荷密度；

(3) 求空气中的平均功率密度。

解 (1) 入射波磁场为

$$\boldsymbol{H}_i = \boldsymbol{e}_y 0.1\mathrm{e}^{-\mathrm{j}(k_{ix}x + k_{iz}z)}$$

其中

$$k_{ix} = k_i \sin\theta_i = \omega\sqrt{\varepsilon_0\mu_0}\sin 60° = \frac{\sqrt{3}}{3}\pi$$

$$k_{iz} = k_i \cos\theta_i = \omega\sqrt{\varepsilon_0\mu_0}\cos 60° = \frac{1}{3}\pi$$

入射波的传播方向的单位矢量

$$\boldsymbol{e}_i = \frac{\boldsymbol{k}_i}{k_i} = \boldsymbol{e}_x\frac{\sqrt{3}}{2} + \boldsymbol{e}_z\frac{1}{2}$$

故入射波的电场为

$$\boldsymbol{E}_i = \eta_1 \boldsymbol{H}_i \times \boldsymbol{e}_i = (\boldsymbol{e}_x - \boldsymbol{e}_z\sqrt{3})6\pi\mathrm{e}^{-\mathrm{j}\pi(\sqrt{3}x+z)/3}$$

反射波的磁场为

$$\boldsymbol{H}_r = \boldsymbol{e}_y 0.1\mathrm{e}^{-\mathrm{j}\pi(\sqrt{3}x-z)/3}$$

反射波的传播方向的单位矢量

$$\boldsymbol{e}_r = \boldsymbol{e}_x\frac{\sqrt{3}}{2} - \boldsymbol{e}_z\frac{1}{2}$$

故反射波的电场为

$$\boldsymbol{E}_{\mathrm{r}} = \eta_1 \boldsymbol{H}_{\mathrm{i}} \times \boldsymbol{e}_{\mathrm{r}} = (-\boldsymbol{e}_x - \boldsymbol{e}_z\sqrt{3})6\pi \mathrm{e}^{-\mathrm{j}\pi(\sqrt{3}x-z)/3}$$

（2）空气中合成波的磁场为

$$\boldsymbol{H}_1 = \boldsymbol{H}_{\mathrm{i}} + \boldsymbol{H}_{\mathrm{r}} = \boldsymbol{e}_y 0.2\cos(\pi z/3)\mathrm{e}^{-\mathrm{j}\sqrt{3}\pi x/3}$$

理想导体表面的电流密度为

$$\boldsymbol{J}_S = \boldsymbol{e}_{\mathrm{n}} \times \boldsymbol{H}_1\big|_{z=0} = -\boldsymbol{e}_z \times \boldsymbol{H}_1\big|_{z=0} = \boldsymbol{e}_x 0.2\mathrm{e}^{-\mathrm{j}\sqrt{3}\pi x/3}$$

空气中合成波的电场为

$$\boldsymbol{E}_1 = \boldsymbol{E}_{\mathrm{i}} + \boldsymbol{E}_{\mathrm{r}}$$

$$= (\boldsymbol{e}_x - \boldsymbol{e}_z\sqrt{3})6\pi\mathrm{e}^{-\mathrm{j}(\sqrt{3}\pi x/3+\pi z/3)} + (-\boldsymbol{e}_x - \boldsymbol{e}_z\sqrt{3})6\pi\mathrm{e}^{-\mathrm{j}(\sqrt{3}\pi x/3-\pi z/3)}$$

$$= -\boldsymbol{e}_x \mathrm{j}12\pi\sin(\pi z/3)\mathrm{e}^{-\mathrm{j}\sqrt{3}\pi x/3} - \boldsymbol{e}_z 12\sqrt{3}\pi\cos(\pi z/3)\mathrm{e}^{-\mathrm{j}\sqrt{3}\pi x/3}$$

理想导体表面的电荷密度为

$$\rho_S = \varepsilon_0 \boldsymbol{e}_{\mathrm{n}} \cdot \boldsymbol{E}_1\big|_{z=0} = -\varepsilon_0 \boldsymbol{e}_z \cdot \boldsymbol{E}_1\big|_{z=0} = 12\sqrt{3}\pi\varepsilon_0 \mathrm{e}^{-\mathrm{j}\sqrt{3}\pi x/3}$$

（3）$\boldsymbol{S}_{\mathrm{av}} = \dfrac{1}{2}\mathrm{Re}[\boldsymbol{E}_1 \times \boldsymbol{H}_1^*] = \boldsymbol{e}_x 1.2\sqrt{3}\pi\cos^2(\pi z/3)\quad \mathrm{W/m^2}$

第 7 章

导行电磁波

7.1 基本内容概述

电磁波在导波系统中的传输问题,可归结为求解满足特定边界条件的波动方程。根据其解的性质,可了解在各种导波装置中各种模式电磁波的场分布和传播特性。

7.1.1 沿均匀导波系统传播的波的一般特性

所谓均匀导波系统,是指在任何垂直于电磁波传播方向的横截面上,导波装置具有相同的截面形状和截面面积。

设均匀导波系统的轴向为 z 轴方向,则电场和磁场可分别表示为

$$\boldsymbol{E}(x,y,z) = \boldsymbol{E}(x,y)\mathrm{e}^{-\gamma z} \tag{7.1a}$$

$$\boldsymbol{H}(x,y,z) = \boldsymbol{H}(x,y)\mathrm{e}^{-\gamma z} \tag{7.1b}$$

根据麦克斯韦方程,可得到横向场分量与纵向场分量的关系

$$E_x = -\frac{1}{k_c^2}\left(\gamma\frac{\partial E_z}{\partial x} + \mathrm{j}\omega\mu\frac{\partial H_z}{\partial y}\right) \tag{7.2a}$$

$$E_y = -\frac{1}{k_c^2}\left(\gamma\frac{\partial E_z}{\partial y} - \mathrm{j}\omega\mu\frac{\partial H_z}{\partial x}\right) \tag{7.2b}$$

$$H_x = -\frac{1}{k_c^2}\left(\gamma\frac{\partial H_z}{\partial x} - \mathrm{j}\omega\varepsilon\frac{\partial E_z}{\partial y}\right) \tag{7.2c}$$

$$H_y = -\frac{1}{k_c^2}\left(\gamma\frac{\partial H_z}{\partial y} + \mathrm{j}\omega\varepsilon\frac{\partial E_z}{\partial x}\right) \tag{7.2d}$$

式中,$k_c^2 = \gamma^2 + k^2$ 为截止波数,$\gamma = \alpha + \mathrm{j}\beta$ 为传播常数,$k = \omega\sqrt{\mu\varepsilon}$ 为波数。由上式可知,在波导电磁场的 6 个分量中,独立的只有 2 个,即 E_z、H_z。只要知道 E_z、H_z,就可求出全部场分量。而纵向场分量 E_z 和 H_z 满足的标量波动方程为

$$\frac{\partial^2 E_z}{\partial x^2} + \frac{\partial^2 E_z}{\partial y^2} + k_c^2 E_z = 0 \tag{7.3a}$$

$$\frac{\partial^2 H_z}{\partial x^2} + \frac{\partial^2 H_z}{\partial y^2} + k_c^2 H_z = 0 \tag{7.3b}$$

7.1.2 导行电磁波的三种模式

根据纵向场分量E_z和H_z存在与否，可将导波系统中的电磁波分为三种模式。

(1) 横电磁波(TEM)：$E_z=0$、$H_z=0$

传播常数 $$\gamma_{\text{TEM}} = \mathrm{j}k = \mathrm{j}\omega\sqrt{\mu\varepsilon} \tag{7.4}$$

相速度 $$v_{\mathrm{p}} = \frac{\omega}{k} = \frac{1}{\sqrt{\mu\varepsilon}} \tag{7.5}$$

波阻抗 $$Z_{\text{TEM}} = \frac{E_x}{H_y} = \sqrt{\frac{\mu}{\varepsilon}} = \eta \tag{7.6}$$

(2) 横磁波(TM)：$E_z\neq 0$、$H_z=0$

E_z满足标量波动方程 $\dfrac{\partial^2 E_z}{\partial x^2}+\dfrac{\partial^2 E_z}{\partial y^2}+k_{\mathrm{c}}^2 E_z=0$

其传播条件 $f>f_{\mathrm{c}}=\dfrac{k_{\mathrm{c}}}{2\pi\sqrt{\mu\varepsilon}}$ （工作频率大于截止频率）

传播常数 $$\gamma = \mathrm{j}\beta = \mathrm{j}k\sqrt{1-\left(\frac{f_{\mathrm{c}}}{f}\right)^2} \tag{7.7}$$

波导波长 $$\lambda_{\mathrm{g}} = \frac{2\pi}{\beta} = \frac{\lambda}{\sqrt{1-\left(\frac{f_{\mathrm{c}}}{f}\right)^2}} > \lambda \tag{7.8}$$

相速度 $$v_{\mathrm{p}} = \frac{\omega}{\beta} = \frac{v}{\sqrt{1-\left(\frac{f_{\mathrm{c}}}{f}\right)^2}} > v \tag{7.9}$$

波阻抗 $$Z_{\text{TM}} = \frac{E_x}{H_y} = -\frac{E_y}{H_x} = \eta\sqrt{1-\left(\frac{f_{\mathrm{c}}}{f}\right)^2} \tag{7.10}$$

(3) 横电波(TE)：$E_z=0$、$H_z\neq 0$

H_z满足标量波动方程 $\frac{\partial^2 H_z}{\partial x^2}+\frac{\partial^2 H_z}{\partial y^2}+k_c^2 H_z=0$

其传播条件 $f>f_c=\frac{k_c}{2\pi\sqrt{\mu\varepsilon}}$ （工作频率大于截止频率）

传播常数、波导波长、相速度与式(7.7)、(7.8)、(7.9)相同

波阻抗
$$Z_{TE}=\frac{E_x}{H_y}=-\frac{E_y}{H_x}=\frac{\eta}{\sqrt{1-\left(\frac{f_c}{f}\right)^2}} \tag{7.11}$$

平行双线、同轴线这一类能建立二维静态场的导波系统，可以传输 TEM 波；空心波导只能传输 TE 波和 TM 波。

7.1.3 矩形波导中传播的 TM 波和 TE 波的场分布

横截面尺寸为 $a\times b$ 的矩形波导中传播的 TM 波的场分量为

$$E_x(x,y,z)=-\frac{\gamma}{k_c^2}\left(\frac{m\pi}{a}\right)E_0\cos\left(\frac{m\pi}{a}x\right)\sin\left(\frac{n\pi}{b}y\right)e^{-\gamma z} \tag{7.12a}$$

$$E_y(x,y,z)=-\frac{\gamma}{k_c^2}\left(\frac{n\pi}{b}\right)E_0\sin\left(\frac{m\pi}{a}x\right)\cos\left(\frac{n\pi}{b}y\right)e^{-\gamma z} \tag{7.12b}$$

$$E_z(x,y,z)=E_0\sin\left(\frac{m\pi}{a}x\right)\sin\left(\frac{n\pi}{b}y\right)e^{-\gamma z} \tag{7.12c}$$

$$H_x(x,y,z)=\frac{j\omega\varepsilon}{k_c^2}\left(\frac{n\pi}{b}\right)E_0\sin\left(\frac{m\pi}{a}x\right)\cos\left(\frac{n\pi}{b}y\right)e^{-\gamma z} \tag{7.12d}$$

$$H_y(x,y,z)=-\frac{j\omega\varepsilon}{k_c^2}\left(\frac{m\pi}{a}\right)E_0\cos\left(\frac{m\pi}{a}x\right)\sin\left(\frac{n\pi}{b}y\right)e^{-\gamma z} \tag{7.12e}$$

$$H_z(x,y,z)=0 \tag{7.12f}$$

式中，
$$k_c^2=\gamma^2+k^2=\left(\frac{m\pi}{a}\right)^2+\left(\frac{n\pi}{b}\right)^2 \tag{7.13}$$

m、n 取非零的正整数。取不同的 m、n 值，代表不同的模式，表示为 TM_{mn} 模，其最低阶模为 TM_{11}。

横截面尺寸为 $a\times b$ 的矩形波导中传播的 TE 波的场分量为

$$E_x(x,y,z)=\frac{j\omega\mu}{k_c^2}\left(\frac{n\pi}{b}\right)H_0\cos\left(\frac{m\pi}{a}x\right)\sin\left(\frac{n\pi}{b}y\right)e^{-\gamma z} \tag{7.14a}$$

$$E_y(x,y,z) = -\frac{j\omega\mu}{k_c^2}\left(\frac{m\pi}{a}\right)H_0\sin\left(\frac{m\pi}{a}x\right)\cos\left(\frac{n\pi}{b}y\right)e^{-\gamma z} \tag{7.14b}$$

$$E_z(x,y,z) = 0 \tag{7.14c}$$

$$H_x(x,y,z) = \frac{\gamma}{k_c^2}\left(\frac{m\pi}{a}\right)H_0\sin\left(\frac{m\pi}{a}x\right)\cos\left(\frac{n\pi}{b}y\right)e^{-\gamma z} \tag{7.14d}$$

$$H_y(x,y,z) = \frac{\gamma}{k_c^2}\left(\frac{n\pi}{b}\right)H_0\cos\left(\frac{m\pi}{a}x\right)\sin\left(\frac{n\pi}{b}y\right)e^{-\gamma z} \tag{7.14e}$$

$$H_z(x,y) = H_0\cos\left(\frac{m\pi}{a}x\right)\cos\left(\frac{n\pi}{b}y\right)e^{-\gamma z} \tag{7.14f}$$

m、n 可取正整数和零，但不能同时取零。取不同的 m、n 值，代表不同的模式，表示为 TE_{mn} 模，其最低阶模为 TE_{10}。

7.1.4 矩形波导中波的传播参数

在空心波导中，能传输的模式应满足的条件是 $f > (f_c)_{mn}$［或 $\lambda < (\lambda_c)_{mn}$］，即工作频率 f 高于该模式的截止频率 $(f_c)_{mn}$（或工作波长 λ 小于该模式的截止波长 $(\lambda_c)_{mn}$）。

截止频率和截止波长

$$(f_c)_{mn} = \frac{k_c}{2\pi\sqrt{\mu\varepsilon}} = \frac{1}{2\pi\sqrt{\mu\varepsilon}}\sqrt{\left(\frac{m\pi}{a}\right)^2 + \left(\frac{n\pi}{b}\right)^2} \tag{7.15}$$

$$(\lambda_c)_{mn} = \frac{v}{f_c} = \frac{2\pi}{\sqrt{\left(\frac{m\pi}{a}\right)^2 + \left(\frac{n\pi}{b}\right)^2}} \tag{7.16}$$

波导波长、相速度、波阻抗分别与式(7.8)、(7.9)、(7.10)、(7.11)相同。

7.1.5 矩形波导中的主模

截止波长最长的模式称为主模，矩形波导中的主模是 TE_{10} 模，其截止波长 $\lambda_c = 2a$。

7.1.6 圆柱形波导中的电磁场表示式

圆柱形波导中的电场和磁场可分别表示为

$$\boldsymbol{E}(\rho,\phi,z) = \boldsymbol{E}(\rho,\phi)e^{-\gamma z},\boldsymbol{H}(\rho,\phi,z) = \boldsymbol{H}(\rho,\phi)e^{-\gamma z}$$

在圆柱形波导中，纵向场分量与横向场分量的关系为

$$E_{\rho}=-\frac{1}{\gamma^{2}+k^{2}}\left(\gamma\frac{\partial E_{z}}{\partial\rho}+\mathrm{j}\frac{\omega\mu}{\rho}\frac{\partial H_{z}}{\partial\phi}\right)\tag{7.17a}$$

$$E_{\phi}=\frac{1}{\gamma^{2}+k^{2}}\left(-\frac{\gamma}{\rho}\frac{\partial E_{z}}{\partial\phi}+\mathrm{j}\omega\mu\frac{\partial H_{z}}{\partial\rho}\right)\tag{7.17b}$$

$$H_{\rho}=\frac{1}{\gamma^{2}+k^{2}}\left(\mathrm{j}\frac{\omega\varepsilon}{\rho}\frac{\partial E_{z}}{\partial\phi}-\gamma\frac{\partial H_{z}}{\partial\rho}\right)\tag{7.17c}$$

$$H_{\phi}=-\frac{1}{\gamma^{2}+k^{2}}\left(\mathrm{j}\omega\varepsilon\frac{\partial E_{z}}{\partial\rho}+\frac{\gamma}{\rho}\frac{\partial H_{z}}{\partial\phi}\right)\tag{7.17d}$$

纵向场分量 E_z和 H_z满足的标量波动方程分别为

$$\frac{\partial^{2}E_{z}}{\partial\rho^{2}}+\frac{1}{\rho}\frac{\partial E_{z}}{\partial\rho}+\frac{1}{\rho^{2}}\frac{\partial^{2}E_{z}}{\partial\phi^{2}}+k_{\mathrm{c}}^{2}E_{z}=0\tag{7.18a}$$

$$\frac{\partial^{2}H_{z}}{\partial\rho^{2}}+\frac{1}{\rho}\frac{\partial H_{z}}{\partial\rho}+\frac{1}{\rho^{2}}\frac{\partial^{2}H_{z}}{\partial\phi^{2}}+k_{\mathrm{c}}^{2}H_{z}=0\tag{7.18b}$$

圆柱形波导中的主模是 TE_{11} 模，相应的截止波长为 $(\lambda_{\mathrm{c}})_{TE_{11}}=3.412\,6a$（$a$ 为圆柱形波导横截面的半径）。

7.1.7 同轴波导

内导体半径为 a，外导体的内半径为 b，内外导体之间填充电参数为 ε、μ 的理想介质，内外导体为理想导体的同轴波导。由于是双导体波导，因此它既可以传播 TEM 波，也可以传播 TE 波、TM 波。

对于 TEM 波的场分布

$$E_{z}=0\tag{7.19a}$$

$$H_{z}=0\tag{7.19b}$$

$$H_{\phi}=\frac{H_{0}}{\rho}\mathrm{e}^{-\gamma z}\tag{7.19c}$$

$$E_{\rho}=\frac{\gamma}{\mathrm{j}\omega\varepsilon}\frac{H_{0}}{\rho}\mathrm{e}^{-\gamma z}\tag{7.19d}$$

传播常数 $$\gamma=\gamma_{\mathrm{TEM}}=\mathrm{j}k=\mathrm{j}\omega\sqrt{\mu\varepsilon}=\mathrm{j}\beta\tag{7.20}$$

相速度 $$v_{\mathrm{p}}=\frac{\omega}{\beta}=\frac{1}{\sqrt{\varepsilon\mu}}\tag{7.21}$$

波阻抗
$$Z_{\mathrm{TEM}}=\frac{E_r}{H_\phi}=\frac{\gamma}{\mathrm{j}\omega\varepsilon}=\sqrt{\frac{\mu}{\varepsilon}}=\eta \tag{7.22}$$

同轴波导一般都是以 TEM 模(主模)方式工作的。但是,当工作频率过高时,在同轴波导中还将出现一系列的高次模:TM 模和 TE 模。同轴波导中 TE_{11} 和 TM_{01} 的截止波长分别为

$$(\lambda_c)_{\mathrm{TE}_{11}}\approx\pi(b+a),(\lambda_c)_{\mathrm{TM}_{01}}\approx 2(b-a) \tag{7.23}$$

7.1.8 谐振腔的主要参数

谐振腔是频率很高时采用的谐振回路,其主要参数是谐振频率和品质因素。矩形谐振腔的谐振频率为

$$f_0=\frac{1}{\sqrt{\mu\varepsilon}}\sqrt{\left(\frac{m}{2a}\right)^2+\left(\frac{n}{2b}\right)^2+\left(\frac{p}{2l}\right)^2} \tag{7.24}$$

7.1.9 传输线上的电压波和电流波

在传输线中,随时间变化的电压和电流满足的波动方程为

$$\frac{\mathrm{d}^2U(z)}{\mathrm{d}z^2}=\gamma^2U(z),\quad \frac{\mathrm{d}^2I(z)}{\mathrm{d}z^2}=\gamma^2I(z) \tag{7.25}$$

式中,$\gamma=\sqrt{(R_1+\mathrm{j}\omega L_1)(G_1+\mathrm{j}\omega C_1)}=\alpha+\mathrm{j}\beta$,称为传播系数;$\alpha$ 称为衰减系数;β 称为相位系数。

波动方程的通解为

$$U(z)=A_1\mathrm{e}^{-\gamma z}+A_2\mathrm{e}^{\gamma z} \tag{7.26a}$$

$$I(z)=\frac{1}{Z_0}(A_1\mathrm{e}^{-\gamma z}-A_2\mathrm{e}^{\gamma z}) \tag{7.26b}$$

式中,$Z_0=\sqrt{(R_1+\mathrm{j}\omega L_1)/(G_1+\mathrm{j}\omega C_1)}$,常数 A_1、A_2 由传输线的边界条件确定。

当给定传输线的终端电压 U_2 和终端电流 I_2 时,线上任意一点的电压、电流为

$$U(z)=U^+(z)+U^-(z)=\frac{U_2+I_2Z_0}{2}\mathrm{e}^{\gamma z}+\frac{U_2-I_2Z_0}{2}\mathrm{e}^{-\gamma z}$$

$$I(z)=I^+(z)+I^-(z)=\frac{U_2+I_2Z_0}{2Z_0}\mathrm{e}^{\gamma z}-\frac{U_2-I_2Z_0}{2Z_0}\mathrm{e}^{-\gamma z}$$

上式说明传输线上任意一点的电压和电流以波的形式存在,且是由入射波和反射波叠加而成的。

7.1.10 传播特性参数

特性阻抗:定义为传输线上任意一点的行波电压与行波电流之比。

$$Z_0 = \frac{U^+}{I^+} = -\frac{U^-}{I^-} = \sqrt{(R_1 + j\omega L_1)/(G_1 + j\omega C_1)}$$

对于无损耗线

$$Z_0 = \sqrt{\frac{L_1}{C_1}} \tag{7.27}$$

输入阻抗:传输线上任意一点的总电压与总电流之比称为该点的输入阻抗。

$$Z_{in}(z) = \frac{U(z)}{I(z)} = Z_0 \frac{Z_L + Z_0 \tan h(\gamma z)}{Z_0 + Z_L \tan h(\gamma z)}$$

对于无损耗线

$$Z_{in}(z) = Z_0 \frac{Z_L + jZ_0 \tan(\beta z)}{Z_0 + jZ_L \tan(\beta z)} \tag{7.28}$$

反射系数

$$\Gamma(z) = \frac{U^-(z)}{U^+(z)} = -\frac{U_2^- e^{-\gamma z}}{U_2^+ e^{\gamma z}} = \Gamma_2 e^{-2\gamma z} \tag{7.29}$$

式中,$\Gamma_2 = \frac{U_2^-}{U_2^+} = \left|\frac{Z_L - Z_0}{Z_L + Z_0}\right| e^{j\phi_2}$称为终端反射系数。

对于无损耗线

$$\Gamma(z) = |\Gamma_2| e^{j\phi_2} e^{-j2\beta z} \tag{7.30}$$

驻波系数

$$S = \frac{|U|_{max}}{|U|_{min}} = \frac{1 + |\Gamma_2|}{1 - |\Gamma_2|} \tag{7.31}$$

7.1.11 传输线上的三种工作状态

因终端负载不同,传输线上存在三种不同的工作状态:

(1) 行波状态($Z_L = Z_0$);

(2) 驻波状态($Z_L = 0$,或 $Z_L = \infty$,或 $Z_L = \pm jX_L$);

(3) 混合波状态($Z_L = R_L \pm jX_L$)。

7.2 教学基本要求及重点、难点讨论

7.2.1 教学基本要求

波导中的纵向场分析法是求解波导中场分布的重要方法,要求理解该方法的思路。对于该方法中涉及到的有关物理量,如传播常数 γ、截止波数 k_c 等是讨论波导中波传播特性的关键,必须牢固掌握其物理意义和计算公式。

波导中三种模式的传播条件和传播特性是这一章的重点,必须牢固掌握三种模式的分类方法和传播特性参数,如截止频率 f_c(截止波长 λ_c)、相位常数 β、波导波长 λ_g、相速度 v_p、波阻抗 Z 的计算公式,并应用它们分析具体给定波导中不同模式的传播特性。

矩形波导的主模 TE_{10} 是实现单模传输的模式,要求对其场分布、场图及管壁电流分布有所了解,并掌握波导尺寸设计的原理。

"等效电路法"是求解 TEM 波传输线的方法之一,要求掌握分布参数的概念,建立传输线方程,理解传输线上电压波、电流波的特点。

TEM 波传输线的特性参数、波的传播特点及工作状态分析也是这一章的重点,要求掌握特性阻抗 Z_0、输入阻抗 $Z_{in}(z)$、反射系数 $\Gamma(z)$、终端反射系数 Γ_2、驻波系数 S 的定义、计算公式和物理意义。掌握传输线三种不同工作状态的条件和特点。

关于谐振腔,要求了解振荡模式的特点,掌握谐振频率的计算公式,理解品质因数的物理意义,了解其计算方法。

7.2.2 重点、难点讨论

1. 不同模式的传播条件

由均匀导波系统的假设,根据麦克斯韦方程可将波导中的横向场分量用纵向场分量表示。而纵向场分量 E_z 和 H_z 满足的标量波动方程为 $\frac{\partial^2 E_z}{\partial x^2} + \frac{\partial^2 E_z}{\partial y^2} + k_c^2 E_z = 0$ (TM 波)和 $\frac{\partial^2 H_z}{\partial x^2} + \frac{\partial^2 H_z}{\partial y^2} + k_c^2 H_z = 0$ (TE 波),式中 $k_c^2 = \gamma^2 + k^2$ 称为截止波数,可令 $k_c = \omega_c \sqrt{\mu\varepsilon}$,$\omega_c$ 称为截止角频率,由此定义截止频率 $f_c = \frac{\omega_c}{2\pi}$、截止波长 $\lambda_c = \frac{2\pi}{k_c}$。

对于不同类型、不同尺寸的导波系统(边界条件不同),该波动方程的解 E_z(或 H_z)和相应的 k_c 值不同。例如,尺寸为 $a\times b$ 的矩形波导中的 TM 波的 $E_z=E_0\sin\left(\frac{m\pi}{a}x\right)\sin\left(\frac{n\pi}{b}y\right)$,$k_c^2=\left(\frac{m\pi}{a}\right)^2+\left(\frac{n\pi}{b}\right)^2$。不同的 m、n 取值,TM_{nm} 的场分布不同、截止波数不同。

由均匀导波系统中场量的表示式 $\boldsymbol{E}=\boldsymbol{E}(x,y)e^{-\gamma z}$、$\boldsymbol{H}=\boldsymbol{H}(x,y)e^{-\gamma z}$ 可知,只有当传播常数 γ 为纯虚数时,该电磁波才能在波导中传播,否则电磁波将在波导中很快衰减。利用 $k_c^2=\gamma^2+k^2$,得到使 γ 为纯虚数的条件是 $k>k_c$,即 $f>f_c$(工作频率大于截止频率)。

2. TEM 波传输线理论

在双导体导波系统中可传播 TEM 波,而该模式的电场和磁场没有纵向分量。根据麦克斯韦方程和电压的定义,可以建立电场和两导体间电压以及磁场和传输线上电流的一一对应关系,因此电磁场的传播特性与电压、电流的传播特性是相同的。而对于电压和电流的分析可以用电路的方法。事实上,传输线理论在电路理论与电磁场理论之间起着桥梁的作用。

电路理论与传输线理论之间的关键不同之处在于电尺寸。电路分析假设一个网络的实际尺寸远小于工作波长,而传输线的长度则可与工作波长相比拟或为数个波长。因此,一段传输线是一个分布参数网络,电压和电流的振幅和相位都将发生变化,这些变化可以看成是因为沿线的导体上存在电阻、电感,导体间存在电容和漏电导。其影响分布在传输线上的每一点,故称为分布参数。

传输线方程是传输线理论的基本方程,是描述传输线上电压和电流变化规律及相互关系的微分方程。根据前面的分析,它可以从场的角度以某种特定的 TEM 传输线导出,也可以从路的角度,由分布参数得到的传输线模型导出。

7.3 习题解答

7.1 为什么一般矩形波导测量线的纵槽开在波导的中线上?

解 因为矩形波导中的主模为 TE_{10} 模,而由 TE_{10} 的管壁电流分布可知,在波导宽边中线处只有纵向电流。因此沿波导宽边的中线开槽不会因切断管壁电流而影响波导内的场分布,也不会引起波导内电磁波由开槽口向外辐射能量,如图题 7.1 所示。

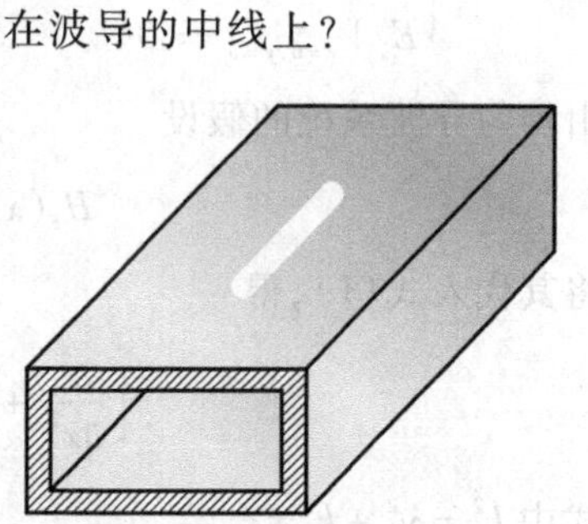

图题 7.1

7.2 下列二矩形波导具有相同的工作波长,试比较它们工作在 TM_{11} 模式的截止频率。

(1) $a\times b=23\ \text{mm}\times 10\ \text{mm}$；

(2) $a\times b=16.5\ \text{mm}\times 16.5\ \text{mm}$。

解 截止频率

$$f_c=\frac{1}{2\pi\sqrt{\mu\varepsilon}}\sqrt{\left(\frac{m\pi}{a}\right)^2+\left(\frac{n\pi}{b}\right)^2}$$

当介质为空气时，$\sqrt{\mu\varepsilon}=\sqrt{\mu_0\varepsilon_0}=\dfrac{1}{c}$。

(1) 当 $a\times b=23\ \text{mm}\times 10\ \text{mm}$，工作模式为 TM_{11} ($m=1$、$n=1$)，其截止频率为

$$f_c=\frac{3\times 10^{11}}{2}\sqrt{\left(\frac{1}{23}\right)^2+\left(\frac{1}{10}\right)^2}\ \text{GHz}=16.36\ \text{GHz}$$

(2) 当 $a\times b=16.5\ \text{mm}\times 16.5\ \text{mm}$，工作模式仍为 TM_{11} ($m=1,n=1$)，其截止频率为

$$f_c=\frac{3\times 10^{11}}{2}\sqrt{\left(\frac{1}{16.5}\right)^2+\left(\frac{1}{16.5}\right)^2}\ \text{GHz}=12.86\ \text{GHz}$$

由以上的计算可知：截止频率与波导的尺寸、传输模式及波导填充的介质有关，与工作频率无关。

7.3 推导矩形波导（如图题7.3所示）中 TE_{mn} 模的场分布式。

解 对于TE波有 $E_z=0, H_z\neq 0$

H_z 应满足下面的波动方程和边界条件：

$$\begin{cases}\nabla^2 H_z+k^2H_z=0\\ E_y\mid_{x=0,x=a}=0\\ E_x\mid_{y=0,y=b}=0\end{cases}\qquad(1)$$

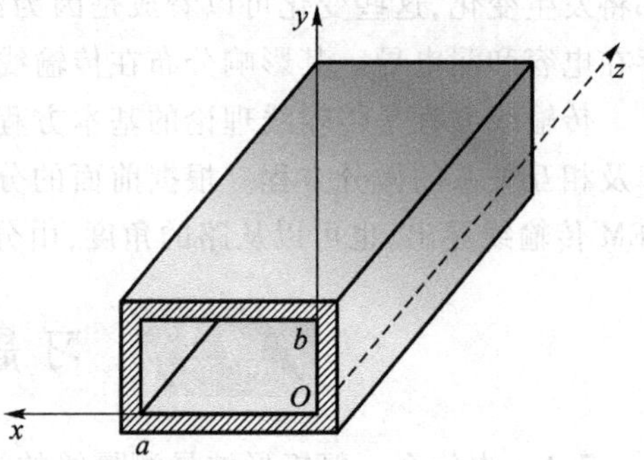

图题 7.3

由均匀导波系统的假设

$$H_z(x,y,z)=H_z(x,y)\mathrm{e}^{-\gamma z}$$

将其代入式(1)，得

$$\left[\frac{\partial^2}{\partial x^2}+\frac{\partial^2}{\partial y^2}+k_c^2\right]H_z(x,y)=0\qquad(2)$$

式中 $k_c^2=\gamma^2+k^2$。

该方程可利用分离变量法求解。设其解为

$$H_z(x,y) = f(x)g(y) \tag{3}$$

将式(3)代入式(2),然后等式两边同除以$f(x)g(y)$,得

$$-\frac{1}{f(x)}\frac{\mathrm{d}^2 f(x)}{\mathrm{d}x^2} = \frac{1}{g(y)}\frac{\mathrm{d}^2 g(y)}{\mathrm{d}y^2} + k_c^2$$

上式中等式左边仅为x的函数,等式右边仅为y的函数,要使其相等,必须各等于常数。于是,该式可分离出两个常微分方程

$$\frac{\mathrm{d}^2 f(x)}{\mathrm{d}x^2} + k_x^2 f(x) = 0 \tag{4a}$$

$$\frac{\mathrm{d}^2 g(y)}{\mathrm{d}y^2} + k_y^2 g(y) = 0 \tag{4b}$$

$$k_x^2 + k_y^2 = k_c^2 \tag{5}$$

式(4a)的通解为

$$f(x) = A\sin k_x x + B\cos k_x x \tag{6}$$

由于在$x=0$和$x=a$的边界上,满足

$$E_y \big|_{x=0} = 0, \quad E_y \big|_{x=a} = 0$$

由纵向场与横向场的关系,得

$$E_y = \frac{\mathrm{j}\omega\mu}{k_c^2}\frac{\partial H_z}{\partial x}$$

则在$x=0$和$x=a$的边界上,$H_z(x,y)$满足

$$\left.\frac{\partial H_z}{\partial x}\right|_{x=0} = 0, \quad \left.\frac{\partial H_z}{\partial x}\right|_{x=a} = 0$$

于是将其代入式 (6)得

$$A = 0$$

$$k_x = \frac{m\pi}{a} \quad (m = 0,1,2,3,\cdots)$$

所以

$$f(x) = B\cos\left(\frac{m\pi}{a}x\right)$$

同理得式(4)的通解

$$g(y) = C\sin k_y y + D\cos k_y y$$

满足的边界条件为

$$\left.\frac{\partial H_z}{\partial y}\right|_{y=0}=0,\quad \left.\frac{\partial H_z}{\partial y}\right|_{y=b}=0$$

于是得

$$C=0$$

$$k_y=\frac{n\pi}{b}\quad (n=0,1,2,3,\cdots)$$

$$g(y)=D\cos\left(\frac{n\pi}{b}y\right)$$

所以,得到矩形波导中 TE 波的纵向场分量

$$H_z(x,y)=H_0\cos\left(\frac{m\pi}{a}x\right)\cos\left(\frac{n\pi}{b}y\right)$$

式中,$H_0=CD$ 由激励源强度决定。

本征值为

$$k_c^2=k_x^2+k_y^2=\left(\frac{m\pi}{a}\right)^2+\left(\frac{n\pi}{b}\right)^2$$

利用纵向场与横向场的关系式可求得 TE 波的其它横向场分量

$$E_x(x,y)=\frac{\mathrm{j}\omega\mu}{k_c^2}\left(\frac{n\pi}{b}\right)H_0\cos\left(\frac{m\pi}{a}x\right)\sin\left(\frac{n\pi}{b}y\right)$$

$$E_y(x,y)=-\frac{\mathrm{j}\omega\mu}{k_c^2}\left(\frac{m\pi}{a}\right)H_0\sin\left(\frac{m\pi}{a}x\right)\cos\left(\frac{n\pi}{b}y\right)$$

$$H_x(x,y)=\frac{\gamma}{k_c^2}\left(\frac{m\pi}{a}\right)H_0\sin\left(\frac{m\pi}{a}x\right)\cos\left(\frac{n\pi}{b}y\right)$$

$$H_y(x,y)=\frac{\gamma}{k_c^2}\left(\frac{n\pi}{b}\right)H_0\cos\left(\frac{m\pi}{a}x\right)\sin\left(\frac{n\pi}{b}y\right)$$

7.4 设矩形波导中传输 TE_{10}模,求填充介质(介电常数为 ε)时的截止频率及波导波长。

解 截止频率

$$f_c=\frac{1}{2\pi\sqrt{\mu\varepsilon}}\sqrt{\left(\frac{m\pi}{a}\right)^2+\left(\frac{n\pi}{b}\right)^2}$$

对于 TE_{10} 模($m=1$、$n=0$),得

$$f_c = \frac{1}{2\pi\sqrt{\mu\varepsilon}}\sqrt{\left(\frac{\pi}{a}\right)^2} = \frac{1}{2a\sqrt{\mu\varepsilon}}$$

波导波长

$$\lambda_g = \frac{2\pi}{\beta} = \frac{2\pi}{\omega\sqrt{\mu\varepsilon}\sqrt{1-\frac{f_c^2}{f^2}}} = \frac{\lambda}{\sqrt{1-\frac{f_c^2}{f^2}}}$$

式中,$\lambda = \dfrac{2\pi}{\omega\sqrt{\varepsilon\mu}}$为无界空间介质中的波长。

7.5 已知矩形波导的横截面尺寸为 $a \times b = 23\ \text{mm} \times 10\ \text{mm}$,试求当工作波长 $\lambda = 10\ \text{mm}$ 时,波导中能传输哪些波型? $\lambda = 30\ \text{mm}$ 时呢?

解 波导中能传输的模式应满足条件

$$\lambda < (\lambda_c)_{mn} \quad 或 \quad f > (f_c)_{mn}$$

在矩形波导中截止波长为

$$\lambda_c = \frac{2\pi}{\sqrt{\left(\frac{m\pi}{a}\right)^2 + \left(\frac{n\pi}{b}\right)^2}}$$

由传输条件

$$\lambda < \frac{2}{\sqrt{\left(\frac{m}{23}\right)^2 + \left(\frac{n}{10}\right)^2}}$$

当 $\lambda = 10\ \text{mm}$ 时上式可写为

$$n < 10\left[\left(\frac{2}{10}\right)^2 - \left(\frac{m}{23}\right)^2\right]^{\frac{1}{2}}$$

能满足传输条件的 m 和 n 为:

(1) 当 $m=0$ 时,有 $n<2$,对应的传播波型有:TE_{01};

(2) 当 $m=1$ 时,有 $n<2$,对应的传播波型有:TE_{10}、TE_{11}、TM_{11};

(3) 当 $m=2$ 时,有 $n<2$,对应的传播波型有:TE_{20}、TE_{21}、TM_{21};

(4) 当 $m=3$ 时,有 $n<2$,对应的传播波型有:TE_{30}、TE_{31}、TM_{31};

(5) 当 $m=4$ 时,有 $n<1$,对应的传播波型有:TE_{40}。

故当工作波长 $\lambda = 10\ \text{mm}$ 时,波导中能传输的波型有:TE_{01}、TE_{10}、TE_{11}、TM_{11}、

TE_{20}、TE_{21}、TM_{21}、TE_{30}、TE_{31}、TM_{31}、TE_{40}。

当 $\lambda = 30$ mm 时,应满足

$$n < 10\left[\left(\frac{2}{30}\right)^2 - \left(\frac{m}{23}\right)^2\right]^{\frac{1}{2}}$$

(1) 当 $m=0$ 时,有 $n<1$,无传播波型;

(2) 当 $m=1$ 时,有 $n<1$,对应的传播波型有:TE_{10};

(3) $m=2$,不满足条件。

故当 $\lambda = 30$ mm 时,波导中只能传输 TE_{10} 模。

7.6 试推导在矩形波导中传输 TE_{mn} 波时的传输功率。

解 波导中传输的功率可由波导横截面上坡印廷矢量的积分求得。对于 TE_{mn} 波,有

$$P = \mathrm{Re}\frac{1}{2}\int_S \boldsymbol{E}\times\boldsymbol{H}^*\cdot\mathrm{d}\boldsymbol{S} = \frac{1}{2Z_{TE_{mn}}}\int_S |\boldsymbol{E}|^2\mathrm{d}S$$

$$= \frac{1}{2Z_{TE_{mn}}}\int_0^b\int_0^a(|E_x|^2 + |E_y|^2)\mathrm{d}x\mathrm{d}y$$

式中,$Z_{TE_{mn}}$ 为波阻抗。

矩形波导中

$$E_x(x,y) = \frac{\mathrm{j}\omega\mu}{k_c^2}\left(\frac{n\pi}{b}\right)H_0\cos\left(\frac{m\pi}{a}x\right)\sin\left(\frac{n\pi}{b}y\right)$$

$$E_y(x,y) = -\frac{\mathrm{j}\omega\mu}{k_c^2}\left(\frac{m\pi}{a}\right)H_0\sin\left(\frac{m\pi}{a}x\right)\cos\left(\frac{n\pi}{b}y\right)$$

于是

$$P = \frac{1}{2Z_{TE_{mn}}}\int_0^b\int_0^a(|E_x|^2 + |E_y|^2)\mathrm{d}x\mathrm{d}y$$

$$= \frac{1}{2Z_{TE_{mn}}}\int_0^b\int_0^a\left[\left|E_m\left(\frac{n\pi}{b}\right)\cos\left(\frac{m\pi}{a}x\right)\sin\left(\frac{n\pi}{b}y\right)\right|^2 + \right.$$

$$\left.\left|E_m\left(\frac{m\pi}{a}\right)\sin\left(\frac{m\pi}{a}x\right)\cos\left(\frac{n\pi}{b}y\right)\right|^2\right]\mathrm{d}x\mathrm{d}y$$

$$= \frac{E_m^2\left(\frac{n\pi}{b}\right)^2}{2Z_{TE_{mn}}}\int_0^b\sin^2\left(\frac{n\pi}{b}y\right)\mathrm{d}y\int_0^a\cos^2\left(\frac{m\pi}{a}x\right)\mathrm{d}x +$$

$$\frac{E_m^2\left(\frac{m\pi}{a}\right)^2}{2Z_{\mathrm{TE}_{mn}}}\int_0^b\cos^2\left(\frac{n\pi}{b}y\right)\mathrm{d}y\int_0^a\sin^2\left(\frac{m\pi}{a}x\right)\mathrm{d}x$$

$$=\frac{E_m^2\left(\frac{n\pi}{b}\right)^2N_mN_n}{2Z_{\mathrm{TE}_{mn}}}\frac{ab}{4}+\frac{E_m^2\left(\frac{m\pi}{a}\right)^2N_mN_n}{2Z_{\mathrm{TE}_{mn}}}\frac{ab}{4}$$

$$=\frac{ab}{8Z_{\mathrm{TE}_{mn}}}N_mN_nE_m^2\left[\left(\frac{n\pi}{b}\right)^2+\left(\frac{m\pi}{a}\right)^2\right]=\frac{ab}{8Z_{\mathrm{TE}_{mn}}}E_m^2k_c^2N_mN_n$$

式中

$$E_m=\frac{\omega\mu H_0}{k_c^2},\quad N_m=\begin{cases}1 & (m\neq 0)\\ 2 & (m=0)\end{cases},\quad N_n=\begin{cases}1 & (n\neq 0)\\ 2 & (n=0)\end{cases}$$

7.7 试设计一个工作波长 $\lambda=10$ cm 的矩形波导,材料用紫铜,内充空气,并且要求 TE_{10} 模的工作频率至少有 30% 的安全因子,即 $0.7f_{c2}\geqslant f\geqslant 1.3f_{c1}$,此处 f_{c1} 和 f_{c2} 分别表示 TE_{10} 波和相邻高阶模式的截止频率。

解 由题给 $0.7f_{c2}\geqslant f\geqslant 1.3f_{c1}$,即

$$0.7(f_c)_{\mathrm{TE}_{20}}\geqslant f\geqslant 1.3(f_c)_{\mathrm{TE}_{10}}$$

若用波长表示,上式变为

$$\frac{0.7}{(\lambda_c)_{\mathrm{TE}_{20}}}\geqslant\frac{1}{\lambda}\geqslant\frac{1.3}{(\lambda_c)_{\mathrm{TE}_{10}}}$$

即

$$\frac{0.7}{a}\geqslant\frac{1}{10},\quad \frac{1.3}{2a}\leqslant\frac{1}{10}$$

由此可得

$$6.5\leqslant a\leqslant 7$$

选择:$a=6.8$ cm

为防止高次模 TE_{01} 的出现,窄边 b 的尺寸应满足

$$(\lambda_c)_{\mathrm{TE}_{20}}=a>(\lambda_c)_{\mathrm{TE}_{01}}=2b$$

考虑到传输功率容量和损耗情况,一般选取

$$b=(0.4\sim 0.5)a$$

故设计的矩形波导尺寸为

$$a \times b = 6.8\ \text{cm} \times 3.4\ \text{cm}$$

7.8 试设计一个工作波长 $\lambda = 5$ cm 的圆柱形波导，材料用紫铜，内充空气，并要求 TE_{11} 波的工作频率应有一定的安全因子。

解 TE_{11} 模是圆柱波导中的主模，为保证单模传输，应使工作频率大于 TE_{11} 模的截止频率而小于第一次高模 TM_{01} 的截止频率，即

$$\lambda < (\lambda_c)_{TE_{11}} = \frac{2\pi a}{1.841} \quad 和 \quad \lambda > (\lambda_c)_{TM_{11}} = \frac{2\pi a}{2.405}$$

于是得

$$\frac{2\pi a}{2.405} < \lambda < \frac{2\pi a}{1.841}$$

所以圆柱形波导的半径 a 应满足

$$\frac{\lambda}{2.61} > a > \frac{\lambda}{3.41}$$

选择

$$a = \frac{\lambda}{3} = \frac{5}{3}\ \text{cm}$$

7.9 求圆柱形波导中 TE_{0n} 波的传输功率。

解 波导中传输的功率可由波导横截面上坡印廷矢量的积分求得。对于 TE_{0n} 波

$$P = \text{Re}\frac{1}{2}\int_S \boldsymbol{E} \times \boldsymbol{H}^* \cdot \text{d}\boldsymbol{S} = \frac{1}{2Z_{TE_{0n}}}\int_S |\boldsymbol{E}|^2 \text{d}S$$

$$= \frac{1}{2Z_{TE_{0n}}}\int_0^{2\pi}\int_0^a (|E_\rho|^2 + |E_\phi|^2)\rho\text{d}\rho\text{d}\phi$$

圆柱形波导中的 TE_{0n} 模的场分量

$$|E_\rho| = 0$$

$$|E_\phi| = \frac{\omega\mu}{k_c}H_0 J'_0(k_c\rho) = E_0 J'_0(k_c\rho)$$

由贝塞尔函数的递推公式

$$J'_m(k_c\rho) = \frac{m}{k_c r}J_m(k_c\rho) - J_{m+1}(k_c\rho)$$

因为 $m=0$，则

$$J'_0(k_c\rho) = -J_1(k_c\rho)$$

所以

$$|E_\phi| = E_0 J_1(k_c\rho)$$

$$P = \frac{2\pi}{2Z_{\mathrm{TE}_{0n}}} E_0^2 \int_0^a J_1^2(k_c\rho)\rho\mathrm{d}\rho$$

而

$$\int_0^a J_1^2(k_c\rho)\rho\mathrm{d}\rho = \frac{1}{k_c^2}\int_0^a (k_c\rho)J_1^2(k_c\rho)\mathrm{d}(k_c\rho)$$

$$= \frac{a^2}{2}[J_1^2(k_c a) - J_0(k_c a)J_2(k_c a)]$$

由电场切向分量为零的边界条件可知

$$E_\phi(\rho = a) = 0$$

则

$$J_1(k_c a) = 0$$

$$J_2(k_c a) = \frac{2}{k_c a}J_1(k_c a) - J_0(k_c a) = -J_0(k_c a)$$

所以

$$\int_0^a J_1^2(k_c\rho)\rho\mathrm{d}\rho = \frac{a^2}{2}J_0^2(k_c a)$$

故得到圆柱形波导中 TE_{0n} 模的传输功率为

$$P = \frac{\pi a^2}{2Z_{\mathrm{TE}_{0n}}} E_0^2 J_0^2(k_c a)$$

7.10 设计一个矩形谐振腔，使在 1 GHz 及 1.5 GHz 分别谐振于两个不同模式上。

解 矩形谐振腔的谐振频率为

$$f_{mnl} = v\left[\left(\frac{m}{2a}\right)^2 + \left(\frac{n}{2b}\right)^2 + \left(\frac{l}{2d}\right)^2\right]^{\frac{1}{2}}$$

若使在 1 GHz 及 1.5 GHz 分别谐振于矩形谐振腔的 TE_{101} 及 TE_{102} 两个不同

模式上,则它们的谐振频率分别为

$$f_{101} = 3\times10^8\left[\left(\frac{1}{2a}\right)^2+\left(\frac{1}{2d}\right)^2\right]^{\frac{1}{2}} = 1\times10^9$$

$$f_{102} = 3\times10^8\left[\left(\frac{1}{2a}\right)^2+\left(\frac{1}{d}\right)^2\right]^{\frac{1}{2}} = 1.5\times10^9$$

则

$$\left(\frac{1}{2a}\right)^2+\left(\frac{1}{2d}\right)^2 = \left(\frac{10}{3}\right)^2 \tag{1}$$

$$\left(\frac{1}{2a}\right)^2+\left(\frac{1}{d}\right)^2 = \left(\frac{15}{3}\right)^2 \tag{2}$$

将以上二式相减,得

$$\frac{1}{d^2}\left(1-\frac{1}{4}\right) = \left(\frac{15}{3}\right)^2-\left(\frac{10}{3}\right)^2 = 13.9$$

可得

$$d = \sqrt{\frac{3}{4\times13.9}}\ \text{m} = 0.23\ \text{m}$$

将其代入式(2),得

$$\left(\frac{1}{2a}\right)^2 = 25-\left(\frac{100}{23}\right)^2 = 6.1$$

所以

$$a = \sqrt{\frac{1}{4\times6.1}}\ \text{m} = 0.20\ \text{m}$$

b 可取为

$$b = \frac{a}{2} = 0.10\ \text{m}$$

于是该矩形谐振腔的尺寸为

$$a\times b\times d = 0.20\ \text{m}\times0.10\ \text{m}\times0.23\ \text{m}$$

7.11 由空气填充的矩形谐振腔,其尺寸为 $a=25$ mm、$b=12.5$ mm、$d=60$ mm,谐振于 TE_{102} 模式,若在腔内填充介质,则在同一工作频率将谐振于 TE_{103} 模式,求介质的相对介电常数 ε_r 应为多少?

解 矩形谐振腔的谐振频率为

$$f_{mnl} = v\left[\left(\frac{m}{2a}\right)^2 + \left(\frac{n}{2b}\right)^2 + \left(\frac{l}{2d}\right)^2\right]^{\frac{1}{2}}$$

当填充介质为空气时

$$v = c = 3 \times 10^8 \text{ m/s}$$

TE_{102}模的谐振频率为

$$f_{102} = 3 \times 10^8\left[\left(\frac{10^3}{2 \times 25}\right)^2 + \left(\frac{2 \times 10^3}{2 \times 60}\right)^2\right]^{\frac{1}{2}} \text{ Hz} = 7.8 \times 10^9 \text{ Hz}$$

当填充介质的介电常数为ε_r时，$v = \dfrac{c}{\sqrt{\varepsilon_r}}$，$TE_{103}$模的谐振频率为

$$f_{103} = \frac{3 \times 10^8}{\sqrt{\varepsilon_r}}\left[\left(\frac{10^3}{2 \times 25}\right)^2 + \left(\frac{3 \times 10^3}{2 \times 60}\right)^2\right]^{\frac{1}{2}}$$

由题给条件

$$f_{103} = f_{102} = 7.8 \times 10^9$$

得

$$\varepsilon_r = \left(\frac{3 \times 10^8}{7.8 \times 10^9}\right)^2\left[\left(\frac{10^3}{50}\right)^2 + \left(\frac{3 \times 10^3}{120}\right)^2\right] = 1.52$$

7.12 平行双线传输线的线间距 $D = 8$ cm，导线的直径 $d = 1$ cm，周围是空气，试计算：(1) 分布电感和分布电容；(2) $f = 600$ MHz 时的相位系数和特性阻抗($R_1 = 0, G_1 = 0$)。

解 (1) 双线传输线分布电容

$$C_1 = \frac{\varepsilon\pi}{\ln(2D/d)} = \frac{\pi\varepsilon_0}{\ln 16} = 10 \text{ pF/m}$$

分布电感

$$L_1 = \frac{\mu_0}{\pi}\ln\frac{2D}{d} = \frac{4\pi \times 10^{-7}}{\pi} \times 2.772\ 6 \text{ H/m} = 1.11 \ \mu\text{H/m}$$

(2) $f = 6 \times 10^8$ Hz 时，得

$$\beta = \omega\sqrt{L_1 C_1} = 2\pi \times 10^8 \times \sqrt{10^{-11} \times 1.11 \times 10^{-6}} \text{ rad/m} = 12.86 \text{ rad/m}$$

$$Z_0 = \sqrt{\frac{L_1}{C_1}} = \sqrt{\frac{1.11 \times 10^{-6}}{10^{-11}}}\ \Omega = 333\ \Omega$$

7.13 同轴线的外导体半径 $b=23$ mm,内导体半径 $a=10$ mm,填充介质分别为空气和 $\varepsilon_r=2.25$ 的无耗介质,试计算其特性阻抗。

解 (1) 填充空气时

$$C_1 = \frac{2\pi\varepsilon_0}{\ln\frac{b}{a}} = \frac{2\pi \times 8.85 \times 10^{-12}}{\ln\frac{23}{10}}\ \text{F/m} = 6.68 \times 10^{-11}\ \text{F/m}$$

$$L_1 = \frac{\mu_0}{2\pi}\ln\frac{b}{a} = \frac{4\pi \times 10^{-7}}{2\pi}\ln\frac{23}{10}\ \text{H/m} = 1.67 \times 10^{-7}\ \text{H/m}$$

故特性阻抗

$$Z_0 = \sqrt{\frac{L_1}{C_1}} = \frac{\eta_0}{2\pi}\ln\frac{b}{a} = \frac{120\pi}{2\pi}\ln 2.3\ \Omega = 50\ \Omega$$

(2) $\varepsilon_r=2.25$ 时,$\eta = \dfrac{\eta_0}{\sqrt{\varepsilon_r}} = \dfrac{120\pi}{\sqrt{2.25}}$,故

$$Z'_0 = \sqrt{\frac{L'_1}{C'_1}} = \frac{\eta}{2\pi}\ln\frac{b}{a} = \frac{Z_0}{\sqrt{2.25}} = 33.32\ \Omega$$

7.14 在构造均匀传输线时,用聚乙烯($\varepsilon_r=2.25$)作为电介质。假设不计损耗。

(1) 对于 300 Ω 的平行双线,若导线的半径为 0.6 mm,则线间距应选多少?

(2) 对于 75 Ω 的同轴线,若内导体的半径为 0.6 mm,则外导体的半径应选多少?

解 (1) 双线传输线,设 a 为导体半径,D 为线间距,则有

$$Z_0 = \frac{\eta_0}{\sqrt{\varepsilon_r}\,\pi}\ln\frac{D}{a} = 300\ \Omega$$

即

$$\ln\frac{D}{a} = \frac{300}{120} \times \sqrt{2.25} = 3.75$$

故线间距

$$D = a\mathrm{e}^{3.75} = 42.5 \times 0.6\ \text{mm} = 25.5\ \text{mm}$$

(2) 同轴线传输线,设 a 为内导体半径,b 为外导体内半径,则有

$$Z_0 = \frac{\eta_0}{2\sqrt{\varepsilon_r}\,\pi}\ln\frac{b}{a} = 75\ \Omega$$

即

$$\ln\frac{b}{a} = \frac{75\times 2\times\sqrt{2.25}}{120} = 1.875$$

则外导体的内半径

$$b = a\mathrm{e}^{1.875} = 6.516\times 0.6\ \mathrm{mm} = 3.91\ \mathrm{mm}$$

7.15 试以传输线输入端电压 U_1 和电流 I_1 以及传输线的传播系数 γ 和特性阻抗 Z_0 表示线上任意一点的电压分布 $U(z)$ 和电流分布 $I(z)$。

(1) 用指数形式表示;

(2) 用双曲函数表示。

解 传输线上电压和电流的通解形式为

$$U(z) = A_1\mathrm{e}^{\gamma z} + A_2\mathrm{e}^{-\gamma z},\quad I(z) = \frac{1}{Z_0}(A_1\mathrm{e}^{\gamma z} - A_2\mathrm{e}^{-\gamma z})$$

式中,传播系数 γ 和特性阻抗 Z_0 分别为

$$\gamma = \sqrt{(R_1 + \mathrm{j}\omega L_1)(G_1 + \mathrm{j}\omega C_1)}$$

$$Z_0 = \sqrt{\frac{R_1 + \mathrm{j}\omega L_1}{G_1 + \mathrm{j}\omega C_1}}$$

对于输入端:$z = l$,有

$$U_1 = A_1\mathrm{e}^{\gamma l} + A_2\mathrm{e}^{-\gamma l}$$

$$I_1 = \frac{1}{Z_0}(A_1\mathrm{e}^{\gamma l} - A_2\mathrm{e}^{-\gamma l})$$

联立求解,得

$$A_1 = \frac{1}{2}(U_1 + I_1 Z_0)\mathrm{e}^{-\gamma l}$$

$$A_2 = \frac{1}{2}(U_1 - I_1 Z_0)\mathrm{e}^{\gamma l}$$

可得

$$U(z) = \frac{1}{2}(U_1 + I_1 Z_0)e^{\gamma(z-l)} + \frac{1}{2}(U_1 - I_1 Z_0)e^{-\gamma(z-l)}$$

$$I(z) = \frac{1}{2Z_0}(U_1 + I_1 Z_0)e^{\gamma(z-l)} - \frac{1}{2Z_0}(U_1 - I_1 Z_0)e^{-\gamma(z-l)}$$

用双曲函数表示

$$U(z) = \frac{1}{2}U_1(e^{\gamma(z-l)} + e^{-\gamma(z-l)}) + \frac{I_1 Z_0}{2}(e^{\gamma(z-l)} - e^{-\gamma(z-l)})$$

$$= U_1\cosh\gamma(z-l) + I_1 Z_0 \sinh\gamma(z-l)$$

$$I(z) = \frac{1}{2Z_0}U_1(e^{\gamma(z-l)} - e^{-\gamma(z-l)}) + \frac{I_1}{2}(e^{\gamma(z-l)} + e^{-\gamma(z-l)})$$

$$= I_1\cosh\gamma(z-l) + \frac{U_1}{Z_0}\sinh\gamma(z-l)$$

7.16 一根特性阻抗为 50 Ω、长度为 2 m 的无损耗传输线工作于频率 200 MHz，终端接有阻抗 $Z_L = 40 + j30\ \Omega$，试求其输入阻抗。

解 无损耗线的输入阻抗

$$Z_{in} = Z_0 \frac{Z_L + jZ_0 \tan\beta z}{Z_0 + jZ_L \tan\beta z}$$

而

$$\beta z = \frac{2\pi}{\lambda} \times 2, \quad \lambda = \frac{c}{f} = \frac{3\times10^8}{2\times10^8}\ \text{m} = 1.5\ \text{m}$$

所以

$$\tan\beta z = \tan\frac{4}{1.5}\pi = -1.732$$

故

$$Z_{in} = 50 \times \frac{(40 + j30) + j50\times(-1.732)}{50 + j(40 + j30)\times(-1.732)} = 26.32 - j9.87\ \Omega$$

7.17 一根 75 Ω 的无损耗线，终端接有负载阻抗 $Z_L = R_L + jX_L$。

(1) 欲使线上的电压驻波比等于 3，则 R_L 和 X_L 有什么关系？

(2) 若 $R_L = 150\ \Omega$，求 X_L 等于多少？

(3) 求在(2)情况下，距负载最近的电压最小点的位置。

解 (1) 由驻波比 S 与反射系数 $\Gamma(z)$ 的关系

$$|\Gamma(z)| = \frac{S-1}{S+1} = \frac{1}{2}$$

对于无损耗线

$$|\Gamma(z)| = |\Gamma_2| = \left|\frac{Z_L - Z_0}{Z_L + Z_0}\right|$$

即

$$|\Gamma_2| = \left[\frac{(R_L - Z_0)^2 + X_L^2}{(R_L + Z_0)^2 + X_L^2}\right]^{\frac{1}{2}} = \frac{1}{2}$$

所以

$$4(R_L - Z_0)^2 + 4X_L^2 = (R_L + Z_0)^2 + X_L^2$$

解得

$$X_L = \pm Z_0\sqrt{-\left(\frac{R_L}{Z_0}\right)^2 + \frac{10}{3}\left(\frac{R_L}{Z_0}\right) - 1} = \pm 75\sqrt{-\left(\frac{R_L}{75}\right)^2 + \frac{10}{3}\left(\frac{R_L}{75}\right) - 1}$$

（2）将 $R_L = 150\ \Omega$ 代入上式，得

$$X_L = \pm 75\sqrt{-\left(\frac{150}{75}\right)^2 + \frac{10}{3}\left(\frac{150}{75}\right) - 1}\ \Omega = \pm 96.82\ \Omega$$

（3）终端反射系数

$$\Gamma_2 = \frac{(R_L - Z_0) + X_L}{(R_L + Z_0) + X_L} = \frac{(150 - 75) + \mathrm{j}96.82}{(150 + 75) + \mathrm{j}96.82}$$

$$= 0.437\,5 + \mathrm{j}0.242 = 0.5\mathrm{e}^{\mathrm{j}29^\circ}$$

传输线的电压分布

$$U(z) = A\mathrm{e}^{\mathrm{j}\beta z} + \Gamma_2 A\mathrm{e}^{-\mathrm{j}\beta z} = A\mathrm{e}^{\mathrm{j}\beta z}(1 + \Gamma_2\mathrm{e}^{-2\mathrm{j}\beta z})$$

$$= A\mathrm{e}^{\mathrm{j}\beta z}(1 + |\Gamma_2|\mathrm{e}^{\mathrm{j}\theta_2}\mathrm{e}^{-2\mathrm{j}\beta z}) = A\mathrm{e}^{\mathrm{j}\beta z}[1 + |\Gamma_2|\mathrm{e}^{\mathrm{j}(2\beta z - \theta_2)}]$$

电压的幅值

$$|U(z)| = |A\mathrm{e}^{\mathrm{j}\beta z}||1 + |\Gamma_2|\mathrm{e}^{\mathrm{j}(2\beta z - \theta_2)}|$$

$$= |A| + \sqrt{1 + |\Gamma_2|^2 + 2|\Gamma_2|\cos(2\beta z - \theta_2)}$$

波节点出现在

$$\cos(2\beta z - \theta_2) = -1$$

第一波节点出现在

$$2\beta z_1 - \theta_2 = 180°$$

即

$$\frac{4 \times 180°}{\lambda} z_1 - 29° = 180°$$

解得

$$z_1 = \frac{180° + 29°}{4 \times 180°}\lambda = 0.29\lambda$$

7.18 考虑一根无损耗传输线，

(1) 当负载阻抗 $Z_L = (40 - j30)\ \Omega$ 时，欲使线上驻波比最小，则线的特性阻抗应为多少？

(2) 求出该最小的驻波比及相应的电压反射系数。

(3) 确定距负载最近的电压最小点的位置。

解 (1) 因为

$$S = \frac{1 + |\Gamma(z)|}{1 - |\Gamma(z)|}$$

驻波比 S 要最小，就要求反射系数 $|\Gamma(z)|$ 最小。对于无损耗线

$$|\Gamma(z)| = |\Gamma_2| = \left[\frac{(R_L - Z_0)^2 + X_L^2}{(R_L + Z_0)^2 + X_L^2}\right]^{\frac{1}{2}}$$

其最小值可由 $\frac{d|\Gamma(z)|}{dZ_0} = 0$ 求得

$$Z_0^2 = R_L^2 + X_L^2 = 40^2 + 30^2$$

故

$$Z_0 = 50\ \Omega$$

(2) 将 $Z = 50\ \Omega$ 代入反射系数公式，得

$$|\Gamma|_{\min} = \left[\frac{(R_L - Z_0)^2 + X_L^2}{(R_L + Z_0)^2 + X_L^2}\right]^{\frac{1}{2}} = \left[\frac{(40 - 50)^2 + 30^2}{(40 + 50)^2 + 30^2}\right]^{\frac{1}{2}} = \frac{1}{3}$$

最小驻波比为

$$S_{\min} = \frac{1+|\Gamma|_{\min}}{1-|\Gamma|_{\min}} = \frac{1+\frac{1}{3}}{1-\frac{1}{3}} = 2$$

（3）终端反射系数

$$\Gamma_2 = \frac{(R_L - Z_0) + jX_L}{(R_L + Z_0) + jX_L} = \frac{(40-50)-j30}{(40+50)-j30} = 0.333e^{-j90^\circ}$$

由上题的结论，电压的第一个波节点 z_1 应满足

$$2 \times \frac{2\pi}{\lambda} z_1 - \theta_2 = 180^\circ$$

即

$$\frac{4 \times 180^\circ}{\lambda} z_1 + 90^\circ = 180^\circ$$

解得

$$z_1 = \frac{180^\circ - 90^\circ}{4 \times 180^\circ}\lambda = 0.125\lambda$$

7.19 有一段特性阻抗为 $Z_0 = 500\ \Omega$ 的无损耗线，当终端短路时，测得始端的阻抗为 250 Ω 的感抗，求该传输线的最小长度；如果该线的终端为开路，长度又为多少？

解 （1）终端短路线的输入阻抗为

$$Z_{in} = jZ_0 \tan \beta z$$

即

$$j500\tan \beta z = j250$$

所以

$$\beta z = \arctan 0.5 = 26.57^\circ$$

将 $\beta z = \frac{2\pi}{\lambda}$ 代入上式得传输线的长度为

$$z = \frac{26.57^\circ}{2 \times 180^\circ}\lambda = 0.074\lambda$$

（2）终端开路线的输入阻抗为

$$Z_{in} = \frac{Z_0}{j\tan \beta z}$$

即

$$500 = -250\tan \beta z$$

得

$$\beta z = 116.57°$$

将 $\beta z = \frac{2\pi}{\lambda}$ 代入上式得传输线的长度为

$$z = \frac{116.57°}{2 \times 180°}\lambda = 0.324\lambda$$

7.20 求如图题 7.20 所示的分布参数电路的输入阻抗。

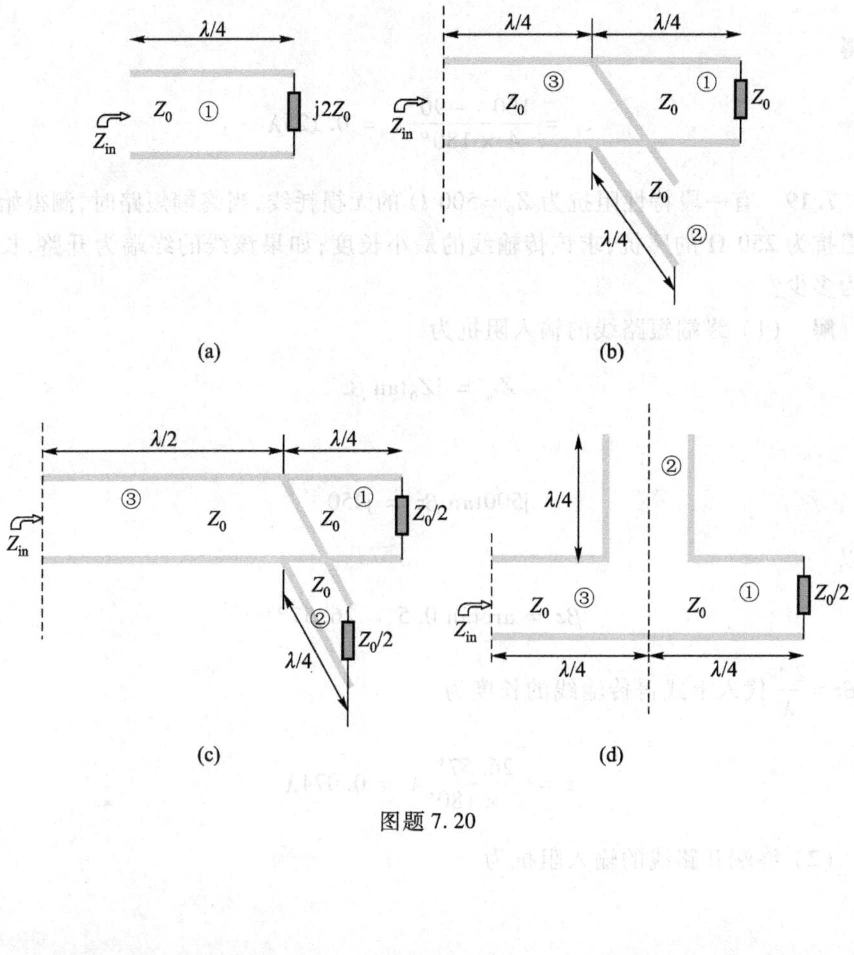

图题 7.20

解 设传输线无损耗,则输入阻抗为

$$Z_{in} = Z_0 \frac{Z_L + jZ_0 \tan \beta z}{Z_0 + jZ_L \tan \beta z}$$

当传输线长度 $z = \frac{\lambda}{4}$ 时

$$Z_{in}\left(\frac{\lambda}{4}\right) = \frac{Z_0^2}{Z_L} \quad \left(\frac{\lambda}{4}\text{阻抗变换性}\right)$$

当传输线长度 $z = \frac{n\lambda}{2}$ 时

$$Z_{in}\left(\frac{n\lambda}{2}\right) = Z_L \quad \left(\frac{\lambda}{2}\text{阻抗还原性}\right)$$

（a） $Z_{in}\left(\frac{\lambda}{4}\right) = \frac{Z_0^2}{Z_L} = -j0.5Z_0$

（b）支节①

$$Z_{in1}\left(\frac{\lambda}{4}\right) = \frac{Z_0^2}{Z_{L1}} = \frac{Z_0^2}{Z_0} = Z_0$$

支节②

$$Z_{in2}\left(\frac{\lambda}{4}\right) = \frac{Z_0^2}{Z_{L2}} = \frac{Z_0^2}{\infty} = 0$$

支节③

$$Z_{L3} = Z_{in1} \,/\!/\, Z_{in2} = 0$$

$$Z_{in} = Z_{in3}\left(\frac{\lambda}{4}\right) = \frac{Z_0^2}{Z_{L3}} = \frac{Z_0^2}{0} = \infty$$

（c）支节①

$$Z_{in1}\left(\frac{\lambda}{4}\right) = \frac{Z_0^2}{Z_{L1}} = \frac{Z_0^2}{\frac{1}{2}Z_0} = 2Z_0$$

支节②

$$Z_{in2}\left(\frac{\lambda}{4}\right) = \frac{Z_0^2}{Z_{L2}} = \frac{Z_0^2}{\frac{1}{2}Z_0} = 2Z_0$$

支节③

$$Z_{L3} = Z_{in1} // Z_{in2} = Z_0$$

$$Z_{in} = Z_{in3}\left(\frac{\lambda}{2}\right) = Z_{L3} = Z_0$$

(d) 支节①

$$Z_{in1}\left(\frac{\lambda}{4}\right) = 2Z_0$$

支节②

$$Z_{in2}\left(\frac{\lambda}{4}\right) = \frac{Z_0^2}{Z_{L2}} = \frac{Z_0^2}{\infty} = 0$$

支节③

$$Z_{L3} = Z_{in1} + Z_{in2} = 2Z_0$$

$$Z_{in} = Z_{in3}\left(\frac{\lambda}{4}\right) = \frac{Z_0^2}{Z_{L3}} = \frac{Z_0^2}{2Z_0} = Z_0/2$$

7.21 求图题7.20中各段的反射系数及驻波系数。

解 终端反射系数

$$\Gamma_2 = \frac{Z_L - Z_0}{Z_L + Z_0}$$

反射系数

$$\Gamma(z) = \Gamma_2 e^{-2j\beta z}$$

驻波系数

$$S = \frac{1 + |\Gamma_2|}{1 - |\Gamma_2|}$$

(a) $$\Gamma_2 = \frac{Z_L - Z_0}{Z_L + Z_0} = \frac{j2Z_0 - Z_0}{j2Z_0 + Z_0} = \frac{3 + j4}{5} = e^{j53.13°}$$

$$\Gamma(z) = \Gamma_2 e^{-2j\beta z} = e^{j(53.13 - 2\beta z)}$$

$$S = \frac{1 + |\Gamma_2|}{1 - |\Gamma_2|} = \frac{1 + 1}{1 - 1} = \infty$$

(b) 支节①

$$\Gamma_2 = \frac{Z_L - Z_0}{Z_L + Z_0} = \frac{Z_0 - Z_0}{Z_0 + Z_0} = 0$$

$$\Gamma(z) = \Gamma_2 e^{-2j\beta z} = 0$$

$$S = \frac{1 + |\Gamma_2|}{1 - |\Gamma_2|} = \frac{1 + 0}{1 - 0} = 1$$

支节②

$$\Gamma_2 = \frac{Z_L - Z_0}{Z_L + Z_0} = \frac{\infty - Z_0}{\infty + Z_0} = 1$$

$$\Gamma(z) = \Gamma_2 e^{-2j\beta z} = e^{-2j\beta z}$$

$$S = \frac{1 + |\Gamma_2|}{1 - |\Gamma_2|} = \frac{1 + 1}{1 - 1} = \infty$$

支节③

$$\Gamma_2 = \frac{Z_L - Z_0}{Z_L + Z_0} = \frac{0 - Z_0}{0 + Z_0} = -1 = e^{j\pi}$$

$$\Gamma(z) = \Gamma_2 e^{-2j\beta z} = e^{j(\pi - 2\beta z)}$$

$$S = \frac{1 + |\Gamma_2|}{1 - |\Gamma_2|} = \frac{1 + 1}{1 - 1} = \infty$$

(c) 支节①、②

$$\Gamma_2 = \frac{Z_L - Z_0}{Z_L + Z_0} = \frac{\frac{1}{2}Z_0 - Z_0}{\frac{1}{2}Z_0 + Z_0} = \frac{-1}{3} = \frac{1}{3}e^{j\pi}$$

$$\Gamma(z) = \Gamma_2 e^{-2j\beta z} = \frac{1}{3}e^{j(\pi - 2\beta z)}$$

$$S = \frac{1 + |\Gamma_2|}{1 - |\Gamma_2|} = \frac{1 + \frac{1}{3}}{1 - \frac{1}{3}} = 2$$

支节③

$$\Gamma_2 = \frac{Z_L - Z_0}{Z_L + Z_0} = \frac{Z_0 - Z_0}{Z_0 + Z_0} = 0$$

$$\Gamma(z) = \Gamma_2 e^{-2j\beta z} = 0$$

$$S = \frac{1+|\Gamma_2|}{1-|\Gamma_2|} = \frac{1+0}{1-0} = 1$$

(d) 支节①

$$\Gamma_2 = \frac{Z_L - Z_0}{Z_L + Z_0} = \frac{\frac{1}{2}Z_0 - Z_0}{\frac{1}{2}Z_0 + Z_0} = -\frac{1}{3} = \frac{1}{3}e^{j\pi}$$

$$\Gamma(z) = \Gamma_2 e^{-2j\beta z} = \frac{1}{3}e^{j(\pi - 2\beta z)}$$

$$S = \frac{1+|\Gamma_2|}{1-|\Gamma_2|} = \frac{1+\frac{1}{3}}{1-\frac{1}{3}} = 2$$

支节②

$$\Gamma_2 = \frac{Z_L - Z_0}{Z_L + Z_0} = \frac{\infty - Z_0}{\infty + Z_0} = 1$$

$$\Gamma(z) = \Gamma_2 e^{-2j\beta z} = e^{-2j\beta z}$$

$$S = \frac{1+|\Gamma_2|}{1-|\Gamma_2|} = \frac{1+1}{1-1} = \infty$$

支节③

$$\Gamma_2 = \frac{Z_L - Z_0}{Z_L + Z_0} = \frac{2Z_0 - Z_0}{2Z_0 + Z_0} = \frac{1}{3}$$

$$\Gamma(z) = \Gamma_2 e^{-2j\beta z} = \frac{1}{3}e^{-j2\beta z}$$

$$S = \frac{1+|\Gamma_2|}{1-|\Gamma_2|} = \frac{1+\frac{1}{3}}{1-\frac{1}{3}} = 2$$

第 8 章

电磁辐射

8.1 基本内容概述

8.1.1 矢量位和标量位

矢量位 $\boldsymbol{A}$ 和标量位 φ 与场矢量的关系为

$$\boldsymbol{E} = -\nabla\varphi - \frac{\partial \boldsymbol{A}}{\partial t} \tag{8.1a}$$

$$\boldsymbol{H} = \frac{1}{\mu}\nabla\times\boldsymbol{A} \tag{8.1b}$$

在洛仑兹条件 $\nabla\cdot\boldsymbol{A} = -\mu\varepsilon\frac{\partial\varphi}{\partial t}$下，$\boldsymbol{A}$ 和 φ 满足达朗贝尔方程

$$\nabla^2\boldsymbol{A} - \mu\varepsilon\frac{\partial^2\boldsymbol{A}}{\partial t^2} = -\mu\boldsymbol{J} \tag{8.2a}$$

$$\nabla^2\varphi - \mu\varepsilon\frac{\partial^2\varphi}{\partial t^2} = -\frac{\rho}{\varepsilon} \tag{8.2b}$$

其解为

$$\boldsymbol{A}(\boldsymbol{r},t) = \frac{\mu}{4\pi}\int_V \frac{\boldsymbol{J}\left(\boldsymbol{r}',t-\frac{|\boldsymbol{r}-\boldsymbol{r}'|}{v}\right)}{|\boldsymbol{r}-\boldsymbol{r}'|}\mathrm{d}V' \tag{8.3a}$$

$$\varphi(\boldsymbol{r},t) = \frac{1}{4\pi\varepsilon}\int_V \frac{\rho\left(\boldsymbol{r}',t-\frac{|\boldsymbol{r}-\boldsymbol{r}'|}{v}\right)}{|\boldsymbol{r}-\boldsymbol{r}'|}\mathrm{d}V' \tag{8.3b}$$

当激励源 $\boldsymbol{J}$、ρ 随时间作正弦变化时

$$\boldsymbol{A}(\boldsymbol{r}) = \frac{\mu}{4\pi}\int_V \frac{\boldsymbol{J}(\boldsymbol{r}')\mathrm{e}^{-\mathrm{j}k|\boldsymbol{r}-\boldsymbol{r}'|}}{|\boldsymbol{r}-\boldsymbol{r}'|}\mathrm{d}V' \tag{8.4a}$$

$$\varphi(\boldsymbol{r}) = \frac{1}{4\pi\varepsilon}\int_V \frac{\rho(\boldsymbol{r}')\mathrm{e}^{-\mathrm{j}k|\boldsymbol{r}-\boldsymbol{r}'|}}{|\boldsymbol{r}-\boldsymbol{r}'|}\mathrm{d}V' \tag{8.4b}$$

可见，矢量位 $\boldsymbol{A}(\boldsymbol{r},t)$ 和标量位 $\varphi(\boldsymbol{r},t)$ 的值是由此时刻之前的源 $\boldsymbol{J}\left(\boldsymbol{r}',t-\frac{|\boldsymbol{r}-\boldsymbol{r}'|}{v}\right)$ 和 $\rho\left(\boldsymbol{r}',t-\frac{|\boldsymbol{r}-\boldsymbol{r}'|}{v}\right)$ 决定的，滞后的时间为 $\frac{|\boldsymbol{r}-\boldsymbol{r}'|}{v}$（电磁波由源点传播到场点所需要的时间），相应于正弦变化的相位滞后 $k|\boldsymbol{r}-\boldsymbol{r}'|$，因此 $\boldsymbol{A}$ 和 φ 又称为滞后位。

8.1.2 电偶极子的辐射场

在电偶极子激发的电磁场中，$kr=\frac{2\pi}{\lambda}r\ll 1$ 的区域称为近区，其中的电场、磁场分布与静态电场、磁场分布相同，此区域的场称为感应场

$$E_r = -\mathrm{j}\frac{Il\cos\theta}{2\pi\omega\varepsilon_0 r^3} \tag{8.5a}$$

$$E_\theta = -\mathrm{j}\frac{Il\sin\theta}{4\pi\omega\varepsilon_0 r^3} \tag{8.5b}$$

$$H_\phi = \frac{Il\sin\theta}{4\pi r^2} \tag{8.5c}$$

$kr=\frac{2\pi}{\lambda}r\gg 1$ 区域的场称为远区场，又称为辐射场。此区域的电场、磁场分别为

$$E_\theta = \mathrm{j}\frac{Il}{2\lambda r}\frac{k}{\omega\varepsilon}\sin\theta\mathrm{e}^{-\mathrm{j}kr} \tag{8.6a}$$

$$H_\phi = \mathrm{j}\frac{Il}{2\lambda r}\sin\theta\mathrm{e}^{-\mathrm{j}kr} \tag{8.6b}$$

这是一个球面波。辐射是有方向性的，通常用 E 面和 H 面上的方向性图来表示辐射的方向性，方向性图是根据方向性函数 $f(\theta,\phi)$ 描绘出的图形。利用式(8.6)画出电偶极子的方向图，如图 8.1、图 8.2、图 8.3 所示。

电偶极子的辐射功率为

$$P = \int_S \boldsymbol{S}_{\mathrm{av}}\cdot\mathrm{d}\boldsymbol{S} = 40\pi^2 I^2\left(\frac{l}{\lambda}\right)^2 = \frac{1}{2}I^2 R_r \tag{8.7}$$

式中，$R_r = 80\pi^2\left(\frac{l}{\lambda}\right)^2$ 称为电偶极子的辐射电阻。

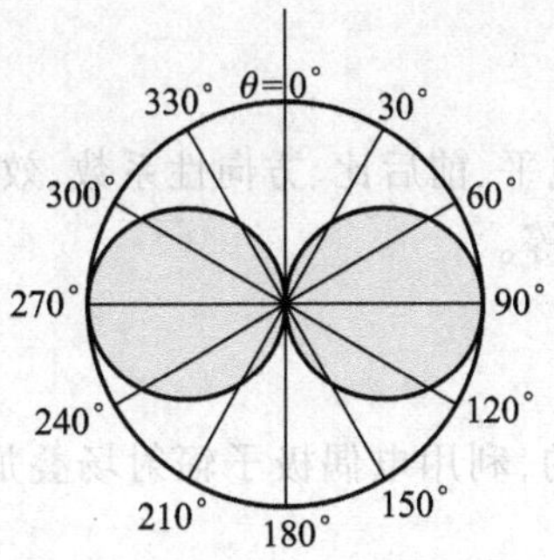

图 8.1 电偶极子的 E 面方向图

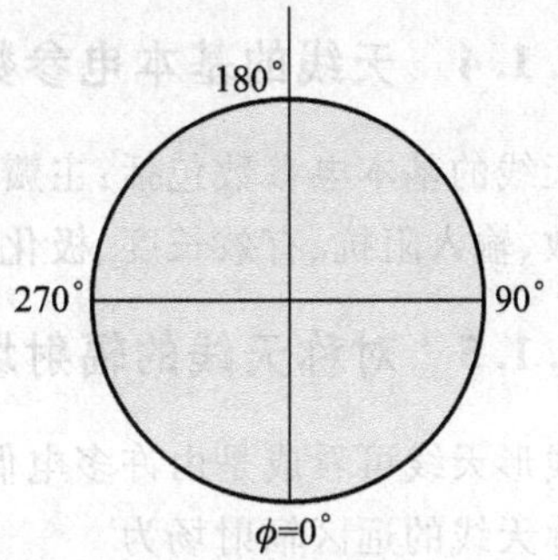

图 8.2 电偶极子的 H 面方向图

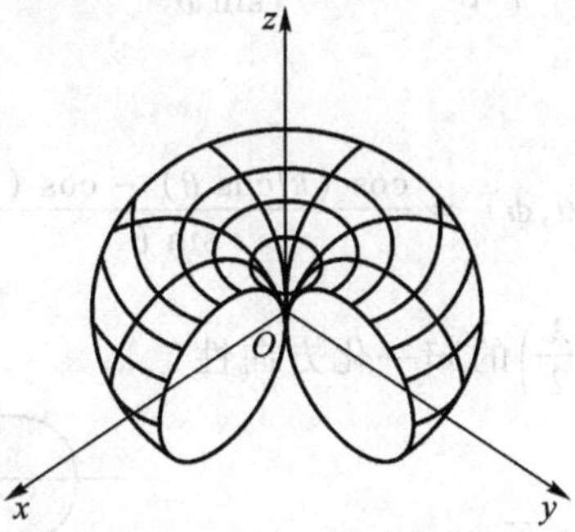

图 8.3 电偶极子的立体方向图

8.1.3 磁偶极子的辐射场

利用电磁对偶原理，可由电偶极子的辐射场得到磁偶极子的辐射场。

$$E_{\phi} = \frac{\omega\mu_0 SI}{2\lambda r}\sin\theta \mathrm{e}^{-\mathrm{j}kr} \tag{8.8a}$$

$$H_{\theta} = -\frac{\omega\mu_0 SI}{2\lambda r}\sqrt{\frac{\varepsilon_0}{\mu_0}}\sin\theta \mathrm{e}^{-\mathrm{j}kr} \tag{8.8b}$$

可见，磁偶极子的远区辐射场也是非均匀球面波；波阻抗也等于 120 π Ω；辐射也有方向性。但应注意：磁偶极子的 E 面方向图与电偶极子的 H 面方向图相同，而 H 面方向图与电偶极子的 E 面方向图相同。

磁偶极子的总辐射功率为

$$P_{\mathrm{r}} = \oint_S \boldsymbol{S}_{\mathrm{av}} \cdot \mathrm{d}\boldsymbol{S} = 160\,\pi^4 I^2\left(\frac{S}{\lambda^2}\right)^2 = \frac{1}{2}I^2 R_{\mathrm{r}} \tag{8.9}$$

式中，$R_{\mathrm{r}} = \dfrac{2P_{\mathrm{r}}}{I^2} = 320\,\pi^4\left(\dfrac{S}{\lambda^2}\right)^2$ 称为磁偶极子的辐射电阻。

8.1.4　天线的基本电参数

天线的基本电参数包括：主瓣宽度、副瓣电平、前后比、方向性系数、效率、增益系数、输入阻抗、有效长度、极化和频带宽度等。

8.1.5　对称天线的辐射场

线形天线可看成是由许多电偶极子组成的，利用电偶极子辐射场叠加可求得对称天线的远区辐射场为

$$E_\theta = \mathrm{j}\frac{60I}{r}\left[\frac{\cos(kl\cos\theta) - \cos(kl)}{\sin\theta}\right]\mathrm{e}^{-\mathrm{j}kr} \tag{8.10}$$

归一化方向性函数为

$$F(\theta,\phi) = \frac{\cos(kl\cos\theta) - \cos(kl)}{\sin\theta} \tag{8.11}$$

半波对称天线$\left(2l = \frac{\lambda}{2}\right)$的归一化方向性函数为

$$F(\theta,\phi) = \frac{\cos\left(\frac{\pi}{2}\cos\theta\right)}{\sin\theta}$$

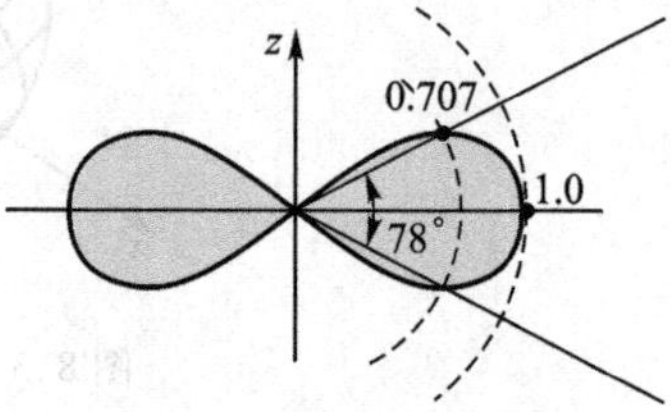

图 8.4　半波对称天线的 E 面方向图

E 面方向图如图 8.4 所示。

主瓣宽度为

$$2\theta = 78^\circ$$

辐射功率为

$$P_{\mathrm{r}} = \oint_S \boldsymbol{S}_{\mathrm{av}} \cdot \mathrm{d}\boldsymbol{S} = \frac{1}{2\times 120\pi}\int_0^{2\pi}\int_0^{\pi} |E_\theta|^2 r^2 \sin\theta \mathrm{d}\theta\mathrm{d}\phi$$

$$= 36.54I^2 \quad \mathrm{W}$$

辐射电阻为

$$R_{\mathrm{r}} = \frac{2P_{\mathrm{r}}}{I^2} = 73.1\ \Omega$$

方向性系数为

$$D = 1.64$$

8.1.6 天线阵

将许多天线单元按一定方式排列构成天线阵,可获得所期望的辐射特性。由相同形式和相同取向的单元天线组成的天线阵,其方向性图是单元天线的方向性图乘上阵因子方向性图,这就是方向性相乘原理。

8.1.7 口径场辐射

惠更斯 - 菲涅尔原理是分析反射面天线的基本方法之一。在已知口径场分布的情况下,可求得辐射场。将口径面 S 分割成许多面元,这些面元就是惠更斯元。惠更斯元 E 面和 H 面的辐射场为

$$\mathrm{d}\boldsymbol{E}\big|_E = \boldsymbol{e}_\theta \mathrm{j}\frac{E_y \mathrm{d}S}{2\lambda r}(1+\cos\theta)\mathrm{e}^{-\mathrm{j}kr} \tag{8.12}$$

$$\mathrm{d}\boldsymbol{E}\big|_H = \boldsymbol{e}_\phi \mathrm{j}\frac{E_y \mathrm{d}S}{2\lambda r}(1+\cos\theta)\mathrm{e}^{-\mathrm{j}kr} \tag{8.13}$$

从式(8.12)和(8.13)可看出,惠更斯元的两个主平面上的归一化方向性函数均为

$$F(\theta)=\frac{1}{2}(1+\cos\theta) \tag{8.14}$$

根据上式画出归一化方向性图,如图 8.5 所示。可见,惠更斯元的最大辐射方向与面元相垂直。

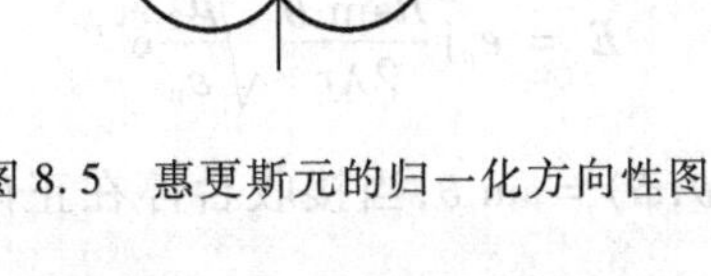

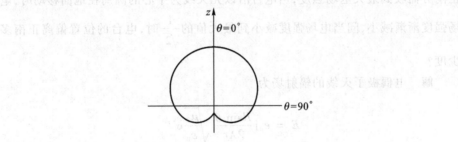

图 8.5 惠更斯元的归一化方向性图

8.2 教学基本要求及重点、难点讨论

8.2.1 教学基本要求

这一章主要是讨论辐射问题,即电磁波与激发它们的源之间的关系。辐射

问题实际上也是一个边值问题，严格求解非常困难，一般都是采用近似方法，并引入位函数。要求了解辐射场的研究方法，掌握滞后位的物理意义。

电偶极子辐射是一种最简单也是最重要的辐射形式。要求掌握电偶极子的近区场和远区场的性质。了解电与磁的对偶关系，并能应用该关系得到磁偶极子的辐射场。

对称天线广泛应用于通信、广播、雷达等领域。对于对称天线应了解其分析方法和基本电参数的定义。了解阵列天线的分析方法和方向性相乘原理。

惠更斯 - 菲涅尔原理是分析反射面天线的基本方法之一，要求了解惠更斯元辐射场的基本特点，以及平面矩形口径和平面圆形口径辐射的分析方法。

8.2.2 重点、难点讨论

电偶极子是一种基本辐射单元，由滞后位可得到其场分布。在 $kr \ll 1$（近区场）的条件下，其电磁场分布与静态场相同，而且电场和磁场的相位差为 90°，因此能量在电场和磁场之间相互交换而平均坡印廷矢量为零，该区域的场称为感应场。在 $kr \gg 1$（远区场）的条件下，其辐射场的平均坡印廷矢量不为零，且场分布具有方向性。

8.3 习题解答

8.1 设电偶极子天线的轴线沿东西方向放置，在远方有一移动接收台停在正南方而收到最大电场强度，当电台沿以元天线为中心的圆周在地面移动时，电场强度渐渐减小，问当电场强度减小到最大值的 $\frac{1}{\sqrt{2}}$ 时，电台的位置偏离正南多少度？

解 电偶极子天线的辐射场为

$$\boldsymbol{E} = \boldsymbol{e}_\theta \mathrm{j}\frac{Il\sin\theta}{2\lambda r}\sqrt{\frac{\mu_0}{\varepsilon_0}}\mathrm{e}^{-\mathrm{j}kr}$$

可见其方向性函数为 $f(\theta,\phi) = \sin\theta$，当接收台停在正南方向（即 $\theta = 90°$）时，得到最大电场强度。由

$$\sin\theta = \frac{1}{\sqrt{2}}$$

得

$$\theta = 45°$$

此时接收台偏离正南方向 ±45°。

8.2 上题中如果接收台不动,将元天线在水平面内绕中心旋转,结果如何?如果接收天线也是元天线,讨论收、发两天线的相对方位对测量结果的影响。

解 如果接收台处于正南方向不动,将天线在水平面内绕中心旋转,当天线的轴线转至沿东西方向时,接收台收到最大电场强度,随着天线地旋转,接收台收到的电场强度将逐渐变小,天线的轴线转至沿东南北方向时,接收台收到的电场强度为零。如果继续旋转元天线,接收台收到的电场强度将逐渐由零慢慢增加,直至达到最大,随着元天线的不断旋转,接收台收到的电场强度将周而复始地变化。

若接收台也是元天线,只有当两天线轴线平行时接收台才收到最大电场强度;当两天线轴线垂直时接收台收到的电场强度为零;当两天线轴线处于任意位置时,接收台收到的电场强度介于最大值和零之间。

8.3 如图题 8.3(1)所示一半波天线,其上电流分布为 $I = I_m\cos(kz)\left(-\frac{l}{2} < z < \frac{l}{2}\right)$

(1) 证明:当 $r_0 \gg l$ 时

$$A_z = \frac{\mu_0 I_m e^{-jkr_0}}{2\pi k r_0} \cdot \frac{\cos\left(\frac{\pi}{2}\cos\theta\right)}{\sin^2\theta}$$

(2) 求远区的磁场和电场;

(3) 求坡印廷矢量;

(4) 已知 $\int_0^{2\pi} \frac{\cos\left(\frac{\pi}{2}\cos\theta\right)}{\sin^2\theta} d\theta = 0.609$,求辐射电阻;

(5) 求方向性系数。

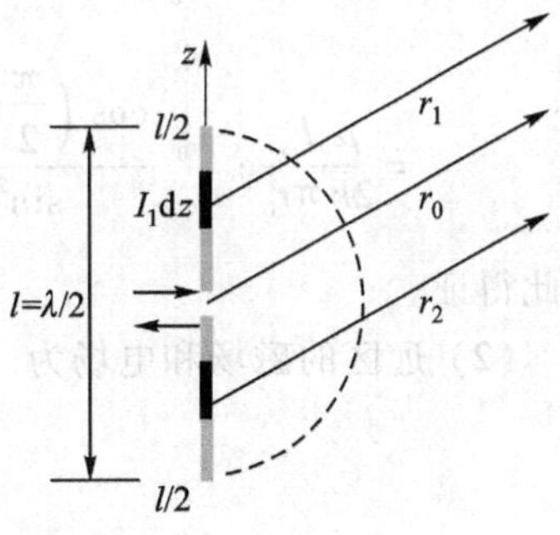

图题 8.3(1)

解 (1) 沿 z 方向的电流 I_z 在空间任意一点 $P(r_0,\theta)$ 产生的矢量磁位为

$$A_z(r_0,\theta) = \frac{\mu_0}{4\pi}\int_{-l/2}^{l/2} \frac{I_z e^{-jkr}}{r} dz$$

假设 $r_0 \gg l$,则

$$r_1 \approx r_0 - z\cos\theta$$

$$r_2 \approx r_0 + z\cos\theta$$

$$\frac{1}{r_1} \approx \frac{1}{r_2} \approx \frac{1}{r_0}$$

将以上二式代入 $A_z(r_0,\theta)$ 的表示式，得

$$A_z(r_0,\theta)=\frac{\mu_0 I_m}{4\pi}\left\{\int_0^{l/2}\left[\frac{\cos(kz)e^{-jkr_1}}{r_0}\right]dz+\int_{-l/2}^{0}\left[\frac{\cos(kz)e^{-jkr_2}}{r_0}\right]dz\right\}$$

$$=\frac{\mu_0 I_m}{4\pi}\int_0^{l/2}\left[\frac{\cos(kz)e^{-jk(r_0-z\cos\theta)}}{r_0}+\frac{\cos(kz)e^{-jk(r_0+z\cos\theta)}}{r_0}\right]dz$$

$$=\frac{\mu_0 I_m}{4\pi r_0}e^{-jkr_0}\int_0^{l/2}\left[\cos kz(e^{jkz\cos\theta}+e^{-jkz\cos\theta})\right]dz$$

$$=\frac{\mu_0 I_m}{4\pi r_0}e^{-jkr_0}\int_0^{l/2}\left[2\cos(kz)\cos(kz\cos\theta)\right]dz$$

$$=\frac{\mu_0 I_m}{4\pi r_0}e^{-jkr_0}\int_0^{l/2}\{\cos[kz(1+\cos\theta)]+\cos[kz(1-\cos\theta)]\}dz$$

$$=\frac{\mu_0 I_m}{4\pi k r_0}e^{-jkr_0}\left[\frac{(1-\cos\theta)\cos\left(\frac{\pi}{2}\cos\theta\right)}{\sin^2\theta}+\frac{(1+\cos\theta)\cos\left(\frac{\pi}{2}\cos\theta\right)}{\sin^2\theta}\right]$$

$$=\frac{\mu_0 I_m}{2k\pi r_0}e^{-jkr_0}\frac{\cos\left(\frac{\pi}{2}\cos\theta\right)}{\sin^2\theta}$$

由此得证。

(2) 远区的磁场和电场为

$$\boldsymbol{H}=\frac{1}{\mu_0}\nabla\times\boldsymbol{A}=\frac{1}{\mu_0}\frac{1}{r_0^2\sin\theta}\begin{vmatrix}\boldsymbol{e}_r & r_0\boldsymbol{e}_\theta & r_0\sin\theta\boldsymbol{e}_\phi\\ \frac{\partial}{\partial r_0} & \frac{\partial}{\partial\theta} & \frac{\partial}{\partial\phi}\\ A_r & r_0A_\theta & r_0\sin\theta A_\phi\end{vmatrix}$$

而

$$A_r=A_z\cos\theta$$

$$A_\theta=-A_z\sin\theta$$

$$A_\phi=0$$

得

$$H_\phi=\frac{1}{\mu_0 r_0}\frac{\partial}{\partial r_0}(r_0A_z\sin\theta)=j\frac{I_m e^{-jkr_0}}{2\pi r_0}\cdot\frac{\cos\left(\frac{\pi}{2}\cos\theta\right)}{\sin\theta}$$

$$H_r = 0, H_\theta = 0$$

由麦克斯韦方程

$$\boldsymbol{E} = \frac{1}{\mathrm{j}\omega\varepsilon}\nabla \times \boldsymbol{H}$$

得

$$E_\theta = \eta_0 H_\phi = \mathrm{j}\frac{\eta_0 I_m \mathrm{e}^{-\mathrm{j}kr_0}}{2\pi r_0}\cdot\frac{\cos\left(\dfrac{\pi}{2}\cos\theta\right)}{\sin\theta}$$

$$E_r = 0、E_\phi = 0$$

由远区场的表示式,可得其方向性函数为

$$f(\theta) = \frac{\cos\left(\dfrac{\pi}{2}\cos\theta\right)}{\sin\theta}$$

在极坐标系下 E 面和 H 面的方向图如图题 8.3(2)所示。

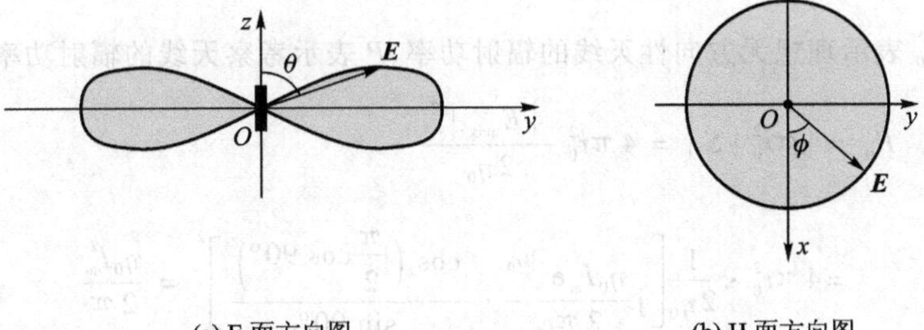

图题 8.3(2)

(3) 平均坡印廷矢量为

$$|\boldsymbol{S}_{av}| = \frac{1}{2}|E_\theta||H_\phi| = \frac{1}{2\eta_0}|E_\theta|^2 = \frac{\eta_0 I_m^2}{8\pi^2 r_0^2}\cdot\frac{\cos^2\left(\dfrac{\pi}{2}\cos\theta\right)}{\sin^2\theta}$$

(4) 由总辐射功率

$$P = \oint_S \boldsymbol{S}_{av}\cdot \mathrm{d}\boldsymbol{S} = \int_0^{2\pi}\int_0^{\pi}\frac{\eta_0 I_m^2}{8\pi^2 r_0^2}\cdot\frac{\cos^2\left(\dfrac{\pi}{2}\cos\theta\right)}{\sin^2\theta}r_0^2\sin\theta\,\mathrm{d}\theta\,\mathrm{d}\phi$$

$$= \frac{\eta_0 I_m^2}{4\pi}\int_0^{\pi} \frac{\cos^2\left(\frac{\pi}{2}\cos\theta\right)}{\sin\theta} d\theta = \frac{1}{2} I_m^2 R_r$$

故辐射电阻

$$R_r = \frac{\eta_0}{2\pi}\int_0^{\pi} \frac{\cos^2\left(\frac{\pi}{2}\cos\theta\right)}{\sin\theta} d\theta = \frac{\eta_0}{2\pi} 2\int_0^{\pi/2} \frac{\cos^2\left(\frac{\pi}{2}\cos\theta\right)}{\sin\theta} d\theta$$

由题给条件

$$\int_0^{\pi/2} \frac{\cos^2\left(\frac{\pi}{2}\cos\theta\right)}{\sin\theta} d\theta = 0.609$$

所以

$$R_r = \frac{\eta_0}{\pi} \times 0.609 = 73\ \Omega$$

(5) 方向系数

$$D = \frac{P_0}{P}(\text{最大辐射方向考察点的电场强度相等})$$

式中，P_0 表示理想无方向性天线的辐射功率，P 表示考察天线的辐射功率，于是

$$P_0 = 4\pi r_0^2 |\boldsymbol{S}| = 4\pi r_0^2 \frac{|E_{max}|^2}{2\eta_0}$$

$$= 4\pi r_0^2 \cdot \frac{1}{2\eta_0}\left[j\frac{\eta_0 I_m e^{-jkr_0}}{2\pi r_0} \cdot \frac{\cos\left(\frac{\pi}{2}\cos 90°\right)}{\sin 90°}\right]^2 = \frac{\eta_0 I_m^2}{2\pi}$$

$$P = \oint_S \boldsymbol{S}_{av} \cdot d\boldsymbol{S} = \int_0^{2\pi}\int_0^{\pi} \frac{\eta_0 I_m^2}{8\pi^2 r_0^2} \cdot \frac{\cos^2\left(\frac{\pi}{2}\cos\theta\right)}{\sin^2\theta} r_0^2 \sin\theta d\theta d\phi$$

$$= \frac{\eta_0 I_m^2}{4\pi}\int_0^{\pi} \frac{\cos^2\left(\frac{\pi}{2}\cos\theta\right)}{\sin\theta} d\theta = \frac{\eta_0 I_m^2}{2\pi}\int_0^{\pi/2} \frac{\cos^2\left(\frac{\pi}{2}\cos\theta\right)}{\sin\theta} d\theta$$

则

$$D = \frac{P_0}{P} = \frac{1}{\int_0^{\pi/2} \frac{\cos^2\left(\frac{\pi}{2}\cos\theta\right)}{\sin\theta} d\theta} = \frac{1}{0.609} = 1.64$$

用分贝表示

$$D = 10\lg 1.64 = 2.15\ \text{dB}$$

8.4 半波天线的电流振幅为 1 A，求离开天线 1 km 处的最大电场强度。

解 半波天线的电场强度为

$$E_\theta = \frac{\eta_0 I_m e^{-jkr_0}}{2\pi r_0}\cdot\frac{\cos\left(\dfrac{\pi}{2}\cos\theta\right)}{\sin\theta}$$

可见，当 $\theta=90°$ 时电场为最大值。将 $\theta=90°$、$r_0=1\times10^3$ m 代入上式，得

$$|E_{max}| = \frac{\eta_0 I_m}{2\pi r_0} = \frac{60}{10^3}\ \text{V/m} = 60\times10^{-3}\ \text{V/m}$$

8.5 由三个间距为 $\dfrac{\lambda}{2}$ 的各向同性元组成的三元阵，各单元天线上电流的相位相同，振幅为 1∶2∶1，试画出该天线阵的方向图。

解 该三元阵可等效为两个间距为 $\dfrac{\lambda}{2}$ 的二元阵组成的二元阵，如图题 8.5(1) 所示。于是元因子和阵因子均是二元阵，其方向性函数均为 $\left|\cos\left(\dfrac{\pi}{2}\cos\phi\right)\right|$（等幅同向二元阵阵因子），根据方向图相乘原理，可得该三元阵的方向性函数为

$$F(\phi) = \cos^2\left(\frac{\pi}{2}\cos\phi\right)$$

方向图如图题 8.5(2) 所示。

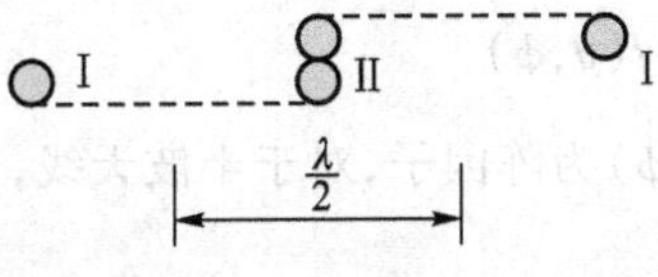

图题 8.5(1)

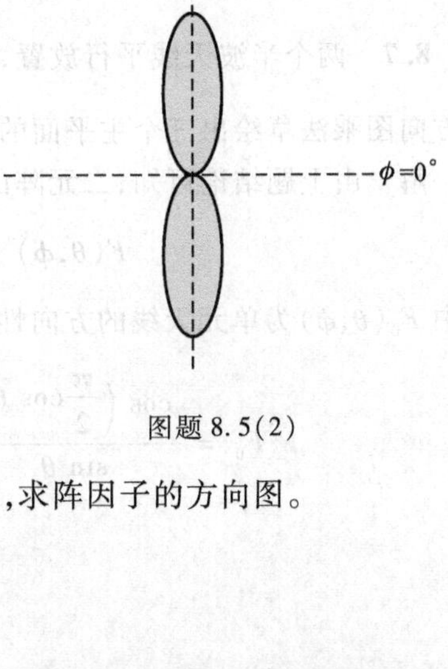

图题 8.5(2)

8.6 在二元天线阵中，设 $d=\dfrac{\lambda}{4}$，$\xi=90°$，求阵因子的方向图。

解 在图题8.6中，天线0和天线1为同类天线，其间距为d，它们到场点P的距离分别为r_0和r_1。天线0和天线1上的电流关系为$I_1 = mI_0 e^{j\xi}$

当考察点远离天线时，计算两天线到P点的距离采用$r_1 \approx r_0$，计算两天线到P点的相位差采用$r_1 \approx r_0 - d\sin\theta\cos\phi$。则天线1的辐射场到达$P$点时较天线0的辐射场超前相位

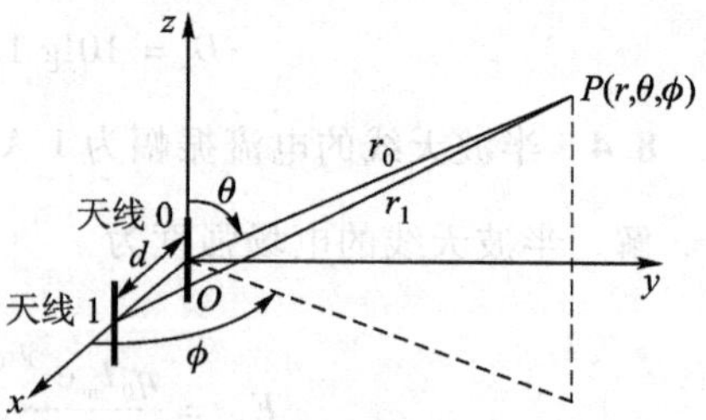

图题 8.6

$$\psi = \xi + kd\sin\theta\cos\phi$$

天线0和天线1在P点产生的总辐射场为

$$\boldsymbol{E} = \boldsymbol{E}_0 + \boldsymbol{E}_1 = \boldsymbol{E}_0(1 + me^{j\psi})$$

其模为

$$\begin{aligned}|\boldsymbol{E}| &= |\boldsymbol{E}_0 + \boldsymbol{E}_1| = |\boldsymbol{E}_0(1 + me^{j\psi})| \\ &= |\boldsymbol{E}_0|\sqrt{1 + m^2 + 2m\cos\psi} \\ &= |\boldsymbol{E}_0|\sqrt{1 + m^2 + 2m\cos(\xi + kd\sin\theta\cos\phi)} \\ &= |\boldsymbol{E}_0| f(\theta,\phi)\end{aligned}$$

式中

$$f(\theta,\phi) = \sqrt{1 + m^2 + 2m\cos(\xi + kd\sin\theta\cos\phi)}$$

即为二元天线阵的阵因子。

8.7 两个半波天线平行放置，相距$\frac{\lambda}{2}$，它们的电流振幅相等，同相激励。试用方向图乘法草绘出三个主平面的方向图。

解 由上题结论可知，二元阵的方向性函数为

$$F(\theta,\phi) = F_0(\theta,\phi) f(\theta,\phi)$$

其中$F_0(\theta,\phi)$为单元天线的方向性函数，$f(\theta,\phi)$为阵因子，对于半波天线，有

$$F_0 = \frac{\cos\left(\frac{\pi}{2}\cos\theta\right)}{\sin\theta}\text{（其方向图由题 8.3 给出）}$$

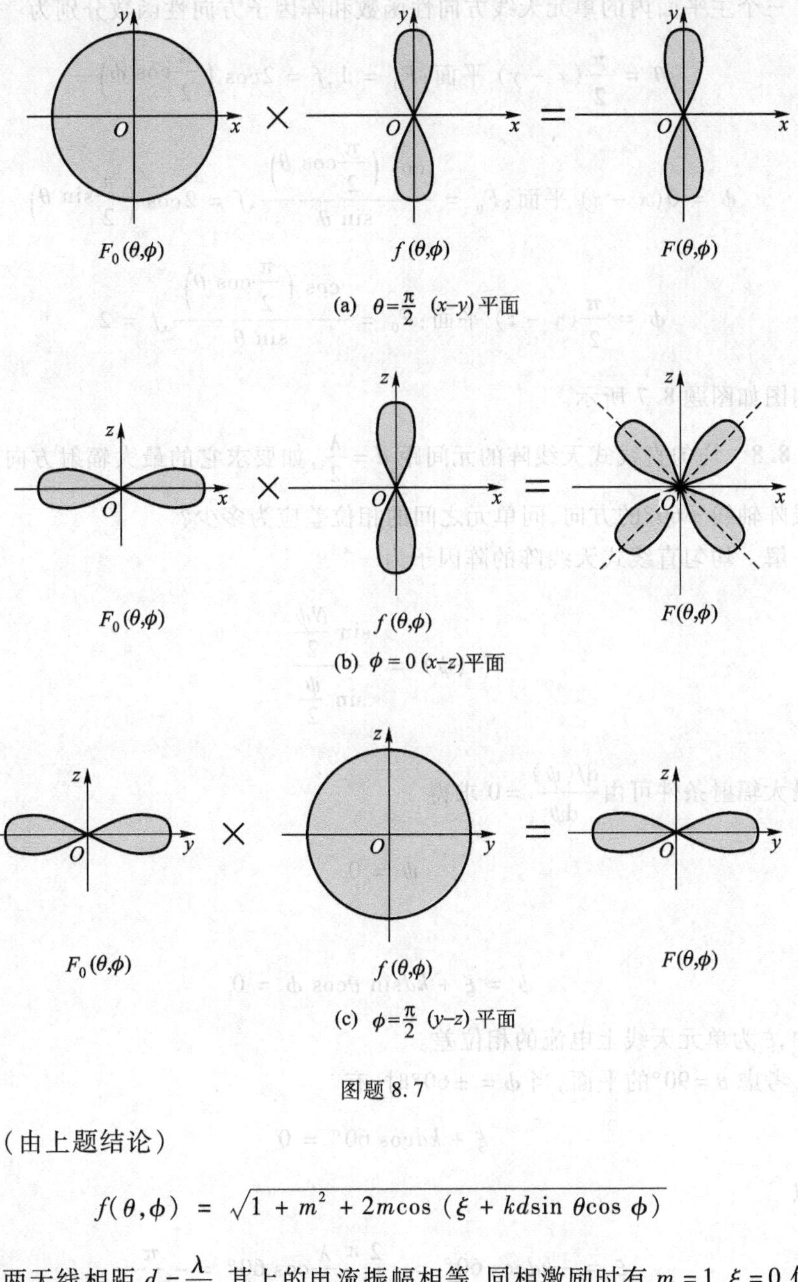

图题 8.7

阵因子(由上题结论)

$$f(\theta,\phi) = \sqrt{1 + m^2 + 2m\cos(\xi + kd\sin\theta\cos\phi)}$$

当两天线相距 $d=\frac{\lambda}{2}$,其上的电流振幅相等,同相激励时有 $m=1,\xi=0$ 代入上式,得

$$f(\theta,\phi) = \sqrt{2 + 2\cos\left(\frac{2\pi}{\lambda}\frac{\lambda}{2}\sin\theta\cos\phi\right)} = 2\cos\left(\frac{\pi\sin\theta\cos\phi}{2}\right)$$

三个主平面内的单元天线方向性函数和阵因子方向性函数分别为

$$\theta = \frac{\pi}{2}(x-y)\text{ 平面}: F_0 = 1, f = 2\cos\left(\frac{\pi}{2}\cos\phi\right)$$

$$\phi = 0(x-z)\text{ 平面}: F_0 = \frac{\cos\left(\frac{\pi}{2}\cos\theta\right)}{\sin\theta}, f = 2\cos\left(\frac{\pi}{2}\sin\theta\right)$$

$$\phi = \frac{\pi}{2}(y-z)\text{ 平面}: F_0 = \frac{\cos\left(\frac{\pi}{2}\cos\theta\right)}{\sin\theta}, f = 2$$

方向图如图题 8.7 所示。

8.8 均匀直线式天线阵的元间距 $d=\frac{\lambda}{2}$，如要求它的最大辐射方向在偏离天线阵轴线 ±60°的方向，问单元之间的相位差应为多少？

解 均匀直线式天线阵的阵因子为

$$f(\psi) = \frac{\sin\frac{N\psi}{2}}{\sin\frac{\psi}{2}}$$

其最大辐射条件可由$\frac{\mathrm{d}f(\psi)}{\mathrm{d}\psi}=0$求得

$$\psi = 0$$

即

$$\psi = \xi + kd\sin\theta\cos\phi = 0$$

式中，ξ 为单元天线上电流的相位差。

考虑 $\theta=90°$的平面，当 $\phi=\pm60°$时，有

$$\xi + kd\cos 60° = 0$$

所以

$$\xi = -kd\cos 60° = -\frac{2\pi}{\lambda}\frac{\lambda}{2}\cos 60° = -\frac{\pi}{2}$$

8.9 求半波天线的主瓣宽度。

解 天线的主瓣宽度定义为最大辐射方向上两个半功率$\left(\text{两个}\frac{|E_{max}|}{\sqrt{2}}\right)$点

之间的夹角 $2\theta_{0.5}$ 如图题 8.9 所示。

半波天线的方向性函数为

$$F(\theta)=\frac{\cos\left(\frac{\pi}{2}\cos\theta\right)}{\sin\theta}$$

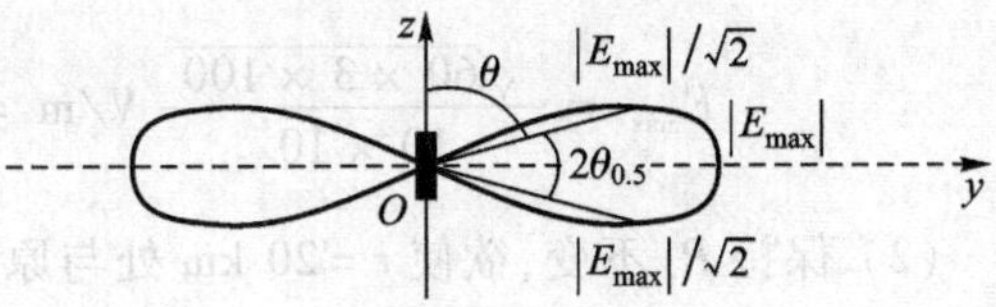

图题 8.9

半功率点$\left(场强为\frac{|E_{max}|}{\sqrt{2}}\right)$时

所对应的角度 θ 可由下列公式求得

$$F(\theta)=\frac{\cos\left(\frac{\pi}{2}\cos\theta\right)}{\sin\theta}=\frac{1}{\sqrt{2}}$$

解得

$$\theta=51^\circ$$

于是主瓣宽度为

$$2\theta_{0.5}=2(90^\circ-\theta)=2(90^\circ-51^\circ)=78^\circ$$

8.10 已知某天线的辐射功率为 100 W，方向性系数为 3，试求：

(1) $r=10$ km 处，最大辐射方向上的电场强度振幅；

(2) 若保持辐射功率不变，要使 $r_2=20$ km 处的场强等于原来 $r_1=10$ km 处的场强，应选用方向性系数 D 等于多少的天线？

解 (1) 根据方向性系数的定义

$$D=\left.\frac{|E_{max}|^2}{|E_0|^2}\right|_{P_r相同}$$

而无方向性天线的辐射功率为

$$P_{r0}=\frac{E_0^2}{2\eta_0}\times4\pi r^2=\frac{E_0^2}{2\times120\pi}\times4\pi r^2$$

故离天线 r 处的场强为

$$E_0^2=60\frac{P_{r0}}{r^2}$$

当 $P_r=P_{r0}$ 时，有方向性天线最大辐射方向上的电场为

$$E_{max}^2=DE_0^2=60\frac{DP_r}{r^2}$$

故 $r=10$ km 处

$$E_{\max}=\frac{\sqrt{60\times3\times100}}{10\times10^{3}}\ \mathrm{V/m}=13.42\times10^{-3}\ \mathrm{V/m}$$

（2）保持 P_r 不变，欲使 $r=20$ km 处与原来 $r=10$ km 处的场强相等，需

$$\frac{\sqrt{60D'P_r}}{20\times10^{3}}=\frac{\sqrt{60\times3\times P_r}}{10\times10^{3}}=13.42\times10^{-3}$$

由此得 $D'=12$，即应选用方向性系数为 12 的天线。

8.11 用方向图乘法求由半波天线组成的四元侧射式天线阵在垂直于半波天线轴线平面内的方向图，如图题 8.11(1) 所示。

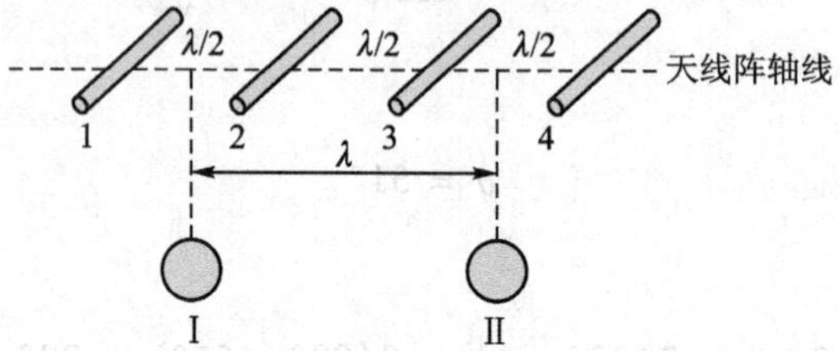

图题 8.11(1)

解 四元天线阵其合成波场强为

$$\boldsymbol{E}=\boldsymbol{E}_0+\boldsymbol{E}_1+\boldsymbol{E}_2+\boldsymbol{E}_3=\boldsymbol{E}_0(1+\mathrm{e}^{\mathrm{j}\psi}+\mathrm{e}^{\mathrm{j}2\psi}+\mathrm{e}^{\mathrm{j}3\psi})$$
$$=\boldsymbol{E}_0(1+\mathrm{e}^{\mathrm{j}\psi})(1+\mathrm{e}^{\mathrm{j}2\psi})$$

式中

$$\psi=\xi+kd\sin\theta\cos\phi$$

方向性函数为

$$F(\theta,\phi)=F_1(\theta,\phi)F_2(\theta,\phi)F_3(\theta,\phi)$$

其中 $F_1(\theta,\phi)$ 为半波天线的方向性函数

$$F_1(\theta,\phi)=\frac{\cos\left(\dfrac{\pi}{2}\cos\theta\right)}{\sin\theta}$$

$F_2(\theta,\phi)$ 为相距 $\lambda/2$ 的天线 1 和天线 2（或天线 3 和天线 4）构成的二元天线阵 Ⅰ（或二元天线阵 Ⅱ）的阵因子方向性函数，设各单元天线上电流同相，则

$$F_2(\theta,\phi)=2\cos\left(\frac{\pi}{2}\sin\theta\cos\phi\right)$$

$F_3(\theta,\phi)$为相距 λ 的天线阵Ⅰ和天线阵Ⅱ构成的阵列天线的方向性函数

$$F_3(\theta,\phi) = 2\cos(\pi\sin\theta\cos\phi)$$

在垂直于半波天线轴线的平面内$\left(\theta=\dfrac{\pi}{2}\right)F_1(\theta,\phi),F_2(\theta,\phi),F_3(\theta,\phi)$的方向图如图题 8.11(2)所示。由方向图相乘原理可得该四元阵在 $\theta=\dfrac{\pi}{2}$平面内的辐射方向图如图题 8.11(2)所示。

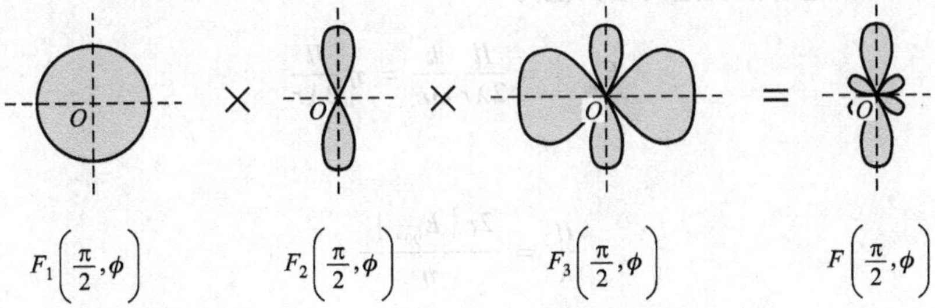

图题 8.11(2)

8.12 求波源频率 $f=1$ MHz,线长 $l=1$ m 的导线的辐射电阻:

(1) 设导线是长直的;

(2) 设导线弯成环形形状。

解 波源的波长

$$\lambda = \frac{v_0}{f} = \frac{3\times10^8}{10^6}\text{ m} = 300\text{ m}$$

由此可知,导线的线长小于波长,故可将该长直导线视为电偶极子天线,其辐射电阻

$$R_r = 80\pi^2\left(\frac{dl}{\lambda}\right)^2 = 8.8\times10^{-3}\ \Omega$$

对于环形导线可视为磁偶极子天线,其辐射电阻

$$R_r = \frac{\mu_0 S^2\omega^4}{6\pi v_0^2} = \frac{\mu_0\pi^2a^4(2\pi f)^4}{6\pi(3\times10^8)^2}$$

式中,a 为圆环的半径,由 $2\pi a=1$,于是 $a=\dfrac{1}{2\pi}$,代入上式,得

$$R_r = 2.44\times10^{-8}\ \Omega$$

由以上的计算结果可知,环形天线的辐射电阻远远小于长直天线的辐射电

阻,即环形天线的辐射能力远远小于长直天线的辐射能力。

8.13 为了在垂直于赫兹偶极子轴线的方向上,距离偶极子 100 km 处得到电场强度的有效值大于 100 μV/m,赫兹偶极子必须至少辐射多大功率?

解 赫兹偶极子的辐射场为

$$E_\theta = \mathrm{j}\frac{Il}{2\lambda r}\frac{k}{\omega\varepsilon}\mathrm{e}^{-\mathrm{j}kr}\sin\theta$$

当 $\theta=90°$时,电场强度达到最大值为

$$|E_{90°}| = \frac{Il}{2\lambda r}\frac{k}{\omega\varepsilon} = \eta\frac{Il}{2\lambda r}$$

于是

$$\frac{Il}{\lambda} = \frac{2r|E_{90°}|}{\eta}$$

将 $r=1\times10^5$ m、$|E_{90°}|\geqslant\sqrt{2}\times10^{-4}$ V/m 代入上式,得

$$\frac{Il}{\lambda} \geqslant \frac{2\times10^5\times\sqrt{2}\times10^{-4}}{\eta}$$

而辐射功率

$$P = 80\pi^2I^2\left(\frac{l}{\lambda}\right)^2 = \frac{\pi}{3}\eta\left(\frac{Il}{\lambda}\right)^2$$

有

$$P \geqslant \frac{\pi}{3}\eta\left(\frac{2\times10^5\times\sqrt{2}\times10^{-4}}{\eta}\right)^2$$

得

$$P \geqslant 2.22\ \mathrm{W}$$

附　录

附录1　本科生自测试题

一、填空题(每空1分,共10分)

1. 均匀平面波在有损耗媒质(或导电媒质)中传播时,电场和磁场的振幅将随传播距离的增加而按指数规律＿＿＿＿＿＿,且磁场强度的相位与电场强度的相位＿＿＿＿＿＿。

2. 两个频率相等、传播方向相同、振幅相等,且极化方向相互正交的线极化波合成新的线极化波,则这两个线极化波的相位＿＿＿＿＿＿＿＿＿＿。

3. 当入射角 θ_i 等于(或大于)临界角 θ_c 时,均匀平面波在分界面上将产生＿＿＿＿＿＿;而当入射角 θ_i 等于布儒斯特角 θ_B 时,平行极化的入射波在分界面上将产生＿＿＿＿＿。

4. 电偶极子的远场区指的是＿＿＿＿＿＿的区域;在远场区,电场强度的振幅与距离 r 成＿＿＿＿＿关系。

5. 均匀平面波在良导体中传播时,电场振幅从 E_0 衰减到 $\frac{E_0}{e}$ 时所传播的距离,称为＿＿＿＿＿＿,它的值与＿＿＿＿＿＿＿＿等有关,电磁波的频率越高,衰减越＿＿＿＿＿＿＿＿。

二、选择题(三选一,共20分)

1. 空气(介电常数 $\varepsilon_1=\varepsilon_0$)与电介质(介电常数 $\varepsilon_2=4\varepsilon_0$)的分界面是 $z=0$ 的平面。若已知空气中的电场强度 $\boldsymbol{E}_1=\boldsymbol{e}_x2+\boldsymbol{e}_z4$,则电介质中的电场强度应为(　　)。

a. $\boldsymbol{E}_2=\boldsymbol{e}_x2+\boldsymbol{e}_z16$;　　b. $\boldsymbol{E}_2=\boldsymbol{e}_x8+\boldsymbol{e}_z4$;　　c. $\boldsymbol{E}_2=\boldsymbol{e}_x2+\boldsymbol{e}_z$

2. 某均匀导电媒质(电导率为 σ、介电常数为 ε)中的电场强度为 $\boldsymbol{E}$,则该导电媒质中的传导电流 $\boldsymbol{J}_c$ 与位移电流 $\boldsymbol{J}_d$ 的相位(　　)。

a. 相同;　　b. 相反;　　c. 相差90°

3. 在分析恒定磁场时,引入矢量磁位 $\boldsymbol{A}$,并令 $\boldsymbol{B}=\nabla\times\boldsymbol{A}$ 的依据是(　　)。

a. $\nabla\times\boldsymbol{B}=0$;　　b. $\nabla\times\boldsymbol{B}=\mu\boldsymbol{J}$;　　c. $\nabla\cdot\boldsymbol{B}=0$

4. 用镜像法求解静电场边值问题时,判断镜像电荷设置是否正确的依据是(　　)。

a. 镜像电荷的位置是否与原电荷对称；

b. 镜像电荷是否与原电荷等值异号；

c. 待求区域内的电位函数所满足的方程与边界条件是否保持不变

5. 以下三个矢量函数中，只有矢量函数(　　)才可能表示磁感应强度。

a. $\boldsymbol{B}=\boldsymbol{e}_x y+\boldsymbol{e}_y x$；　b. $\boldsymbol{B}=\boldsymbol{e}_x x+\boldsymbol{e}_y y$；　c. $\boldsymbol{B}=\boldsymbol{e}_x x^2+\boldsymbol{e}_y y^2$

6. 穿透深度(或趋肤深度)δ 与频率 f 及媒质参数(电导率为 σ、磁导率为 μ)的关系是(　　)。

a. $\delta=\pi f\mu\sigma$；　b. $\delta=\sqrt{\pi f\mu\sigma}$；　c. $\delta=1/\sqrt{\pi f\mu\sigma}$

7. 横截面尺寸为 $a\times b$ 的矩形波导管，内部填充理想介质时的截止频率 $f_c=\dfrac{1}{2\pi\sqrt{\mu\varepsilon}}\sqrt{\left(\dfrac{m\pi}{a}\right)^2+\left(\dfrac{n\pi}{b}\right)^2}$，工作频率为 f 的电磁波在该波导中传播的条件是(　　)。

a. $f=f_c$；　b. $f>f_c$；　c. $f<f_c$

8. 矩形波导的截止波长与波导内填充的媒质(　　)。

a. 无关；　b. 有关；

c. 关系不确定，还需看传播什么波型

9. 电偶极子的远区辐射场是有方向性的，其方向性因子为(　　)。

a. $\cos\theta$；　b. $\sin\theta$；　c. $\cos\left[(\pi/2)\cos\theta\right]/\sin\theta$

10. 在电偶极子的远区，电磁波是(　　)。

a. 非均匀平面波；　b. 非均匀球面波；　c. 均匀平面波

三、(15 分)　图附录 1 题三表示同轴线的横截面，内导体半径为 a，外导体半径为 b，内、外导体之间填充介电常数为 ε 的电介质。同轴线的内外导体上加直流电压 U_0，设同轴线的轴向长度远大于横截面尺寸。试求：

(1) 电介质内任一点处的电场强度；

(2) 电介质内任一点处的电位；

(3) 验证所求的电位满足边界条件。

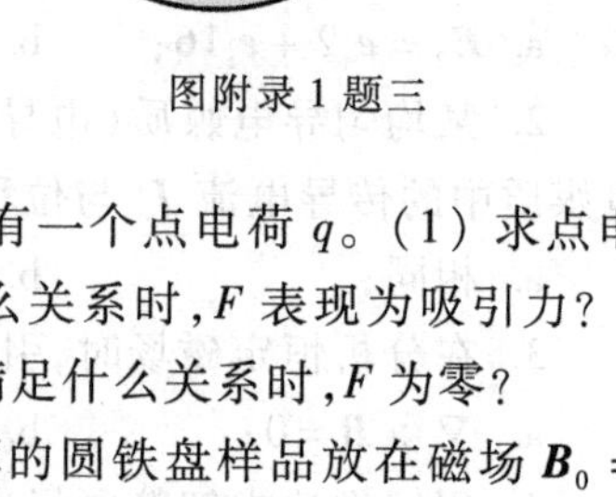

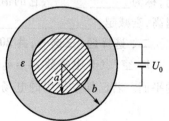

图附录 1 题三

四、(15 分)　一个半径为 R 的导体球带有的电荷量为 Q，在球体外距离球心为 $D=2R$ 处有一个点电荷 q。(1) 求点电荷 q 与导体球之间的静电力；(2) q 与 Q 满足什么关系时，F 表现为吸引力？q 与 Q 满足什么关系时，F 表现为排斥力？q 与 Q 满足什么关系时，F 为零？

五、(10 分)　一根极细的圆铁杆和一个很薄的圆铁盘样品放在磁场 $\boldsymbol{B}_0=\boldsymbol{e}_z B_0$ 中，并使它们的轴与 $\boldsymbol{B}_0$ 平行(铁的磁导率为 μ)。(1) 求两样品内的 $\boldsymbol{B}$ 和

$\boldsymbol{H}$;(2) 若已知 $B_0 = 0.5\text{T}$、$\mu = 3\,000\mu_0$,求两样品内的磁化强度 $\boldsymbol{M}$。

六、(15 分) 已知空气(介电常数为 ε_0、磁导率为 μ_0)中传播的均匀平面波的磁场强度表示式为

$$\boldsymbol{H}(x,t) = (\boldsymbol{e}_y + \boldsymbol{e}_z)4\cos(\omega t - \pi x) \quad \text{A/m}$$

试根据此表示式确定:(1) 波的传播方向;(2) 波长和频率;(3) 与 $\boldsymbol{H}(x,t)$ 相伴的电场强度 $\boldsymbol{E}(x,t)$;(4) 平均坡印廷矢量。

七、(15 分) 电场强度为 $\boldsymbol{E}(z) = (\boldsymbol{e}_x + \text{j}\boldsymbol{e}_y)E_\text{m}\text{e}^{-\text{j}\beta_0 z}$ V/m 的均匀平面波从空气中垂直入射到 $z = 0$ 处的理想介质(相对介电常数 $\varepsilon_\text{r} = 4$、相对磁导率 $\mu_\text{r} = 1$)平面上,式中的 β_0 和 E_m 均为已知。(1) 说明入射波的极化状态;(2) 求反射波的电场强度和磁场强度,并说明反射波的极化状态;(3) 求透射波的电场强度和磁场强度,并说明透射波的极化状态。

附录 2　硕士研究生入学试题

一、填空题(每空 1 分,共 15 分)

1. 极化强度为 $\boldsymbol{P}$ 的电介质中,极化(束缚)体电荷密度 ρ_p = ____________,极化(束缚)面电荷密度 ρ_{Sp} = ____________。

2. 电荷定向运动形成电流,当电荷密度 ρ 满足 $\frac{\partial\rho}{\partial t} = 0$ 时,电流密度 $\boldsymbol{J}$ 应满足________,此时电流线的形状应为________________曲线。

3. 已知体积为 V 的介质的介电常数为 ε,其中的静电荷(体密度为 ρ)在空间形成电位分布 φ 和电场分布 $\boldsymbol{E}$ 和 $\boldsymbol{D}$,则空间的静电能量密度为________,空间的总静电能量为________。

4. 若两个同频率、同方向传播、极化方向互相垂直的线极化波的合成波为圆极化波,则它们的振幅____________,相位差为________________。

5. 当圆极化波以布儒斯特角 θ_B 入射到两种不同电介质的分界面上时,反射波是________极化波,折射(透射)波是________________极化波。

6. 在球坐标系中,沿 z 方向的电偶极子的辐射场(远区场)的空间分布与坐标 r 的关系为________,与坐标 θ 的关系为________。

7. 均匀平面电磁波由空气中垂直入射到无损耗介质($\varepsilon = 4\varepsilon_0$、$\mu = \mu_0$、$\sigma = 0$)表面上时,反射系数 Γ = ________、折射(透射)系数 τ = ________。

8. 自由空间中原点处的源(ρ 或 $\boldsymbol{J}$)在 t 时刻发生变化,此变化将在________时刻影响到 $\boldsymbol{r}$ 处的位函数(φ 或 $\boldsymbol{A}$)。

二、单项选择题(将正确的选项代号填入括号中,共 20 分)

1. 空气(介电常数 $\varepsilon_1 = \varepsilon_0$)与电介质(介电常数 $\varepsilon_2 = 4\varepsilon_0$)的分界面是 $z = 0$

的平面。若已知空气中的电场强度 $\boldsymbol{E}_1=\boldsymbol{e}_x2+\boldsymbol{e}_z4$，则电介质中的电场强度应为(　)。

a. $\boldsymbol{E}_1=\boldsymbol{e}_x2+\boldsymbol{e}_z16$；　b. $\boldsymbol{E}_1=\boldsymbol{e}_x8+\boldsymbol{e}_z4$；　c. $\boldsymbol{E}_1=\boldsymbol{e}_x2+\boldsymbol{e}_z$

2. 以下三个矢量函数中，能表示磁感应强度的矢量函数是＿＿＿＿＿＿。

a. $\boldsymbol{B}=\boldsymbol{e}_xy+\boldsymbol{e}_yx$；　b. $\boldsymbol{B}=\boldsymbol{e}_xx+\boldsymbol{e}_yy$；　c. $\boldsymbol{B}=\boldsymbol{e}_xx^2-\boldsymbol{e}_yy^2$

3. 用镜像法求解静电场边值问题时，判断镜像电荷设置是否正确的依据是(　)。

a. 镜像电荷的位置是否与原电荷对称；

b. 镜像电荷是否与原电荷等值异号；

c. 待求区域内的电位函数所满足的方程与边界条件是否保持不变

4. 两个载流线圈之间存在互感，对互感没有影响的是(　)。

a. 线圈的尺寸；　b. 两个线圈的相对位置；

c. 线圈上的电流

5. 以下关于时变电磁场的叙述中，不正确的是(　)。

a. 电场是有旋场；　b. 电场和磁场相互激发；

c. 磁场是有源场

6. 区域 V 全部用无损耗媒质填充，当此区域中的电磁场能量减少时，一定是(　)。

a. 能量流出了区域；　b. 能量在区域中被损耗；

c. 电磁场做了功

7. 以下关于在导电媒质中传播的电磁波的叙述中，正确的是(　)。

a. 不再是平面波；　b. 电场和磁场不同相位；

c. 振幅不变

8. 导电媒质中的传导电流 $\boldsymbol{J}_c$ 与位移电流 $\boldsymbol{J}_d$ 的相位(　)。

a. 相同；　b. 相反；　c. 相差90°

9. 频率 $f=50$ MHz 的均匀平面波在某理想介质(介电常数 $\varepsilon=4\varepsilon_0$、磁导率 $\mu=\mu_0$、电导率 $\sigma=0$)中传播时，相速(　)。

a. 等于光速 c；　b. 等于 $c/2$；　c. 等于 $c/4$

10. 电偶极子的远区辐射场是(　)。

a. 非均匀平面波；　b. 非均匀球面波；　c. 均匀球面波

三、简要回答以下问题(共40分)

1. 介质在外电场的作用下发生极化的物理机制是什么？受到极化的介质一般具有什么样的宏观特征？

2. 简述静电场边值问题的惟一性定理。它的意义何在？

3. 什么是位移电流？它是如何引入的？位移电流与传导电流有何本质上

的区别？

4. 什么是均匀平面波？在理想介质中，均匀平面波具有什么传播特性？

四、(12 分)　无限长直导线附近有一共面的矩形线框，尺寸为 $a\times b$，与直导线相距为 c，如图附录 2 题四所示

(1) 求直导线与线框之间的互感；

(2) 若线框平面绕直导线旋转 θ 角，试说明直导线与线框之间的互感有无变化；

(3) 若线框绕自身的中心轴线旋转 θ 角，试说明直导线与线框之间的互感有无变化。

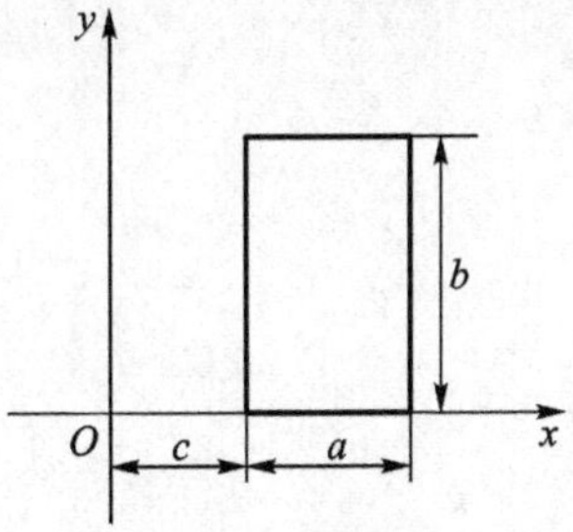

图附录 2 题四

五、(18 分)　有一沿正 z 轴方向传播的均匀平面波，其电场的复振幅为

$$\boldsymbol{E}(z)=(\boldsymbol{e}_x E_{x0}+\boldsymbol{e}_y \mathrm{j} E_{y0})\mathrm{e}^{-\mathrm{j}kz}$$

式中，E_{x0} 和 E_{y0} 均为实常数。

(1) 试说明此平面波的极化状态；

(2) 求瞬时坡印廷矢量 $\boldsymbol{S}(z,t)$ 和平均坡印廷矢量 $\boldsymbol{S}_{\mathrm{av}}(z)$。

六、(15 分)　空气中传播的均匀平面波的电场强度 $\boldsymbol{E}=\boldsymbol{e}_y E_0\mathrm{e}^{-\mathrm{j}\pi(6x+8z)}$。

(1) 求此平面波的波长 λ 和频率 f；

(2) 当此平面波入射到位于 $z=0$ 处的无限大理想导体平面时，求导体表面上的电流密度 $\boldsymbol{J}_S$。

七、(15 分)　半径为 a 的导体球外距球心 d 处放置一点电荷 q，如图附录 2 题七所示。

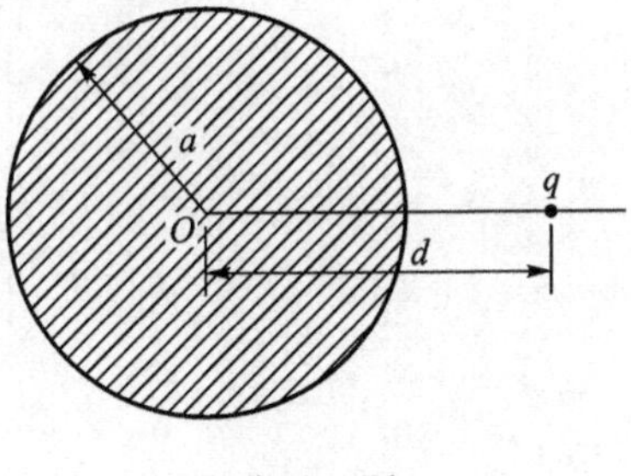

图附录 2 题七

(1) 若导体球接地，求点电荷 q 受到的静电力；

(2) 若导体球未接地且带有电荷为 Q，求点电荷 q 受到的静电力，并证明：当

$$\frac{Q}{q}=\frac{a^3(2d^2-a^2)}{d(d^2-a^2)^2}$$

时，点电荷 q 受到的静电力为零。

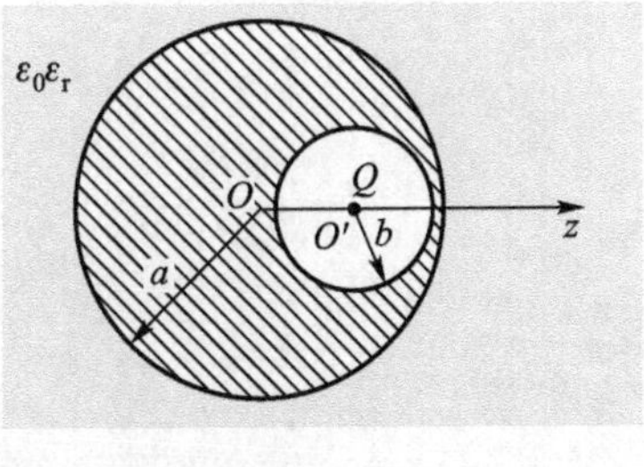

图附录 2 题八

八、(15 分)　相对介电常数 $\varepsilon_r=4$ 的无限大均匀电介质中有一个半径为 a 的导体球，导体球内有一个半径为 b 的偏心球形空腔，空腔的中心 O' 的坐标为 $(0,0,d)$，如

图附录 2 题八所示。设空腔中心 O'处有一点电荷 Q。

(1) 求任意点的电场强度和电位;

(2) 求导体球表面($r=a$)处的极化电荷(束缚电荷)密度。

参 考 文 献

1 John D Kraus, Daniel A Fleisch. Electromagnetics With Applications. 5th ed. 影印版. 北京:清华大学出版社,2001

2 William H. Hagt, Jr. John A. Buck. 工程电磁学. 第6版. 徐安士,周乐柱译. 北京:电子工业出版社,2004

3 Bhag Singh Guru, Hüseyin R. Hiziroglu. 电磁场与电磁波. 周克定等译. 北京:机械工业出版社,2002

4 谢处方,饶克谨等. 电磁场与电磁波. 第4版. 北京:高等教育出版社,2006

5 倪光正,崔翔等. 工程电磁场原理. 教师手册. 北京:高等教育出版社,2004

6 杨儒贵. 电磁场与电磁波. 教学指导书. 北京:高等教育出版社,2003

7 余恒清,杨显清. 电磁场教学指导书. 北京:北京理工大学出版社,1995

8 赵家升,杨显清,王园. 电磁场与波典型题解析及自测试题. 西安:西北工业大学出版社,2002

9 赵家升,杨显清,王园. 电磁场与电磁波. 第3版. 教学指导书. 北京:高等教育出版社,2003

10 冯林,杨显清,王园等. 电磁场与电磁波. 北京:机械工业出版社,2004